U0342344

冶金物理化学教程

（第 2 版）

郭汉杰　编著

北　京

冶金工业出版社

2025

内 容 简 介

　　本书共分四部分。第一部分为冶金物理化学基础(针对本科生),第二部分为现代冶金物理化学理论(针对研究生),第三部分为冶金物理化学应用(针对学生理解和掌握冶金物理化学在钢铁冶金过程中的应用及企业工程技术人员业务的提高),第四部分为冶金物理化学学习指导及习题精选。

　　本书可供大中专院校的学生和教师阅读,也可供研究院所的科研技术人员以及企业的工程技术人员参考。

图书在版编目(CIP)数据

　　冶金物理化学教程/郭汉杰编著.—2 版.—北京:冶金工业出版社, 2006.8 (2025.2 重印)

　　ISBN 978-7-5024-4010-7

　　Ⅰ.冶…　Ⅱ.郭…　Ⅲ.冶金—物理化学—高等学校—教材　Ⅳ.TF01

　　中国版本图书馆 CIP 数据核字(2006)第 068534 号

冶金物理化学教程(第 2 版)

出版发行	冶金工业出版社	**电　话**	(010)64027926
地　址	北京市东城区嵩祝院北巷 39 号	**邮　编**	100009
网　址	www.mip1953.com	**电子信箱**	service@ mip1953.com

责任编辑　杨盈园　美术编辑　彭子赫　责任校对　符燕蓉　李文彦
责任印制　窦　唯
北京虎彩文化传播有限公司印刷
2004 年 8 月第 1 版,2006 年 8 月第 2 版,2025 年 2 月第 11 次印刷
787mm×1092mm　1/16;25 印张;590 千字;382 页
定价 65.00 元

投稿电话　(010)64027932　投稿信箱　tougao@cnmip.com.cn
营销中心电话　(010)64044283
冶金工业出版社天猫旗舰店　yjgycbs.tmall.com
(本书如有印装质量问题,本社营销中心负责退换)

前　言

　　本书是作者根据十多年来在北京科技大学冶金与生态工程学院给冶金工程专业的本科生、硕士研究生和博士研究生讲授"冶金物理化学"课程的讲稿而编写的。针对学生学习和理解冶金物理化学课程的特点,本书突出了冶金物理化学的重点和难点。其内容分为冶金物理化学基础(针对本科生)、现代冶金物理化学理论(针对研究生)和冶金物理化学应用(针对学生理解和掌握冶金物理化学在钢铁冶金过程中的应用及企业工程技术人员业务的提高)三部分。本书在原内容的基础上增加了冶金物理化学学习指导及习题精选以及冶金动力学基础及应用。由于本书是教科书,因此与一般的教学参考书有所区别,强调的是基础理论,在内容上尽量简化和通俗易懂,在公式的推导上尽量详细完整,便于读者理解和自学。

　　必须指出,本书中的一些数学公式是由作者推导的,殷切希望读者提出宝贵意见和建议。

　　在本书编写过程中,得到了北京科技大学冶金学院卢惠民教授、张鉴教授等的大力支持及有关老师和同仁的启发,习题部分的整理得到了研究生陈君同学的协助,在出版及再版过程中得到了北京科技大学教务处的资助,在此一并表示诚挚的谢意!

作　者

2006 年 6 月

目 录

第一篇 冶金物理化学基础

第二篇　现代冶金物理化学理论

第三篇　冶金物理化学的应用

第四篇 冶金物理化学学习指导及习题精选

第一篇　冶金物理化学基础

　　学习冶金物理化学,必须重视冶金物理化学的基础,特别要重点注意两个方面。

　　第一是几个基本概念的理解,其中包括:

　　(1)标准态。1)气体的标准态与气体组元的表达方式;2)液体中组元的标准态的选择(一般地,金属熔体中的组元选 1%标准态,而炉渣中组元一般选纯物质为标准态)。

　　(2)活度。1)准确理解三种标准态下的活度的定义;2)熟练掌握三种标准态下的活度之间的关系,活度系数之间的关系;3)特别注意在特殊情况下(如浓度趋于 0 和浓度趋于 1 或 100)的活度系数之间的关系;4)$\gamma_i^{\ominus}$ 的物理意义。

　　(3)等温方程式。1)等温方程式是冶金物理化学的核心,必须熟练掌握其来源;2)深刻理解 ΔG、$\Delta G^{\ominus}$ 的区别和联系。

　　第二是几个基本模型,其中包括:

　　(1)稀溶液、理想溶液、规则溶液。1)稀溶液的定义、范围;2)稀溶液中组元的活度、活度系数。

　　(2)多元系铁溶液中组元的活度计算方法——Wagner 模型。

　　(3)多元系炉渣溶液中组元的活度计算方法——离子理论、分子理论。

第一章　绪　　论

1.1　冶金物理化学的研究范围

1.1.1　冶金过程与冶金过程基础理论

冶金过程基本流程如图 1-1-1 所示。

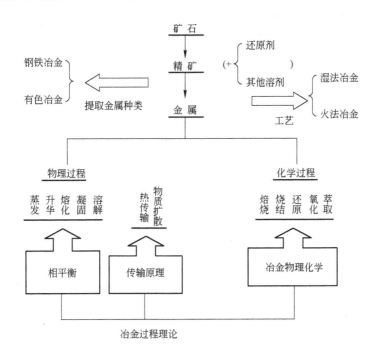

图 1-1-1　冶金过程基本流程图

可以看出,冶金过程理论是由金属学(相平衡)、传输原理和冶金物理化学组成。

1.1.2　冶金热力学

利用化学热力学原理,研究冶金中反应的可能性(反应方向)(理论依据—ΔG);确定冶金反应过程的最大产率(反应限度)(理论依据—$\Delta G^{\ominus}$);找出控制反应过程的基本参数(T,P,C_i)。

冶金热力学的局限性:所确定的冶金过程的条件是必要的,但不是充分的。

1.2　冶金动力学的研究范围

1.2.1　冶金动力学

利用化学动力学与传输原理,研究冶金过程的机理;确定各基元过程及总过程的速率;找出反应过程的限制环节。

冶金动力学的作用:提供了冶金反应过程研究内容的完备性,提供了反应的充分性条件。

1.3　冶金动力学与冶金热力学的研究目的

冶金动力学与冶金热力学的研究目的为:

(1)改进冶金工艺,提高产品质量,扩大品种,增加产量。

(2)探索新的流程,提供理论依据。

第二章　冶金过程化学反应的吉布斯自由能 $\triangle G$、$\triangle G^{\ominus}$

2.1　几个基本公式

2.1.1　体系中组元 i 的自由能

2.1.1.1　理想气体的吉布斯自由能

在一个封闭的多元理想气体组成的气相体系中,存在组元 $1,2,\cdots,i,\cdots$,则其中任一组元 i 的吉布斯自由能为

$$G_i = G_i^{\ominus} + RT\ln p_i \tag{1-2-1}$$

此式可由 $\mathrm{d}G = V\mathrm{d}P - S\mathrm{d}T$ 方程式在等温下证明。

式中　p_i——无量纲压强(注:冶金物理化学中在对数里边的压强 p_i 都是无量纲压强,例如平衡常数 $K^{\ominus}$ 中出现的压强)。

$$p_i = \frac{p'_i}{p^{\ominus}} \tag{1-2-2}$$

式中　p'_i——i 组分气体的实际压强,Pa;

$p^{\ominus}$——标准压强,即 1.01325×10^5 Pa。

应该注意的是,高温冶金过程中的气体由于压强比较低,都可以近似看做理想气体。

2.1.1.2　液相体系中组元 i 的吉布斯自由能

在多元液相体系中,存在组元 $1,2,\cdots,i,\cdots$,则其中任一组元 i 的吉布斯自由能为

$$G_i = G_i^{\ominus} + RT\ln a_i$$

式中　a_i——组元的活度,其标准态的确定原则是:

若 i 在铁液中,选 1% 溶液为标准态,其中的浓度为质量分数,%;

若 i 在熔渣中,选纯物质为标准态,其中的浓度为摩尔分数,x_i;

若 i 是铁溶液中的组元铁,在其他组元浓度很小时,组元铁的活度定义为1。

2.1.1.3　固相体系中组元 i 的吉布斯自由能

在多元固相体系中,存在组元 $1,2,\cdots,i,\cdots$,则其中任一组元 i 的吉布斯自由能为

$$G_i = G_i^{\ominus} + RT\ln a_i$$

式中　a_i——固相体系中组元的活度,其确定原则是:

若体系是固溶体,则 i 在固溶体中的活度选纯物质为标准态,其中的浓度为摩尔分数,x_i;

若体系是共晶体,则 i 在共晶体中的活度定义为1;

若体系是纯固体 i,则其活度定义为1。

2.1.2　ΔG 与 $\Delta G^{\ominus}$——化学反应等温方程式

对以下化学反应

$$aA + bB = cC + dD$$

则反应前后的吉布斯自由能的变化

$$\begin{aligned}
\Delta G &= (cG_C + dG_D) - (aG_A + bG_B) \\
&= c(G_C^{\ominus} + RT\ln a_C) + d(G_D^{\ominus} + RT\ln a_D) \\
&\quad - a(G_A^{\ominus} + RT\ln a_A) - b(G_B^{\ominus} + RT\ln a_B) \\
&= \left[(cG_C^{\ominus} + dG_D^{\ominus}) - (aG_A^{\ominus} + bG_B^{\ominus}) \right] + RT\ln \frac{a_C^c a_D^d}{a_A^a a_B^b} \\
&= \Delta G^{\ominus} + RT\ln Q
\end{aligned} \qquad (1\text{-}2\text{-}3)$$

ΔG 有三种情况:

(1)$\Delta G > 0$,以上反应不能自动进行;

(2)$\Delta G < 0$,以上反应可以自动进行;

(3)$\Delta G = 0$,以上反应达到平衡,此时

$$\Delta G^{\ominus} = -RT\ln K^{\ominus} \qquad (1\text{-}2\text{-}4)$$

式 1-2-3、式 1-2-4 叫化学反应的等温方程式。

上述三种情况中的第一、二种情况可解释为:ΔG 是反应产物与反应物的自由能的差,表示反应的方向,或反应能否发生的判据

$$Q = \frac{a_C^c a_D^d}{a_A^a a_B^b}$$

表示任意时刻(不平衡状态)的压强熵或活度熵。

第三种情况可解释为:$\Delta G^{\ominus}$ 是反应产物与反应物处于标准态时自由能的差,表示反应的限度,是反应平衡态的度量。

在 $\Delta G^{\ominus} = -RT\ln K^{\ominus}$ 中,左边的 $\Delta G^{\ominus}$ 是反应在标准态时产物的自由能与反应物的自由能的差。$\Delta G^{\ominus}$ 的计算方法,可以通过查热力学数据表,由各组元的 $\Delta G_i^{\ominus} = a_i - b_i T$ 求得。

但右边项表示的是平衡态,$K^{\ominus}$ 是反应的平衡常数,通常亦可用 K 表示

$$K^{\ominus} = \frac{a_{C}^{c} a_{D}^{d}}{a_{A}^{a} a_{B}^{b}}$$

式中的组元 A、B、C、D 有三种情况:

(1)若组元是固态时,$a_i = 1 (i = A, B, C, D)$;

(2)若组元是气态时,$a_i = P_i$,而 P_i 是组元 i 的无量纲分压;

(3)若组元在液态中,a_i 表示组元 i 的活度。通常活度有 3 种标准态,而在一般情况下,若 i 在金属溶液中,组元 i 的活度的标准态选 1%;若 i 在炉渣中,则选纯物质为标准态。

注:ΔG 的表达式中,$\Delta G^{\ominus}$ 是 ΔG 的主要部分,常用 $\Delta G^{\ominus}$ 的值近似代替 ΔG,对化学反应进行近似分析,以判断化学反应进行的可能性。

2.1.3　Van't Hoff 等压方程式

对一个化学反应,各热力学参数之间,可根据吉布斯-亥姆霍兹方程(Gibbs-Helmholtz)

$$\left[\frac{\partial \left(\frac{\Delta G^{\ominus}}{T} \right)}{\partial T} \right]_p = -\frac{\Delta H^{\ominus}}{T^2}$$

得出,在等压下将等温方程式 $\Delta G^{\ominus} = -RT \ln K^{\ominus}$ 代入,得

$$\frac{\mathrm{d} \ln K^{\ominus}}{\mathrm{d} T} = \frac{\Delta H^{\ominus}}{RT^2} \tag{1-2-5}$$

这即是 Van't Hoff 等压方程式的微分式。若上式的 $\Delta H^{\ominus}$ 为常数,可以得出积分式如下:

$$\ln K^{\ominus} = -\frac{\Delta H^{\ominus}}{RT} + B \tag{1-2-6}$$

或

$$\ln K^{\ominus} = -\frac{A}{T} + B \tag{1-2-7}$$

式中　B——不定积分常数;

　　　A——常数。

式 1-2-6 两边同乘 $-RT$,亦可改变为

$$-RT \ln K^{\ominus} = \Delta H^{\ominus} - BRT$$

式中　左边——$\Delta G^{\ominus}$;

　　　$\Delta H^{\ominus}$——常数,用 a 表示;

　　　BR——常数用 b 表示。

则得

$$\Delta G^{\ominus} = a - bT$$

这即是化学反应的自由能与温度的二项式,对一般反应,可以查热力学手册得到。

2.2 用积分法计算 $\Delta_f G^{\ominus}$ 及 $\Delta_r G^{\ominus}$

2.2.1 定积分法

由吉尔霍夫(Kirchhoff)定律

$$\left[\frac{\partial(\Delta H_T^{\ominus})}{\partial T}\right]_p = \Delta C_p \tag{1-2-8}$$

在等压 p 的情况下,有

$$\mathrm{d}(\Delta H_T^{\ominus}) = \Delta C_p \mathrm{d}T$$

$$\frac{\mathrm{d}(\Delta H_T^{\ominus})}{T} = \frac{\Delta C_p}{T}\mathrm{d}T$$

即

$$\mathrm{d}\Delta S_T^{\ominus} = \frac{\Delta C_p}{T}\mathrm{d}T$$

可得

$$\Delta H_T^{\ominus} = \Delta H_{298}^{\ominus} + \int_{298}^{T} \Delta C_p \mathrm{d}T \tag{1-2-9}$$

及

$$\Delta S_T^{\ominus} = \Delta S_T^{\ominus} + \int_{298}^{T} \frac{\Delta C_p}{T}\mathrm{d}T \tag{1-2-10}$$

由

$$\Delta G_T^{\ominus} = \Delta H_T^{\ominus} - T\Delta S_T^{\ominus}$$

得

$$\Delta G_T^{\ominus} = \Delta H_{298}^{\ominus} - T\Delta S_{298}^{\ominus} + \int_{298}^{T} \Delta C_p \mathrm{d}T - T\int_{298}^{T} \frac{\Delta C_p}{T}\mathrm{d}T \tag{1-2-11}$$

其中,等压热容可查热力学数据表,表示如下

$$\Delta C_p = \Delta a + \Delta bT + \Delta cT^2 + \Delta c' \frac{1}{T^2} \tag{1-2-12}$$

将式 1-2-12 代入式 1-2-11 中积分,并整理得

$$\Delta G_T^{\ominus} = \Delta H_{298}^{\ominus} - T\Delta S_{298}^{\ominus} + T(\Delta aM_0 + \Delta bM_1 + \Delta cM_2 + \Delta c'M_{-2}) \tag{1-2-13}$$

其中

$$M_0 = \ln\frac{T}{298} + \frac{298}{T} - 1$$

$$M_1 = \frac{(T-298)^2}{2T}$$

$$M_2 = \frac{1}{6}\left[T^2 + \frac{2 \times 298^3}{T} - 3 \times 298^2\right]$$

$$M_{-2} = \frac{(T-298)^2}{2 \times 298^2 \times T^2}$$

式中,M_0,M_1,M_2,M_{-2}均可由手册查出。

式 1-2-13 称为捷姆金—席瓦尔兹曼(Темкин—Шварцман)公式。

2.2.2　不定积分法

由吉布斯—亥姆霍兹(Gibbs—Helmholtz)方程 $\left[\dfrac{\partial\left(\dfrac{\Delta G_T^{\ominus}}{T}\right)}{\partial T}\right]_p = -\dfrac{\Delta H_T^{\ominus}}{T^2}$

可得

$$d\left(\frac{\Delta G_T^{\ominus}}{T}\right) = -\frac{\Delta H_T^{\ominus}}{T^2}dT \tag{1-2-14}$$

对式 1-2-14 进行不定积分

$$\frac{\Delta G_T^{\ominus}}{T} = -\int \frac{\Delta H_T^{\ominus}}{T^2}dT + I \tag{1-2-15}$$

而　　　$$\Delta H_T^{\ominus} = \int \Delta C_p dT = \Delta H_0 + \Delta a T + \frac{\Delta b}{2}T^2 + \frac{\Delta c}{6}T^3 - \frac{\Delta c'}{2T} \tag{1-2-16}$$

将式 1-2-16 代入式 1-2-15,得

$$\Delta G_T^{\ominus} = \Delta H_0 - \Delta a T \ln T - \frac{\Delta b}{2}T^2 - \frac{\Delta c}{6}T^3 - \frac{\Delta c'}{2T} + IT \tag{1-2-17}$$

式中,ΔH_0 及 I 为积分常数,由以下方法确定:

(1)用 $T=298K$ 时已知的 $\Delta H_{298}^{\ominus}$ 值,通过式 1-2-16 可以求出 ΔH_0;

(2)用 $T=298K$ 时已知的 $\Delta H_{298}^{\ominus}$ 值与已知的 $\Delta S_{298}^{\ominus}$ 求出 $\Delta G_{298}^{\ominus}$,用(1)中求出的 ΔH_0 代入式 1-2-17,可求出 I。

例 1-2-1　求反应 $2Fe_{(s)} + O_{2(g)} = 2FeO_{(s)}$ 的 $\Delta_r G^{\ominus}$ 与 T 的关系式及二项式。

已知:$C_{p_{FeO}} = 50.80 + 8.164 \times 10^{-3}T - 3.309 \times 10^5 T^{-2}$　　　　(298~1650K)

$$C_{p_{O_2}} = 29.96 + 4.18 \times 10^{-3}T - 1.67 \times 10^5 T^{-2} \qquad\qquad (298\sim3000K)$$

$$C_{p_{Fe}} = 17.49 + 24.77 \times 10^{-3}T \qquad\qquad\qquad\qquad (298\sim1033K)$$

$\Delta_f H_{298,FeO}^{\ominus} = -272.04kJ/mol$;$\Delta_f H_{298,Fe}^{\ominus} = 0kJ/mol$;$\Delta_f H_{298,O_2}^{\ominus} = 0kJ/mol$

$S_{298,FeO}^{\ominus} = 60.75J/(mol \cdot K)$;$S_{298,Fe}^{\ominus} = 27.15J/(mol \cdot K)$;$S_{298,O_2}^{\ominus} = 205.04J/(mol \cdot K)$

解:

(1)用不定积分法:

$$\Delta H_{298}^{\ominus} = \sum_i \nu_i \Delta_f H_{298,i}^{\ominus} = -544.08 \text{kJ/mol}$$

$$\Delta S_{298}^{\ominus} = \sum_i \nu_i \Delta_f S_{298,i}^{\ominus} = -137.48 \text{J/(mol · K)}$$

$$\Delta G_{298}^{\ominus} = \Delta H_{298}^{\ominus} - 298\Delta S_{298}^{\ominus} = -502983 \text{J/mol}$$

$$\Delta C_p = 36.66 - 36.496 \times 10^{-3} T - 4.948 \times 10^5 T^{-2} \text{J/(mol · K)}$$

即 $\Delta a = 36.66$; $\Delta b = -36.496 \times 10^{-3}$; $\Delta c = 0$, $\Delta c' = -4.948 \times 10^5$

将以上数据代入式 1-2-16,可计算得 $\Delta H_0 = -555060$,将 $\Delta G_{298}^{\ominus}$、ΔH_0 及 Δa、Δb、$\Delta c'$ 代入式 1-2-17 可计算得:$I = 375$,所以

$$\Delta_r G^{\ominus} = -555060 - 36.66 T\ln T + 18.25 \times 10^{-3} T^2 + 2.47 \times 10^5 T^{-1} + 375T$$

(2)求 $\Delta_r G^{\ominus}$ 与 T 的二项式

用回归分析法,对 $y = ax + b$

$$a = \frac{\sum(x_i - \overline{x})(y_i - \overline{y})}{\sum(x_i - \overline{x})^2} \tag{1-2-18}$$

$$b = \overline{y} - a\,\overline{x} \tag{1-2-19}$$

相关系数

$$r = \frac{\sum(x_i - \overline{x})(y_i - \overline{y})}{\sqrt{\sum(x_i - \overline{x})^2(y_i - \overline{y})^2}} \tag{1-2-20}$$

用以上的计算得的 $\Delta_r G_T^{\ominus}$ 与 T 的关系式,每间隔 100K 取得一值,得表 1-2-1。

表 1-2-1　计算的 $\Delta_r G_T^{\ominus}$ 与 T 的值

分　项	T_i	$\Delta_r G_{T_i}^{\ominus}$
1	298	−502983.0
2	398	−489645.8
3	498	−476672.9
4	598	−464035.3
5	698	−451624.9
6	798	−439361.7
7	898	−427184.3
8	998	−415044.1

计算得:

$$\overline{T} = 648$$

$$\overline{\Delta_r G_T^{\ominus}} = -458319.0$$

将以上数据代入式 1-2-18、式 1-2-19、式 1-2-20,得 $a = 66.16$, $b = -262690$, $r = 0.9999$。

所以，$\Delta_r G_T^{\ominus} = -262690 + 66.16T$。

2.2.3　由物质的标准生成吉布斯自由能 $\Delta_f G^{\ominus}$ 及标准溶解吉布斯自由能 $\Delta_{sol} G^{\ominus}$，求化学反应的 $\Delta_r G^{\ominus}$

$\Delta_f G^{\ominus}$ 定义：恒温下，由标准大气压（$p^{\ominus}$）下的最稳定单质生成标准大气压（$p^{\ominus}$）1mol 某物质时反应的自由能差。

注意以下几点：

(1)稳定单质的 $\Delta_f G^{\ominus} = 0$；

(2)手册上给出的一般为化合物在 298K 时的标准生成自由能 $\Delta_f G_{298}^{\ominus}$。

$\Delta_{sol} G^{\ominus}$ 定义：恒温下，某一元素 M 溶解在溶剂中，形成 1%（质量）的溶液时自由能的变化。一般为

$$M = [M]_{1\%(质量)} \qquad \Delta_{sol} G_M^{\ominus} = a - bT$$

用 $\Delta_f G^{\ominus}$ 及 $\Delta_{sol} G^{\ominus}$ 计算 $\Delta_r G^{\ominus}$ 的通式如下：

$$\Delta_r G^{\ominus} = \sum_i \nu_i \Delta_f G_i^{\ominus} （或 \Delta_{sol} G_i^{\ominus}） \tag{1-2-21}$$

式中，ν_i 为化学反应方程式中反应物 i 或产物 i 的计量系数，若 i 代表反应物，则 ν_i 为"－"；若 i 代表产物，则 ν_i 为"＋"（注：以下类同）。

例 1-2-2　试计算反应 $2[C] + \frac{2}{3}Cr_2O_{3(s)} = \frac{4}{3}[Cr] + 2CO_{(g)}$ 的 $\Delta_r G^{\ominus}$ 与 T 的关系

已知：$C_{(s)} = [C]_{1\%(质量)}$ 　　$\Delta_{sol} G_C^{\ominus} = 22590 - 42.26T$

$Cr_{(s)} = [Cr]_{1\%(质量)}$ 　　$\Delta_{sol} G_{Cr}^{\ominus} = 19250 - 46.86T$

$2Cr_{(s)} + \frac{3}{2}O_{2(g)} = Cr_2O_{3(s)}$ 　　$\Delta_f G_{Cr_2O_3}^{\ominus} = -1120260 + 255.44T$

$C_{(s)} + \frac{1}{2}O_{2(g)} = CO_{(g)}$ 　　$\Delta_f G_{CO}^{\ominus} = -116315 - 83.89T$

解：由式 1-2-21，得

$$\Delta_r G^{\ominus} = \frac{4}{3}\Delta_{sol} G_{Cr}^{\ominus} + 2\Delta_f G_{CO}^{\ominus} - 2\Delta_{sol} G_C^{\ominus} - \frac{2}{3}\Delta_f G_{Cr_2O_3}^{\ominus} = 494697 - 316.03T (J/mol)$$

2.2.4　由 $K^{\ominus}$ 求 $\Delta_r G^{\ominus}$

由等温方程式 $\Delta_r G^{\ominus} = -RT\ln K^{\ominus}$，可由几个温度下的 $K^{\ominus}$ 求出 $\Delta_r G^{\ominus}$ 与 T 的关系。

例 1-2-3　实验测得反应 $Nd_2O_2S_{(s)} = 2[Nd] + 2[O] + [S]$

1823K 　　$K_{1823}^{\ominus} = 9.33 \times 10^{-16}$

1873K 　　$K_{1873}^{\ominus} = 1.29 \times 10^{-14}$

1933K 　　$K_{1933}^{\ominus} = 1.62 \times 10^{-13}$

求 $\Delta_r G^{\ominus}$ 与 T 的关系式

解: 用最小二乘法求 $\lg K^{\ominus}$ 与 $\dfrac{1}{T}$ 的关系式

由已知数据,求得

$$\frac{1}{T_1} = 5.49 \times 10^{-4}; \frac{1}{T_2} = 5.34 \times 10^{-4}; \frac{1}{T_3} = 5.17 \times 10^{-4}$$

所以
$$\overline{\frac{1}{T_i}} = 5.49 \times 10^{-4}$$

$$\lg K_1^{\ominus} = 9.33 \times 10^{-16}; \lg K_2^{\ominus} = 1.29 \times 10^{-14}; \lg K_3^{\ominus} = 5.17 \times 10^{-13}$$

所以
$$\overline{\lg K_i^{\ominus}} = 5.86 \times 10^{-14}$$

求出 $A = \dfrac{\sum \left[\dfrac{1}{T_i} - \overline{\dfrac{1}{T_i}}\right]\left[\lg K_i^{\ominus} - \overline{\lg K_i^{\ominus}}\right]}{\sum \left[\dfrac{1}{T_i} - \overline{\dfrac{1}{T_i}}\right]^2} = -70930$

$$B = \overline{\lg K^{\ominus}} - A \,\overline{\frac{1}{T}} = 23.91$$

$$r = 0.99$$

即
$$\lg K^{\ominus} = -\frac{70930}{T} + 23.91$$

由两边同乘以 $-2.303RT$,即得到:$\Delta_r G^{\ominus} = 1358110 - 457.81T$。

2.2.5　由电化学反应的电动势求 $\Delta_r G^{\ominus}$

由热力学与电化学反应的关系式

$$\Delta_r G = -nFE$$

在标准状态或当参加反应的物质都是纯物质时 $\Delta_r G = \Delta_r G^{\ominus}$,$E = E^{\ominus}$,即

$$\Delta_r G^{\ominus} = -nFE^{\ominus}$$

式中　n——电化学反应得失电子的数目;

　　　F——法拉第常数,96500C/mol;

　　　$E^{\ominus}$——标准电动势,V。

例 1-2-4　用 CaO 稳定的 ZrO_2 固体电解质浓度电池计算

$$Fe_{(s)} + NiO_{(s)} = FeO_{(s)} + Ni_{(s)}$$

的 $\Delta_r G^{\ominus} \sim T$,并利用给出的 $\Delta_f G_{FeO}^{\ominus}$ 数据求 $\Delta_f G_{NiO}^{\ominus} \sim T$。

已知:电池设计如下

$$(-)p_t | Fe, FeO | ZrO_2 \cdot CaO | NiO, Ni | p_t (+)$$

不同温度下 E 及 $\Delta_f G^{\ominus}_{\text{FeO}}$ 可见表 1-2-2。

表 1-2-2　不同温度下的标准电位和自由能值

T/K	$E^{\ominus}/\text{mV}$	$\Delta_f G^{\ominus}_{\text{FeO}}/\text{J} \cdot \text{mol}^{-1}$
1023	260	−197650
1173	276	−187900
1273	286	−181250
1373	296	−174770
1473	301	−171460

解： 电池反应

（−）（氧化反应）$\text{Fe}_{(s)}$　　　$+\text{O}^{2-}$　　　$=\text{FeO}_{(s)}+2e$（第二类电极，金属表面覆盖一薄层该金属的难溶盐）

（＋）（还原反应）$\text{NiO}_{(s)}$　　$+2e$　　　$=\text{Ni}_{(s)}$　　$+\text{O}^{2-}$

电池总反应　$\text{Fe}_{(s)}$　　　$+\text{NiO}_{(s)}$　　$=\text{FeO}_{(s)}+\text{Ni}_{(s)}$

将不同温度 $E^{\ominus}$ 代入，即可得到不同温度 $\Delta_r G^{\ominus}$，再利用不同温度 $\Delta_r G^{\ominus}$ 及 $\Delta_f G^{\ominus}_{\text{FeO}}$，求出不同温度 $\Delta_f G^{\ominus}_{\text{NiO}}$，用最小二乘法得：$\Delta_f G^{\ominus}_{\text{NiO}} \sim T$，结果为

$$\Delta_f G^{\ominus}_{\text{NiO}} = -234630 + 85.23T$$

2.2.6　由吉布斯自由能函数求 $\Delta_r G^{\ominus}$

自由能函数的定义

定义 $\dfrac{H^{\ominus}_T - H^{\ominus}_R}{T}$ 为焓函数。

式中，$H^{\ominus}_R$ 为参考温度下物质的标准焓（如果为气态物质，则 $H^{\ominus}_R$ 为 0K 标准焓，记为 $H^{\ominus}_0$；如果为凝聚态物质，则 $H^{\ominus}_R$ 为 298K 标准焓，记为 $H^{\ominus}_{298}$）。

由　　　　　　　　　　　　$G^{\ominus}_T = H^{\ominus}_T - TS^{\ominus}_T$

两边同时减去 $H^{\ominus}_R$，再同除以 T，得

$$\frac{G^{\ominus}_T - H^{\ominus}_R}{T} = \frac{H^{\ominus}_T - H^{\ominus}_R}{T} - S^{\ominus}_T \tag{1-2-22}$$

定义 $\dfrac{G^{\ominus}_T - H^{\ominus}_R}{T}$ 为自由能函数，记为 fef。

利用自由能函数计算 $\Delta_r G^{\ominus}$

首先计算化学反应产物与反应物的自由能函数 fef 之差值，即

$$\Delta fef = \sum_i \nu_i fef_i$$

而
$$\Delta fef = \Delta_r\left(\frac{G_T^\ominus - H_R^\ominus}{T}\right) = \frac{\Delta_r G_T^\ominus}{T} - \frac{\Delta_r H_R^\ominus}{T}$$

所以
$$\Delta_r G_T^\ominus = \Delta_r H_R^\ominus + T\Delta fef \qquad (1\text{-}2\text{-}23)$$

注：当参加反应的物质既有气态又有凝聚态，将 $H_R^\ominus$ 统一到 298K。298K 与 0K 之间的自由能函数的换算公式为

$$\frac{G_T^\ominus - H_{298}^\ominus}{T} = \frac{G_T^\ominus - H_0^\ominus}{T} - \frac{H_{298}^\ominus - H_0^\ominus}{T} \qquad (1\text{-}2\text{-}24)$$

此式一般用于将气态在 0K 的 fef 值换算成 298K 的 fef。

例 1-2-5　用吉布斯自由能函数法计算反应

$$2Al_{(l)} + \frac{3}{2}O_{2(g)} = Al_2O_{3(s)}$$

的 $\Delta_r G_{1000K}^\ominus$。

已知条件可见表 1-2-3 中数据。

表 1-2-3　各组元的热力学数据

物　　质	$\dfrac{G_T^\ominus - H_{298}^\ominus}{T}$	$\Delta H_{298}^\ominus / kJ \cdot mol^{-1}$
$Al_{(l)}$	−42.7	0
$Al_2O_{3(s)}$	−102.9	−1672
物　　质	$\dfrac{G_T^\ominus - H_0^\ominus}{T}$	$H_{298}^\ominus - H_0^\ominus$
O_2	−212.12	8656.7

解：先将 O_2 的 fef 换算成 298K 时的 fef

$$\left(\frac{G_T^\ominus - H_{298}^\ominus}{T}\right)_{O_2} = \left(\frac{G_T^\ominus - H_0^\ominus}{T}\right)_{O_2} - \left(\frac{H_{298}^\ominus - H_0^\ominus}{T}\right)_{O_2}$$

$$= -212.12 - \frac{8656.7}{1000}$$

$$= -220.67 J/(mol \cdot K)$$

所以
$$\Delta fef = fef_{Al_2O_3} - 2fef_{Al_{(l)}} - \frac{3}{2}fef_{O_2}$$

$$= -102.9 - 2(-42.7) - \frac{3}{2}(-220.78)$$

$$= 313.67 J/(mol \cdot K)$$

故
$$\Delta_r G_T^\ominus = \Delta_r H_{298}^\ominus + T\Delta fef$$

$$= -1672 \times 1000 + 313.67 \times 1000$$

$$= -1358.33 kJ/mol$$

2.2.7 由 $\Delta_r G^{\ominus}$ 与 T 的多项式求二项式

实际上,在本章的开始,不管是定积分法还是不定积分法都可以求出化学反应的自由能与温度的关系的多项式,但是可以看出,事实上化学反应的自由能与温度的关系可以近似用线性关系代替,也就是二项式。

其步骤如下:

(1)对 $\Delta_r G^{\ominus} = A + BT + CT^2 + DT^3 + \cdots$,形式的多项式;

(2)在一定温度的定义域内,合理选择 n 个温度点:$T_1, T_2, \cdots, T_n$;

(3)求出 n 个温度对应的自由能 $\Delta_r G^{\ominus}_{T_1}, \Delta_r G^{\ominus}_{T_2}, \cdots, \Delta_r G^{\ominus}_{T_n}$;

(4)用最小二乘法,得出

$$\Delta_r G^{\ominus} = a + bT$$

2.3 $\Delta G^{\ominus} \sim T$ 图及其应用(Ellingham 图)

对元素 M 和氧的反应,可以写成如下标准反应形式(即所有元素都与 $1 mol O_2$ 反应)

$$\frac{2x}{y} M + O_2 = \frac{2}{y} M_x O_y$$

$$\Delta_r G^{\ominus} = -RT \ln \frac{1}{\dfrac{p'_{O_2}}{p^{\ominus}}}$$

$$= RT \ln \frac{p'_{O_2}}{p^{\ominus}} = RT \ln p_{O_2}$$

为了比较各元素 M 与氧气反应生成氧化物的难易,Ellingham 根据以上标准反应得到的 $\Delta G^{\ominus}$ 与 T 的关系式,将所有元素与 $1 mol O_2$ 反应的 $\Delta G^{\ominus} \sim T$ 画到一张图上,如图 1-2-1 所示。该图称为 Ellingham 图,或称 $\Delta G^{\ominus} \sim T$ 图,或称氧势图。

2.3.1 Ellingham 图的热力学特征

从热力学原理来说,氧势图中所描述的化学反应有以下 2 个特点:

(1)直线位置越低,则氧化物 $M_x O_y$ 越稳定,或该氧化物越难被还原;

(2)同一温度下,几种元素同时与 O_2 相遇,则氧化顺序如图 1-2-1 上位置最低的元素最先氧化。例如:1073K,最易氧化的几个元素依次为:

$$Ca \rightarrow Mg \rightarrow Li \rightarrow U \rightarrow Al$$

概括起来,氧势图 1-2-1 有如下热力学特征:

低位置的元素可将高位置元素形成的氧化物还原。

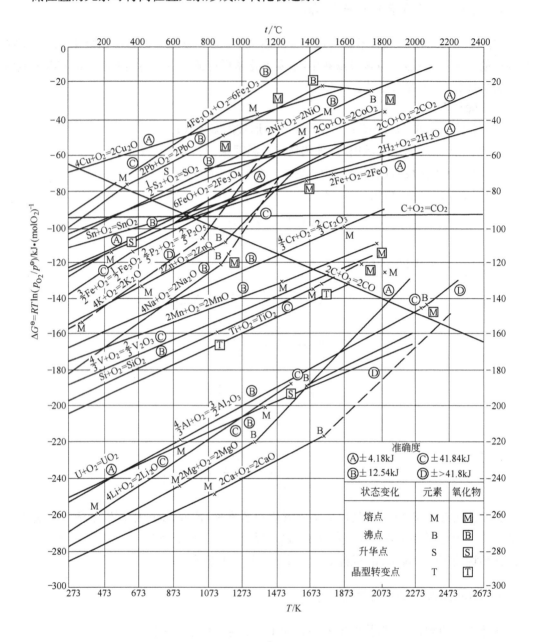

图 1-2-1 氧化物的 $\Delta G^{\ominus} \sim T$ 图(Ellingham 图)

例 1-2-6 1600K,Ca 可将 Al_2O_3 还原得 Al

$$2Ca_{(l)} + O_2 = 2CaO_{(s)} \qquad \Delta_r G_1^{\ominus} = -1278244 + 211.5T \qquad (1-2-25)$$

$$\frac{4}{3}Al_{(l)} + O_2 = \frac{2}{3}Al_2O_{3(s)} \qquad \Delta_r G_2^{\ominus} = -1119404 + 214.0T \qquad (1-2-26)$$

式 1-2-25 减式 1-2-26 得

$$2Ca_{(l)} + \frac{2}{3}Al_2O_{3(s)} = 2CaO_{(s)} + \frac{4}{3}Al_{(l)} \qquad \Delta_r G^{\ominus} = -158840 - 2.5T$$

$$T = 1600K\ 时,\Delta G = \Delta_r G^{\ominus} + RT\ln1 = \Delta_r G^{\ominus} = -162840J$$

由于 ΔG 小于零,这就从热力学原理上解释了为什么在氧势图上,低位置的元素可将高位置元素形成的氧化物还原。

特殊的线(2C+O$_2$=2CO)

图上唯一的这条区别于其他线的特殊性,就在于它的斜率为负。这条线的存在,对利用化学反应从氧化物中提取金属元素具有重要意义。从热力学的角度看,它的重要性在于,原则上,只要能够升高温度,碳可以还原任何氧化物。从钢铁工业的角度,可以想像,如果没有这条斜率为负值的线,就不会有今天的高炉炼铁。如果真正理解了氧势图的热力学原理,就会理解这一点。

这里讨论在一定的温度范围,碳还原氧化物的情况,如图 1-2-2 所示。

若划定了一个温度范围,则该线在图 1-2-1 形成了三个区域(例如在温度区间 1000～2000K):

(1)在 CO 的 $\Delta_r G^{\ominus}$ 与温度线之上的区域。Fe、W、P、Mo、Sn、Ni、As 及 Cu 在此区域,在此温度范围内的区域,由于 CO 的 $\Delta_r G^{\ominus}$ 与温度的关系曲线在这些元素的氧化物之上,所以这些元素的氧化物都可以被 C 还原。

(2)在 CO 的 $\Delta_r G^{\ominus}$ 线之下的区域。Al、Ba、Mg、Ce 及 Ca 在此区域,在此温度范围,这些元素的氧化物不可以被 C 还原。

(3)中间区域。Cr、Mn、Nb、V、B、Si 及 Ti 在此区域,在此温度范围,这些元素的氧化物在高于某一温度(称为转化温度)时可以被 C 还原,低于这一温度不能被 C 还原。

Ellingham 图中直线的斜率

由 $\Delta G^{\ominus} = \Delta H^{\ominus} - T\Delta S^{\ominus}$(对应 $\Delta G^{\ominus} = a - bT$)

根据如下原则:

凝聚态(固、液)的熵值远小于气态熵值。即

$$S^{\ominus}_{(l,s)} \ll S^{\ominus}_{(g)}$$

在图 1-2-1 上,选择几个代表性反应,可以证明

(1) $$2C+O_2=2CO$$

$$\Delta S^{\ominus} = 2S^{\ominus}_{CO} - S^{\ominus}_{O_2} - S^{\ominus}_C$$

$$\approx 2S^{\ominus}_{CO} - S^{\ominus}_{O_2}（注:S^{\ominus}_C\ 与气态熵值比较可忽略）$$

$$> 0$$

因为 $$-\Delta S^{\ominus} < 0;$$

所以 $\Delta G^{\ominus} \sim T$ 曲线的斜率小于零(如图 1-2-3 直线②所示)。

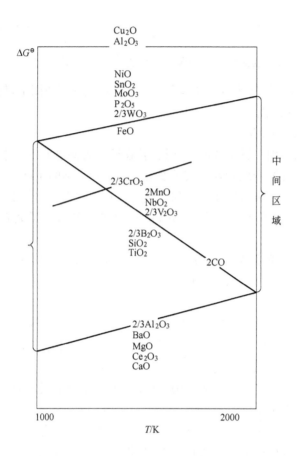

图 1-2-2　1000～2000K 范围内，CO 的 $\Delta G^{\ominus}$ 与
其他氧化物的关系

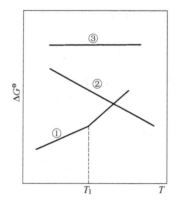

图 1-2-3　几条特殊的线

(2)
$$C+O_2=CO_2$$
$$\Delta S^{\ominus}=S^{\ominus}_{CO_2}-S^{\ominus}_{O_2}-S^{\ominus}_{C}$$
$$\approx S^{\ominus}_{CO_2}-S^{\ominus}_{O_2}$$
$$\approx 0$$

(如图 1-2-3 直线③所示)

(3)
$$2Fe_{(s)}+O_2=2FeO_{(s)}$$
$$\Delta S^{\ominus}=2S^{\ominus}_{FeO}-2S^{\ominus}_{Fe}-S^{\ominus}_{O_2}$$
$$\approx -S^{\ominus}_{O_2}$$
$$<0$$

所以
$$-S^{\ominus}_{O_2}>0$$

所以 $\Delta G^{\ominus}\sim T$ 曲线的斜率大于零(大多数曲线的情况如此,如图 1-2-3 直线①)。

由图 1-2-3 上还可以看出,有些曲线在某温度 T 时斜率发生变化,这可以用热力学原理证明:

(1)若 M 在 T_1 点发生相变,$\Delta G^{\ominus}\sim T$ 曲线斜率增加;

(2)若 M_xO_y 在 T_1 点发生相变,$\Delta G^{\ominus}\sim T$ 曲线斜率减少。

2.3.2　用 $\Delta G^{\ominus}$ 判断化学反应的方向及其局限性

必须指出,判断化学反应的方向是用 ΔG,但在如下情况下可以用 $\Delta G^{\ominus}$ 判断。

2.3.2.1　定性判断

可以认为,对化学反应 $\Delta_r G=\Delta_r G^{\ominus}+RT\ln Q$ 中,一般情况下,$\Delta_r G^{\ominus}$ 是 $\Delta_r G$ 的主要部分,一定条件下可以定性地用 $\Delta_r G^{\ominus}$ 判断反应的先后顺序。一般认为,常温下,$|\Delta_r G^{\ominus}|>$ 41.8kJ/mol,基本上就决定了 $\Delta_r G$ 的符号。(注:在高温下不一定成立)

2.3.2.2　同等条件

在 Ellingham 图 1-2-1 中,不同元素采用相同的标准,比如都在 $1mol O_2$ 的条件下,可以用 $\Delta G^{\ominus}$ 比较各元素氧化的先后顺序。因为在 $\Delta G_i=\Delta G_i^{\ominus}+RT\ln p_{O_2}$ 中,各组元都在相同的 $RT\ln p_{O_2}$ 下比较,所以 $\Delta G_i^{\ominus}$ 大小顺序即代表 ΔG_i 的大小。

2.3.2.3　特定的标准状态

对所研究的反应中各物质都满足以下条件:

(1)参加反应的气体,其压力为 $1.01325\times 10^5 Pa$(标准状态下的压强);

(2)参加反应的固态或液态是纯物质;

(3)对有溶液参加的反应,溶于金属液中元素是 1%(标准态);

(4)参加反应的炉渣组元是纯物质(标准态)。

在以上条件都满足时：$\Delta G = \Delta G^{\ominus} + RT\ln 1 = \Delta G^{\ominus}$

此时，可以用 $\Delta G_i^{\ominus}$ 判断化学反应的方向。

2.3.3　Richardson 图—p_{O_2} 标尺

2.3.3.1　p_{O_2} 标尺的画法

为了更方便地使用氧势图判断氧化物的分解温度或分解压等热力学数据，Richardson 在图上增加了 p_{O_2} 标尺，如图 1-2-4 所示，其热力学原理如下：

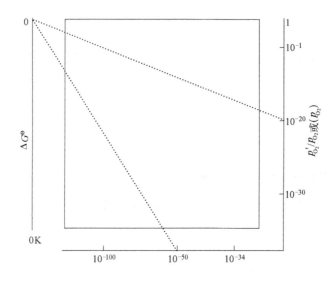

图 1-2-4　Richardson 图—p_{O_2} 标尺

设 $1\mathrm{mol}\,O_2$ 从压力 $1.01325 \times 10^5\,\mathrm{Pa}$ 等温膨胀到压力为 p'_{O_2}

$$O_{2(1)} = O_2(p_{O_2}) \qquad p_{O_2} = \frac{p'_{O_2}}{p^{\ominus}}$$

根据等温方程式

$$\Delta G = \Delta G^{\ominus} + RT\ln\frac{\dfrac{p'_{O_2}}{p^{\ominus}}}{\dfrac{p}{p^{\ominus}}} = \Delta G^{\ominus} + RT\ln\frac{p'_{O_2}}{p^{\ominus}} \qquad (1\text{-}2\text{-}27)$$

又因为平衡时，两边的 O_2 压力相等，$K^{\ominus}=1$

所以

$$\Delta G^{\ominus} = 0$$

所以

$$\Delta G = RT\ln\frac{p'_{O_2}}{p^{\ominus}} = \left(R\ln\frac{p'_{O_2}}{p^{\ominus}}\right)T \tag{1-2-28}$$

或

$$\Delta G = (R\ln p_{O_2})T \tag{1-2-29}$$

即斜率为 $R\ln p_{O_2}$，在氧势图上可以得到一簇斜率为 $R\ln p_{O_2}$，经过 0 点的直线。

2.3.3.2　p_{O_2} 标尺的用途

p_{O_2} 标尺可有如下几种用途：

(1)利用 p_{O_2} 标尺可以直接求出某一温度下金属氧化物的分解压强；

例 1-2-7　求 $M+O_2=MO_2$ 在温度 T 时分解压。

解：

1)过 T 点作垂线，与 $M+O_2=MO_2$ 的线交于 T' 点；

2)连接 $0T'$ 并延长至 p_{O_2} 标尺交于 10^{-30}。

则 $p_{O_2} = \dfrac{p'_{O_2}}{p^{\ominus}} = 10^{-30}$ 即为 MO_2 在温度 T 的分解压。

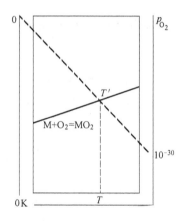

图 1-2-5　Richardson 图

(2)在指定分解压下可以求出该氧化物分解达到平衡时的温度(求解方法同以上类似)。

(3)在指定温度下及一定氧分压 p''_{O_2} 下，可以判断气氛对金属的性质。

方法可有：

1)指定温度下按用途(1)求出平衡分解压 p_{O_2}；

2)与指定氧分压 p''_{O_2} 比较，若 $p_{O_2} > p''_{O_2}$，则金属氧化物分解；若 $p_{O_2} < p''_{O_2}$，则气氛是氧

化性,金属发生氧化反应。

以上结论可以用等温方程式证明如下:

对化学反应

$$M + O_2 = MO_2$$

$$\Delta G = \Delta G^{\ominus} + RT\ln\frac{1}{p''_{O_2}}$$

$$= -RT\ln\frac{1}{p_{O_2}} + RT\ln\frac{1}{p''_{O_2}}$$

$$= RT\ln\frac{p_{O_2}}{p''_{O_2}}$$

若 $p_{O_2} > p''_{O_2}$,则 $\Delta G > 0$,金属氧化物分解;若 $p_{O_2} < p''_{O_2}$,则 $\Delta G < 0$,氧化反应向正方向进行,即 M 被氧化。

2.3.4　Jeffes 图—$\dfrac{p_{CO}}{p_{CO_2}}$ 标尺

2.3.4.1　$\dfrac{p_{CO}}{p_{CO_2}}$ 标尺的画法

为了更方便地使用氧势图判断氧化物被 CO 还原的情况,Jeffes 在氧势图上增加了 $\dfrac{p_{CO}}{p_{CO_2}}$ 标尺,其原理和用途如下:

对反应

$$2CO + O_2 = 2CO_2$$

$$\Delta G^{\ominus} = -RT\ln\frac{p_{CO_2}^2}{p_{CO}^2} \cdot \frac{1}{p_{O_2}}$$

$$= RT\ln p_{O_2} - 2RT\ln\frac{p_{CO_2}}{p_{CO}} \tag{1-2-30}$$

所以

$$RT\ln p_{O_2} = \Delta G^{\ominus} + 2RT\ln\frac{p_{CO_2}}{p_{CO}}$$

$$= \Delta G^{\ominus} - 2RT\ln\frac{p_{CO}}{p_{CO_2}} \tag{1-2-31}$$

式中　$RT\ln p_{O_2}$——平衡氧势(对反应 $2CO + O_2 = 2CO_2$);

　　　$\Delta G^{\ominus}$——反应 $2CO + O_2 = 2CO_2$ 的标准自由能,$\Delta G^{\ominus} = -558150 + 167.78T$。

将 $\Delta G^{\ominus} = -558150 + 167.78T$ 代入上式,并整理得

$$RT\ln p_{O_2} = -558150 + 167.78T - 2RT\ln\frac{p_{CO}}{p_{CO_2}}$$

$$= -558150 + \left(167.78 - 2R\ln\frac{p_{CO}}{p_{CO_2}}\right)T \tag{1-2-32}$$

即 $RT\ln p_{O_2}\sim T$ 成线性关系。

(1)当 $T=0K$ 时(或 $167.78-2R\ln\dfrac{p_{CO}}{p_{CO_2}}=0$),$RT\ln p_{O_2}=-558150$

此处,-558150 实际是 $RT\ln p_{O_2}\sim T$ 直线的截距。

(2)对任一确定的 $\dfrac{p_{CO}}{p_{CO_2}}$(如 10^8),对应一条直线

$RT\ln p_{O_2}=-558150+(167.78-2R\ln10^8)T$,如图 1-2-6 中直线。

在 Jeffes 坐标上对应一个 10^8 的点,由此得到 Jeffes 图,如图 1-2-7 所示。

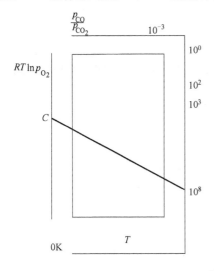

图 1-2-6　$RT\ln p_{O_2}\sim T$ 线性关系

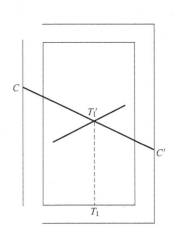

图 1-2-7　Jeffes 图的应用

2.3.4.2　$\dfrac{p_{CO}}{p_{CO_2}}$ 线的应用

$\dfrac{p_{CO}}{p_{CO_2}}$ 线的应用,如图 1-2-7 所示可分如下几种:

(1)给定温度 T_1 下求 M_xO_y 被 CO 还原达到平衡时的 $\dfrac{p_{CO}}{p_{CO_2}}$ 比。过 T_1 作垂线,与 M_xO_y 的 $\Delta G^{\ominus}\sim T$ 线交于一点 T'_1,连接 CT' 并延长与 $\dfrac{p_{CO}}{p_{CO_2}}$ 线相交于点 C' 点。读出 C' 值,即是 M_xO_y 在 T' 点被 CO 还原时平衡的 $\dfrac{p_{CO}}{p_{CO_2}}$ 值;

(2)给定 $\dfrac{p_{CO}}{p_{CO_2}}$,可以求 M_xO_y 被 CO 还原的最低温度(方法同(1));

(3)在给定温度及 $\dfrac{p_{CO}}{p_{CO_2}}$,可判断气氛对金属的氧化还原性。

根据给定的温度,求出平衡的 $\left(\dfrac{p_{CO}}{p_{CO_2}}\right)^*$,若 $\left(\dfrac{p_{CO}}{p_{CO_2}}\right)^* > \dfrac{p_{CO}}{p_{CO_2}}$,则平衡向生成 CO 方向移动,M 被 CO_2 氧化;若 $\left(\dfrac{p_{CO}}{p_{CO_2}}\right)^* < \dfrac{p_{CO}}{p_{CO_2}}$,则 M_xO_y 被 CO 还原成 M。

同理,在氧势图上判断氧化物被 H_2 还原的情况,在氧势图上还可增加 $\dfrac{p_{H_2}}{p_{H_2O}}$ 标尺。

2.4 $\Delta G^{\ominus}$ 在冶金中的应用

2.4.1 高炉内还原反应的热力学分析

在 Ellingham 图 1-2-8 上可以看出,在 C,CO 作为还原剂的情况下,与其他元素比较。

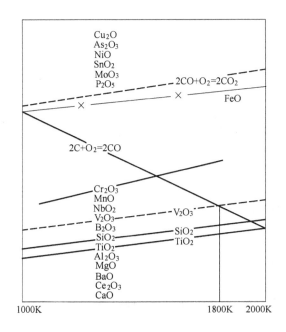

图 1-2-8 炼铁过程的有关反应在 Ellingham 图上的位置

注:高炉热风炉的热风进入高炉,在风嘴附近温度高达 2000K,可以看出 TiO_2 以上的氧化物都可还原。

若用 $\Delta G^{\ominus}$ 的大小判断,则:

(1)高炉内部:随着 CO 气上升,若用 CO 做还原剂,将还原铁矿石中的 P_2O_5,MoO,SnO_2,NiO,As_2O_3,Cu_2O;不能还原 FeO,Cr_2O_3,MnO,…。

(2)高炉下部:Cr,Mn,Nb,V,B,Si,Ti 等氧化物 $\Delta G^{\ominus}$ 线远在 $2CO+O_2=2CO_2$ 线之下,而在一定温度后,即在 $2CO+O_2=2CO_2$ 线之上。即不能被 CO 还原,可以被 C 还原。

注:$T<1800K$ 时,可还原至 V_2O_3。

（3）但实际高炉过程，CO 是可以还原 FeO，这是为什么？

可以用热力学的方法具体分析如下：

$$2CO \ + \ O_2 \ = 2CO_2$$

$$\underline{2Fe \ + \ O_2 \ = 2FeO}$$

$$2CO+2FeO_{(s)} \ = 2Fe+2CO_2 \qquad \Delta_r G^{\ominus}=-38874+42.64T$$

首先，当 $T>912K$ 时，$\Delta_r G^{\ominus}>0$，以上的还原反应不能进行，这个结论是错误的。事实上，该反应判断应为：

$$\Delta_r G = \Delta_r G^{\ominus} + 2RT\ln\frac{p_{CO_2}}{p_{CO}}$$

如图 1-2-9 所示，在离炉顶较远区域（如炉身），温度逐渐升高。

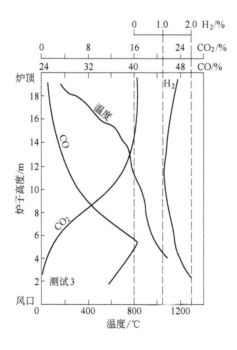

图 1-2-9　高炉内部 CO，CO_2 的温度，H_2 分布图

假设 $\dfrac{p_{CO_2}}{p_{CO}}=\dfrac{1}{5}$，由等温方程式

$$\Delta_r G = \Delta_r G^{\ominus} + 2RT\ln\frac{1}{5}$$

$$= -38874 + 42.64T - 26.75T$$
$$= -38874 + 15.89T$$

由此可说明,$T < 2446.4T$ 很大范围内,$\Delta_r G < 0$,CO 在大部分区域皆可还原 FeO。

2.4.2　转炉中元素氧化的热力学

对反应

$$\frac{2x}{y}M_{(s)} + O_2 = \frac{2}{y}M_xO_y$$

$$\Delta_r G_1^{\ominus} = a_1 - b_1 T \tag{1-2-33}$$

直接应用于转炉炼钢过程,判断 M 在钢铁中的氧化是不适用的,应将 M 转化为溶解于钢液中的状态,标准态为 1% 浓度。

$$M_{(s)} = [M]_{1\%} \qquad \Delta_r G_2^{\ominus} = a_2 - b_2 T = RT\ln\frac{55.85}{100 M_M} r_M^{\ominus} \tag{1-2-34}$$

式 1-2-33 $-\frac{2x}{y} \times$ 式 1-2-34,得

$$\frac{2x}{y}[M] + O_2 = \frac{2}{y}M_xO_y$$

$$\Delta G_2^{\ominus} = \left(a_1 - \frac{2x}{y}a_2\right) - \left(b_1 - \frac{2x}{y}b_2\right)T \tag{1-2-35}$$

或 $$\Delta G_2^{\ominus} = a_2 - \left(b_2 - \frac{2x}{y}R\ln\frac{55.85}{100 M_M}\gamma_M^{\ominus}\right)T = a - bT \tag{1-2-36}$$

将式 1-2-35 或式 1-2-36 做成类似于 Ellingham 图。如图 1-2-10 所示。

可得如下结论:

(1)Cu、Ni、Mo、W、Pb、Sn 的 $\Delta_r G^{\ominus}$ 线均在 Fe 之上,它们在炼钢过程中不被氧化;

(2)P 虽在 Fe 线之上,但在炼钢过程中可被氧化;

(3)Cr、Mn、V、Nb、Si、B 的氧化,受到 C 的氧化影响,与 C 的氧化线有一交点 $T_{转}$。如图1-2-11所示;$T_{转}$ 叫转化温度,$T < T_{转}$,M 可被氧化;$T > T_{转}$,则脱碳;

(4)Ti、Al、Ce、Ca 等元素最易氧化,它们是强氧化剂,在冶金过程中常做脱氧剂,其脱氧能力大小顺序为:

$$[Ce] > [Al] > [Ti] > [B] > [Nb] > [Si]$$

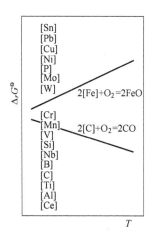

图 1-2-10　铁液中元素
氧化的氧势图

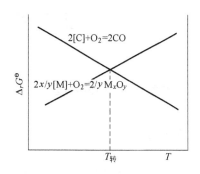

图 1-2-11　C,M 氧化的转化温度
$T_{转}$—转化温度;低于此温度[M]氧化;
高于此温度[C]氧化

在图 1-2-10 中还可看出,其中 B、Nb、Si 在有 C 时,几乎不能脱氧。

第三章　真 实 溶 液

3.1　二元系中组元的活度

3.1.1　拉乌尔定律

在等温等压下,在溶液中,对组元 i,当其组元 i 的摩尔分数 $x_i \rightarrow 1$ 时,该组元在气相中的蒸气压 p_i 与其在溶液中的摩尔分数 x_i 成线性关系。数学描述为

$$p_i = p_i^* \cdot x_i \qquad (x_i'' \leqslant x_i \leqslant 1) \tag{1-3-1}$$

式中　　p_i——组元 i 在气相中的蒸气压;

　　　　p_i^*——纯组元 i 的蒸气压;

　　　　x_i——组元 i 在液相中的摩尔分数;

$x_i'' \leqslant x_i \leqslant 1$——组元 i 服从拉乌尔定律的定义域。

3.1.2　亨利定律

在等温等压下,对溶液中的组元 i,当其组元的摩尔分数 $x_i \rightarrow 0$($\%i \rightarrow 0$)时,该组元在气相中的蒸气压 p_i 与其在溶液中的摩尔分数 x_i(或 $\%i$)成线性关系。数学描述为

$$p_i = k_{H,i} x_i \qquad\qquad 0 \leqslant x_i \leqslant x_i' \tag{1-3-2}$$

或 $$p_i = k_{\%,i} [\%i] \qquad\qquad 0 \leqslant \%i \leqslant \%i' \tag{1-3-3}$$

式中　　　　　　　p_i——组元 i 在气相中的蒸气压;

　　$k_{H,i}, k_{\%,i}$——组元 i 的浓度等于 1 或 1% 时,服从亨利定理的蒸气压;

　　$x_i, [\%i]$——组元 i 在液相中的摩尔分数或质量分数;

$0 \leqslant x_i \leqslant x_i', 0 \leqslant \%i \leqslant \%i'$——组元 i 服从亨利定律的定义域。

3.1.3　拉乌尔定律和亨利定律的比较

拉乌尔定律与亨利定律可以在以下 3 个方面进行比较:

(1) 拉乌尔定律的特点:1)描述溶剂组元 i 在液相中浓度与其在气相中的蒸气压的线性关系;在 $x_i \rightarrow 1$ 时,在定义域 $x_i'' \leqslant x_i \leqslant 1$ 成立;2)线性关系的斜率是纯溶剂 i 的蒸气压;3)组元 i 的浓度必须用摩尔分数。

(2) 亨利定律的特点:1)描述溶质组元 i 在液相中浓度与其在气相中的蒸气压的线性关

系;在 $x_i \to 0$ 或 $\%i \to 0$ 时,在定义域 $0 \leqslant x_i \leqslant x_i'$ 或 $0 \leqslant \%i \leqslant \%i'$ 成立;2)线性关系的斜率是从服从亨利定律的线性关系延长到 $x_i = 1$ 的蒸气压(当浓度用摩尔分数,实际上是假想纯溶质 i 的蒸气压)或从服从亨利定律的线性关系延长到 $\%i = 1$ 的蒸气压(当浓度用质量分数,实际上是假想 $\%i$ 的蒸气压);3)组元 i 的浓度可以用摩尔分数,也可以用质量分数。如图 1-3-1 所示。

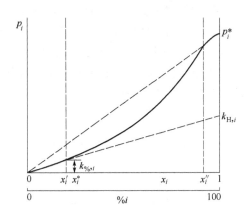

图 1-3-1　二元系组元 i 在溶液中的摩尔分数与
其在气相中蒸气压的关系

(3)拉乌尔定律与亨利定律在以下方面有联系:1)当溶液是理想溶液时,拉乌尔定律的斜率和亨利定律的斜率相等,它们重合。2)拉乌尔定律与亨利定律都有共同的形式。

$$p_i = k_i x_i \tag{1-3-4}$$

式 1-3-4 为拉乌尔定律或亨利定律第 1 种表达式(实验式)。

当 $0 \leqslant x_i \leqslant x_i'$ 时,$p_i = k_{H,i} x_i$ 服从亨利定律;

当 $x_i'' \leqslant x_i \leqslant 1$ 时,$p_i = p_i^* x_i$ 服从拉乌尔定律。

事实上,组元 i 由液态中的组元变为气态,是一个物理过程,可以表达成如下形式

$$[i] = i_{(气)} \tag{1-3-5}$$

当过程达平衡(且服从拉乌尔定律或亨利定律时),有

$$k_i = \frac{p_i}{x_i} \tag{1-3-6}$$

式 1-3-6 为拉乌尔定律或亨利定律第 2 种表达式(平衡式)。

另外,其共同的形式还可以表达为

$$x_i = \frac{p_i}{k_i} \tag{1-3-7}$$

式 1-3-7 为拉乌尔定律或亨利定律第 3 种表达式(标准态式)。

事实上，k_i 是以下 3 个特殊状态的值，代表着 3 个标准态：

(1)当 i 服从拉乌尔定律时，$x_i = 1$(i 为纯物质)，$k_i = p_i^*$(纯物质蒸气压)，k_i 表示纯物质标准态；

(2)当 i 服从亨利定律时(选择摩尔分数 x_i)，$x_i = 1$(i 为纯物质)，$k_i = k_{H,i}$(假想纯物质蒸气压)，k_i 表示假想纯物质标准态；

(3)当 i 服从亨利定律时(选择质量分数%i)，%$i = 1$(i 的质量分数为 1)，$k_i = k_{\%,i}$(i 的质量分数为 1 时的假想蒸气压)，k_i 表示假想 i 的质量分数为 1 时的标准态；

对组元 i 的浓度在 $x'_i \leqslant x_i \leqslant x''_i$ 区间，组元 i 既不服从拉乌尔定律，也不服从亨利定律，为了使用这二定律线性关系的形式描述溶液中组元 i 的浓度与其在气相中的蒸气压的关系，对拉乌尔定律和亨利定律的浓度项进行修正。

拉乌尔定律修正为

$$p_i = p_i^* \cdot (x_i \cdot \gamma_i) = p_i^* \cdot a_{R,i} \tag{1-3-8}$$

亨利定律修正为

$$p_i = k_{H,i}(f_{H,i} \cdot x_i) = k_{H,i} \cdot a_{H,i} \tag{1-3-9}$$

$$p_i = k_{\%,i} \cdot (f_{\%,i} \cdot [\%i]) = k_{\%,i} \cdot a_{\%,i} \tag{1-3-10}$$

或者，由拉乌尔定律及亨利定律的第 3 种表达式

$$x_i = \frac{p_i}{k_i}$$

当组元以纯物质为标准态，对 x_i 进行修正

$$\frac{p_i}{p_i^*} = x_i \gamma_i = a_{R,i} \tag{1-3-11}$$

当组元 i 以假想纯物质为标准态，对 x_i 进行修正

$$\frac{p_i}{k_{H,i}} = x_i f_i' = a_{H,i} \tag{1-3-12}$$

当组元以假想的质量分数%i 为 1 做标准态时，对%i 进行修正

$$\frac{p_i}{k_{\%,i}} = \%i f_i = a_{\%,i} \tag{1-3-13}$$

式中　$a_{R,i}$——拉乌尔活度或纯物质标准态的活度；

　　　γ_i——拉乌尔活度系数；

$a_{H,i}, a_{\%,i}$——亨利活度或假想纯物质标准态活度及假想质量分数等于 1 为标准态的活度；

$f_{H,i}, f_{\%,i}$——亨利活度系数；

这就定义了 3 种标准态下的 3 种活度 $a_{R,i}, a_{H,i}, a_{\%,i}$。

3.2 活度标准态与参考态

3.2.1 活度选取标准态的必要性

活度选取标准态的必要性如下：

(1)溶液中组元 i 的标准化学势 $\mu_i^{\ominus}$ 与标准态

在溶液中，对任一组元 i，其化学势为

$$\mu_i = \mu_i^{\ominus} + RT\ln a_i \tag{1-3-14}$$

或其摩尔自由能

$$G_i = G_i^{\ominus} + RT\ln a_i \tag{1-3-15}$$

在冶金物理化学中，事实上，$\mu_i = G_i$，$\mu_i^{\ominus} = G_i^{\ominus}$（分别是组元 i 在溶液中的摩尔自由能和标准摩尔自由能），从化学势的关系式可以看出，$\mu_i^{\ominus}$ 是组元 i 的活度 $a_i = 1$ 时的化学势，称为标准化学势。当组元 i 所选取的标准态不同时，组元的活度 a_i 是不同的，即活度的大小，与其标准态的选择有关，所以 $\mu_i^{\ominus}$ 是不同的，而 μ_i 与组元 i 所选取的标准态无关。

对于组元 i 的摩尔分数 x_i，对应不同标准态的活度 $a_{R,i}, a_{H,i}, a_{\%,i}$ 在数值上各不相同。

在一个封闭的体系中，在等温等压下，对组元 i 分布在不同的相 I、II 中，如何通过比较 i 在不同的相 I、II 中的化学位 μ_i^I 及 μ_i^{II} 来判断 i 在 I、II 中的分布情况？可以通过化学位的大小判断：

若 $\mu_i^I > \mu_i^{II}$，i 将从 I 相向 II 相迁移；

若 $\mu_i^I = \mu_i^{II}$，i 在 I 与 II 中达平衡。

另若 a_i 在 I、II 中选相同的标准态，则 $\mu_i^{\ominus}$ 相同。μ_i^I，μ_i^{II} 大小反应了 a_i^I，a_i^{II} 大小。比较 a_i^I，a_i^{II} 大小，可确定 i 的迁移方向。

(2)化学反应的标准吉布斯自由能 $\Delta G^{\ominus}$ 及平衡常数 $K^{\ominus}$ 与组元的标准态

对化学反应

$$a\mathrm{A} + b\mathrm{B} = c\mathrm{C} + d\mathrm{D} \tag{1-3-16}$$

$$\Delta G = \Delta G^{\ominus} + RT\ln Q = -RT\ln \frac{a_C^c\, a_D^d}{a_A^a\, a_B^b} + RT\ln \frac{a_C'^c\, a_D'^d}{a_A'^a\, a_B'^b} \tag{1-3-17}$$

当活度选用不同标准态时，平衡常数 $K^{\ominus} = \dfrac{a_C^c\, a_D^d}{a_A^a\, a_B^b}$ 不同，即 $\Delta G^{\ominus}$ 不同。所以写 $\Delta G^{\ominus}$ 时必须标明各组元的标准态。

注：由于 a_i 及 a_i' 选择的标准态一致，所以计算所得的 ΔG 仍相同，即标准态的选择对

ΔG 没有影响,所以也不会影响对反应方向及限度的判断。

3.2.2 选择活度标准态的条件

对溶液中的组元,组元 i 活度标准态应满足的条件是:

(1)处于标准态的活度为 1,浓度亦为 1;这主要是要满足组元 i 的化学位 $\mu_i = \mu_i^\ominus + RT\ln a_i$;

组元 i 在标准态的活度所对应的化学位是标准化学位 $\mu_i^\ominus$,在标准态时

因为 $\qquad\qquad\qquad\qquad a_i = 1$

所以 $\qquad\qquad\qquad\qquad \mu_i = \mu_i^\ominus$

所得的化学位即是标准化学位。

(2)标准态所处状态的浓度都是真实的;标准态选择的理论依据是拉乌尔定律或亨利定律,但该浓度在气相中的蒸气压是在拉乌尔定律或亨利定律的线上的值,这个值可能是真实的,也可能是虚拟的或假设的(不能随意虚拟或假设,是在无限稀溶液段符合亨利定律,延长到标准态的浓度时,实际蒸气压已经偏离亨利定律的线,而把选择在亨利定律的线上蒸气压叫虚拟或假设的);

(3)标准态是温度的函数;冶金中,最常用的 3 个标准态的条件描述如下:

1)纯物质标准态:摩尔分数 $x_i = 1$,符合拉乌尔定律。此时标准态蒸气压 $p_标 = p_i^*$

$$\frac{p_i}{p_i^*} = x_i \gamma_i = a_{R,i}$$

2)亨利标准态:摩尔分数 $x_i = 1$,符合亨利定律。此时标准态蒸气压 $k_{H,i}$

$$\frac{p_i}{k_{H,i}} = x_i f_{H,i} = a_{H,i}$$

3)1% 溶液标准态:活度为 1,质量分数亦为 1,且符合亨利定律的状态,标准态蒸气压 $p_标 = k_{\%,i}$

$$\frac{p_i}{k_{\%,i}} = [\%i] \cdot f_{\%,i} = a_{\%,i}$$

3.2.3 活度的参考态

若选 1% 溶液为标准态,B 点是 1% 时的状态。若 B 点已经超出 $0 \leqslant x_i \leqslant x'_i$ 范围,若按亨利定律,其蒸气压为 C,而此时实际蒸气压为 D 点,已不符合亨利定律。欲求 C 点,应在满足亨利定律的定义域 $0 \leqslant x_i \leqslant x'_i$ 范围之内,求极限

$$\lim_{[\%i] \to 0} \frac{a_{\%,i}}{[\%i]} = 1 \quad (f_{\%,i} = 1) \tag{1-3-18}$$

如图 1-3-2 所示。

将 $0 \leqslant x_i \leqslant x'_i$ 段符合亨利定律的实际溶液定义为参考溶液,或称参考态。划出一条直线,外推至 $[\%i] = 1$,求出标准态蒸气压 $k_{\%,i}$;外推至浓度纯物质处,得到假想的纯物质溶液

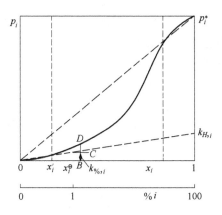

图 1-3-2　活度的参考态

的蒸汽压 $k_{H,i}$ 的标准态。

此处，$0 \leqslant x_i \leqslant x'_i$ 段符合亨利定律的实际溶液为参比溶液，或称参考态。

假想的 1% 溶液的蒸气压 $k_{\%,i}$ 即是以参比溶液，或参考态建立的标准态；此处，活度系数 $f_{\%,i}=1$，浓度 $[\%i]=1$，活度 $a_{\%,i}=1$。

假想的纯物质溶液的蒸气压 $k_{H,i}$ 为以参比溶液，或参考态建立的标准态；此处，活度系数 $f_{H,i}=1$，摩尔分数 $x_i=1$，活度 $a_{H,i}=1$。

综上所述，以假想的状态为标准态是以无限稀的溶液（该段溶液符合亨利定律）为参考态的；标准态的蒸气压是无限稀的溶液（符合亨利定律）延长至标准态所在的浓度点的假想的压强。

例 1-3-1　$1600℃$，A—B 二元系，$M_A=60$，$M_B=56$ 形成熔融合金，不同浓度下，组元 B 的蒸气压见表 1-3-1。试用三种活度标准态求 B 的活度及活度系数（只求 $\%B=0.2$ 及 $\%B=100$）。

表 1-3-1　组元 B 的浓度及其在气相中的蒸气压

$\%B$	0.1	0.2	0.5	1.0	2.0	3.0	100
x_B	9.33×10^{-4}	1.84×10^{-3}	4.67×10^{-3}	9.34×10^{-3}	1.87×10^{-2}	2.81×10^{-2}	1
p_B/Pa	1	2	5	14	24	40	2000

解：

（1）以纯组元 B 为标准态

$$p_B^* = 2000Pa \qquad a_{R,B} = \frac{p_B}{p_B^*}$$

$$\%B = 0.2 \qquad a_{R,B} = \frac{2}{2000} = 1\times10^{-3} \qquad \gamma_B = \frac{a_{R,B}}{x_B} = \frac{1\times10^{-3}}{1.87\times10^{-3}} = 0.54$$

$$\%B = 100 \qquad a_{R,B} = \frac{2000}{2000} = 1 \qquad \gamma_B = \frac{a_{R,B}}{x_B} = 1$$

(2)亨利标准态(无限稀溶液为参考态)

以无限稀溶液为参考态求亨利常数 $k_{H,B}$。

取最低浓度 $x_B = 9.33 \times 10^{-4}$，对应 $p_B = 1\text{Pa}$。

所以
$$k_{H,B} = \frac{p_B}{x_B} = \frac{1}{9.33 \times 10^{-4}} = 1072\text{Pa}$$

$$\%B = 0.2 \qquad a_{H,B} = \frac{p_B}{k_{H,B}} = \frac{2}{1072} = 1.87 \times 10^{-3}$$

$$f_{H,B} = \frac{a_{H,B}}{x_B} = \frac{1.87 \times 10^{-3}}{1.87 \times 10^{-3}} = 1$$

$$\%B = 100 \qquad a_{H,B} = \frac{p_B}{k_{H,B}} = \frac{2000}{1072} = 1.87$$

$$f_{H,B} = \frac{a_{H,B}}{x_B} = \frac{1.87}{1} = 1.87$$

注：$\%B = 100$ 是纯物质，并非标准态，所以 $a_{H,B} \neq 1$；此处若是计算标准态的活度，则是假想纯物质，所以蒸气压是假想的，为 $k_{H,B}$，而非 $p_B = 2000\text{Pa}$。

(3)1%溶液标准态(以无限稀溶液为参考态)

$$\%B = 1.0 \qquad p_B = 14\text{Pa}(未必是标准态的蒸气压)$$
$$\%B = 0.1 \qquad p_B = 1\text{Pa}$$

所以
$$k_{\%,B} = \frac{p_B}{0.1} = \frac{1}{0.1} = 10\text{Pa}$$

注：从表中数据看出，$\%B = 1$ 时，$p_B = 14$。说明1%不符合亨利定律。

$$\%B = 0.2 \qquad a_{\%,B} = \frac{p_B}{k_{\%,B}} = \frac{2}{10} = 0.2$$

$$f_{\%,B} = \frac{a_{\%,B}}{[\%B]} = \frac{0.2}{0.2} = 1$$

$$\%B = 100 \qquad a_{\%,B} = \frac{p_B}{k_{\%,B}} = \frac{2000}{10} = 200$$

$$f_{\%,B} = \frac{a_{\%,B}}{[\%B]} = \frac{200}{100} = 2$$

以上例题可以看出：

(1)同一浓度采用不同标准态，所得活度值各不相同；

(2)对拉乌尔定律出现负偏差(活度系数小于1)，则必然对亨利定律出现正偏差(活度系数大于1)；

(3)$\%B = 100$ 并非亨利标准态；$a_{H,B} \neq 1$，亨利标准态是假想纯物质。

$a_{\mathrm{H,B}}=1, f_{\mathrm{H,B}}=1$，并服从亨利定律。

3.3　不同标准态活度之间的关系

对二元系 $i—j$，研究组元 i 在全浓度范围内 3 种不同标准态的活度之间的关系。由活度的定义，可以直接推导不同标准态活度之间的关系。在推导过程中，应该首先熟悉一下二元系溶液的组元的浓度与蒸气压的关系图，如图 1-3-3 所示，并注意图上的特征如下：

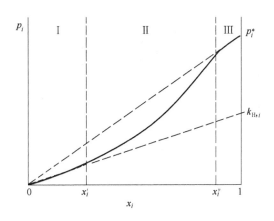

图 1-3-3　二元系溶液的组元的浓度与蒸气压
的关系图的特征

（1）将图分为 3 个区域

区域 1，$0 \leqslant x_i \leqslant x'_i$，该段溶液对组元 i 符合亨利定律；

区域 2，$x'_i \leqslant x_i \leqslant x''_i$，实际溶液区域，该段溶液既不符合亨利定律，也不符合拉乌尔定律；

区域 3，$x''_i \leqslant x_i \leqslant 1$，该段溶液对组元 i 符合拉乌尔定律。

（2）三个标准态状态下的特征值

纯物质标准态的特征值：摩尔分数 $x_i=1$，压强 p_i^*；

1％标准态的特征值：质量分数 $[\%i]=1$，压强 $k_{\%,i}$；

假想纯物质标准态的特征值：摩尔分数 $x_i=1$，压强 $k_{\mathrm{H},i}$。

（3）两个特征值函数

1）$\gamma_i^\ominus$，其定义式为 $\gamma_i^\ominus = \dfrac{k_{\mathrm{H},i}}{p_i^*}$（两个标准态的压强关系），是温度的函数；

2）$x_i^\ominus$，质量分数 1％时的摩尔分数，其定义式为 $x_i^\ominus = \dfrac{A_{r_j}}{100 A_{r_i}}$，是 A_{r_j} 与 A_{r_i} 的函数。

3.3.1　活度之间关系

活度之间关系如下：

(1)纯物质标准态活度 $a_{R,i}$ 与亨利活度 $a_{H,i}$ 之间关系

$$\frac{a_{R,i}}{a_{H,i}} = \frac{\dfrac{p_i}{p_i^*}}{\dfrac{p_i}{k_{H,i}}} = \frac{k_{H,i}}{p_i^*} = \gamma_i^{\ominus} \qquad (1\text{-}3\text{-}19)$$

(2)纯物质标准态活度 $a_{R,i}$ 与 1%浓度标准态活度 $a_{\%,i}$ 之间关系

$$\frac{a_{R,i}}{a_{\%,i}} = \frac{\dfrac{p_i}{p_i^*}}{\dfrac{p_i}{k_{\%,i}}} = \frac{k_{\%,i}}{p_i^*} = \frac{k_{\%,i}}{k_{H,i}} \cdot \frac{k_{H,i}}{p_i^*} \qquad (1\text{-}3\text{-}20)$$

由相似三角形原理

$$\frac{k_{\%,i}}{k_{H,i}} = \frac{x_i^{\ominus}}{1} \qquad (1\text{-}3\text{-}21)$$

由 x_i 与[%i]之间关系

$$x_i = \frac{\dfrac{[\%i]}{A_{r_i}}}{\dfrac{[\%i]}{A_{r_i}} + \dfrac{100 - [\%i]}{A_{r_j}}}$$

$$= \frac{[\%i]A_{r_j}}{[\%i](A_{r_j} - A_{r_i}) + 100A_{r_i}}$$

$$= \frac{[\%i]A_{r_1}}{[\%i]\Delta A_r + 100A_{r_i}} \qquad (1\text{-}3\text{-}22)$$

式中　A_{r_j}——溶剂 j 的相对原子质量；

A_{r_i}——组元 i 的相对原子质量；

ΔA_r——溶剂 j 与组元 i 相对原子质量之差。

特别地，当[%i]→0（ΔA_r 不可能很小，在元素周期表上可以看出）

$$x_i = \frac{A_{r_j}}{100A_{r_i}}[\%i] \qquad (1\text{-}3\text{-}23)$$

当[%i]＝1 时，$x_i = x_i^{\ominus}$

$$x_i^{\ominus} = \frac{A_{r_j}}{100A_{r_i}} \qquad (1\text{-}3\text{-}24)$$

所以 $$\frac{a_{R,i}}{a_{\%,i}} = x_i^{\ominus} \cdot \gamma_i^{\ominus} \qquad (1\text{-}3\text{-}25)$$

(3)亨利标准态活度 $a_{H,i}$ 与 1% 溶液标准态活度 $a_{\%,i}$ 关系

$$\frac{a_{H,i}}{a_{\%,i}} = \frac{\dfrac{p_i}{k_{H,i}}}{\dfrac{p_i}{k_{\%,i}}} = \frac{k_{\%,i}}{k_{H,i}} = x_i^{\ominus} \qquad (1\text{-}3\text{-}26)$$

3.3.2 活度系数之间关系

活度系数之间的关系如下:

(1) γ_i 与 $f_{\%,i}$

由 $$\frac{a_{R,i}}{a_{\%,i}} = x_i^{\ominus} \gamma_i^{\ominus}$$

所以 $$\gamma_i x_i = x_i^{\ominus} \gamma_i^{\ominus} \cdot [\%i] \cdot f_{\%,i}$$

将 $x_i = \dfrac{[\%i]A_{r_j}}{[\%i]\Delta A_r + 100A_{r_i}}$ 代入上式

$$\frac{[\%i]A_{r_j}}{[\%i]\Delta A_r + 100A_{r_i}} \cdot \gamma_i = x_i^{\ominus} \gamma_i^{\ominus} f_{\%,i}$$

或 $$\gamma_i = \gamma_i^{\ominus} f_{\%,i} \cdot \frac{[\%i]\Delta A_r + 100A_{r_i}}{A_{r_j}} \cdot \frac{A_{r_j}}{100A_{r_i}}$$

$$= \gamma_i^{\ominus} f_{\%,i} \cdot \frac{[\%i]\Delta A_r + 100A_{r_i}}{100A_{r_i}} \qquad (1\text{-}3\text{-}27)$$

特别地

1)当 $[\%i] \to 0$ 时,$\gamma_i \approx \gamma_i^{\ominus} f_{\%,i}$。

推论:$[\%i] \to 0$ 且服从亨利定律 $f_{\%,i} = 1$

所以 $$\gamma_i \equiv \gamma_i^{\ominus} \qquad (1\text{-}3\text{-}28)$$

2)当 $[\%i] \to 100$ 时,由式 1-3-27 可得

$$\gamma_i \approx \gamma_i^{\ominus} \frac{A_{r_j}}{A_{r_i}} f_{\%,i} \qquad (1\text{-}3\text{-}29)$$

推论:$[\%i] \to 100$,且服从拉乌尔定律 $\gamma_i = 1$

所以 $$f_{\%,i} \equiv \frac{A_{r_i}}{A_{r_j}} \cdot \frac{1}{\gamma_i^{\ominus}} \qquad (1\text{-}3\text{-}30)$$

(2) γ_i 与 $f_{H,i}$ 之间关系

由 $$\frac{a_{R,i}}{a_{H,i}} = \gamma_i^{\ominus}$$

得 $$\frac{\gamma_i x_i}{f_{H,i} x_i} = \gamma_i^\ominus$$

所以 $$\gamma_i = \gamma_i^\ominus f_{H,i} \qquad (1\text{-}3\text{-}31)$$

注:该关系式在全浓度范围内都成立,没有限制条件。

(3)$f_{\%,i}$ 与 $f_{H,i}$ 之间关系。

由 $\dfrac{a_{H,i}}{a_{\%,i}} = x_i^\ominus$ 得

$$\frac{f_{H,i} x_i}{f_{\%,i}[\%i]} = x_i^\ominus$$

$$f_{H,i} x_i = x_i^\ominus f_{\%,i}[\%i]$$

由 $$x_i = \frac{A_{r_j}}{[\%i]\Delta A_r + 100 A_{r_i}}[\%i]$$

及 $$x_i^\ominus = \frac{A_{r_j}}{100 A_{r_i}}$$

得 $$f_{H,i} = f_{\%,i} \cdot \frac{[\%i]\Delta A_r + 100 A_{r_i}}{A_{r_j}} \cdot \frac{A_{r_j}}{100 A_{r_i}}$$

$$= f_{\%,i} \cdot \frac{[\%i]\Delta A_r + 100 A_{r_i}}{100 A_{r_i}} \qquad (1\text{-}3\text{-}32)$$

特别地

1)当 $[\%i] \to 0$

$$f_{H,i} \approx f_{\%,i} \qquad (1\text{-}3\text{-}33)$$

2)当 $[\%i] \to 100$

$$f_{H,i} = f_{\%,i} \cdot \frac{A_{r_j}}{A_{r_i}} \qquad (1\text{-}3\text{-}34)$$

3.3.3　$\gamma_i^\ominus$ 的物理意义

$\gamma_i^\ominus$ 的物理意义有:

(1)活度系数与活度之间的换算

1)$\gamma_i^\ominus = \dfrac{K_{H,i}}{p_i^*}$(两种标准态蒸气压之比);

2)$\gamma_i^\ominus = \dfrac{a_{R,i}}{a_{H,i}}$(两种活度之比);

3)　$\gamma_i^\ominus = \dfrac{\gamma_i}{f_{\%,i}}$　　　$([\%i] \to 0)$ ⎫
　　$\gamma_i^\ominus = \dfrac{\gamma_i}{f_{H,i}}$　　　$(0 < [\%i] < 100)$ ⎬ 两种活度系数之比。

(2)在特殊区域内活度系数的表达

1）当$[\%i]\rightarrow 0$时，且服从亨利定律$f_{H,i}=1$或$f_{\%,i}=1$，$\gamma_i=\gamma_i^{\ominus}$；

2）当$[\%i]\rightarrow 100$，且服从拉乌尔定律$\gamma_i=1$。所以，$f_{\%,i}\equiv\dfrac{A_{r_i}}{A_{r_j}}\cdot\dfrac{1}{\gamma_i^{\ominus}}$；

$$f_{H,i}\equiv\frac{1}{\gamma_i^{\ominus}}$$

（3）溶液对理想溶液的偏差

$$\gamma_i^{\ominus}\begin{cases}>1\ \text{溶液对理想溶液正偏差}\\<1\ \text{溶液对理想溶液负偏差}\\=1\ \text{理想溶液}\end{cases}$$

3.4　标准溶解吉布斯自由能 $\Delta_{sol}G^{\ominus}$

对标准溶解过程

$$i=[i]$$

$$\Delta_{sol}G_i^{\ominus}=\mu_i^{\ominus}-\mu_i^{*}$$

式中　μ_i^{*}——纯组元 i 的化学势；

$\mu_i^{\ominus}$——组元 i 在溶液中的标准化学势。

3.4.1　溶液中的$[i]$以纯物质 i 为标准态

若组元 i 溶解到铁溶液中，组元在溶液中选纯物质为标准态

$$i=[i]$$

因为　　　　　　　　　　$\mu_i^{\ominus}=\mu_i^{*}$

所以　　　　　　　　$\Delta_{sol}G_i^{\ominus}=\mu_i^{\ominus}-\mu_i^{*}=0$

注：①若$[i]$以纯液体 i 为标准态，则 $\Delta_{sol}G_i^{\ominus}=\mu_{i(l)}^{*}-\mu_{i(l)}^{*}=0$；

②若$[i]$以纯固态 i 为标准态，则

$$\Delta_{sol}G_i^{\ominus}=\mu_{i(s)}^{*}-\mu_{i(l)}^{*}\begin{cases}=0\ \text{（熔点温度）}\\\neq 0\ \text{（任意温度）（等于该温度下的标准熔化吉布斯自由能）}\end{cases}$$

3.4.2　溶液中的$[i]$的标准态为亨利标准态

若组元 i 溶解到铁溶液中，组元在溶液中选亨利标准态

$$i=[i]$$

$$\Delta_{sol}G_{H,i}^{\ominus}=\mu_{H,i}^{\ominus}-\mu_i^{*}\text{（等温方程式）}$$

$$=-RT\ln\frac{a_{H,i}}{a_{R,i}}=RT\ln\frac{a_{R,i}}{a_{H,i}}$$

$$=RT\ln\gamma_i^{\ominus} \tag{1-3-35}$$

3.4.3　溶液中的[i]标准态为1%溶液标准态

$$i = [i]_\%$$

根据等温方程式

$$\Delta_{sol}G^\ominus = -RT\ln\frac{a_{\%,i}}{a_{R,i}}$$

$$= RT\ln\frac{a_{R,i}}{a_{\%,i}}$$

$$= RT\ln\frac{A_{r_1}}{100A_{r_i}}\gamma_i^\ominus \tag{1-3-36}$$

注:不论 i 是液态还是固态。

例 1-3-2　试求1473K,粗铜氧化精炼除铁限度。反应式

$$Cu_2O_{(s)} + [Fe]_{Cu(l)} = FeO_{(s)} + 2Cu_{(l)}$$

已知:
$$\Delta_fG^\ominus_{FeO} = -264430 + 64.6T$$
$$\Delta_fG^\ominus_{Cu_2O} = -180750 + 78.1T$$
$$\gamma^\ominus_{Fe} = 19.5$$

解法一:铜液中铁以纯固态铁为标准态,反应的标准自由能变化:

$$\Delta_rG^\ominus = \Delta_fG^\ominus_{FeO} - \Delta_fG^\ominus_{Cu_2O} + 2\Delta_fG^\ominus_{Cu} - \Delta_{sol}G^\ominus_{Fe}$$

1)因为 Cu 为单质,所以 $\Delta_fG^\ominus_{Cu} = 0$

2)$Fe_{(s)} = [Fe]_{Cu}$,以纯固态铁为标准态,$\Delta_{sol}G^\ominus_{Fe} = 0$

3)Fe 在 Cu 中为稀溶液,所以 $\gamma_{Fe} = \gamma^\ominus_{Fe} = 19.5$

所以
$$\Delta_rG^\ominus = \Delta_fG^\ominus_{FeO} - \Delta_fG^\ominus_{Cu_2O}$$
$$= (-264430 + 64.6T) - (-180750 + 78.1T)$$
$$= -83680 - 13.5T$$

代入 $\Delta_rG^\ominus = -RT\ln K^\ominus$

令 $T = 1473K$,得 $K^\ominus = 4.68 \times 10^3$

而
$$K^\ominus = \frac{1}{a_{[Fe]}} = \frac{1}{\gamma_{Fe}x_{Fe}} = \frac{1}{\gamma^\ominus_{Fe}x_{Fe}}$$

将 $K^\ominus$,$\gamma^\ominus_{Fe}$代入,得 $x_{Fe} = 1.1 \times 10^{-5}$

将 x_{Fe} 换算为质量分数 $x_{Fe} = \frac{A_{r_{Cu}}}{100A_{r_{Fe}}} \cdot [\%Fe]$

所以
$$[\%Fe] = \frac{100A_{r_{Fe}}}{A_{r_{Cu}}} \cdot x_{Fe}$$
$$= \frac{100 \times 55.85}{63.4} \cdot 1.1 \times 10^{-5}$$
$$= 1.0 \times 10^{-3}$$

即为精炼除铁的限度。

解法二:铜液中铁以 1‰ 溶液为标准态

$$Cu_2O_{(s)} + [Fe]_{1\%} = FeO_{(s)} + 2Cu_{(l)}$$

$$\Delta_r G^{\ominus} = \Delta_f G^{\ominus}_{FeO} - \Delta_f G^{\ominus}_{Cu_2O} + 2\Delta_f G^{\ominus}_{Cu} - \Delta_{sol} G^{\ominus}_{Fe}$$

其中
$$2\Delta_f G^{\ominus}_{Cu} = 0; \Delta_{sol} G^{\ominus}_{Fe} = RT\ln\frac{A_{r_{Cu}}}{100 A_{r_{Fe}}} \cdot \gamma^{\ominus}_{Fe}$$

所以
$$\Delta_r G^{\ominus} = \Delta_f G^{\ominus}_{FeO} - \Delta_f G^{\ominus}_{Cu_2O} - \Delta_{sol} G^{\ominus}_{Fe}$$

$$= -83680 - 13.5T - RT\ln\frac{63.4}{100\times55.85}\times19.4$$

$$= -RT\ln K^{\ominus}$$

将 $T = 1473K$ 代入,得 $K^{\ominus} = 1.0\times10^3$

且注意到,铁在铜中是稀溶液,$f_{H,Fe} = 1$

由
$$K^{\ominus} = \frac{1}{a_{[Fe]}} = \frac{1}{f_{Fe}[\%Fe]} = \frac{1}{[\%Fe]}$$

所以
$$[\%Fe] = 1.0\times10^{-3}$$

由此可以看出,两种计算结果完全一样。

3.5　多元系溶液中活度系数——Wagner 模型

在等温、等压下,对 Fe—2—3—……体系,认为多元系组元 2 的活度系数 f_2 取对数后是各组元的浓度[%2],[%3],……的函数,将其在浓度为零附近展开

$$\lg f_2 = \frac{\partial\lg f_2}{\partial[\%2]}[\%2] + \frac{\partial\lg f_2}{\partial[\%3]}[\%3] + \cdots + \frac{\partial\lg f_2}{\partial[\%n]}[\%n] \qquad (1\text{-}3\text{-}37)$$

令 $\frac{\partial\lg f_2}{\partial[\%2]} = e_2^2, \frac{\partial\lg f_2}{\partial[\%3]} = e_2^3, \cdots; e_2^2, e_2^3, \cdots, e_2^n$ 叫做组元 $2,3,\cdots,n$ 对 2 的"活度相互作用系数"。

则
$$\lg f_i = \sum_{j=2}^{n} e_i^j[\%j] \qquad (1\text{-}3\text{-}38)$$

一般
$$f_i = f_i^2 \cdot f_i^3 \cdots f_i^i \cdots f_i^n \cdots \qquad (1\text{-}3\text{-}39)$$

$$\lg f_i = \sum_{j=2}^{n}\lg f_i^j = \sum_{j=2}^{n} e_i^j[\%j] \qquad (1\text{-}3\text{-}40)$$

$$\lg f_i^j = e_i^j[\%j] \qquad (1\text{-}3\text{-}41)$$

注:活度相互作用系数之间关系:

$$e_j^i = \frac{1}{230}\left\{(230e_i^j - 1)\frac{A_{r_i}}{A_{r_j}} + 1\right\} \qquad (1\text{-}3\text{-}42)$$

当 A_{r_i} 与 A_{r_j} 相差不大时,

$$e_j^i = \frac{1}{230}\left\{230e_i^j \frac{A_{r_i}}{A_{r_j}} - \frac{A_{r_i}}{A_{r_j}} + 1\right\}$$

$$\approx \frac{1}{230}\left(230\frac{A_{r_i}}{A_{r_j}}e_i^j\right)$$

$$\approx \frac{A_{r_i}}{A_{r_j}}e_i^j \tag{1-3-43}$$

例 1-3-3 2000K,含 0.0105%Al 的液态铁与氧化铝坩埚达平衡,

$$Al_2O_{3(s)} = 2[Al] + 3[O] \qquad K^{\ominus} = 3.16 \times 10^{-12}$$

试计算熔体中残留氧含量。

已知:Fe—O 二元系 $\quad f_O^O = 1$

Fe—Al 二元系 $\quad f_{Al}^{Al} = 1 \quad e_O^{Al} = -3.15$

解: $\qquad K^{\ominus} = a_{[Al]}^2 a_{[O]}^3 = f_{Al}^2[\%Al]^2 f_O^3[\%O]^3$

而 $\qquad f_O = f_O^O f_O^{Al}, f_{Al} = f_{Al}^{Al} f_{Al}^O$

所以 $\qquad lg f_O = lg f_O^O + lg f_O^{Al} = lg1 + e_O^{Al}[\%Al]$

$$lg f_{Al} = lg f_{Al}^{Al} + lg f_{Al}^O = 0 + e_{Al}^O[\%O] = \frac{A_{r_{Al}}}{A_{r_O}} \cdot e_O^{Al}[\%O]$$

对 $K^{\ominus}$ 取对数

$$lg K^{\ominus} = 2lg f_{Al}^O + 2lg[\%Al] + 3lg f_O + 3lg[\%O]$$

$$= 2\frac{A_{r_{Al}}}{A_{r_O}} \cdot e_O^{Al}[\%O] + 2lg[\%Al] + 3e_O^{Al}[\%Al] + 3lg[\%O]$$

将有关数据代入,整理得

$$lg[\%O] - 3.54[\%O] + 2.48 = 0$$

解得

$$[\%O] = 0.0034$$

3.6 正规溶液

3.6.1 混合过程吉布斯自由能变化

3.6.1.1 摩尔混合自由能 $\Delta_{mix}G_m$

设 n_1 mol 的纯组元 1 与 n_2 mol 纯组元 2 混合,混合前,体系总自由能为

$$G^{\ominus} = n_1 G_{1,m}^{\ominus} + n_2 G_{2,m}^{\ominus} \tag{1-3-44}$$

混合后,体系总自由能为

$$G = n_1 G_{1,m} + n_2 G_{2,m} \tag{1-3-45}$$

$$= n_1(G_{1,m}^{\ominus} + RT\ln a_1) + n_2(G_{2,m}^{\ominus} + RT\ln a_2) \tag{1-3-46}$$

体系混合吉布斯自由能定义为

$$\Delta_{mix}G = G - G^{\ominus}$$

$$= RT(n_1\ln a_1 + n_2\ln a_2) \tag{1-3-47}$$

把实际溶液中体系的摩尔混合吉布斯自由能定义为 $\Delta_{mix}G_{m,re}$

$$\Delta_{mix}G_{m,re} = RT(x_1\ln a_1 + x_2\ln a_2) \tag{1-3-48}$$

3.6.1.2　过剩摩尔混合吉布斯自由能 $\Delta_{mix}G_m^E$

过剩摩尔混合吉布斯自由能 $\Delta_{mix}G_m^E$，即为实际摩尔混合吉布斯自由能与理想摩尔混合吉布斯自由能($\Delta_{mix}G_{m,id} = RT(x_1\ln x_1 + x_2\ln x_2)$)之差

$$\Delta_{mix}G_m^E = \Delta_{mix}G_{m,re} - \Delta_{mix}G_{m,id} = RT(x_1\ln\gamma_1 + x_2\ln\gamma_2) \tag{1-3-49}$$

定义

$$\Delta_{mix}G_{1,m}^E = RT\ln\gamma_1 \tag{1-3-50}$$

$$\Delta_{mix}G_{2,m}^E = RT\ln\gamma_2 \tag{1-3-51}$$

所以

$$\Delta_{mix}G_m^E = x_1\Delta_{mix}G_{1,m}^E + x_2\Delta_{mix}G_{2,m}^E \tag{1-3-52}$$

称 $\Delta_{mix}G_{1,m}^E$ 及 $\Delta_{mix}G_{2,m}^E$ 分别为组元 1 和组元 2 的过剩偏摩尔混合自由能。

3.6.1.3　无热溶液与规则溶液

对于实际溶液，由于 γ_1 和 γ_2 分别不为1，所以 $\Delta_{mix}G_m^E \neq 0$。

而

$$\Delta_{mix}G_m^E = \Delta_{mix}H_m^E - T\Delta_{mix}S_m^E \tag{1-3-53}$$

$\Delta_{mix}G_m^E \neq 0$ 有两种可能：

(1) $\Delta_{mix}H_m^E = 0$ 而 $\Delta_{mix}S_m^E \neq 0$—无热溶液；

(2) $\Delta_{mix}H_m^E \neq 0$ 而 $\Delta_{mix}S_m^E = 0$—规则溶液。

3.6.2　正规溶液的定义与性质

定义：过剩混合热(其实为混合热)不为零，混合熵与理想溶液的混合熵相同的溶液叫做正规溶液。(注：正规溶液也叫规则溶液)

因为

$$\Delta_{mix}H_{m,id} = 0$$

即

$$\Delta_{mix}H_{m,re} \neq \Delta_{mix}H_{m,id} = 0$$

$$\Delta_{mix}S_{m,re} = \Delta_{mix}S_{m,id} \tag{1-3-54}$$

正规溶液的性质如下：

3.6.2.1　混合自由能

$$\Delta_{mix}G_{m,正规} = RT(x_1\ln a_1 + x_2\ln a_2) \tag{1-3-55}$$

或

$$= x_1\Delta_{mix}G_{1,m} + x_2\Delta_{mix}G_{2,m}$$

3.6.2.2　混合熵

正规溶液的混合熵与理想溶液的混合熵相同

$$\Delta_{\mathrm{mix}}S_{\mathrm{m,正规}} = \Delta_{\mathrm{mix}}S_{\mathrm{m,id}} = -\left(\frac{\partial \Delta_{\mathrm{mix}}G_{\mathrm{m,id}}}{\partial T}\right)_p$$

$$= -R(x_1\ln x_1 + x_2\ln x_2)$$

$$= x_1\Delta_{\mathrm{mix}}S_{1,\mathrm{m}} + x_2\Delta_{\mathrm{mix}}S_{2,\mathrm{m}} \tag{1-3-56}$$

其中 $\Delta_{\mathrm{mix}}S_{i,\mathrm{m}} = -R\ln x_i$（注：实际溶液 $\Delta_{\mathrm{mix}}S_{i,\mathrm{m}} = -R\ln a_i$）

3.6.2.3　混合焓

因为　　　　　　$\Delta_{\mathrm{mix}}G_{\mathrm{m,正规}} = \Delta_{\mathrm{mix}}H_{\mathrm{m,正规}} - T\Delta_{\mathrm{mix}}S_{\mathrm{m,正规}}$

所以　　　　　　$\Delta_{\mathrm{mix}}H_{\mathrm{m,正规}} = \Delta_{\mathrm{mix}}G_{\mathrm{m,正规}} + T\Delta_{\mathrm{mix}}S_{\mathrm{m,正规}}$

$$= RT(x_1\ln a_1 + x_2\ln a_2) - RT(x_1\ln x_1 + x_2\ln x_2)$$

$$= RT(x_1\ln\gamma_1 + x_2\ln\gamma_2)$$

$$= x_1\Delta_{\mathrm{mix}}H_{1,\mathrm{m}} + x_2\Delta_{\mathrm{mix}}H_{2,\mathrm{m}} \tag{1-3-57}$$

或　　　　　　　$\Delta_{\mathrm{mix}}H_{i,\mathrm{m}} = RT\ln\gamma_i \tag{1-3-58}$

3.6.2.4　过剩函数

(1)过剩偏摩尔混合自由能 $\Delta_{\mathrm{mix}}G_{i,\mathrm{m}}^{\mathrm{E}}$

$$\Delta_{\mathrm{mix}}G_{i,\mathrm{m}}^{\mathrm{E}} = \Delta_{\mathrm{mix}}H_{i,\mathrm{m}}^{\mathrm{E}} = \Delta_{\mathrm{mix}}H_{i,\mathrm{m,re}} - \Delta_{\mathrm{mix}}H_{i,\mathrm{m,id}}$$

$$= \Delta_{\mathrm{mix}}H_{i,\mathrm{m,re}} = RT\ln\gamma_i \tag{1-3-59}$$

(2)过剩混合自由能 $\Delta_{\mathrm{mix}}G_{\mathrm{m}}^{\mathrm{E}}$

因为　　　　　　　　　　　$\Delta_{\mathrm{mix}}S_{\mathrm{m}}^{\mathrm{E}} = 0$

所以　　　　　　　　$\Delta_{\mathrm{mix}}G_{\mathrm{m}}^{\mathrm{E}} = \Delta_{\mathrm{mix}}H_{\mathrm{m}}^{\mathrm{E}} = RT\sum x_i\ln\gamma_i \tag{1-3-60}$

3.6.3　正规溶液的其他性质

正规溶液的其他性质有：

(1) $\Delta_{\mathrm{mix}}G_{\mathrm{m}}^{\mathrm{E}}$ 与 $RT\ln\gamma_i$ 不随温度变化

因为

$$\left(\frac{\partial \Delta_{\mathrm{mix}}G_{\mathrm{m}}^{\mathrm{E}}}{\partial T}\right)_p = -\Delta_{\mathrm{mix}}S_{\mathrm{m}}^{\mathrm{E}} = 0$$

$$\left(\frac{\partial \Delta_{\mathrm{mix}}G_{i,\mathrm{m}}^{\mathrm{E}}}{\partial T}\right)_p = -\Delta_{\mathrm{mix}}S_{i,\mathrm{m}}^{\mathrm{E}} = 0$$

所以，$\Delta_{\mathrm{mix}}G_{\mathrm{m}}^{\mathrm{E}}$ 与 $\Delta_{\mathrm{mix}}G_{i,\mathrm{m}}^{\mathrm{E}}$ 均与温度无关

又 $\Delta_{\mathrm{mix}}G_{i,\mathrm{m}}^{\mathrm{E}} = RT\ln\gamma_i$

所以 $RT\ln\gamma_i$ 亦与温度无关，是一常数。或 $\ln\gamma_i$ 与 T 成反比

(2) $\Delta_{\mathrm{mix}}H_{\mathrm{m}}^{\mathrm{E}}$ 与 $\Delta_{\mathrm{mix}}H_{i,\mathrm{m}}^{\mathrm{E}}$ 与温度无关

因为 $\Delta_{\mathrm{mix}}H_{\mathrm{m}}^{\mathrm{E}} = \Delta_{\mathrm{mix}}G_{\mathrm{m}}^{\mathrm{E}}$，$\Delta_{\mathrm{mix}}H_{i,\mathrm{m}}^{\mathrm{E}} = \Delta_{\mathrm{mix}}G_{i,\mathrm{m}}^{\mathrm{E}}$

所以 $\Delta_{\mathrm{mix}}H_{\mathrm{m}}^{\mathrm{E}}$ 与 $\Delta_{\mathrm{mix}}H_{i,\mathrm{m}}^{\mathrm{E}}$ 皆与温度无关

注：若从实验测得某一温度下的 γ_i 值或 $\Delta_{\mathrm{mix}}H_{i,\mathrm{m}}$ 值，即可知道其他温度下的 γ_i 或

$\Delta_{\mathrm{mix}}H_{i,\mathrm{m}}$值。

(3)正规溶液的 α 值不随浓度变化

对实际溶液,为计算组元活度,引入一个 α 函数。

定义:$\alpha_i = \dfrac{\ln\gamma_i}{(1-x_i)^2}$

对二元系,$\alpha_1 = \dfrac{\ln\gamma_1}{(1-x_1)^2}$,$\alpha_2 = \dfrac{\ln\gamma_2}{(1-x_2)^2}$ 或 $\ln\gamma_1 = \alpha_1 x_2^2$,$\ln\gamma_2 = \alpha_2 x_1^2$

对正规溶液 $\alpha_1 = \alpha_2$

所以
$$\ln\gamma_2 = \alpha x_1^2 \tag{1-3-61}$$
$$\ln\gamma_1 = \alpha x_2^2 \tag{1-3-62}$$

3.6.4 三元正规溶液的热力学性质

对三元系,组元1的过剩摩尔混合自由能

$$\begin{aligned}
\Delta_{\mathrm{mix}}G_{1,\mathrm{m}}^{\mathrm{E}} &= b_{12}x_2(x_2+x_3) + b_{13}x_3(x_2+x_3) - b_{23}x_2x_3 \\
&= b_{12}x_2(1-x_1) + b_{13}x_3(1-x_1) - b_{23}x_2x_3 \\
&= b_{12}x_2 + b_{13}x_3 - b_{12}x_1x_2 - b_{13}x_1x_3 - b_{23}x_2x_3
\end{aligned} \tag{1-3-63}$$

一般情况下,多元正规溶液组元 i 的过剩摩尔混合自由能

$$\Delta_{\mathrm{mix}}G_{i,\mathrm{m}}^{\mathrm{E}} = \sum_j b_{ij}x_j + \sum_j\sum_k (b_{ij}+b_{ik}-b_{jk})x_jx_k \tag{1-3-64}$$

例 1-3-4 Au—Ag 为正规溶液,$x_{\mathrm{Ag}}=0.7$,在 $T=1350\mathrm{K}$ 时,$\Delta_{\mathrm{mix}}G_{\mathrm{Ag,m}}=-5188\mathrm{J/mol}$。求该溶液的过剩摩尔混合自由能 $\Delta_{\mathrm{mix}}G_{\mathrm{m}}^{\mathrm{E}}$。

解:对正规溶液

$$\Delta_{\mathrm{mix}}G_{i,\mathrm{m}}^{\mathrm{E}} = RT\ln\gamma_i = RT\alpha(1-x_i)^2 = RT\alpha x_j^2$$

α 是个常数。所以,$\alpha = \dfrac{\Delta_{\mathrm{mix}}G_{\mathrm{Ag,m}}^{\mathrm{E}}}{RTx_{\mathrm{Au}}^2} = \dfrac{\Delta_{\mathrm{mix}}G_{\mathrm{Au,m}}^{\mathrm{E}}}{RTx_{\mathrm{Ag}}^2}$

而
$$\begin{aligned}
\Delta_{\mathrm{mix}}G_{\mathrm{Ag,m}}^{\mathrm{E}} &= \Delta_{\mathrm{mix}}G_{\mathrm{Ag,m}} - \Delta_{\mathrm{mix}}G_{\mathrm{Ag,m,id}} \\
&= -5188 - RT\ln x_{\mathrm{Ag}} \\
&= -5188 - 8.314\times1350\ln0.7 \\
&= -1174\mathrm{J/mol}
\end{aligned}$$

$$\begin{aligned}
\Delta_{\mathrm{mix}}G_{\mathrm{Au,m}}^{\mathrm{E}} &= \Delta_{\mathrm{mix}}G_{\mathrm{Ag,m}}^{\mathrm{E}} \cdot \frac{x_{\mathrm{Ag}}^2}{x_{\mathrm{Au}}^2} = -1174 \cdot \frac{0.7^2}{0.3^2} \\
&= -6392\mathrm{J/mol}
\end{aligned}$$

所以
$$\begin{aligned}
\Delta_{\mathrm{mix}}G_{\mathrm{m}}^{\mathrm{E}} &= x_{\mathrm{Ag}}\Delta_{\mathrm{mix}}G_{\mathrm{Ag,m}}^{\mathrm{E}} + x_{\mathrm{Au}}\Delta_{\mathrm{mix}}G_{\mathrm{Au,m}}^{\mathrm{E}} \\
&= -0.7\times1174 - 0.3\times6392 \\
&= -2739\mathrm{J/mol}
\end{aligned}$$

3.7　冶金炉渣溶液

冶金过程中形成的以氧化物为主要成分的熔体,称为冶金炉渣,主要有以下 4 类:

(1)还原渣:以矿石或精矿为原料,焦炭为燃料和还原剂,配加溶剂(CaO)进行还原,得到粗金属的同时,形成的渣叫高炉渣或称还原渣;

(2)氧化渣:在炼钢过程中,给粗金属(一般为生铁)中吹氧和加入溶剂,在得到所需品质的钢的同时形成的渣叫氧化渣;

(3)富集渣:将精矿中某些有用的成分通过物理化学方法富集于炉渣中,便于下道工序将它们回收利用的渣叫富集渣。例如:高钛渣、钒渣、铌渣等;

(4)合成渣:根据冶金过程的不同目的,配制的所需成分的渣为合成渣。例如:电渣、重熔用渣、连铸过程的保护渣等。

3.7.1　熔渣的化学特性

3.7.1.1　碱度

将炉渣中的氧化物分为 3 类:

(1)酸性氧化物:SiO_2、P_2O_5、V_2O_5、Fe_2O_3 等;

(2)碱性氧化物:CaO、MgO、FeO、MnO、V_2O_3 等;

(3)两性氧化物:Al_2O_3、TiO_2、Cr_2O_3 等。

CaO 是硅酸盐渣系中碱性最强的氧化物,而 SiO_2 是最强的酸性氧化物。因此 CaO 是最易献出 O^{2-} 的氧化物,而 SiO_2 是最易吸收 O^{2-} 的氧化物。炉渣的碱性或酸性就取决于渣中所含 CaO 与 SiO_2 的量所显示的化学性质。于是就有以下几种不同的炉渣酸、碱的表示方法。

(1)过剩碱:根据分子理论,假设炉渣中有 $2RO \cdot SiO_2$,$4RO \cdot P_2O_5$,$RO \cdot Fe_2O_3$,$3RO \cdot Al_2O_3$ 等复杂化合物存在。炉渣中碱性氧化物的浓度就要降低。实际的碱性氧化物数量

$$n_B = \sum n_{CaO} - 2n_{SiO_2} - 4n_{P_2O_5} - n_{Fe_2O_3} - 3n_{Al_2O_3} \qquad (1\text{-}3\text{-}65)$$

式中,n_B 称为超额碱或过剩碱,其中

$$\sum n_{CaO} = n_{CaO} + n_{MgO} + n_{MnO} + \cdots$$

单位:mol 或摩尔分数。$RO = CaO$,MgO,MnO,$\cdots$等碱性氧化物。

注:在炼钢过程中,脱 S、P 所用的炉渣实际是应用渣中自由的碱性氧化物,亦是用超额碱 n_B,如果酸性氧化物增多时,由于复杂化合物 $2RO \cdot SiO_2$,$4RO \cdot P_2O_5$,$RO \cdot Fe_2O_3$,$3RO \cdot Al_2O_3$ 的形成,会消耗掉大量的碱性氧化物,使实际有用的自由的碱性氧化物(即过剩碱)降低,所以用超额碱来衡量炉渣的脱 S、P 能力是很科学的。

(2)碱度:用过剩碱表示炉渣的酸碱性虽然很科学,但在工程中有时很不方便。工程人

员通常用以下比值,即碱性氧化物含量与酸性氧化物含量的比值定义的碱度来表示炉渣的酸碱性。常用以下表示法

$$\frac{\%CaO}{\%SiO_2}, \frac{\%CaO}{\%SiO_2+\%Al_2O_3}, \frac{\%CaO+\%MgO}{\%SiO_2+\%Al_2O_3}, \frac{\%CaO}{\%SiO_2+\%P_2O_5}\cdots$$

(3)光学碱度:在对炉渣进行理论研究中,由于形成复杂化合物的种类还存在争论,例如 CaO 与 SiO_2 是形成 $CaO \cdot SiO_2$ 还是形成 $2CaO \cdot SiO_2$,或是同时形成 $CaO \cdot SiO_2$ 与 $2CaO \cdot SiO_2$ 还存在争议,超额碱的值往往要引起变化。有人提出精确表达炉渣的酸碱性的理论定义,叫光学碱度。

在频率为 $^1s_0 \rightarrow ^3p_1$ 的光谱线中测定氧化物的氧释放电子的能力与 CaO 中的氧释放电子的能力之比,称为该氧化物的理论光学碱度(Optical Basicity)。若以 CaO 的理论光学碱度的值为 1 时,其他氧化物的理论光学碱度的数据可见表 1-3-2。

表 1-3-2　各氧化物的理论光学碱度

氧　化　物	由泡利电负性得	由平均电子密度得
K_2O	1.40	1.15
Na_2O	1.15	1.10
BaO	1.15	1.08
SrO	1.07	1.04
Li_2O	1.00	1.05
CaO	1.00	1.00
MgO	0.78	1.92
TiO_2	0.61	0.64
Al_2O_3	0.605	0.68
MnO	0.59	0.95
Cr_2O_3	0.55	0.69
FeO	0.51	0.93
Fe_2O_3	0.48	0.69
SiO_2	0.48	0.47
B_2O_3	0.42	0.42
P_2O_5	0.40	0.38
SO_3	0.33	0.29

由多种氧化物组成的炉渣的光学碱度 Λ 由下式计算

$$\Lambda = \sum_{i=1} N_i \Lambda_i \tag{1-3-66}$$

式中　N_i——氧化物 i 中阳离子的当量分数。具体计算如下

$$N_i = \frac{m_i x_i}{\sum m_i x_i} \tag{1-3-67}$$

式中　　m_i——氧化物 i 中的氧原子数；

x_i——氧化物 i 在熔渣中的摩尔分数。

例 1-3-5　对 $CaO-Al_2O_3-SiO_2$ 熔渣,各氧化物的 N_i 计算如下

$$N_{Al_2O_3} = \frac{3x_{Al_2O_3}}{x_{CaO}+3x_{Al_2O_3}+2x_{SiO_2}}$$

$$N_{SiO_2} = \frac{2x_{SiO_2}}{x_{CaO}+3x_{Al_2O_3}+2x_{SiO_2}}$$

$$N_{CaO} = \frac{x_{CaO}}{x_{CaO}+3x_{Al_2O_3}+2x_{SiO_2}}$$

所以该渣系的光学碱度为(采用泡利电负性数据)

$$\Lambda = \sum_{i=1} N_i\Lambda_i = N_{CaO}+0.605N_{Al_2O_3}+0.48N_{SiO_2}$$

3.7.1.2　熔渣的氧化还原能力

定义 $\sum\%FeO$ 表示渣的氧化性。认为渣中只有 FeO 提供的氧才能进入钢液,对钢液中的元素进行氧化。渣中 Fe_2O_3 和 FeO 的量是不断变化的,所以讨论渣的氧化性,有必要将 Fe_2O_3 也折算成 FeO,就有两种算法:

(1)全氧法

$$Fe_2O_3+Fe = 3FeO$$

$$\begin{array}{cc} 160 & 3\times72 \\ 1 & x \end{array}$$

$$x = \frac{3\times72}{160} = 1.35$$

即 1kg 的 Fe_2O_3 可以折合 1.35kg 的 FeO。

所以　　　　　　　　$\sum\%FeO = \%FeO+1.35\%Fe_2O_3$ 　　　　　　　(1-3-68)

(2)全铁法

$$Fe_2O_3 = 2FeO+\frac{1}{2}O_2$$

$$\begin{array}{cc} 160 & 2\times72 \\ 1 & x \end{array}$$

$$x = \frac{2\times72}{160} = 0.9$$

即 1kg 的 Fe_2O_3 可以折合 0.9kg 的 FeO。

所以　　　　　　　　$\sum\%FeO = \%FeO+0.9\%Fe_2O_3$ 　　　　　　　(1-3-69)

注:(1)Fe_2O_3 是氧的间接传递者,只有转变为 FeO,才能直接给钢液传递氧。如图 1-3-4所示。

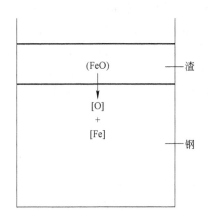

图 1-3-4　FeO 向钢液中传递氧的过程

(2)Fe_2O_3 变成 FeO,必须有 CaO 的协同作用。作用机理为

$$Fe_2O_3 + CaO = CaO \cdot Fe_2O_3$$

$$CaO \cdot Fe_2O_3 + Fe = 2(CaO) + 2(FeO)$$

(3)决定炉渣向钢液传氧的反应是

$$(FeO) = [O] + [Fe] \tag{1-3-70}$$

$$K^\ominus = \frac{[\%O]}{a_{FeO}} \tag{1-3-71}$$

或

$$L_0 = \frac{[\%O]}{a_{FeO}} \tag{1-3-72}$$

实验测得　$\lg K^\ominus = -\dfrac{6320}{T} + 2.734 \tag{1-3-73}$

或

$$\Delta G^\ominus = -RT\ln K^\ominus$$
$$= 6320 \times 2.303 \times 8.314 - 2.734 \times 2.303 \times 8.314T$$
$$= 121010 - 52.35T$$

特别地,在 $T = 1873\text{K}$,$K^\ominus$ 或 $L_0 = 0.23$。

令 $L_0' = \dfrac{[\%O]}{a_{FeO}}$——代表实际熔渣中的值。

当 $L_0' > L_0$ 时,$\Delta G = -RT\ln L_0 + RT\ln L_0' = RT\ln \dfrac{L_0'}{L_0} > 0$,反应逆向进行,钢液中的氧向熔渣传递;

当 $L_0' < L_0$ 时,$\Delta G = RT\ln \dfrac{L_0'}{L_0} < 0$,反应正向进行,熔渣中的氧向钢液传递。

3.7.2　熔渣的结构理论

如何计算熔渣中组元的活度?

长期以来,围绕着这个问题形成了两种理论体系,一种理论认为,熔渣完全是由分子组成,在此假设下,计算熔渣的活度。这个理论最早是 1934 年由 H. Shenck 建立的,后来得以发展,成为一种理论体系,叫分子理论;另一种观点认为,熔渣完全是由离子组成,由此计算熔渣的活度,是 1945 年由 M. Temkin 建立的,也发展成为一种理论体系,称为离子理论。在"基础篇"中,我们只介绍两种理论最基础部分。在第二篇中我们将介绍另外一种理论,共存理论。

3.7.2.1 分子理论

假设:

(1)熔渣是由各种电中性的简单氧化物分子 FeO、CaO、MgO、Al_2O_3、SiO_2、P_2O_5 及它们之间形成的复杂氧化物分子 $CaO \cdot SiO_2$、$2CaO \cdot SiO_2$、$2FeO \cdot SiO_2$、$CaO \cdot P_2O_5$ 等组成的理想溶液。

(2)简单氧化物分子与复杂氧化物分子之间存在着化学平衡,平衡时的简单氧化物的摩尔分数叫该氧化物的活度。以简单氧化物存在的氧化物叫自由氧化物;以复杂氧化物存在的氧化物叫结合氧化物。

如: $$(2CaO \cdot SiO_2) = 2(CaO) + (SiO_2)$$

$$K_D = \frac{x_{CaO}^2 x_{SiO_2}}{x_{2CaO \cdot SiO_2}}$$

由 K_D 计算的 x_{CaO} 及 x_{SiO_2} 叫 CaO 及 SiO_2 的活度。

一般情况下,为了简单方便,通常认为,酸性氧化物 SiO_2,$P_2O_5 \cdots$ 与 CaO,MgO,$\cdots$ 等碱性氧化物的结合是完全的。

例 1-3-6 熔渣组成为 15%FeO、10%MnO、40%CaO、10%MgO、20%SiO_2、5%P_2O_5。在 1600℃,计算熔渣中 FeO 的活度。实验测得与此渣平衡的钢液中[%O]=0.075。

解:取 100g 渣,计算其中的各简单氧化物分子的摩尔数

$$n_{FeO}^0 = \frac{15}{72} = 0.208 \qquad n_{MnO}^0 = \frac{10}{71} = 0.141$$

$$n_{CaO}^0 = \frac{40}{56} = 0.715 \qquad n_{MgO}^0 = \frac{10}{40} = 0.250$$

$$n_{SiO_2}^0 = \frac{20}{60} = 0.333 \qquad n_{P_2O_5}^0 = \frac{5}{142} = 0.035$$

设熔渣中存在的复杂氧化物 $2CaO \cdot SiO_2$、$4CaO \cdot P_2O_5$;在分子理论的假设下,熔渣的结构为以下 4 种组元:

简单氧化物 FeO;

RO(CaO、MnO、MgO 三种氧化物之和);

复杂氧化物 $2RO \cdot SiO_2$、$4RO \cdot P_2O_5$;

注:由于酸性氧化物分子 SiO_2,P_2O_5 全部与碱性氧化物分子形成了复杂氧化物。

以下只要计算四种组元的摩尔分数,即是该组元的活度。

$$n_{2RO \cdot SiO_2} = n_{SiO_2}^0 = 0.333 \qquad n_{4RO \cdot P_2O_5} = n_{P_2O_5}^0 = 0.035 \qquad n_{FeO} = n_{FeO}^0$$

$$n_{RO(自)} = n_{CaO} + n_{MgO} + n_{MnO} - 2n_{2CaO \cdot SiO_2} - 4n_{4CaO \cdot P_2O_5}$$
$$= 0.715 + 0.250 + 0.141 - 2 \times 0.333 - 4 \times 0.035$$
$$= 0.3$$

所以

$$\sum n_i = n_{FeO} + n_{RO(自)} + n_{2CaO \cdot SiO_2} + n_{4CaO \cdot P_2O_5}$$
$$= 0.208 + 0.3 + 0.333 + 0.035$$
$$= 0.876$$

$$a_{FeO} = X_{FeO} = \frac{n_{FeO}}{\sum n_i} = \frac{0.208}{0.876} = 0.237$$

与实际比较

由反应

$$(FeO) = [O] + [Fe]$$

得

$$L_0 = \frac{[\%O]}{a_{FeO}}$$

在 1600℃，代入实验数据及 $L_0 = 0.23$，得

$$L_0 = \frac{0.075}{a_{FeO}} = 0.23$$

所以

$$a_{FeO} = \frac{0.075}{0.23} = 0.32$$

这就是由实验得到的 FeO 的活度，可以看出，与分子理论计算的很接近。

3.7.2.2 完全离子理论模型

完全离子理论由前苏联 M. Temkin 建立。可分为：

(1)假设：1)熔渣仅由离子组成，其中不出现电中性质点；2)离子的最近邻者仅是异类电荷的离子，不可能出现同号电荷离子；3)所有阳离子同阴离子的作用力是等价的。

(2)根据以上 3 点假设，由统计热力学可以推得：

1)熔渣是由阳离子和阴离子两种理想溶液组成(混合焓 $\Delta H = 0$)。

2) $G_{ij} = G_{ij}^{\ominus} + RT\ln a_{ij} = G_{ij}^{\ominus} + RT\ln x_{i^+} x_{j^-}$ (1-3-74)

式中，$\quad x_{i^+} = \dfrac{n_{i^+}}{\sum n_{i^+}} \qquad x_{j^-} = \dfrac{n_{j^-}}{\sum n_{j^-}}$

(3)Temkin 模型之下，熔渣中氧化物的电离情况如下：

$$CaO = Ca^{2+} + O^{2-}$$

$$MnO = Mn^{2+} + O^{2-}$$

$$FeO = Fe^{2+} + O^{2-}$$

$$MgO = Mg^{2+} + O^{2-}$$

$$SiO_2 + 2O^{2-} = SiO_4^{4-}$$

$$Al_2O_3 + O^{2-} = 2AlO_2^-$$

$$P_2O_5 + 3O^{2-} = 2PO_4^{3-}$$

$$CaS = Ca^{2+} + S^{2-}$$

$$CaF_2 = Ca^{2+} + 2F^-$$

$$FeO \cdot Fe_2O_3 = Fe^{2+} + 2FeO_2^-$$

组成熔渣的结构有两类离子：

(1)阴离子：

简单阴离子：O^{2-}、S^{2-}、F^-；

复合阴离子：SiO_4^{4-}、FeO_2^-、PO_4^{3-}、AlO_2^-；

(2)阳离子：

Ca^{2+}、Fe^{2+}、Mn^{2+}、Mg^{2+} 等。

例 1-3-7　熔渣的组成为 12.3% FeO、8.84% MnO、42.68% CaO、14.97% MgO、19.34% SiO$_2$、2.15% P$_2$O$_5$。试用完全离子溶液模型计算 FeO、CaO、MnO 的活度及活度系数。在 1873K 测得与此渣平衡的钢液中 [O]=0.058%。试确定计算 FeO 的活度的正确性。

解：根据离子理论，熔渣的结构为：

阳离子：Ca^{2+}、Fe^{2+}、Mn^{2+}、Mg^{2+}

阴离子：O^{2-}、PO_4^{3-}、SiO_4^{4-}

1)取 100g 渣。先计算各离子的摩尔数，再计算各组元活度

$$n_{FeO}^0 = \frac{12.02}{72} = 0.167 \qquad n_{SiO_2}^0 = \frac{19.34}{60} = 0.322$$

$$n_{MnO}^0 = \frac{8.84}{71} = 0.125 \qquad n_{MgO}^0 = \frac{14.97}{40} = 0.374$$

$$n_{CaO}^0 = \frac{42.68}{56} = 0.762 \qquad n_{P_2O_5}^0 = \frac{2.15}{142} = 0.015$$

可以得到，各阳离子的摩尔数

$$n_{Ca^{2+}} = n_{CaO} = 0.762 \qquad n_{Fe^{2+}} = n_{FeO} = 0.167$$

$$n_{Mn^{2+}} = n_{MnO} = 0.125 \qquad n_{Mg^{2+}} = n_{MgO} = 0.374$$

$$\sum n_i^+ = n_{FeO} + n_{CaO} + n_{MnO} + n_{MgO} = 1.428$$

由以下反应

$$SiO_2 + 2O^{2-} = SiO_4^{4-} \qquad\qquad P_2O_5 + 3O^{2-} = 2PO_4^{3-}$$

故复合阴离子的摩尔数

$$n_{SiO_4^{4-}} = n_{SiO_2}^0 = 0.322 \qquad n_{PO_4^{3-}} = 2n_{P_2O_5}^0 = 2 \times 0.015 = 0.03$$

简单阴离子的摩尔数

$$n_{O^{2-}} = \sum n_i^+ - 2n_{SiO_2} - 3n_{P_2O_5}$$

$$= 1.428 - 2 \times 0.322 - 3 \times 0.015$$

$$=0.739$$

故阴离子的总摩尔数
所以

$$\sum n_{j^-} = n_{O^{2-}} + n_{SiO_4^{4-}} + n_{PO_4^{3-}}$$

$$= 0.739 + 0.322 + 0.03$$

$$= 1.091$$

$$x_{Fe^{2+}} = \frac{n_{Fe^{2+}}}{\sum n_{i^+}} = \frac{0.167}{1.428} = 0.117 \qquad x_{Mn^{2+}} = \frac{n_{Mn^{2+}}}{\sum n_{i^+}} = \frac{0.125}{1.428} = 0.088$$

$$x_{Mg^{2+}} = \frac{n_{Mg^{2+}}}{\sum n_{i^+}} = \frac{0.374}{1.428} = 0.262 \qquad x_{Ca^{2+}} = \frac{n_{Ca^{2+}}}{\sum n_{i^+}} = \frac{0.762}{1.428} = 0.534$$

$$x_{O^{2-}} = \frac{n_{O^{2-}}}{\sum n_{j^-}} = \frac{0.739}{1.091} = 0.677$$

$$a_{FeO} = x_{Fe^{2+}} x_{O^{2-}} = 0.117 \times 0.677 = 0.079$$

$$a_{CaO} = x_{Ca^{2+}} x_{O^{2-}} = 0.534 \times 0.677 = 0.362$$

$$a_{MnO} = x_{Mn^{2+}} x_{O^{2-}} = 0.088 \times 0.677 = 0.060$$

活度系数

$$\gamma_{FeO} = \frac{a_{FeO}}{x_{FeO}} = \frac{0.079}{\dfrac{0.167}{1.765}} = 0.83 \qquad \gamma_{CaO} = \frac{a_{CaO}}{x_{CaO}} = \frac{0.362}{\dfrac{0.762}{1.765}} = 0.84$$

$$\gamma_{MnO} = \frac{a_{MnO}}{x_{MnO}} = \frac{0.060}{\dfrac{0.125}{1.765}} = 0.83$$

2)根据与熔渣平衡的钢液中氧的质量分数(0.058%)

由

$$L_0 = \frac{[\%O]}{a_{FeO}}$$

及 1600℃时,$L_0 = 0.23$,可得

$$a_{FeO} = \frac{[\%O]}{L_0} = \frac{0.058}{0.23} = 0.252$$

可见,Temkin 模型计算的 FeO 活度与实验数据计算的比较,差别很大,模型计算的偏低,原因是此时熔渣中 SiO_2 含量很高,渣中复合阴离子不仅有 SiO_4^{4-},还有更高聚合的 SiO_7^{6-},…,但其量确定较困难。因此 Самарин(萨马林)引入修正式,如下:

当熔渣中％$SiO_2 > 11$ 时,对以上模型计算的 a_{FeO}、a_{FeS} 要引入活度系数进行修正。

$$\lg \gamma_{Fe^{2+}} \gamma_{O^{2-}} = 1.53 \sum x_{SiO_4^{4-}} - 0.17$$

$$\lg \gamma_{Fe^{2+}} \gamma_{S^{2-}} = 1.53 \sum x_{SiO_4^{4-}} - 0.17$$

式中　$\sum x_{SiO_4^{4-}}$——所有复合阴离子分数之和。

上题如加以修正

$$\lg \gamma_{Fe^{2+}} \gamma_{O^{2-}} = 1.53(x_{SiO_4^{4-}} + x_{PO_4^{3-}}) - 0.17$$

$$= 1.53\left(\frac{0.322 + 0.030}{1.091}\right) - 0.17$$

$$= 0.324$$

$$\gamma_{Fe^{2+}} \gamma_{O^{2-}} = 2.10$$

$$a_{FeO} = \gamma_{Fe^{2+}} \gamma_{O^{2-}} x_{Fe^{2+}} x_{O^{2-}} = 2.10 \times 0.079 = 0.166$$

可以看出,修正后的值与实测值 0.252 差别减小。

3.7.3　熔渣的等活度线

可以看出,由理论模型计算的熔渣中氧化物的活度有时和实际测量的误差较大,这给应用带来很多的不便,为了应用方便,将常用的渣系中氧化物的活度实测出来,画到一张图上,使用时一查即可。这既简单,又方便。在渣系图上一般以等活度线的形式出现。

3.7.3.1　$CaO-SiO_2-Al_2O_3$ 渣系(1600℃)

如图 1-3-5 所示,是 a_{SiO_2}、a_{CaO} 及 $a_{Al_2O_3}$ 的等活度线。

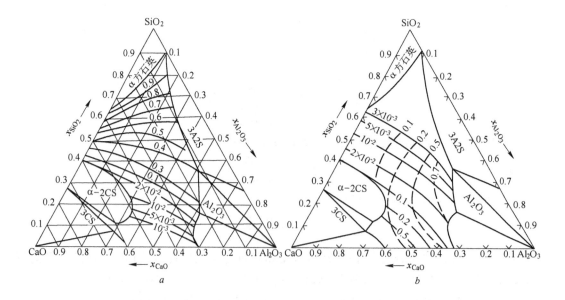

图 1-3-5　$(CaO-SiO_2-Al_2O_3)$ 渣系的等活度线

a—1600℃时,SiO_2 的活度;b—1600℃时,CaO 的活度

—— CaO 的活度;------ Al_2O_3 的活度

图中粗实曲线表示 1600℃的等温面与各组分液相面的交线,交线之内为液相区,绘出了等活度曲线,标准态:纯固体

对 a_{SiO_2} 等活度线的讨论：

(1)随碱度 R↑，a_{SiO_2}↓。当碱度很高时，a_{SiO_2} 只有 $10^{-2} \sim 10^{-3}$ 数量级，这是由于熔渣中形成硅酸盐复杂化合物的缘故。

(2)Al_2O_3 的影响：

高碱度时，随着 Al_2O_3↑，a_{SiO_2}↑。这是由于此时的 Al_2O_3 显酸性，与 CaO 结合，使与 CaO 结合的 SiO_2 减小，自由 SiO_2 增加。

碱度低时，随着 Al_2O_3↑，a_{SiO_2}↓。

同理，可以看出，炉渣组成对 a_{CaO} 的影响和对 a_{SiO_2} 的恰好相反。

3.7.3.2　$CaO-SiO_2-FeO$ 渣系

如图 1-3-6 所示，三元系实际是一个伪三元系。即

$$\sum FeO-(CaO+MgO+MnO)-(SiO_2+P_2O_5)$$

而

$$\sum FeO=FeO+1.35Fe_2O_3（全铁法）$$

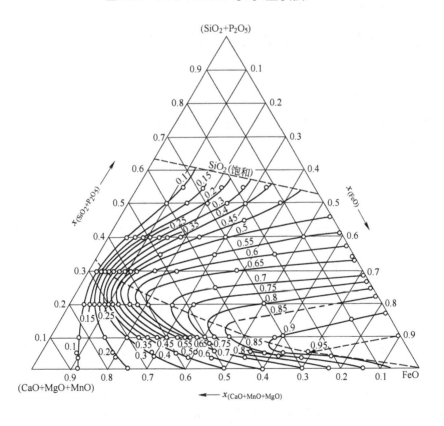

图 1-3-6　$\sum FeO-(CaO+MgO+MnO)-(SiO_2+P_2O_5)a_{FeO}$ 等活度线

对 a_{FeO} 等活度线的讨论：

当 $R<2$，随着 R↑，a_{FeO}↑；

$R=2$ 时,a_{FeO} 达极大值;

$R>2$,随着 $R\uparrow$,$a_{FeO}\downarrow$。

分子理论对上述现象解释:

对 $CaO-SiO_2-FeO$ 三元渣系:

(1)$R<2$ 时,当碱度 R 增加时,由于溶液中不断形成 $2CaO\cdot SiO_2$,使 SiO_2 浓度不断下降,使自由 FeO 的数量相对增加,所以 a_{FeO} 增加。

(2)当 $R=2$ 时,加入的 CaO 全部与 SiO_2 形成 $2CaO\cdot SiO_2$,无剩余 SiO_2,此时 a_{FeO} 达极大值。

(3)$R>2$ 时,形成 $2CaO\cdot SiO_2$ 之后有剩余的 CaO,与渣中 Fe_2O_3 形成 $CaO\cdot Fe_2O_3$ 或有反应

$$2(FeO)+\frac{1}{2}O_2+(CaO)=(CaO\cdot Fe_2O_3)$$

发生,使渣中 FeO 浓度急剧下降。

3.8 二元系组元活度系数的实验测定与计算

3.8.1 二元系组元活度的实验测定

关于二元系组元活度的实验测量,一般有如下 4 种方法:

(1)蒸气压法;

(2)化学平衡法;

(3)电动势法;

(4)分配系数法。

这些方法在一般的冶金物理化学实验教科书上有详细的介绍,此处不再赘述。

3.8.2 二元系组元活度系数的计算

3.8.2.1 熔化自由能法——由二元系共晶相图求组元活度(冰点下降法)

对 A—B 二元系溶液,若溶液冷却时形成二元共晶体,如图 1-3-7 所示,求组元 A 在浓度 x_A,温度 T 时的活度 $a_{A(T)}^{(l)}$。

分如下两个步骤:

(1)利用标准熔化吉布斯自由能求液相线上组元 A 的活度 $a_{A(T_B)}^{(l)}$:

当溶液由温度 T 冷却到液相线上 C 点,纯固态 A 结晶析出,此时温度为 T_B,液相中的组元 A 与纯固态 A 平衡,其化学势相等

$$\mu_A^{(l)}=\mu_A^{(s)}=\mu_A^{*(s)} \tag{1-3-75}$$

式中 $\mu_A^{*(s)}$——纯固态 A 的化学位。

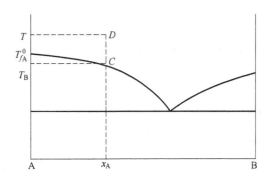

图 1-3-7　A－B 二元共晶相图

定义:液相中组元 A 的活度以纯液态 A 为标准态(实际上是过冷的液态 A)。

$$\mu_A^{(l)} = \mu_A^{*(l)} + RT\ln a_{A(T_B)}^{(l)} \tag{1-3-76}$$

由 $$\mu_A^{(l)} = \mu_A^{*(s)}$$

所以 $$\mu_A^{*(l)} - \mu_A^{*(s)} = -RT\ln a_{A(T_B)}^{(l)} \tag{1-3-77}$$

左边实际上是 T_B 温度下组元 A 的标准熔化自由能,即

$$\Delta_{ful}G_{A(T_B)}^{\ominus} = -RT\ln a_{A(T_B)}^{(l)} \tag{1-3-78}$$

以下用近似法求 $\Delta_{ful}G_{A(T_B)}^{\ominus}$

设固态 A 的熔点为 $T_{f,A}^{*}$,标准熔化焓为 $\Delta_{ful}H_A^{\ominus}$,在熔点处,由

$$\Delta_{ful}G_A^{\ominus} = \Delta_{ful}H_A^{\ominus} - T_{f,A}^{*}\Delta_{ful}S_A^{\ominus} = 0 \tag{1-3-79}$$

可以求出 $$\Delta_{ful}S_A^{\ominus} = \frac{\Delta_{ful}H_A^{\ominus}}{T_{f,A}^{*}} \tag{1-3-80}$$

设 $\Delta_{ful}H_A^{\ominus}$ 与 $\Delta_{ful}S_A^{\ominus}$ 随温度变化不大,则可求 T_B 时

$$\Delta_{ful}G_{A(T_B)}^{\ominus} = \Delta_{ful}H_A^{\ominus} - T_B\frac{\Delta_{ful}H_A^{\ominus}}{T_{f,A}^{*}} = \frac{\Delta_{ful}H_A^{\ominus}(T_{f,A}^{*} - T_B)}{T_{f,A}^{*}} = \frac{\Delta_{ful}H_A^{\ominus}\Delta T}{T_{f,A}^{*}} \tag{1-3-81}$$

或 $$\frac{\Delta_{ful}H_A^{\ominus}\Delta T}{T_{f,A}^{*}} = -RT\ln a_{A(T_B)}^{(l)} = -RT\ln \gamma_{A(T_B)}^{(l)} x_A \tag{1-3-82}$$

(2)利用正规溶液性质求 T 温度下组元 A 的活度 $a_{A(T)}^{(l)}$:

设该溶液为正规溶液

由正规溶液的性质,$\alpha = RT_1\ln\gamma_1 = RT_2\ln\gamma_2$

所以 $$RT\ln\gamma_{A(T)}^{(l)} = RT_B\ln\gamma_{A(T_B)}^{(l)} \tag{1-3-83}$$

故 $$\ln\gamma_{A(T)}^{(l)} = \frac{T_B\ln\gamma_{A(T_B)}^{(l)}}{T} \tag{1-3-84}$$

即可求得组元 A 在温度 T 的活度系数 $\gamma_{A(T)}^{(l)}$

所以 $$a_{A(T)}^{(l)} = \gamma_{A(T)}^{(l)} x_A \tag{1-3-85}$$

3.8.2.2　斜率截距法

这种方法是由二元系中的摩尔混合自由能 $\Delta_{mix}G_m$ 求偏摩尔混合自由能 $\Delta_{mix}G_{1,m}$ 及 $\Delta_{mix}G_{2,m}$。

由于
$$\Delta_{mix}G_m = x_1\Delta_{mix}G_{1,m} + x_2\Delta_{mix}G_{2,m}$$

若以纯物质为标准态,可得
$$\Delta_{mix}G_{1,m} = (G^*_{1,m} + RT\ln a_1) - G^*_{1,m} = RT\ln a_1$$

$$\Delta_{mix}G_{2,m} = (G^*_{2,m} + RT\ln a_2) - G^*_{2,m} = RT\ln a_2$$

若求出 $\Delta_{mix}G_{1,m}$ 及 $\Delta_{mix}G_{2,m}$,即可求出组元 1、2 的活度。

(1)先推导两个关系式

1)由
$$x_2 = \frac{n_2}{n_1 + n_2}$$

所以
$$\frac{\partial x_2}{\partial n_2} = \frac{\partial\left(\dfrac{n_2}{n_1 + n_2}\right)_{T,p,n_1}}{\partial n_2} = \frac{1}{n_1 + n_2} + n_2\left[-\frac{1}{(n_1 + n_2)^2}\right]$$

$$= \frac{n_1}{(n_1 + n_2)^2} = \frac{x_1}{n_1 + n_2} \tag{1-3-86}$$

或
$$\frac{\partial x_2}{x_1} = \frac{\partial n_2}{n_1 + n_2} \tag{1-3-87}$$

2)由
$$\Delta_{mix}G_\Sigma = n_1\Delta_{mix}G_{1,m} + n_2\Delta_{mix}G_{2,m}$$

$\Delta_{mix}G_\Sigma$ 为溶液的混合自由能,与摩尔混合自由能的关系为
$$\Delta_{mix}G_\Sigma = (n_1 + n_2)\Delta_{mix}G_m$$

所以
$$\Delta_{mix}G_{2,m} = \left(\frac{\partial\Delta_{mix}G_\Sigma}{\partial n_2}\right)_{T,p,n_1}$$

$$= \frac{\partial}{\partial n_2}\big[(n_1 + n_2)\Delta_{mix}G_m\big]_{T,p,n_1}$$

$$= \Delta_{mix}G_m + (n_1 + n_2)\frac{\partial\Delta_{mix}G_m}{\partial n_2}$$

$$= \Delta_{mix}G_m + x_1\frac{\partial\Delta_{mix}G_m}{\partial x_2} \tag{1-3-88}$$

所以
$$\Delta_{mix}G_{2,m} = \Delta_{mix}G_m + (1 - x_2)\frac{\partial\Delta_{mix}G_m}{\partial x_2} \tag{1-3-89}$$

同理
$$\Delta_{mix}G_{1,m} = \Delta_{mix}G_m + (1 - x_1)\frac{\partial\Delta_{mix}G_m}{\partial x_1} \tag{1-3-90}$$

(2)由作图法求组元 1、2 两个偏摩尔混合自由能

如图 1-3-8 所示，对组元 2，在浓度为 x_2 点的 $\Delta_{\mathrm{mix}}G_{\mathrm{m}}$ 曲线上作一条切线，可得

$\dfrac{\partial \Delta_{\mathrm{mix}}G_{\mathrm{m}}}{\partial x_2} = \dfrac{f\mathrm{d}}{1 - x_2}$ 代入式 1-3-8，得

$$\Delta_{\mathrm{mix}}G_{2,\mathrm{m}} = \Delta_{\mathrm{mix}}G_{\mathrm{m}} + (1 - x_2)\frac{\partial \Delta_{\mathrm{mix}}G_{\mathrm{m}}}{\partial x_2}$$

所以　　　　　　　　$\Delta_{\mathrm{mix}}G_{2,\mathrm{m}} = \Delta_{\mathrm{mix}}G_{\mathrm{m}} + (1 - x_2)\dfrac{f\mathrm{d}}{1 - x_2}$

$$= \Delta_{\mathrm{mix}}G_{\mathrm{m}} + f\mathrm{d} \tag{1-3-91}$$

所以，f 点即为 $\Delta_{\mathrm{mix}}G_{2,\mathrm{m}}$，同理 e 点即为 $\Delta_{\mathrm{mix}}G_{1,\mathrm{m}}$

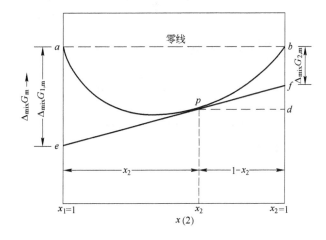

图 1-3-8　作图求两个组元的自由能

α 函数法

由吉布斯—杜亥姆方程

$$x_1 \mathrm{d}G_{1,\mathrm{m}} + x_2 \mathrm{d}G_{2,\mathrm{m}} = 0 \tag{1-3-92}$$

而　　　　　　　　　　$G_{1,\mathrm{m}} = G_{1,\mathrm{m}}^* + RT\ln a_1$

$$G_{2,\mathrm{m}} = G_{2,\mathrm{m}}^* + RT\ln a_2$$

所以　　　　　　$\mathrm{d}G_{1,\mathrm{m}} = RT\ln a_1，\mathrm{d}G_{2,\mathrm{m}} = RT\ln a_2$

由此得 G-D 方程的另一形式：

$$x_1 \mathrm{d}\ln a_1 + x_2 \mathrm{d}\ln a_2 = 0 \tag{1-3-93}$$

$$x_1 \mathrm{d}\ln \gamma_1 + x_2 \mathrm{d}\ln \gamma_2 = 0 \tag{1-3-94}$$

$$\int_{x_1=1}^{x_1} \mathrm{d}\ln\gamma_1 = \int_{x_1=1}^{x_1} -\frac{x_2}{x_1}\mathrm{d}\ln\gamma_2 \qquad (1\text{-}3\text{-}95)$$

当 $x_1 = 1$ 时，$\gamma_1 = 1$，$\ln\gamma_1 = 0$

所以
$$\ln\gamma_1 = \int_{x_1=1}^{x_1} -\frac{x_2}{x_1}\mathrm{d}\ln\gamma_2 = \int_{x_2=0}^{x_2} -\frac{x_2}{1-x_2}\mathrm{d}\ln\gamma_2 \qquad (1\text{-}3\text{-}96)$$

由分部积分法，$\int u\mathrm{d}v = uv - \int v\mathrm{d}u$

所以

$$\ln\gamma_1 = -\frac{x_2}{1-x_2}\ln\gamma_2 + \int_{x_2=0}^{x_2=x_2}\ln\gamma_2\,\mathrm{d}\left(\frac{x_2}{1-x_2}\right)$$

$$= -\frac{x_2(1-x_2)}{(1-x_2)^2}\ln\gamma_2 + \int_{x_2=0}^{x_2}\ln\gamma_2\,\frac{\mathrm{d}x_2}{(1-x_2)^2} \qquad (1\text{-}3\text{-}97)$$

令
$$\alpha_2 = \frac{\ln\gamma_2}{(1-x_2)^2} \quad (\alpha\ 函数)$$

则
$$\ln\gamma_1 = -\alpha_2 x_1 x_2 + \int_{x_2=0}^{x_2}\alpha_2\,\mathrm{d}x_2$$

或
$$\ln\gamma_1 = -\alpha_2 x_1 x_2 - \int_{x_1=1}^{x_1}\alpha_2\,\mathrm{d}x_1 \qquad (1\text{-}3\text{-}98)$$

此式可用图解积分法求得。

第四章 相 图

4.1 二元系相图基本类型

4.1.1 几个定律

几个定律如下：

(1)相律：相律是研究热力学体系中物相随组元及体系的其他热力学参数变化的规律。可用下式表达

$$F = C - P + 2(温度、压强)$$

式中　F——自由度；

　　　P——相数；

　　　C——独立组元数。

由于钢铁冶金研究的体系基本为定压下的相平衡，所以温度与压强的两个参数中，压强即为恒量，这两个变量成为 1 个，所以 $F = C - P + 1$

二元系：$F = 3 - P$；

三元系：$F = 4 - P$。

(2)连续原理：当决定体系状态的参数连续变化时，若相数不变，则相的性质及整个体系的性质也连续变化；若相数变化，自由度变了，则体系各相性质及整个体系的性质都要发生跃变。

(3)相应原理：对给定的热力学体系，互成平衡的相或相组在相图中有相应的几何元素（点、线、面、体）与之对应。

4.1.2 二元系相图基本类型

对二元系相图，在一般的物理化学教科书上已经有详细的介绍，我们把二元系相图进行分类，并做一个总结。此处：

L、L_1、L_2 表示液态溶液；A、B 表示固体纯组元；α、β、γ 表示固溶体（固体溶液）；M、M_1、M_2 表示 A、B 间形成的化合物。

4.1.2.1 二元相图划分

从体系中发生的相变反应区分，可分为：

(1)分解类：

1)共晶反应—液相冷却时分为两个固相,此固相可以是纯组元,也可是固溶体或化合物。

液态冷却到共晶温度时,发生如下 6 种类型反应:

$L=A+B$; $L=\alpha+\beta$; $L=A+\beta$; $L=M_1+M_2$; $L=M+A$; $L=M+\alpha$。

以上不同的反应代表一种相图的类型。

2)共析反应—固溶体或固态化合物在冷却时分解为两个固相(共 12 个类型)。

与共晶反应不同的是,共析反应是当温度降低到共析点时,由固溶体或固态化合物生成两个固相组成的共晶体(如 A+B,…)

各种类型的相图发生的共析反应为:

$\gamma=A+B$; $\gamma=\alpha+\beta$; $\gamma=A+\beta$; $\gamma=M_1+M_2$; $\gamma=M+A$; $\gamma=M+\alpha$;

$M=A+B$; $M=\alpha+\beta$; $M=A+\beta$; $M=M_1+M_2$; $M=M_1+A$; $M=M_1+\alpha$。

3)单晶反应—液态溶液分解为一个固体及另一个组成的液相。

$L_1=L_2+A$; $L_1=L_2+\alpha$; $L_1=L_2+M$。

(2)化合类:

1)包晶反应—体系在冷却时,液相与先结晶出的固相或固溶体化合为另一固相(共六类)。

$L+A=M$; $L+A=\alpha$; $L+\alpha=M$; $L+\alpha=\beta$; $L+M_1=M_2$; $L+M=\alpha$。

2)包析反应—体系冷却时,两个固相纯物质、化合物或固溶体生成另外一个固相化合物或固溶体(共 12 类)。

$A+B=\gamma$; $\alpha+\beta=\gamma$; $A+\beta=\gamma$; $M_1+M_2=\gamma$; $M+A=\gamma$; $M+\alpha=\gamma$;

$A+B=M$; $\alpha+\beta=M$; $A+\beta=M$; $M_1+M_2=M$; $M_1+A=M$; $M_1+\alpha=M$

4.1.2.2 从相图的基本结构分

(1) 共晶型:如图 1-4-1 所示。

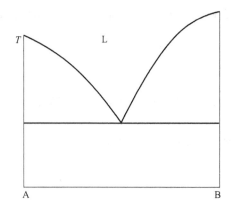

图 1-4-1 二元共晶相图

（2）生成化合物。

1）生成稳定化合物，如图 1-4-2 所示。

2）生成不稳定化合物，如图 1-4-3 所示。

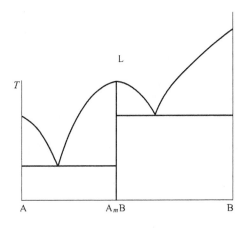

图 1-4-2　生成稳定化合物的二元共晶相图

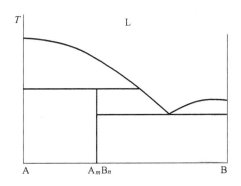

图 1-4-3　生成不稳定化合物的相图

（3）生成固溶体。

1）固态部分互溶，如图 1-4-4 所示；2）固态完全互溶的固溶体，如图 1-4-5 所示；3）固相部分互溶，并有转溶点（包晶点），如图 1-4-6 所示；4）含有最高（或最低）点连续互溶，如图 1-4-7 所示；5）液相部分互溶，如图 1-4-8 所示。

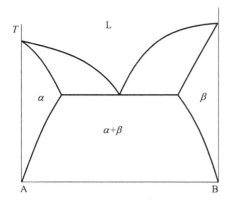

图 1-4-4　固态部分互溶

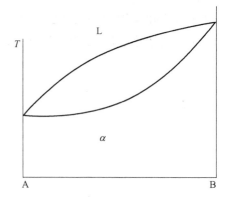

图 1-4-5　固态完全互溶

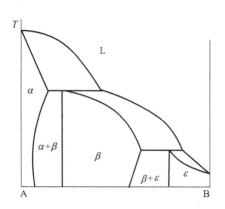

图 1-4-6　固态部分互溶,有转溶点

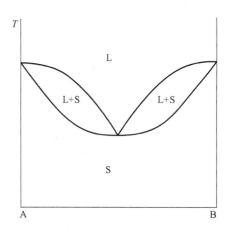

图 1-4-7　连续互溶

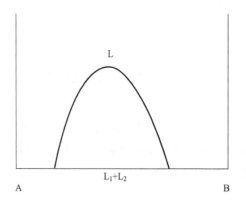

图 1-4-8　液相部分互溶

4.2 三元系相图

我们先用相律对三元系相图作以分析:独立组元数为 3,所以

$$F = C - P + 1 = 4 - P$$

若相数 $P=1$(至少),则最大自由度 $F=3$;
若相数 $F=0$(至少),则最多相数 $P=4$。

4.2.1 三元系浓度三角形的性质

浓度三角形的构成:如图 1-4-9 所示。

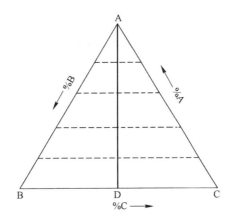

图 1-4-9 浓度三角形示意图

在图中,各字母及线的意义如下:

等边三角形顶点 A、B、C 分别代表纯物质;A 的对边 BC 代表 A 成分为零;自 A 点作 BC 边的垂线 AD,并将其划分为 5 等份,则每份为 20%;逆时针方向自 C 至 A,自 A 至 B,自 B 至 C 分别代表 A、B、C 各组元浓度。

4.2.1.1 垂线、平行线定理

从等边三角形 ABC 内任一点 P 向三个边画三条垂线,这三条垂线之和等于三角形的高,也即:PG+PE+PF=AD;如图 1-4-10 所示。

从等边三角形 ABC 内任一点 P 画三个边的平行线,则三条平行线之和等于任一边长,也即:PM+PL+PK=AC(或 AB 或 BC)。如图 1-4-11 所示。

4.2.1.2 等含量规则

在等边三角形中画一条平行于任一边的线,则该条线任何一点有一个组元的成分是不变的,这个组元就是对应这个边的顶点的物质,如图 1-4-12 所示,x_1、x_2、x_3 点含 A 相同。

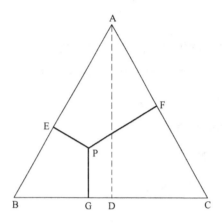

图 1-4-10　垂线定理示意图

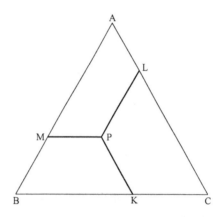

图 1-4-11　平行线定理示意图

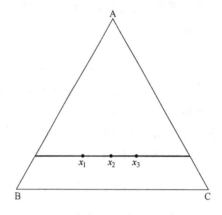

图 1-4-12　等含量规则示意图

4.2.1.3　定比例规则

从一顶点画一条斜线到对边,则该条斜线上的任何点,由其他二顶点所代表的二组分成分之比是不变的。如图 1-4-13 所示,x_1、x_2、x_3 三点,$\dfrac{\%B}{\%C} = \dfrac{NC}{BN} =$ 常数。

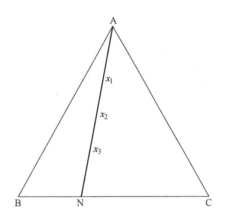

图 1-4-13　定比规则示意图

4.2.1.4　直线规则

在三元系中,由两个不同组成的体系 D、E 混合而成一个总体系 F,则总体系 F 的组成点一定,在 D、E 两体系的连接线上,而且两体系的质量比由杠杆规则确定。

$$\frac{W_D}{W_E} = \frac{\overline{FE}}{\overline{DF}}$$

式中　W_D——体系 D 的质量;

　　　　W_E——体系 E 的质量。

如图 1-4-14 所示,以上规则可以证明。

证明:过 D、F、E 分别作 BC 边的垂线 DN、FQ、ER;过 D、F 分别作 BC 边的平行线 DK、FL。由浓度三角形的原理可以得出:

DN——体系 D 中含 A 的质量分数;

FQ——体系 F 中含 A 的质量分数;

ER——体系 E 中含 A 的质量分数。

就含 A 量而言,$W_F \cdot \overline{FQ} = W_D \cdot \overline{DN} + W_E \cdot \overline{ER}$

所以　　　　　　　　$(W_D + W_E) \cdot \overline{FQ} = W_D \cdot \overline{DN} + W_E \cdot \overline{ER}$

　　　　　　　　　　$W_D \cdot (\overline{FQ} - \overline{DN}) = W_E \cdot (\overline{ER} - \overline{FQ})$

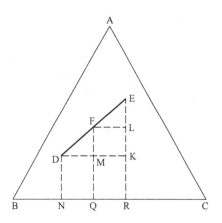

图 1-4-14　直线规则示意图

或　　　　　　　　　　　　　　$W_D \cdot \overline{FM} = W_E \cdot \overline{EL}$

所以　　　　　　　　　　　　　　$\dfrac{W_D}{W_E} = \dfrac{\overline{EL}}{\overline{FM}}$

根据相似三角形原理，$\dfrac{\overline{EL}}{\overline{FM}} = \dfrac{\overline{FE}}{\overline{DF}}$

所以　　　　　　　　　　　　　　$\dfrac{W_D}{W_E} = \dfrac{\overline{EF}}{\overline{DF}}$

4.2.1.5　重心规则

在浓度三角形 ABC 内,若三个已知成分和质量的体系混合,他们在三元系相图处于 x、y、z 位置,则其混合后所形成的新的体系 p 点位于这个三角形的重心位置;如图 1-4-15 所示。这三个相的相对量为

$$\frac{W_x}{W_p} + \frac{W_y}{W_p} + \frac{W_z}{W_p} = \frac{px'}{xx'} + \frac{py'}{yy'} + \frac{pz'}{zz'}$$

或

$$\frac{W_x}{W_p} = \frac{px'}{xx'} \qquad\qquad W_x = \frac{px'}{xx'} \cdot W_p$$

$$\frac{W_y}{W_p} = \frac{py'}{yy'} \qquad \Rightarrow \qquad W_y = \frac{py'}{yy'} \cdot W_p$$

$$\frac{W_z}{W_p} = \frac{pz'}{zz'} \qquad\qquad W_z = \frac{pz'}{zz'} \cdot W_p$$

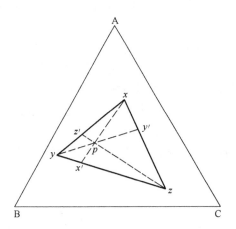

图 1-4-15　重心规则示意图

4.2.2　简单共晶型三元系相图

4.2.2.1　图的构成

如图 1-4-16 所示,三元系实际是由三个二元系组成,但二元系过渡到三元系的过程是:

A—B 二元系:液相线 ae_1、be_1、e_1 为共晶点。

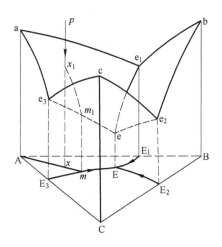

图 1-4-16　共晶型三元系相图

加入组元 C,共晶点 e_1 将沿 e_1e 下降到 e、e_1e 称为二元共晶线。

A—C 二元系:液相线 ae_3、ce_3、e_3 为共晶点。

加入组元 B,共晶点 e_3 将沿 e_3e 下降到 e、e_3e 称为二元共晶线。

B—C 二元系:液相线 be_2、ce_2、e_2 为共晶点。

　　加入组元 A，共晶点 e_2 将沿 $e_2 e$ 下降到 e、$e_2 e$ 称为二元共晶线。

　　三元系的构成是：

　　三元共晶点 e 比 e_1、e_2、e_3 都低，是四相平衡点（A、B、C 3 个固相，1 个液相）。根据相律可以计算，e 点自由度 $F=0$。每个二元系的二元共晶点都因第三组元的加入而在三元系中形成二元共晶线，共 3 条，$e_1 e$、$e_2 e$、$e_3 e$；同时每个二元系的液相线都因第三组元的加入而在三元系中形成液相面，共 3 个，分别为 $ae_1 ee_3$、$be_1 ee_2$、$ce_2 ee_3$；3 个液相面上分别是 3 个固相纯组元与 1 个液相平衡。

　　将空间结构的三元系投影到三元系的浓度三角形上，三个二元系的共晶点分别为 E_1、E_2、E_3，三元共晶点 e 的投影是 E，三条二元共晶线的投影分别是 $E_1 E$、$E_2 E$、$E_3 E$。

4.2.2.2　冷却组织及其量

　　假设在三元系液相中一体系 P 点，如图 1-4-16 及 1-4-17 所示，分析其冷却过程：

　　首先将 P 点投影到浓度三角形中，得 x 点（一相，三组元，自由度为 3）。

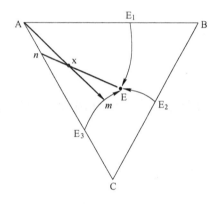

图 1-4-17　P 点的冷却过程

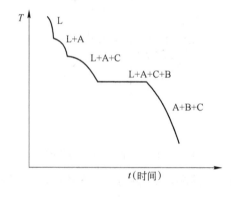

图 1-4-18　P 点的冷却曲线

(1)P 点冷却到液相面上,析出固相 A(二相,三组元,自由度为 2);

(2)随着 A 的析出,液相成分变化沿 xm 方向进行,到 E_3E 线上的 m 点时,开始有纯固相 A,C 共同析出(三相,自由度为 1);

在 C 即将析出但还没有析出的时刻,纯固相 A 与液相 m 的量可由杠杆定律求出:

$$\frac{W_A}{W_m} = \frac{xm}{Ax}$$

(3)继续冷却,液相成分沿二元共晶线 mE 移动,二固相 A、C 同时析出,直至 E(四相,自由度为 0);

初至 E 点时,B 即将析出但还没有析出时,纯固相 A、C 的量与液相 W_E 的量亦可由直线规则求出:

$$\frac{W_A + W_C}{W_E} = \frac{xE}{nx}$$

(4)在 E 点全部结晶为固体 A+B+C,液相消失,为三相,自由度为 1。

4.2.2.3 等温线与等温截面

以 Pb−Sn−Bi 为例,如 1-4-19 所示。

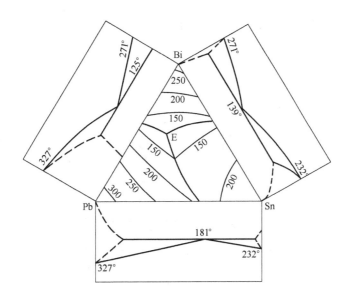

图 1-4-19 Pb−Sn−Bi 等温线

在该图上,作 150℃的等温截面,如图 1-4-20 所示,其中 Pb−f−Sn 所构成的三角形称为结线三角形,是 $S_{Pb}+S_{Sn}+L$ 三相区。

4.2.3 具有一个稳定二元化合物的三元系相图

如图 1-4-21 所示,可以看出:化合物 D 与 C 点相连。向 D 中加入 C 时,体系的组成将

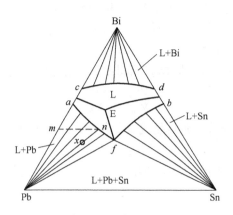

图 1-4-20　150℃等温截面图

沿直线 DC 移动;D－C 形成一个新的二元系,K 点是该二元系的共晶点;共晶线的箭头代表温度降低的方向;CD 线将 ABC 三元系分成 ACD、DCB 两个三元系,每个三元系的处理与单个三元系的处理方法相同。

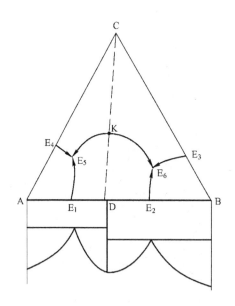

图 1-4-21　具有一个稳定二元化合物的三元系相图

4.2.4　具有一个二元不稳定化合物的三元系相图

4.2.4.1　具有一个二元不稳定化合物的三元系相图特点

如图 1-4-22 所示,该图的特点:

（1）AB 二元系中存在一个不稳定化合物 A_mB_n，组成为 D；AB 边的 I 点是 A－B 二元包晶点的投影；由于组元 C 的加入，该包晶点变成包晶线 IP。

（2）在包晶线 IP 上，发生二元包晶反应，$A+L=A_mB_n$。到 P 点，与 AC 的二元共晶线 E_3P 重合，析出 C，发生三元包晶反应：$A+L_P=A_mB_n+C$。

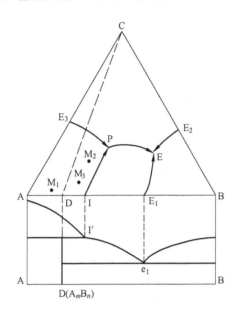

图 1-4-22 具有一个二元不稳定化合物的三元系相图

4.2.4.2 几个特殊点的冷却过程分析

在这类三元系相图上，M_1、M_2、M_3 是几个有代表性的特殊点，其冷却过程分析清楚了，该类相图所有点的冷却过程也就清楚了。

A　M_1 点的冷却过程

首先，如图 1-4-23 所示，我们必须明确以下两点：

（1）M_1 在△ADC 中，凝固结束后，所得固相为 A、D、C；

（2）M_1 点位于 CD 线左侧，当二元包晶反应完成以后，液相不足，而固相 A 过剩；凝固结束在 P 点，或者在 P 点发生三元包晶反应（与二元系比较）。

冷却过程如下：

（1）连接 A M_1，当组成为 M_1 的液相冷却到液相面上时（对二元系为液相线），体系中析出固相 A，随着体系中固相 A 的不断析出，液相组分变化沿 $\overrightarrow{AM_1}$ 延长线方向，直至液相组分变化到三元包晶线 IP 上的 a 点；

（2）在 a 点发生包晶反应：$L_a+A=A_mB_n(D)$；

（3）随着包晶反应的进行，固相 A 不断减少，化合物 D 不断增加；固相组成的变化方向

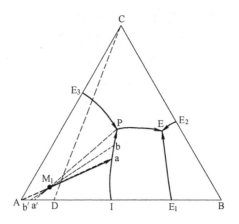

图 1-4-23　M_1 点的冷却过程示意图

由 $A \rightarrow a'$，A，D 比例由杠杆原理确定；液相组成的变化方向由 $a \rightarrow P$。

期间，如液相进行到 b 点，则固相组成变化到 b' 点，根据杠杆定律，可以确定：

液相与固相的比例：$\dfrac{W_{L_b}}{W_{S_b'}} = \dfrac{b'M_1}{bM_1}$

固相中 A 与 D 的比例：$\dfrac{W_A}{W_D} = \dfrac{b'D}{Ab'}$

（4）随着冷却的进行，液相组分变化到 P 点，发生三元共晶反应，$L_P = A + D + C$ 固相组分则变化到 a'；

（5）液相在 P 点进行共晶反应，其量越来越少，直至消失；固相组分则由 a' 点变化至 M_1，形成 3 个共晶的固相，其比例正是在浓度 $\triangle ACD$ 中 M_1 点的 A、C、D 的含量。

　　B　M_2 冷却过程

首先，如图 1-4-24 所示，必须明确以下三点：

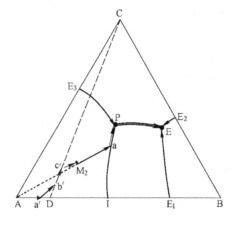

图 1-4-24　M_2 冷却过程

(1)M_2 位于 △DCB 内,凝固结束时,所得固相为 B、C、D;

(2)M_2 位于 DC 线右侧,首先发生二元包晶反应,是液相与先结晶出的固相 A 反应,生成 D,当液相组分变化到 P 点时,开始发生三元包晶反应,反应结束后液相过剩(与二元系比较),固相 A 消失;

(3)三元包晶反应结束后,随着冷却的进行,过剩的液相组分沿 $\overset{\frown}{PE}$ 方向变化,同时发生二元共晶反应,$L_{P\to E}=D+C$,移动至 E,发生三元共晶反应,得 D、C、B 三元共晶体结束。

M_2 点的冷却过程如下:

(1)连接 AM_2,组成为 M_2 的液体冷却到液相面上时,体系中析出固相 A;此时,液相成分沿 $\overset{\frown}{AM_2}$ 延长线方向变化,固相 A 量不断析出。

(2)液相 M_2 组分变化到 IP 线上 a 点,发生二元包晶反应:$L_a+A=D$。

此后,液相由 a 向 P 方向变化;固相由 A 向 D 方向变化;液相与固相比例,及固相中 A 与 D 的比例分别由杠杆定律确定。

(3)液相组分变化至 P 点发生三元包晶反应,产生固相 D 和 C

$$L_P+A=D+C$$

随着包晶反应的进行,液相 L_P 与固相 A 不断减少,固相 C 与固相 D 不断增加。

此时,液相成分在 P 点不变;

固相 A、D、C 的组成由 a′ 变化到 b′。

(4)在 P 点发生的三元包晶反应最终以固相 A 的消失而结束,此时液相组分由 P 点向 E 点移动,与此同时发生二元共晶反应,$L_{P\to E}=D+C$;

固相组分(仅有固相 D 和 C)由 b′ 向 c′ 方向移动;

(5)液相组分变化到 E 点,发生三元共晶反应 $L_E=S_C+S_D+S_B$,随着反应进行,液相组分不变,液相的量不断减少,直至完全消失;

固相在 c′ 点,由于固相 B 的生成,其组成由 c′ 向 M_2 移动;

当液相在 E 点消失时,固相组成到达 M_2,M_2 是由固相 D、C、B 组成的共晶体,其总量与冷却前的液相量相当;三个固相的分量根据浓度三角形 △DCB 确定。

C M_3 点冷却过程

首先,如图 1-4-25 所示,我们必须明确以下三点,并注意与 M_2 的区别:

(1)M_3 位于 △DCB 内,凝固结束时,所得固相为 B、C、D,这点与 M_2 相同;

(2)M_3 位于 DC 线右下侧,首先发生二元包晶反应,是液相与先结晶出的固相 A 反应,生成 D,当液相组分没有变化到 P 点时,由于固相 A 的提前消失,二元包晶反应结束,不会发生三元包晶反应;

(3)随着冷却的进行,过剩的液相组分沿 $\overset{\frown}{a'b'}$ 方向变化,同时析出固相 D;当液相组分变化到 b′ 点时,发生二元共晶反应,$L_{b'\to E}=D+C$,移动至 E,发生三元共晶反应,$L_E=S_C+S_D+S_B$,得 D、C、B 三元共晶体结束。

此点位于 △DBC 中,冷却结束固相产物为 D、B、C。

冷却过程如下:

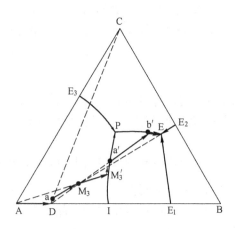

图 1-4-25　M_3 冷却过程

(1)连接 $\overrightarrow{AM_3}$,组成为 M_3 的液体冷却到液相面上时,体系中首先析出固相 A。此时,液相成分沿 $\overrightarrow{AM_3}$ 延长线方向变化,固相 A 不断析出;

(2)液相变至 M_3' 时,发生二元包晶反应:$L_{M_3'}+A=D$。液相组分由 M_3' 向 P 方向移动。固相组分由 A 向 D 移动;

(3)液相组分移动到 a' 时,固相组分移动到 D,此时固相 A 在包晶反应中消耗完,包晶反应结束;

(4)液相组分由 a' 向 b' 方向移动;同时固相 D 不断从液相中析出;

(5)液相组分移动 PE 线上的 b' 点时,发生二元共晶反应 $L_{b'\to E}=D+C$;同时固相中开始结晶出固相 C;

(6)液相开始由 b' 向 E 移动;固相中由于 C 的生成,其组成由 D 向 C 的方向变化。固相与液相的重量比例及固相中 D 与 C 的比例都可以用杠杆定律来确定;

(7)液相组分到 E 点时,液相组分不变,由二元共晶变为三元共晶 $L_E=D+C+B$;固相组分变到 a,其中由于 B 的不断析出,固相组分自 a 向 M_3 方向变化;

(8)三元共晶反应结束,液相完。

固相组分由 a 变化至 M_3,冷却过程结束,最后得到的是 D、C、B 三元共晶体,D、C、B 的组成在浓度三角形△DBC 中确定。

4.3　相图的基本规则

4.3.1　相区邻接规则

相区与相区之间存在着什么关系?由相律和热力学可以得出:

(1)相区邻接规则:对 n 元相图,某区域内相的总数与邻接区域内相的总数之间有下述关系:

$$R_1 = R - D^- - D^+ \geqslant 0$$

式中　R_1——邻接两个相区边界的维数；

　　　R——相图的维数；

　　　D^-——从一个相区进入邻接相区后消失的相数；

　　　D^+——从一个相区进入邻接相区后新出现的相数。

(2)相区邻接规则的三个推论：

1) 两个单相区相毗邻只能是一个点，且为极点，如图 1-4-26 所示。

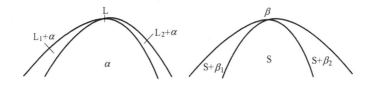

图 1-4-26　两个单相区毗邻示意图

2)两个两相区不能直接毗邻，或被单相区隔开或被零变线隔开，如图 1-4-27 所示。

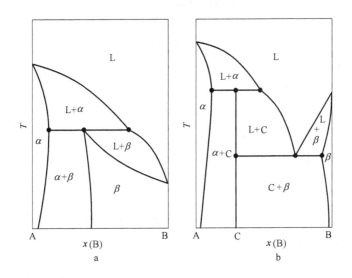

图 1-4-27　零变线毗邻示意图

3)单相区与零变线只能相交于特殊组成的点，两个零变线必然被它们所共有的两个两相区分开。

以下对结合图 1-4-28 所示的相区，对以上规则和推理加以理解和说明。

例 1-4-1　试计算 1 相区进入 2 相区，1、2 相区边界的维数。

解：1 相区只有液相 L，进入 2 相区后有固相 B 产生，所以 $D^+=1$；进入 2 相区后液相 L

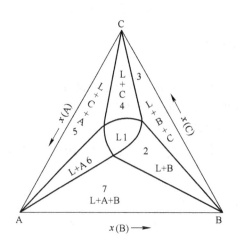

图 1-4-28　相区邻接示例

还存在,即没有旧相消失,所以 $D^-=0$;相图为二维,$R=2$。

所以　　　　　　　　　　　　$R_1=2-0-1=1$

说明:1 相区与 2 相区边界是一维的,即有一条线。

例 1-4-2　计算 1 相区进入 7 相区,1、7 相区边界的维数。

解:1 相区进入 7 相区,新增固相 A,B,所以 $D^+=2$;

液相 L 还存在,即没有旧相消失,所以 $D^-=0$;

相图维数为二维,$R=2$。

所以　　　　　　　　　　　　$R_1=2-0-2=0$

这说明 1 相区与 7 相区边界维数是 0,在图上是一个点。

4.3.2　相界线构筑规则

规则 1:

在三元系中,单相区与两相区邻接的界线的延长线,必须同时进入 2 个两相区或 1 个三相区,否则,构筑错误。如图 1-4-29 所示。

规则 2:

在二元系中,单相区与两相区邻接的界线延长线必须进入两相区,不能进入单相区。或者说,单相区两条边界线的交角小于 $180°$。如图 1-4-30 所示。

4.3.3　复杂三元系二次体系副分规则

对构筑含有二元或三元化合物的复杂的三元系相图,一般是将这个三元系分为若干个简单的三元系。

含有一个化合物的三元系二次体系副分规则:

(1)若体系中只有一个二元化合物,副分规则规定,将这个二元化合物与其对面的顶点

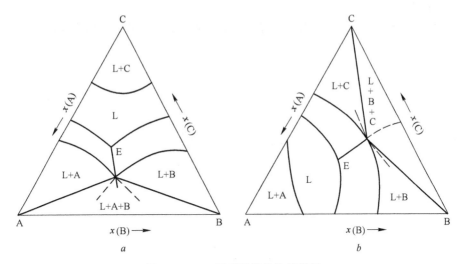

图 1-4-29 三元系界线的构筑规则

a—单相区与两相区界线的延长线进入一个三相区；

b—单相区与两相区界线的延长线同时进入两个两相区

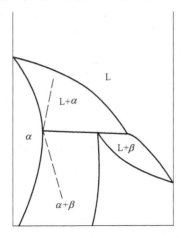

图 1-4-30 单相区两条边界区的交角小于 180°的情况

连接起来,形成两个三元系相图;

(2)若体系中存在一个三元化合物,则将这个三元化合物与相图的三个顶点连起来,形成三个三元系相图。

含有两个以上化合物的三元系二次体系副分规则:

(1)连线规则:连接固相成分代表点的直线,彼此不能相交;

(2)四边形对角线不相容原理:三元系中任意四个固相代表点构成的四边形,只有一条对角线上的两个固相可平衡共存。

以上划分经常是不唯一的,其判定有两种方法。

（1）实验法

例 1-4-3　A—B—C 三元系形成 2 个二元化合物 D_1，D_2，如图 1-4-31 所示。

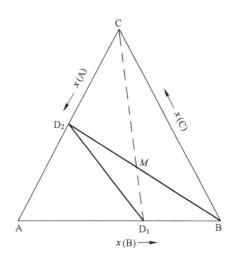

图 1-4-31　有 2 个二元化合物的三元系

解：由图可以看出，D_1D_2 连线可确定；但另外一条连线是 D_2B 还是 D_1C？

实验法：连 D_1C 与 D_2B 交于 M 点，将 M 点的熔体熔化成液体，再冷却做物相分析。若出现 D_2 与 B 两相，则 D_2B 连线正确，若出现的是 D_1 与 C 两相，则 D_1C 连线正确。

（2）计算法

由组元之间反应的 $\Delta G^\ominus$ 代入相应温度判断哪些可以平衡共存？

例 1-4-4　Nb—C—O 三元系，共有 4 个二元化合物 NbC、NbO、NbO_2、Nb_2O_5，如图 1-4-32 所示，在 298K 下，副分二次体系。

解：从图 1-4-32 可以看出，NbO 与 NbC 的连线是没有争议的；但是 C 与 NbO、NbO_2、Nb_2O_5，NbC 与 NbO_2、Nb_2O_5 都是可以连接的，若都连接，必然违反"连线规则"和"四边形对角线不相容原理"，以下从热力学方法判断哪些连线是正确的，哪些是不正确的？

（1）在 C—Nb_2O_5—NbO_2—NbC 四边形中，$\frac{1}{2}C_{(s)} + \frac{5}{2}NbO_2 = \frac{1}{2}NbC + Nb_2O_5$；

查表得：$\Delta_r G^\ominus = 8160 + 34.35T(J/mol)$

$T = 298K$ 时，$\Delta_r G^\ominus > 0$

所以反应逆向进行，C 与 NbO_2 可以稳定存在。

故 C 与 NbO_2 连线确定。

以上方法，也证实了 NbC 与 Nb_2O_5、O 连线不可能，因为此两条线若存在，必然与 C—NbO_2 连线相交，违反"副分规则"。

（2）对 C—NbC—NbO—NbO_2 四边形

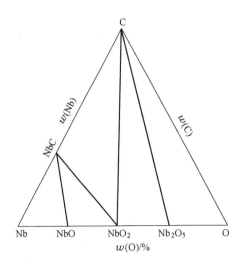

图 1-4-32 Nb—C—O 二次副分

反应 $$NbO_{2(s)} + NbC_{(s)} = C + 2NbO_{(s)}$$

查表得：$\Delta_r G^\ominus = 113390 + 7.11T(\text{J/mol})$

$T = 298K$ 时，$\Delta_r G^\ominus > 0$

所以 NbO_2 与 NbC 平衡共存。

NbO_2 与 NbC 连线正确。

最后，就剩下 C 与 Nb_2O_5 的连线了，别无选择。

4.3.4 切线规则

相分界线上任意一熔体，在结晶时析出的固相成分，由该点切线与相成分点（析出相浓度三角形之边）的连线之交点表示。

(1) 当交点位于浓度三角形边上，则这段分界线是低共溶线；

(2) 当交点位于浓度三角形边的延长线上，则该段分界线是转溶线。

例 1-4-5 如图 1-4-33 所示的浓度三角形中，在 e_1E 线上自 $L_1—L_0—L_2$，经历二元共晶线（低共溶线）经 L_0 后转为转溶线。

首先，L_1、L_0、L_2 都在 A—B 的分界线上，所以切线方向指向 A—B 边。

L_1 点：切线 L_1S_1，S_1 是固相成分点，共晶反应 L=A+B。

(1) 随着温度降低，液相组分沿 e_1E 方向移动；固相沿 e_1B 方向移动。液相移到 L_0 点，固相移到 B 点，此时固相析出为纯 B。

(2) 温度再继续下降，液相组分由 L_0 点向 E 方向移动，如 L_2 点；固相由 B 向 AB 延长线方向移动，如 S_2。此时，发生包晶反应：L+A=B。即液相与原先结晶出的 A 发生包晶反应，使 B 不断增加。

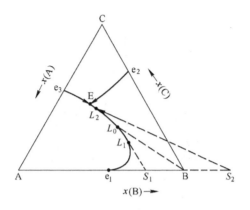

图 1-4-33　切线规则

4.3.5　阿尔克马德规则（罗策印规则）

在三元系中，若平衡共存的两个相成分点的连线（或其延长线）与划分这两个相的分界线（或延长线）相交，则交点是分界线的最高温度点。

如图 1-4-34 所示，M 点是 $E_1 E_2$ 线上温度最高点。

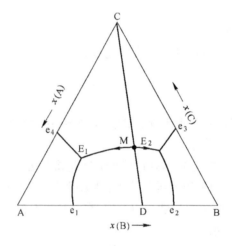

图 1-4-34　阿尔克马德规则

4.3.6　零变点判断规则

零变点—复杂三元系中，3 条相界线的交点，由于其自由度为零，称为零变点。

零变点判断规则：

(1)若降温矢量的方向指向同一点，则此点为三元共晶点；

(2)若降温矢量不全指向3条界线的交点，则此点为三元转溶点。

转溶点可分两类：

(1)第一类转溶点：有一条相界线的降温矢量背离交点，也叫单降点，如图1-4-35a所示，反应为：

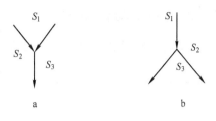

图1-4-35 零变点判断规则

$$L + S_1 = S_2 + S_3$$

(2)第二类转溶点：有2条相界线的降温矢量背离交点，也叫双降点，如图1-4-35b所示，反应为：

$$L + S_1 + S_2 = S_3$$

4.4 相图正误的判断

4.4.1 用相律判断

通成相图经常出现的错误，可以直接用相律判断，可见表1-4-1。

表1-4-1 用相律判断相图正误

图 例	a	b	c
原 理	三相平衡共存时，自由度 $F=2-3+1=0$，组成、温度皆不变	二元系相图，对 $F=0$，三项平衡	$F=0$ 时，出现 $L=\alpha+\beta+\delta$ 四相平衡
错 误	温度不恒定	出现四相平衡	不应出现 β 区域
正 确	低共溶点应为一直线	β 区域应为	

4.4.2　用相图构造规则判断

用相区邻接规则及相界线构筑规则及推论判断。我们也把常出现的错误见表1-4-2。

表1-4-2　用相图构造规则判断

图　　例	错　误	违背原则
	有两条相界线的延长线分别进入1个三相区和1个二相区	两条相界线的延长线必须同时进入2个两相区和1个三相区
	两边相界线的延长线同时进入1个单相区	两边相界线的延长线必须同时进入2个两相区或1个三相区
	两个单相区被1个两相区分开	两个单相区相毗邻只能是1个点,且是极点
	单相区 α 两条边界线交角大于180°	二元系中,单相区与两相区邻接的界线必须进入两相区,不能进入单相区。或单相区两边界线的交角小于180°

4.4.3　应用热力学数据判断

相图和热力学平衡之间永远是一致的,因为相图是来源于热力学的平衡,或者绘制相图是在热力学平衡下取得的,所以我们完全可以用热力学数据来检验相图的正确性或合理性。

该种方法往往是利用热力学中已知的函数,如熔化焓,熔化温度等对相图的合理性做出判断,这在文献中都有报道,在此不再叙述。

第五章　冶金过程动力学基础

与冶金过程热力学不同，冶金过程的反应是多相间物质传递与化学反应过程的组合，是研究冶金反应过程的速率及其影响因素，其机理由化学反应过程及物理过程（主要是传输过程）组成。化学过程以化学反应动力学为基础，研究化学反应速率与浓度、温度的关系等；物理过程速率，是以扩散传质和对流传质为基础，研究反应器的形状、尺寸等因素对速率的影响。全部的冶金反应动力学过程的研究分如下步骤：

（1）将过程分解为若干个基本单元，即基元过程，这既是过程机理，包括化学的和物理的，又为研究动力学奠定了的基础。

（2）分别确定每个基元过程的速率，找出过程的限制环节。

（3）调节有关参数，改善限制环节，达到所需要的冶金目的。

从分子或原子的角度及微观物质的特性（如分子尺寸，几何构型，分子的平动、转动、振动和电子运动）出发研究化学反应，不考虑传递现象的动力学叫化学反应微观动力学。

在多相体系中，考虑流体流动、传质及传热的条件的化学反应的机理和速率，称为化学反应宏观动力学。

冶金过程动力学属于宏观动力学的范畴。

冶金动力学的研究，不仅可以弄清楚反应机理和反应速率，更主要的对强化冶金过程、优化过程操作工艺、提高生产效率有重要的意义。

本部分内容可以分为三个方面：

（1）化学反应动力学研究（化学的）；

（2）均相与对流过程传质速率与机理研究（物理过程）；

（3）几类典型冶金多相体系动力学模型（冶金应用）。

5.1　化学反应动力学基础

有关化学反应动力学基础，在普通物理化学中已经有详细的讲解，在这里只做总结就可以了。

必须指出，在热力学中，研究化学反应只须研究其始终态，不必考虑中间过程或反应机理；而化学动力学必须按所确定的机理，将化学反应分为基本单元（基元），这就产生出三个基本概念：

基元过程或基元反应：一个化学反应由反应物到产物，不能由宏观实验方法探测到中间产物的反应叫基元反应。

复合反应：由两个以上的基元反应组合而成的反应称为复合反应。

反应机理：复合反应组合的方式或次序叫反应机理。

5.1.1　化学动力学几个基本概念

5.1.1.1　反应方程式的书写

反应方程式的书写：

（1）如只涉及方程的配平，使用等号，通式可写为

$$0 = \Sigma_B \nu_B B \qquad (1\text{-}5\text{-}1)$$

式中　B——参加反应的物质，反应物或产物；

ν_B——相应的化学计量系数，对反应物 ν_B 为负值，而对于生成物 ν_B 为正值。

（2）如果强调反应是在平衡状态，则使用两个半箭头，如

$$H_2 + I_2 \rightleftharpoons 2HI \qquad (1\text{-}5\text{-}2)$$

（3）如果说明反应是基元反应，则用一个全箭头，如

$$H_2 + I_2 \rightarrow 2HI \qquad (1\text{-}5\text{-}3)$$

如果正逆方向反应都发生（正逆两个基元反应），则用正逆两个箭头，如

$$H_2 + I_2 \rightleftharpoons 2HI \qquad (1\text{-}5\text{-}4)$$

5.1.1.2　反应速率两种表示

化学反应是在一定的时间间隔和一定的大小空间进行。时间的长短表示反应的快慢；空间大小决定反应的规模。对任意反应

$$0 = \Sigma_B \nu_B B$$

设起始反应，即 $t = 0$，参加反应的物质 B 的量为 n_B^0，$t = t$ 时，其量为 n_B，定义在 $0 \sim t$ 的时间范围内

$$\xi = \frac{n_B - n_B^0}{\nu_B} \qquad (1\text{-}5\text{-}5)$$

该反应的反应进度。反应进度的微分式为

$$d\xi = \nu_B^{-1} dn_B \qquad (1\text{-}5\text{-}6)$$

对应于反应时间和反应空间有两种反应速率表达式：

（1）转化速率：相应于一定的反应空间，反应进度随时间的变化率

$$\dot{\xi} = \frac{d\xi}{dt} = \frac{1}{\nu_B} \frac{dn_B}{dt} \qquad (1\text{-}5\text{-}7)$$

叫反应的转化速率，单位：mol/s。

（2）反应速率：单位体积中反应进度随时间的变化率。

$$\nu = \frac{1}{V} \frac{d\xi}{dt} = \frac{1}{\nu_B V} \frac{dn_B}{dt} \qquad (1\text{-}5\text{-}8)$$

式中，V 是不依赖于反应空间大小的强度性质，单位：mol/（$m^3 \cdot s$），V 是所研究体系的体积。

由于

$$n_B = c_B V \qquad (1\text{-}5\text{-}9)$$

所以
$$dn_B = Vdc_B + c_B dV \qquad (1\text{-}5\text{-}10)$$

式中，c_B 为反应体系中 B 物质的量浓度，mol/m^3。式 1-5-8 变为

$$v = \frac{1}{\nu_B}\frac{dc_B}{dt} + \frac{c_B}{\nu_B V}\frac{dV}{dt} \qquad (1\text{-}5\text{-}11)$$

若对体积一定的气相反应器和体积变化可以忽略的液相反应器

$$v = \frac{1}{\nu_B}\frac{dc_B}{dt} \qquad (1\text{-}5\text{-}12)$$

5.1.2 基元化学反应

5.1.2.1 零级反应

反应方程　　　　　　　　　　　$A \to P \qquad (1\text{-}5\text{-}13)$

速率微分式　　　　　　　　　　$-\dfrac{dc_A}{dt} = k$

速率积分式

设 $t = 0$，$c_A = c_0$，$t = t$，$c_A = c_A$

分离变量，定积分 $\displaystyle\int_{c_0}^{c_A} -dc_A = \int_0^t k\,dt$，得积分式

$$c_0 - c_A = kt \qquad (1\text{-}5\text{-}14)$$

半衰期：反应物消耗一半所需的时间称为该反应的半衰期。

$$t_{\frac{1}{2}} = \frac{c_0}{2k}$$

式中，k 的单位：$mol/(m^3 \cdot s)$。

零级反应的特征：

(1) c_A 与 t 作图是一条直线，表明速率与浓度无关，直线斜率为负值，即是 k。

(2) k 具有浓度/时间的量纲。

(3) 半衰期与初始浓度成正比，与 k 成反比。

常见零级反应有：

(1) 放射性同位素衰变。

(2) 催化反应及外场作用下的化学反应。

5.1.2.2 一级反应

反应方程　　　　　　　　　　　$A \to P \qquad (1\text{-}5\text{-}15)$

速率微分式　　　　　　　　　　$-\dfrac{dc_A}{dt} = kc_A$

速率积分式

设 $t = 0$，$c_A = c_0$，$t = t$，$c_A = c_A$

分离变量，定积分 $\int_{c_0}^{c_A} -\dfrac{\mathrm{d}c_A}{c_A} = \int_0^t k\mathrm{d}t$ ，得积分式

$$\ln \frac{c_0}{c_A} = kt \qquad (1\text{-}5\text{-}16)$$

半衰期：反应物消耗一半所需的时间称为该反应的半衰期。

$$t_{\frac{1}{2}} = \frac{\ln 2}{k} \qquad (1\text{-}5\text{-}17)$$

式中，k 的单位：$1/\mathrm{s}$。

一级反应的特征：

(1) $\ln |c_A|$ 与 t 作图是一条直线，直线斜率为负值，即是 k。

(2) k 具有 $1/$时间的量纲，与浓度无关。

(3) 半衰期与初始浓度无关，与 k 成反比。

5.1.2.3 二级反应

反应方程 $\qquad\qquad\qquad 2A \rightarrow P \qquad\qquad (1\text{-}5\text{-}18)$

速率微分式 $\qquad\qquad -\dfrac{\mathrm{d}c_A}{\mathrm{d}t} = kc_A^2$

速率积分式

设 $t = 0$ ，$c_A = c_0$ ，$t = t$ ，$c_A = c_A$

分离变量，定积分 $\int_{c_0}^{c_A} -\dfrac{\mathrm{d}c_A}{c_A^2} = \int_0^t k\mathrm{d}t$ ，得积分式

$$\frac{1}{c_A} - \frac{1}{c_0} = kt \qquad (1\text{-}5\text{-}19)$$

半衰期：反应物消耗一半所需的时间称为该反应的半衰期。

$$t_{\frac{1}{2}} = \frac{1}{kc_0} \qquad (1\text{-}5\text{-}20)$$

式中，k 的单位：$\mathrm{m}^3/(\mathrm{mol \cdot s})$。

若反应物是由两种不同物质组成，则

反应方程 $\qquad\qquad\qquad aA + bB \rightarrow P \qquad\qquad (1\text{-}5\text{-}21)$

速率微分式 $\qquad\qquad -\dfrac{\mathrm{d}c_A}{\mathrm{d}t} = kc_A c_B \quad (c_A \neq c_B)$

速率积分式

设 $t = 0$ ，$c_A = c_{A_0}$ ，$c_B = c_{B_0}$ ，$t = t$ ，$c_A = c_{A_0} - x$

所以 $x = c_{A_0} - c_A$，$c_B = c_{B_0} - \dfrac{b}{a}x = c_{B_0} - \dfrac{b}{a}c_{A_0} + \dfrac{b}{a}c_A$

分离变量，定积分 $\int_{c_0}^{c_A} -\dfrac{\mathrm{d}c_A}{c_A\left(c_{B_0} - \dfrac{b}{a}c_{A_0} - \dfrac{b}{a}c_A\right)} = \int_0^t k\mathrm{d}t$ ，得积分式

$$\frac{1}{k(bc_{A_0} - ac_{B_0})} \ln \frac{c_A c_{B_0}}{c_{A_0} c_B} = kt \tag{1-5-22}$$

半衰期：反应物消耗一半所需的时间称为该反应的半衰期。

$$t_{\frac{1}{2}} = \frac{1}{k(ac_{B_0} - bc_{A_0})} \ln \left[2 - \frac{bc_{A_0}}{ac_{B_0}} \right] \tag{1-5-23}$$

式中，k 的单位：$m^3/(mol \cdot s)$。

二级反应的特征：

(1) $\frac{1}{c_A}$ 与 t 作图是一条直线，直线斜率即是 k。

(2) k 具有 1/时间与 1/浓度的量纲。

(3) 半衰期与初始浓度和 k 的乘积成反比。

5.1.3　复合反应

复合反应一般是根据实验得出经验的反应速率方程式。如果已知反应机理，也可根据相应的基元反应的速率方程，导出复合反应的理论方程。

5.1.3.1　复合反应的一般形式

幂函数型速率方程：实验表明，很多化学反应的速率与反应中的各物质的浓度 c_A, c_B，$c_C \cdots$ 间的关系可表示为下列幂函数的关系

$$v = kc_A^\alpha c_B^\beta c_C^\gamma \cdots \tag{1-5-24}$$

式中，A，B，C，$\cdots$ 一般为反应物和催化剂。该方程式中，应注意几个概念：

(1) 分级数：式中的指数 $\alpha, \beta, \gamma, \cdots$ 分别表示 A，B，C，$\cdots$ 的浓度对反应速率的影响程度，可以是常数，也可以是分数，还可以是负数。负数表示该物质对反应起阻碍作用。

(2) 反应级数：分级数之和 $n = \alpha + \beta + \gamma + \cdots$ 称为该反应的反应级数，也称表观反应级数。

非幂函数型速率方程：其一般形式是速率与浓度的关系是复杂的、没有规律的函数关系，例如反应

$$H_2 + Br_2 = 2HBr$$

的速率方程式是

$$v = \frac{kc_{H_2} c_{Br_2}^{\frac{1}{2}}}{1 + k' c_{HBr} c_{Br_2}^{-1}} \tag{1-5-25}$$

其中的分级数和反应级数已经没有意义。

5.1.3.2　几个典型的复合反应

对于已知反应机理的复合反应，最常见的几种，可以用如下方法分析其速率方程式。

A 一级可逆反应

反应 A＝B

反应机理 $A \underset{k_{-1}}{\overset{k_1}{\rightleftharpoons}} B$

式中 k_1 和 k_{-1}——正、逆反应的速率常数。

设反应开始时，$t=0$，A、B 物质的起始浓度分别为 c_{A_0}，c_{B_0}；

反应进行到 $t=t$ 时，A 物质浓度为 $c_A=c_{A_0}-x$，而 B 物质的浓度 $c_B=c_{B_0}+x$。

可以计算，A 的净速率为正、逆反应速率的代数和，故一级可逆反应的速率为

$$\frac{\mathrm{d}x}{\mathrm{d}t} = k_1(c_{A_0} - x) - k_{-1}(c_{B_0} + x) \tag{1-5-26}$$

当 $t \rightarrow \infty$，反应达平衡，$x=a$。由于反应平衡时，正、逆反应速率相等。由上式得出

$$\frac{\mathrm{d}x}{\mathrm{d}t} = k_1(c_{A_0} - a) - k_{-1}(c_{B_0} + a) = 0 \tag{1-5-27}$$

解方程式 1-5-27 得

$$a = \frac{k_1 c_{A_0} - k_{-1} c_{B_0}}{k_1 + k_{-1}} \tag{1-5-28}$$

将式 1-5-26 整理，得

$$\frac{\mathrm{d}x}{\mathrm{d}t} = (k_1 + k_{-1}) \left(\frac{k_1 c_{A_0} - k_{-1} c_{B_0}}{k_1 + k_{-1}} - x \right) \tag{1-5-29}$$

即

$$\frac{\mathrm{d}x}{\mathrm{d}t} = (k_1 + k_{-1})(a - x) \tag{1-5-30}$$

从 $t=0$ 到 $t=t$ 积分，得到

$$\ln \frac{a}{a-x} = (k_1 + k_{-1})t \tag{1-5-31}$$

注：$k_1/k_{-1}=K^{\ominus}$，$K^{\ominus}$ 为化学平衡常数，可以从热力学计算得到。而 $K^{\ominus}=(c_{B_0}+a)/(c_{A_0}-a)$，故可以用热力学计算出的 $K^{\ominus}$ 求可逆一级反应的 a。

在冶金过程中，CO 还原固态的 FeO 可以认为是一级可逆反应

$$FeO_{(s)} + CO \underset{k_-}{\overset{k_+}{\rightleftharpoons}} Fe_{(s)} + CO_2$$

B 平行反应

最简单的平行反应的机理如下

$$A \begin{array}{c} \overset{k_1}{\nearrow} B \\ \searrow \\ \underset{k_2}{} C \end{array} \tag{1-5-32}$$

设反应开始时，$t=0$，A 物质的起始浓度为 c_{A_0}，B、C 物质的起始浓度皆为零。

$t=t$ 时，A 物质浓度变为 $c_A=c_{A_0}-x$，x 为已消耗的 A 的浓度。按反应的独立性原理，反应速率以 A 的消耗速率表示时，得到

$$\frac{\mathrm{d}x}{\mathrm{d}t} = k_1(c_{A_0} - x) + k_2(c_{A_0} - x) = (k_1 + k_2)(c_{A_0} - x) \qquad (1\text{-}5\text{-}33)$$

由 $t=0$ 到 $t=t$ 积分得到

$$\ln \frac{c_{A_0}}{c_{A_0} - x} = (k_1 + k_2)t \qquad (1\text{-}5\text{-}34)$$

或写为

$$c_{A_0} - x = c_{A_0} \cdot \exp[-(k_1 + k_2)t] \qquad (1\text{-}5\text{-}35)$$

所以

$$x = c_{A_0} - c_{A_0} \cdot \exp[-(k_1 + k_2)t] \qquad (1\text{-}5\text{-}36)$$

从式 1-5-34 和式 1-5-35 可以看出，仅有 c_{A_0}、x 及 t 的实验值还不可能确定 k_1 和 k_2。为了确定 k_1 和 k_2，需要分别考虑产物 B 和 C 的浓度 c_B 和 c_C 的变化率

$$\frac{\mathrm{d}c_B}{\mathrm{d}t} = k_1(c_{A_0} - x) \qquad (1\text{-}5\text{-}37)$$

$$\frac{\mathrm{d}c_C}{\mathrm{d}t} = k_2(c_{A_0} - x) \qquad (1\text{-}5\text{-}38)$$

将式 1-5-36 代入式 1-5-37，得

$$\mathrm{d}c_B = k_1 c_{A_0} e^{-(k_1 + k_2)t} \mathrm{d}t$$

从 $t=0$，$c_B=0$ 到 $t=t$，$c_B=c_B$，作定积分得到

$$c_B = c_{A_0} \frac{k_1}{k_1 + k_2}[1 - e^{-(k_1 + k_2)t}] \qquad (1\text{-}5\text{-}39)$$

同理，得到 C 物质的浓度

$$c_C = c_{A_0} \frac{k_2}{k_1 + k_2}[1 - e^{-(k_1 + k_2)t}] \qquad (1\text{-}5\text{-}40)$$

可以看出，产物 B 和 C 的浓度 c_B 和 c_C 的比为

$$\frac{c_B}{c_C} = \frac{k_1}{k_2} \qquad (1\text{-}5\text{-}41)$$

若三个或更多反应平行进行时，用同样的方法可以得出反应物和各个产物浓度的变化规律。

C　串联反应

$$A \xrightarrow{k_1} B \xrightarrow{k_1} c$$

$$t = 0 \quad c_{A_0} \qquad 0 \qquad 0$$

$$t = t \quad c_A \qquad c_B \qquad c_C$$

由此得到一个联立微分方程组

$$\begin{cases} -\dfrac{dc_A}{dt} = k_1 c_A \\[2mm] \dfrac{dc_B}{dt} = k_1 c_A - k_2 c_B \\[2mm] \dfrac{dc_C}{dt} = k_2 c_B \end{cases} \tag{1-5-42}$$

解得

$$\begin{cases} c_A = c_{A_0} \exp(-k_1 t) \\[3mm] c_B = \dfrac{k_1 c_{A_0}}{k_2 - k_1} \big[\exp(-k_1 t) - \exp(-k_2 t) \big] \\[3mm] c_C = c_{A_0} \left[1 - \dfrac{k_2}{k_2 - k_1} \exp(-k_1 t) + \dfrac{k_1}{k_2 - k_1} \exp(-k_2 t) \right] \end{cases} \tag{1-5-43}$$

详细的解法见第二篇第八章。

5.1.4　反应速率与温度的关系

5.1.4.1　阿累尼乌斯公式

阿累尼乌斯（Arrhenius）从实验得到化学反应速率常数与温度的关系

$$k = A e^{-\frac{E_a}{RT}} \tag{1-5-44}$$

此式即为阿累尼乌斯公式。

式中，A 称为指前因子，与温度、浓度无关，其单位与反应速率 k 的单位相同。不同的反应 A 值不同。对基元反应 E_a 称为活化能，对于复合反应称为表观活化能，或总的活化能。其单位为 J/mol。E_a 通常需要实验测定，故也称为实验活化能，或活化能。

阿累尼乌斯公式的微分形式为

$$E_a = RT^2 \frac{d\ln \dfrac{k}{[k]}}{dT} \tag{1-5-45}$$

阿累尼乌斯公式积分式为

$$\ln \frac{k}{[k]} = \ln \frac{A}{[A]} - \frac{E_a}{RT} \tag{1-5-46}$$

式中，$[k]$ 表示 k 的单位，$[A]$ 为 A 的单位，故 $k/[k]$、$[A]/A$ 皆为无因次数。

根据阿累尼乌斯的结论，对于如下简单的一级基元反应

$$A \longrightarrow B \tag{1-5-47}$$

在微观上也经历了如下两个步骤：

（1）A 吸收能量变为异构形态的活化分子，第二步才由活化分子得到产物 B，即

$$A + E_a \Longleftrightarrow A^* \tag{1-5-48}$$

（2）由活化分子得到产物 B，即

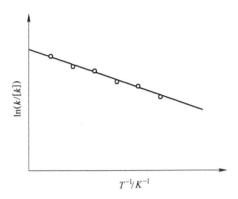

图 1-5-1　由阿累尼乌斯公式求
活化能及指前因子

○── 实验值；──计算值

$$A^* \longrightarrow B \qquad (1\text{-}5\text{-}49)$$

式中，A^* 表示活化分子。阿累尼乌斯认为活化能为活化分子的平均能量与普通分子的平均能量的差。至今还没有理论计算活化能的满意方法，一般要通过实验测定。简单的方法是测量两个不同温度下的反应速率，应用式 1-5-46，得到

$$\ln[k_1/k_2] = \frac{E_a}{R}\left[\frac{1}{T_2} - \frac{1}{T_1}\right] \qquad (1\text{-}5\text{-}50)$$

由直线的斜率可得活化能 E_a 的值。更精确的方法是测量一系列不同温度时的 k 值，并对 $1/T$ 作图，根据式 1-5-46 所得图形应为一直线，由直线的斜率可得活化能 E_a，由其截距得到指前因子 A。其示意图如图 1-5-1 所示。

5.1.4.2　活化能与热力学函数变化的关系

对如下可逆反应，反应达到平衡时，正、逆反应速率相等，即

$$A \underset{k_-}{\overset{k_+}{\rightleftharpoons}} B \qquad (1\text{-}5\text{-}51)$$

已知在等容条件下该反应的平衡常数为 $K^\ominus$，k_+ 和 k_- 为正、逆反应的速率常数，$K^\ominus = k_+/k_-$，故得出

$$K^\ominus = \exp\left(\frac{-\Delta_r F_m^\ominus}{RT}\right) = \exp\left(-\frac{\Delta_r U_m^\ominus - T\Delta_r S_m^\ominus}{RT}\right)$$
$$= \exp\left(\frac{\Delta_r S_m^\ominus}{R}\right)\exp\left(\frac{\Delta_r U_m^\ominus}{RT}\right) \qquad (1\text{-}5\text{-}52)$$

式中，$\Delta_r S_m^\ominus$、$\Delta_r U_m^\ominus$、$\Delta_r F_m^\ominus$ 分别为反应的标准摩尔熵变、标准摩尔内能变化和亥姆霍兹标准摩尔自由能变化。或

$$K_c^\ominus = \frac{k_+}{k_-} = \frac{A_+ \cdot \exp\left(-\dfrac{E_+}{RT}\right)}{A_- \cdot \exp\left(-\dfrac{E_-}{RT}\right)} = \frac{A_+}{A_-}\exp\left(-\frac{E_+ - E_-}{RT}\right) \qquad (1\text{-}5\text{-}53)$$

式中，A_+、A_- 分别为正、逆反应的指前因子；E_+、E_- 分别为正、逆反应的活化能。比较式 1-5-52 和式 1-5-53 得

$$\frac{A_+}{A_-} = \exp\left(\frac{\Delta_r S_m^\ominus}{R}\right) \qquad (1\text{-}5\text{-}54)$$

$$E_+ - E_- = \Delta_r U_m^\ominus \qquad (1\text{-}5\text{-}55)$$

式 1-5-55 说明活化能等于正、逆反应的标准摩尔内能之差。

同时，$\Delta_r U_m^\ominus$ 又等于生成物平均能量 $\overline{E}_P$ 与反应物的平均能量 $\overline{E}_R$ 之差，即

$$\Delta_r U_m^{\ominus} = \overline{E}_P - \overline{E}_R = Q_V \tag{1-5-56}$$

式中，Q_V 为等容反应热。结合式 1-5-55 和式 1-5-56，得到

$$\overline{E}_P - \overline{E}_R = E_+ - E_- = Q_V \tag{1-5-57}$$

图 1-5-2 所示是这一关系的示意图。因为 Q_V 是温度的函数，所以，严格说来阿累尼乌斯活化能也应是温度的函数。但是，在不太宽的温度范围内，可以忽视活化能随温度的变化。

讨论：

低温下，活化能越小，反应速率越大；而高温下，活化能越大，反应速率越大。这可以从图 1-5-3 看出。

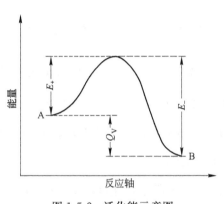

图 1-5-2　活化能示意图

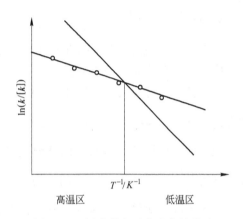

图 1-5-3　活化能与反应速率的关系

5.2　传递过程基础

传递过程或其现象是冶金过程动力学中的物理过程，包括物质传递、热量传递和动量传递，也称"三传"。它们在宏观层次上已经建立了比较完善的理论基础，分别对应于菲克定律、傅里叶定律和牛顿定律，分别描述三种传递过程中的浓度梯度、温度梯度和速度梯度，其中包括三个正比系数，即扩散系数、热传导系数和黏度系数，他们统称为传递性质或分子传递性质。

传递现象是典型的不可逆过程（注：另一类不可逆过程是化学反应）。

19 世纪中叶，可劳修斯提出变量过程的不可逆程度，这既是由可劳修斯不等式出发引出的不可逆程度的定量描述：$\Delta S - \dfrac{dQ}{T}$，在此基础上引出能量有效利用和平衡研究两大领域。

不可逆过程热力学的研究从 19 世纪与 20 世纪交迭开始。之后的时间，到 20 世纪 40 年代，一方面，杜亥姆（Duhem P.），纳汤生（Natason L.），乔门（Jaumann G.），劳尔（Lohr E.）及爱卡尔脱（Eckart C.）等的工作，将热力学第二定律与物质、能量和动量的变化联系起来，得到熵产生率，即不可逆过程的进行引起的熵随时间的变化；另一方面，德唐得（de Donder T.）将化学反应的亲和势与反应进度结合，得到不可逆化学反应

的熵产生率。

　　1931 年，Onsager L 证明了不可逆过程中存在的唯象关系中各系数之间的倒易关系，使不可逆过程热力学的能动性有了实质性的飞跃，使我们能够得到各种不可逆过程特性间可能存在的普遍联系。

　　20 世纪 40 年代以后，卡西米尔（Casimir H. B. G.），梅克斯纳（Meixner J.）和普里高京（Prigogine I.）将倒易关系与熵产生率综合，建立了不可逆过程的唯象理论，标志着不可逆过程热力学的正式诞生。

　　传递现象是不可逆过程热力学最早也是最主要收益者，因为它不仅可以将不同的传递现象组织在一个统一的唯象框架中讨论，还可以研究它们之间的关系。

5.2.1　传递过程基本原理

　　当系统偏离平衡，系统内部的性质浓度、温度及速度中至少有一个表现出不均匀，产生梯度。梯度是传递过程的推动力。

　　浓度梯度使得物质从高浓度区向低浓度区扩散，如图 1-5-4a 所示，B 组元的浓度沿 Z 轴方向降低，其梯度为 $\dfrac{\mathrm{d}c_B}{\mathrm{d}z}$，B 组元即在梯度推动力的作用下，沿 Z 轴方向扩散。

　　温度梯度使热量由高温区向低温区传递，如图 1-5-4b 所示，温度沿 Z 轴方向降低，其梯度为 $\dfrac{\mathrm{d}T}{\mathrm{d}z}$，热量在温度梯度的作用下，沿 Z 轴方向传递。

　　速度梯度使动量由高速区向低速区传递，如图 1-5-4c 所示，速度沿 Z 轴方向升高，其梯度为 $\dfrac{\mathrm{d}v_y}{\mathrm{d}z}$，动量在速度梯度的作用下，沿 Z 轴反方向传递。

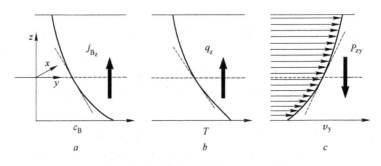

图 1-5-4　a 物质、b 热量、c y 方向的
动量分量等沿 z 方向的传递

各种传递的强度用通量表示。

　　物质通量：单位时间通过单位面积物质 B 的量，符号用 j_B，单位为 $\mathrm{mol/(m^2 \cdot s)}$。

　　热通量：单位时间通过单位面积的热量，符号用 q，单位为 $\mathrm{J/(m^2 \cdot s)}$。

　　动量通量：单位时间通过单位面积的动量（mv），符号用 P，单位为 $\mathrm{kg/(m \cdot s^2)}$。由于 $1N = \mathrm{kg/(m \cdot s^2)}$，因此动量通量的单位也可表示为 $\mathrm{N/m^2}$，即单位面积的力。

5.2.1.1 菲克定律

菲克第一定律

在单位时间内，通过垂直于传质方向单位截面的某物质的量，称为该物质的物质流密度，又称为物质的通量（mass flux）。若组元 A 的传质是以扩散方式进行时，则该物质的物质流密度又称为摩尔扩散流密度，简称扩散流密度，或摩尔扩散通量，通常以符号 $J_{A,x}$ 表示。其中 A 为组元名称，x 为扩散方向。菲克在 1856 年总结大量实验结果得出，在稳态扩散条件下，扩散流密度与扩散组元浓度梯度间存在如下关系

$$J_{A,x} = -D_A \frac{\partial c_A}{\partial x} \qquad (1-5-58)$$

称为菲克第一定律。菲克第一定律表示对于二元系中的一维扩散，扩散流密度与在扩散介质中的浓度梯度成正比，比例常数称为扩散系数。

扩散系数的物理意义是在恒定的外界条件（如恒温及恒压）下某一扩散组元在扩散介质中的浓度梯度等于 1 时的扩散流密度。扩散流密度 $J_{A,x}$ 单位应为 mol/（m² · s）；浓度 c_A 的 SI 单位为 mol/m³。故扩散系数的因次为 $L^2 T^{-1}$，其 SI 单位应为 m²/s。

菲克第一定律是一个普遍的表象经验定律，它可应用于稳态扩散，即 $\frac{dc}{dt} = 0$ 的情况，亦可用于非稳态扩散，即 $\frac{dc}{dt} \neq 0$ 的情况。在不少专著中，若指明是组元 A 在 A—B 二元系中的扩散，则 D_A 还可以为 D_{AB} 或 D_{A-B} 替代，即

$$J_{A,x} = -D_{AB} \frac{\partial c_A}{\partial x} \qquad (1-5-59)$$

也可以用组元 A 的摩尔分数 x_A 代替式 1-5-58、式 1-5-59 中物质的量浓度 c_A，则有

$$J_{A,x} = -c D_{AB} \frac{\partial x_A}{\partial x} \qquad (1-5-60)$$

式 1-5-60 中 c 为溶液中所有组元在被测浓度梯度点处局部物质的量浓度；单位为 mol/m³，溶液中组元 A 的摩尔分数为 $x_A = \frac{c_A}{c}$。

式 1-5-60 不受等温等压条件的限制，c 可以随温度压力变化。如总的浓度在等温等压下为常数，则式 1-5-60 变为式 1-5-59，即式 1-5-58 为式 1-5-59 的特殊形式。

无论以哪种形式表示扩散流密度，D_A（或 D_{AB}）的意义和因次都是固定不变的，称为本征扩散系数。

菲克第二定律

在稳态扩散情况下，通过实验很容易由菲克第一定律确定出扩散系数，其特征是 $\frac{dc}{dt} = 0$。在物质的浓度随时间变化的体系中，即 $\frac{dc}{dt} \neq 0$，我们说体系中发生的是非稳态扩散。在一维体系中，单位体积单位时间浓度的变化等于在该方向上通量（单位时间通过单位面积的摩尔量）的变化，这既是菲克第二定律，其数学表达式为

$$\frac{\partial c_A}{\partial t} = \frac{\partial J_{A,x}}{\partial x}$$

或
$$\frac{\partial c_A}{\partial t} = \frac{\partial}{\partial x}\left(D_A \frac{\partial c_A}{\partial x}\right) \tag{1-5-61}$$

若 D_A 为常数，即可以忽略 D_A 随浓度及距离的变化，则式 1-5-61 简化为

$$\frac{\partial c_A}{\partial t} = D_A \frac{\partial^2 c_A}{\partial x^2} \tag{1-5-62}$$

式 1-5-61、式 1-5-62 表示一维扩散规律。若在 x-y-z 三维空间中，则菲克第二定律的表示式为

$$\frac{\partial c_A}{\partial t} = D_A\left(\frac{\partial^2 c_A}{\partial x^2} + \frac{\partial^2 c_A}{\partial y^2} + \frac{\partial^2 c_A}{\partial z^2}\right) \tag{1-5-63}$$

由于三维扩散方程的求解复杂，一般在实验安排中要使扩散可测量，并在单一方向进行，于是可以对式 1-5-61、式 1-5-62 求解。对菲克第二定律的微分方程式，若扩散达到稳态，则 $\frac{\partial c_A}{\partial t} = 0$；对 x 积分，得到 $D_A \frac{\partial c_A}{\partial x} =$ 常数，即菲克第一定律。因此，菲克第一定律是菲克第二定律的特解。

严格来说，菲克定律只适用于稀溶液。因为它未能考虑许多因素对扩散系数的影响，如组织结构、晶体缺陷和化学反应等。

5.2.1.2　傅里叶定律

热传导时，热通量正比与温度梯度表达式为

$$q_z = -\lambda \frac{dT}{dz} \tag{1-5-64}$$

式中，λ 为热导率，或导热系数，单位为 W/（m·K）。

5.2.1.3　牛顿定律

动量传输时，动量通量正比与流速梯度。表达式为

$$P_{zy} = -\mu \frac{dv_y}{dz} \tag{1-5-65}$$

式中，μ 为黏度或动力黏度，单位为 N·s/m² 或 Pa·s。牛顿定律也可以叙述为：在层流中，液层间的剪切应力正比与液层的流速梯度。

$$\tau_{zy} = \pm\mu \frac{dv_y}{dz} \tag{1-5-66}$$

通常定义流体的黏度与密度的比叫运动黏度，即

$$\nu = \frac{\mu}{\rho}$$

单位为：
$$\frac{\dfrac{N \cdot s}{m^2}}{\dfrac{kg}{m^3}} = \frac{\dfrac{\dfrac{kg \cdot m}{s^2} \cdot s}{m^2}}{\dfrac{kg}{m^3}} = \frac{m^2}{s}$$

在《传输原理》课中，将要详细介绍傅里叶定律和牛顿定律，在此不再多讲。

5.2.2　D 为常数时菲克第二定律的特解

应用菲克第二定律求稀溶液中组元的扩散系数，主要是根据边界条件解菲克定律的偏微分方程。许多实际溶液中，扩散组元浓度高，其扩散系数与浓度有关。严格来说，由于两组元的扩散同时存在，测量和求解的都是考虑二组元扩散的互扩散系数 $\tilde{D}$。对稀溶液，可认为 $\tilde{D} \approx D_{溶质}$。为简捷起见，以下推导中略去溶质组元的下标。

5.2.2.1　扩散偶问题

关于扩散偶问题的研究（又称扩散对法）是求扩散组元扩散系数的重要方法之一。

A　问题

两根等截面的细杆（或液体柱）对接，其中一根杆（或液柱）中扩散组元 A 的浓度 $c = c_0$，而另一根中其浓度 $c = 0$。大量实验结果得出结论：

（1）$t > 0$ 的全部时间内，在两杆相接处（设 $x = 0$），当 D 与组元浓度无关时，A 的浓度 $c_{x=0} = \frac{1}{2} c_0$，而 $x < 0$ 和 $x > 0$ 这两侧，是以 $x = 0$ 为中心对称的浓度变化曲线；

（2）当两杆足够长时，在整个扩散时间范围，两端的浓度保持其初始值，不发生变化（参见图 1-5-5）。

由于 $x < 0$ 及 $x > 0$ 两侧浓度分布曲线的对称性，可只讨论一侧，如 $x > 0$ 时，方程 $\frac{\partial c}{\partial t} = D \frac{\partial^2 c}{\partial x^2}$ 的解。

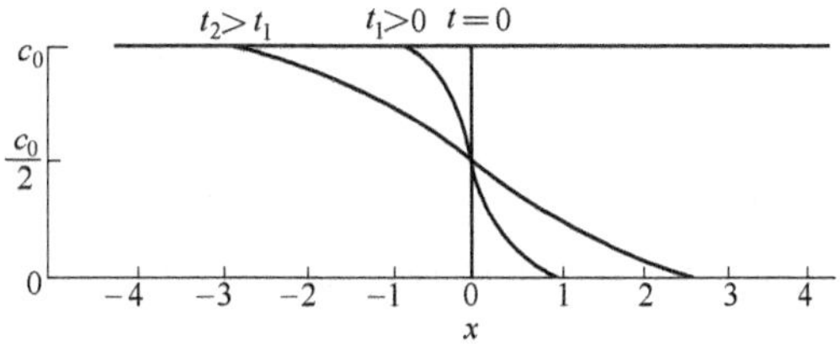

图 1-5-5　经不同扩散时间后，扩散偶中扩散组元的浓度分布

B　数学模型

初始条件：$t = 0, x > 0, c = 0$

边界条件：$t > 0, x = 0, c = \frac{c_0}{2}; x = \infty, c = 0$

我们在学习传输原理课程时，已经解决了热传导问题 $\frac{\partial T}{\partial t} = \lambda \frac{\partial^2 T}{\partial x^2}$ 在初始和边界条件

$$t = 0, x > 0, T = 0$$

$$t > 0, x = 0, T = \frac{T_0}{2}; x = \infty, T = 0$$

下的解，考虑到扩散和热传导的相似性，这里不再讨论求解的详细过程，仅给出最后的结果，并进行讨论。

所得的扩散偶问题解为

$$c = \frac{c_0}{2}\left(1 - \frac{2}{\sqrt{\pi}}\int_0^{\frac{x}{2\sqrt{Dt}}} e^{-\xi^2} d\xi\right) \tag{1-5-67}$$

积分函数 $\frac{2}{\sqrt{\pi}}\int_0^{\frac{x}{2\sqrt{Dt}}} e^{-\xi^2} d\xi$（式中 $\xi = \frac{x}{2\sqrt{Dt}}$）称为误差函数，记作 $\mathrm{erf}\frac{x}{2\sqrt{Dt}}$。

于是

$$c(x,t) = \frac{c_0}{2}\left(1 - \mathrm{erf}\frac{x}{2\sqrt{Dt}}\right) \tag{1-5-68}$$

误差函数的性质

$$\mathrm{erf}(x) = \frac{2}{\sqrt{\pi}}\int_0^x e^{-\lambda^2} d\lambda$$

$$\mathrm{erf}(-x) = -\mathrm{erf}(x)$$

$$\mathrm{erf}(0) = 0, \mathrm{erf}(\infty) = 1$$

$$1 - \mathrm{erf}(x) = \mathrm{erfc}(x)$$

$$\mathrm{erfc}(\infty) = 0, \mathrm{erfc}(0) = 1$$

式中，$\mathrm{erfc}(x)$ 称为余误差函数。

若右边的杆的初始浓度不为零，而为 c_1，即初始条件变为 $t=0, x>0, c=c_1$ 则解为

$$c(x,t) = c_1 + \frac{c_0 - c_1}{2}\left(1 - \mathrm{erf}\frac{x}{2\sqrt{Dt}}\right) \tag{1-5-69}$$

当测得试样中浓度分布曲线后，根据式 1-5-68 或式 1-5-69 可用图解法或查阅数学手册中的误差函数表，求出扩散系数 D 值。

式 1-5-68 与式 1-5-69 可分别改写为式 1-5-70 与式 1-5-71，即

$$\frac{2c}{c_0} = 1 - \mathrm{erf}\left(\frac{x}{2\sqrt{Dt}}\right) \tag{1-5-70}$$

或

$$\frac{2(c-c_1)}{c_0 - c_1} = 1 - \mathrm{erf}\left(\frac{x}{2\sqrt{Dt}}\right) \tag{1-5-71}$$

图 1-5-6 所示是根据式 1-5-70 和式 1-5-71 绘制的曲线，式 1-5-70 的左边为其左纵坐标；式 1-5-71 左边为其右纵坐标。由实验测定的扩散一定时间 t 时，位置为 x 处的浓度 c，可从曲线求出相应的 $\frac{x}{2\sqrt{Dt}}$ 值，进而求出 D 值。

与图解法相似，有了式 1-5-70 或式 1-5-71 左边的值，由误差函数表，可以求出 $\frac{x}{2\sqrt{Dt}}$。

扩散偶法广泛地应用于金属及非金属材料中组元扩散系数的测量。在冶金熔体中用扩散偶法测量扩散系数

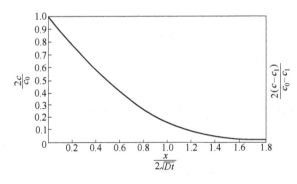

图 1-5-6　t 时间扩散偶不同位置 x 与浓度 c 的关系曲线图

时，需要选择较细的毛细管，以抑制对流的产生，保证测量精度。

5.2.2.2　几何面源问题

问题（1）

若在初始时刻，仅在两杆或一杆的一端（即 $x=0$）有扩散物质存在，其余各处扩散物质浓度皆为零或常数，就属于几何面源、全无限长或半无限长一维扩散。

初始条件：

$t=0, x=0, c=c_0$

$x \neq 0, c=0$

$$V c_0 = Q$$

式中　V——极薄扩散源的体积；

　　　Q——$x=0$ 处扩散组元的总量。

如图 1-5-7a 所示。

边界条件：

$t>0, x \to \infty, c=0; x \to -\infty, c=0$

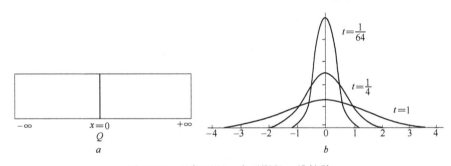

图 1-5-7　几何面源、全无限长一维扩散

a—边界条件；b—浓度分布曲线（扩散时间 $t=1, \frac{1}{4}, \frac{1}{64}$，横坐标距离 x 为任意长度位置）

由初始及边界条件得到的菲克第二定律的解为

$$c = \frac{Q}{2\sqrt{\pi D t}} e^{-\frac{x^2}{4Dt}} \tag{1-5-72}$$

问题（2）

如果含扩散源的薄片镀在试杆的一端，而不是夹在两杆之间，随后进行的扩散退火就是半无限长一维扩散。扩散只向 $x=+\infty$ 方向进行。

初始条件：$t=0, x=0, c=c_0, Q=V c_0$

　　　　　$x>0, c=0$

边界条件：$t>0, x=\infty, c=0$

所得的菲克第二定律的解为　　$c = \frac{Q}{\sqrt{\pi D t}} e^{-\frac{x^2}{4Dt}}$

问题（3）

半无限体扩散的初始条件和边界条件为

$$t = 0, x \geqslant 0, c = c_b$$

$$0 < t \leqslant t_e, x = 0, c = c_s; x = \infty, c = c_b$$

菲克第二定律的解为

$$\frac{c - c_b}{c_s - c_b} = 1 - \mathrm{erf}\left(\frac{x}{2\sqrt{Dt}}\right)$$

$$c = c_s - (c_s - c_b)\mathrm{erf}\left(\frac{x}{2\sqrt{Dt}}\right)$$

5.2.3　$\widetilde{D}$ 与浓度有关的非稳态扩散

实际的扩散体系中，溶液不是无限稀的，扩散组元的浓度较高，$\widetilde{D}$ 及 D 随浓度而变化。在这种情况下，求菲克第二定律的解更为复杂。玻耳兹曼曾用变量变换法给出它的解，马塔诺（Matano）曾在 1933 年将这种变换应用于解决固态 Ni-Cu 合金中 Cu 的扩散系数与 Cu 的浓度的关系。此后该法得到了广泛的应用，人们称之为玻耳兹曼-马塔诺（Boltzmann－Matano）法或马塔诺法。

当 $\widetilde{D} = f(c)$ 时，菲克第二定律应写为

$$\frac{\partial c}{\partial t} = \frac{\partial}{\partial x}\left(\widetilde{D}\frac{\partial c}{\partial x}\right) = \widetilde{D}\frac{\partial^2 c}{\partial x^2} + \frac{\partial c}{\partial x}\frac{\partial \widetilde{D}}{\partial x} \tag{1-5-73}$$

令 $\lambda = \dfrac{x}{\sqrt{t}}$，则 $C = f(\lambda)$

$$\frac{\partial \lambda}{\partial t} = -\frac{\lambda}{2t}, \qquad \frac{\partial \lambda}{\partial x} = \frac{1}{\sqrt{t}}$$

$$\frac{\partial c}{\partial t} = \frac{dc}{d\lambda}\cdot\frac{\partial \lambda}{\partial t} = -\frac{\lambda}{2t}\cdot\frac{dc}{d\lambda} \tag{1-5-74}$$

$$\frac{\partial c}{\partial x} = \frac{dc}{d\lambda}\cdot\frac{\partial \lambda}{\partial x} = \frac{1}{\sqrt{t}}\frac{dc}{d\lambda} \tag{1-5-75}$$

$$\frac{\partial \widetilde{D}}{\partial x} = \frac{d\widetilde{D}}{d\lambda}\cdot\frac{\partial \lambda}{\partial x} = \frac{1}{\sqrt{t}}\frac{d\widetilde{D}}{d\lambda} \tag{1-5-76}$$

$$\frac{\partial^2 c}{\partial x^2} = \frac{\partial}{\partial x}\left(\frac{1}{\sqrt{t}}\frac{dc}{d\lambda}\right) = \frac{d}{d\lambda\sqrt{t}}\left(\frac{1}{\sqrt{t}}\frac{dc}{d\lambda}\right) = \frac{1}{t}\frac{d}{d\lambda}\left(\frac{dc}{d\lambda}\right) \tag{1-5-77}$$

将式 1-5-74～式 1-5-77 代入式 1-5-73，得

$$-\frac{\lambda}{2t}\frac{dc}{d\lambda} = \frac{\widetilde{D}}{t}\frac{d}{d\lambda}\left(\frac{dc}{d\lambda}\right) + \frac{1}{\sqrt{t}}\frac{dc}{d\lambda}\cdot\frac{1}{\sqrt{t}}\frac{d\widetilde{D}}{d\lambda} \tag{1-5-78}$$

两边同时乘以 $t d\lambda$ 得到

$$-\frac{\lambda}{2}dc = \widetilde{D}d\left(\frac{dc}{d\lambda}\right) + \frac{dc}{d\lambda}\cdot d\widetilde{D}$$

$$-\frac{\lambda}{2}dc = d\left(\widetilde{D}\frac{dc}{d\lambda}\right) \tag{1-5-79}$$

可以看出，经过 x、t 变量变换，偏微分方程已变成常微分方程。

对于全无限长一维扩散的情况，

初始条件：$t=0, x>0, c=c_2; x<0, c=c_1$

边界条件：$t>0, x=\infty, c=c_2, \left(\dfrac{\mathrm{d}c}{\mathrm{d}x}\right)_{x=\infty}=0$

$$x=-\infty, c=c_1, \left(\frac{\mathrm{d}c}{\mathrm{d}x}\right)_{x=-\infty}=0$$

将式 1-5-79 在 c 从 c_1 到 c，x 从 $-\infty$ 到 x 范围内积分

$$-\frac{1}{2}\int_{c_1}^{c}\lambda\mathrm{d}c=\int_{-\infty}^{x}\mathrm{d}\left(\widetilde{D}\frac{\mathrm{d}c}{\mathrm{d}\lambda}\right)=\left(\widetilde{D}\frac{\mathrm{d}c}{\mathrm{d}\lambda}\right)_{x=x}-\left(\widetilde{D}\frac{\mathrm{d}c}{\mathrm{d}\lambda}\right)_{x=-\infty}$$

由边界条件知

$$\left(\frac{\partial c}{\partial x}\right)_{x=-\infty}=0, \left(\frac{\mathrm{d}c}{\mathrm{d}\lambda}\right)_{x=-\infty}=0$$

$$\widetilde{D}=-\frac{\displaystyle\int_{c_1}^{c}\lambda\mathrm{d}c}{2\left(\dfrac{\mathrm{d}c}{\mathrm{d}\lambda}\right)_{x=x}} \tag{1-5-80}$$

当 t 为定值时，由 $\lambda=\dfrac{x}{\sqrt{t}}$ 得

$$\left(\frac{\mathrm{d}c}{\mathrm{d}\lambda}\right)_{x=x}=\sqrt{t}\left(\frac{\mathrm{d}c}{\mathrm{d}x}\right)_{x=x}$$

代入式 1-5-80 得到

$$\widetilde{D}=-\frac{1}{2t}\frac{\displaystyle\int_{c_1}^{c}x\mathrm{d}c}{\left(\dfrac{\mathrm{d}c}{\mathrm{d}x}\right)_{x=x}} \tag{1-5-81}$$

式 1-5-81 中 $\left(\dfrac{\mathrm{d}c}{\mathrm{d}x}\right)_{x=x}$ 是图 1-5-8 中所示曲线的斜率；$\displaystyle\int_{c_1}^{c}x\mathrm{d}c$ 为 c_1 至 c 的积分面积。由图 1-5-8 可看出 $x=0$ 表示原始界面，扩散使原点发生移动。需要确定新的界面位置才能求所需的定积分。为此，先对式 1-5-79 积分

$$-\frac{1}{2}\int_{c_1}^{c_2}\lambda\mathrm{d}c=\int_{-\infty}^{\infty}\mathrm{d}\left(\widetilde{D}\frac{\mathrm{d}c}{\mathrm{d}\lambda}\right)=\left(\widetilde{D}\frac{\mathrm{d}c}{\mathrm{d}\lambda}\right)_{x=+\infty}-\left(\widetilde{D}\frac{\mathrm{d}c}{\mathrm{d}\lambda}\right)_{x=-\infty}$$

边界条件

$$\widetilde{D}\frac{\mathrm{d}c}{\mathrm{d}\lambda}\Big|_{x=+\infty}=0, \widetilde{D}\frac{\mathrm{d}c}{\mathrm{d}\lambda}\Big|_{x=-\infty}=0$$

得到

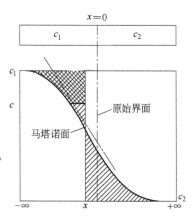

图 1-5-8　马塔诺（Matano）面示意图

$$-\frac{1}{2}\int_{c_1}^{c_2}\lambda\mathrm{d}c = 0$$

即
$$\int_{c_1}^{c_2}x\mathrm{d}c = 0 \tag{1-5-82}$$

该式表示图 1-5-8 中浓度曲线与某一平面所包含的上、下两块面积相等。因此能使上、下两块阴影线所示的面积相等的 x 即为新的坐标原点。由这一点作与 x 轴相垂直的面即为马塔诺面。

若以 c_M 表示浓度曲线上马塔诺面的浓度，由式 1-5-82，则

$$\int_{c_1}^{c_M}x\mathrm{d}c = -\int_{c_M}^{c_2}x\mathrm{d}c \tag{1-5-83}$$

结合式 1-5-81，得到

$$\int_{c_1}^{c_M}x\mathrm{d}c = -2t\widetilde{D}\,\frac{\mathrm{d}c}{\mathrm{d}x} = -2tJ_{c=c_M} \tag{1-5-84}$$

式 1-5-84 表示马塔诺面两边的积分面积正比于通过马塔诺平面的扩散流密度。因此，原始浓度为 c_1 的试样中，组元通过该面到原始浓度 c_2 试样中的扩散流密度应等于由 c_2 试样中另一组元经马塔诺面到 c_1 试样中的扩散流密度。

当扩散系数 $\widetilde{D}$ 与浓度有关时，求对应于某一浓度 c 的扩散系数 $\widetilde{D}(c)$ 的步骤如下：在保持全无限长一维扩散的边界条件下，在一定温度下，扩散退火一定时间 t。分析不同 x 处的浓度，作浓度分布曲线，用试差法使两边积分相等以确定马塔诺面。求出浓度为 c 处曲线切线的斜率及积分面积 $\int_{c_1}^{c}x\mathrm{d}c$，代入式 1-5-81，求出 $\widetilde{D}$ 值。

例 1-5-1　图 1-5-9 是莱尼斯（F. C. Rhines）及梅厄（R. F. Mehl）用 Cu 与 Cu-Al（$x_{Al}=0.18$）合金在 700℃下，用扩散偶法扩散退火 38.4 天后，测得的浓度分布曲线。试

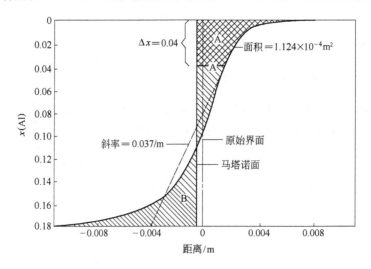

图 1-5-9　Cu 与 Cu-Al（$x_{Al}=0.18$）在 700℃

扩散退火 38.4 天的浓度分布曲线

求 x_{Al}＝0.04 处的互扩散系数。

解： 先用试差法使 A、B 两块面积相等以确定马塔诺面。计算 x_{Al}＝0.04 处 $\widetilde{D}$ 值时，由图 1-5-9 计算出积分面积 $\int_0^{0.04} x\mathrm{d}x_{Al}=1.124\times10^{-4}$（m），在同一浓度处，$\dfrac{\mathrm{d}x}{\mathrm{d}x_{Al}}=-3.7\times10^{-2}$（m），$0.5t^{-1}=\dfrac{1}{2\times38.4}$ $\mathrm{d}^{-1}=0.01303\mathrm{d}^{-1}$。由于若以摩尔分数代替的体积摩尔浓度，式 1-5-81 依旧成立，将上述数据之得

$$\widetilde{D}=1.303\times10^{-2}\times3.7\times10^{-2}\times1.124\times10^{-4}=5.42\times10^{-8}\mathrm{m^2/d}=6.27\times10^{-13}（\mathrm{m^2/s}）$$

5.3　多相反应基本理论

在单相如气相或液相反应中，如果反应器中能迅速实现理想的混合，则可以忽略传质的阻力。否则，必须对传质的影响加以考虑。从宏观上要运用总体的质量守恒方程，从"微观"角度出发，则要应用在"传输原理"中已学过的对流—扩散方程。

冶金过程中的化学反应多为复相反应，很多反应发生在流体和固体之间，或两个不相混溶的固体之间。反应物和产物的物质传输经常是过程的控速步骤。工程上经常假定传质步骤的阻力主要存在于反应界面附近，因此，可以近似地应用传输原理中的边界层概念和理论来讨论界面附近的传质。

本节不拟重复各类边界层中变量分布的求解过程，而是讨论它们的分布特征以及与传质系数的关系。

5.3.1　边界层理论

5.3.1.1　边界层的定义

由于流体上的外力作用引起的流体流动称为强制对流。

在强制对流中的传质称为强制对流传质。

A　速度边界层

对于图 1-5-10 所示的边界层中的二维流动，应满足连续性方程及运动方程。

假设流体为不可压缩流体流过平板，在流体内部，速度为 u_b，流体与板面交界处有一层不动的液膜，其速率 u_x＝0。由于流体的黏滞作用，在靠近板面处，存在一个速度逐渐降低的区域，该区域称为速度边界层。

边界条件为：$y=0$，$u_x=u_y$ $=0$；$y=\infty$，$u_x=u_b$。

定义从 $u_x=0.99u_b$ 到 $u_x=$ 0 的板面之间的区域为速度边界层，用 δ_u 表示。

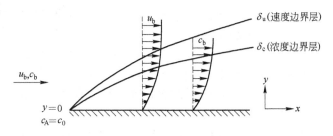

图 1-5-10　强制对流流过平板形成的
速度边界层和浓度边界层

根据冯·卡门（Von Karman）动量积分分析

$$\delta_u = 4.64 \sqrt{\frac{\nu x}{u_b}} \qquad (1\text{-}5\text{-}85)$$

而

$$R_e = \frac{u_b x}{\nu}$$

所以

$$\frac{\delta_u}{x} = \frac{4.64}{\sqrt{Re_x}} \qquad (1\text{-}5\text{-}86)$$

由此可见，速度边界层的厚度 δ_u 与到板端的距离 x 成正比，与雷诺数的平方根成反比；在运动黏度 ν 和 u_b 都确定的情况下，δ_u 随 x 呈抛物线规律增加。

B　浓度边界层

得到速度边界层后可以求解边界层中的浓度分布。

若扩散组元在流体内部的浓度为 c_b，而在板面上的浓度为 c_0，如图 1-5-10 所示。则在流体内部和板面之间存在一个浓度逐渐变化的区域，把被传递物质的浓度由界面浓度 c_0 变化到为流体内部浓度 c_b 的 99% 时的厚度，即 $\dfrac{c - c_b}{c_0 - c_b} = 0.01$ 所对应的厚度称为浓度边界层，或称为扩散边界层。

边界条件为：在界面处，$x=0$，$y=0$，$c_A=c_0$；$y=\infty$，$c_A=c_b$。

如图 1-5-11 所示，浓度边界层中无因次浓度随 $y\,(Re_x)^{1/2}$ 的变化规律。该图还表示，这一变化关系与流体的施密特数 Sc 有关。

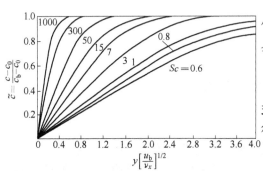

图 1-5-11　平板面上有强制对流时
边界层的浓度分布

在流体以层流状态流过平板的条件下，由传质方程可以求出速度边界层厚度 δ_u 与浓度边界层 δ_c 有如下关系

$$\delta_c / \delta_u = (\nu/D)^{-1/3} = Sc^{-1/3}$$

$$(1\text{-}5\text{-}87)$$

式中，Sc 为施密特数。$\nu/D = Sc$ 结合式 1-5-85 得

$$\delta_c / x = 4.64 Re_x^{-1/2} Sc_x^{-1/3} \quad (1\text{-}5\text{-}88)$$

若流体的流动不受外力的驱动，而是由于流体自身的密度差，或是由于流体中存在的温度差而形成的密度差引起的，则这种流动称为自然对流。自然对流中速度边界层和浓度边界层内流体的速度分布和浓度分布规律与强制对流不同，其无因次速度分布随传质的格拉晓夫数 Gr_m 变化，还与 Sc 数有关；其无因次的浓度分布也取决于 Gr_m 和 Sc 两个数值。

C　有效边界层

在流体参与的异相传质过程中，相界面附近存在速度边界层和浓度边界层。图 1-5-10 中用粗实线给出两条曲线分别为速度边界层及浓度边界层中的速度分布和浓度分布。图中 c_s 为界面处的浓度，c_b 为浓度边界层外液体内部的浓度。在浓度边界层中浓度发生急剧变化，边界层厚度 δ_c 不存在明显的界限，使得数学处理上很不方便。在浓度边界层中，同时存在分子扩散和湍流传质。因此在数学上可以作等效处理。在非常贴近与固体的界面处，浓度分布成直线。因此在界面处（即 $y=0$）沿着直线对浓度分布曲线引一切线，此切线与浓度边界层外流体内部的浓度 c_b 的延长线相交，通过交点作一条与界面平行的平面，此平面与界面之间的区域叫做有效边界层，用 δ'_c 来表示。由图 1-5-12 可以看出，在界面处的浓度梯度即为直线的斜率

$$\left(\frac{\partial c}{\partial y}\right)_{y=0} = \frac{c_b - c_s}{\delta'_c} \tag{1-5-89}$$

瓦格纳（C. Wagner）定义 δ'_c 为有效边界层

$$\delta'_c = \frac{c_b - c_s}{\left(\frac{\partial c}{\partial y}\right)_{y=0}} \tag{1-5-90}$$

5.3.1.2　边界层理论

A　数学模型

在界面处（$y=0$），液体流速 $u_{y=0}=0$，假设在浓度边界层内传质是以分子扩散一种方式进行，稳态下，服从菲克第一定律，则垂直于界面方向上的物质流密度即为扩散流密度 J

$$J = -D\left(\frac{\partial c}{\partial y}\right)_{y=0} \tag{1-5-91}$$

将式 1-5-90 代入式 1-5-91，得到

$$J = \frac{D}{\delta'_c}(c_s - c_b) \tag{1-5-92}$$

必须指出，虽然在有效边界层理论中应用了稳态扩散方程来处理流体和固体界面附近的传质问题，但有效边界层内仍有液体流动，因此在有效边界层内传质不是单纯的分子扩散一种方式。有效边界层概念实质上是将边界层中的湍流传质和分子扩散等效地处理为厚度 δ'_c 的边界层中的分子扩散。以上既是边界层理论的数学模型。

有效边界层的厚度约为浓度边界层（即扩散边界层）厚度的 2/3，即 $\delta'_c = 0.667\delta_c$。对层流强制对流传质，由式 1-5-88 得出

$$\delta'_c = 3.09 Re_x^{-1/2} Sc^{-1/3} x \tag{1-5-93}$$

B　传质系数

在处理冶金过程动力学问题时，我们感兴趣的是固体表面与流体之间或两个流体之间的传质问题。对

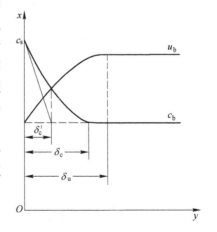

图 1-5-12　速度边界层、
浓度边界层及有效边界层

强制对流流过固体表面，在固体和流体界面附近的传质过程，用该物质在界面处的扩散流

密度 J 表示，它与界面浓度和流体内部浓度的差成正比

$$J = k_d(c_s - c_b) \tag{1-5-94}$$

式中　c_s——由固体表面向流体内传输的物质在固体和流体界面的浓度；

　　　c_b——该物质在流体体内的浓度；

　　　J——该物质在界面处扩散流密度，$J = -D(\partial c / \partial x)$。

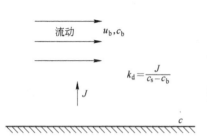

图 1-5-13　传质系数定义示意图

可以看出，k_d 表示当 c_s 和 c_b 之差为单位浓度时在固体和流体之间被传输物质的物质流密度，叫做传质系数。

式（1-5-93）与式（1-5-94）比较，得到传质系数 k_d 与有效边界层的厚度 δ'_c 关系为

$$k_d = \frac{D}{\delta'_c} \tag{1-5-95}$$

可用此式来反算有效边界层的厚度。

由于流体流动情况的复杂性、反应物的几何形状不规则等，从而使传质系数难以只通过公式计算求得。于是需要根据相似原理，设计特定的实验，通过总结实验结果建立起有关的无因次数群的关系。

在相似理论中舍伍德数 Sh_x 定义为

$$Sh_x = \frac{k_d x}{D} \tag{1-5-96}$$

又由式 1-5-95 得

$$Sh_x = x/\delta'_c \tag{1-5-97}$$

将式 1-5-93 代入式 1-5-97 得

$$Sh_x = 0.324 Re_x^{1/2} Sc^{1/3} \tag{1-5-98}$$

式中，下标 x 表示所讨论的是在坐标 x 处的局部值。

由式 1-5-96 得

$$(k_d)_x = \frac{D}{\delta'_c} = \frac{D}{x}(0.324 Re_x^{1/2} Sc^{1/3}) \tag{1-5-99}$$

若平板长为 L，在 $x = 0 \sim L$ 范围内 $(k_d)_x$ 的平均值（注意到：$Sc = \dfrac{\nu}{D}, Re = \dfrac{u_b x}{\nu}$）

$$\bar{k}_d = \frac{1}{L}\int_0^L (k_d)_x \mathrm{d}x = 0.324 \frac{D}{L}\left(\frac{\nu}{D}\right)^{1/3}\left(\frac{u}{\nu}\right)^{1/2}\int_0^L x^{-1/2}\mathrm{d}x$$

$$= 0.647 \frac{D}{L}\left(\frac{\nu}{D}\right)^{1/3}\left(\frac{uL}{\nu}\right)^{1/2} \tag{1-5-100}$$

整理后得

$$\frac{\bar{k}_d L}{D} = 0.647 Re^{1/2} Sc^{1/3} \tag{1-5-101}$$

即

$$Sh = 0.647Re^{1/2}Sc^{1/3} \tag{1-5-102}$$

式 1-5-100～式 1-5-102 适用于流体以层流状态流过平板表面的传质过程。

当流体流动为湍流时，传质系数的计算公式为

$$Sh = 0.647\,Re^{0.8}Sc^{1/3} \tag{1-5-103}$$

特克道根（E. T. Turkdogan）曾总结层流流动情况下，几种传质过程中无因次数间的相互关系和传热过程中无因次数间的相互关系，见表 1-5-1。

表 1-5-1　传质和传热的无因次数群间的关系式

流 动 形 态	传质 Sh 准数的平均值（$\overline{Sh}$）	传热 Nu 准数的平均值（$\overline{Nu}$）
强制对流流体流过平板	$0.664Re^{1/2}Sc^{1/3}$	$0.664Re^{1/2}Pr^{1/3}$
由垂直板产生的自然对流	$0.902\left[\dfrac{Gr_{m}Sc^{2}}{4(0.861+Sc)}\right]^{\frac{1}{4}}$	$0.902\left[\dfrac{Gr_{h}Pr^{2}}{4(0.861+Pr)}\right]^{\frac{1}{4}}$
强制对流流体流过球体	$2+0.6Re^{1/2}Sc^{1/3}$	$2+0.6Re^{1/2}Pr^{1/3}$
自然对流流体流过球体	$2+0.6Gr_{m}^{1/4}Sc^{1/3}$	$2+0.6Gr_{h}^{1/4}Pr^{1/3}$
气体喷射到固体表面	$1.01\,(d/l)^{1/4}Re^{3/4}Sc^{1/3}$	$1.01\,(d/l)^{1/4}Re^{3/4}Pr^{1/3}$

表 1-5-1 中需要说明几点：（1）当流速趋近于零即 $Re \rightarrow 0$ 时，流过球体的传质和传热过程，$\overline{Sh}=2$，$\overline{Nu}=2$；（2）表中第一行的关系式是对平板的前沿（端部）已充分发展了的流动形态的公式，不能应用于静止的流体介质；（3）平板应足够大，否则会出现边界效应，尤其是流速较低时更是如此。

传质系数是冶金过程动力学的重要参数。虽然由实验结果已经得到一些舍伍德数的计算公式，但仅适用于特定实验条件下的固体—液体组成的体系中液体一侧的传质系统的估算。为了更普遍地在冶金过程中应用，我们必须从基本的原理及一些简化的假设出发，提出两个流体间或一个流体和一个固体间传质过程的预测模型。

5.3.2　双膜传质理论

双膜传质理论是刘易斯（W. K. Lewis）和惠特曼（W. Whitman）于 1924 年提出的。薄膜理论在两个流体相界面两侧的传质中应用。

假设：

（1）在两个流动相（气体/液体、蒸汽/液体、液体/液体）的相界面两侧，都有一个边界薄膜（气膜、液膜等）。物质从一个相进入另一个相的传质过程的阻力集中在界面两侧膜内。

（2）在界面上，物质的交换处于动态平衡。

（3）在每相的区域内，被传输的组元的物质流密度（J），对液体来说与该组元在液体内和界面处的浓度差（$c_l - c_i$）成正比；对于气体来说，与该组元在气体界面处及气体体内分压差（$p_i - p_g$）成正比。

（4）对流体 1—流体 2 组成的体系中，两个薄膜中流体是静止不动的，不受流体内流

动状态的影响。各相中的传质被看做是独立进行的，互不影响。

若传质方向是由一个液相进入另一个气相，则各相传质的物质流的密度 J 可以表示为：

液相

$$J_l = k_l(c_i - c_i^*)　　　　　　　　　　(1-5-104)$$

气相

$$J_g = k_g(p_i - p_i^*)　　　　　　　　　　(1-5-105)$$

式中　k_l、k_g——组元在液体、气体中的传质系数；

　　　c_i，c_i^*——组元 i 在液体内、相界面的浓度；

　　　p_i，p_i^*——组元 i 在气体内、相界面的分压。

$$k_l = \frac{D_l}{\delta_l}　　　　　　　　　　(1-5-106)$$

$$k_g = \frac{D_g}{RT\delta_g}　　　　　　　　　　(1-5-107)$$

式中　D_l，D_g——组元在液体、气体中的扩散系数；

　　　δ_l，δ_g——液相、气相薄膜的厚度。

在冶金过程中，单相反应不多见，而气—液反应、液—液反应等异相反应相当多，前者如铜锍的吹炼、钢液的脱碳；后者如钢中锰、硅的氧化等钢渣反应。虽然经典的双膜理论有诸多不足之处，但在两流体间反应过程动力学研究中，界面两侧有双重传质阻力的概念至今仍有一定的应用价值。

改进了的双膜理论实际上是有效边界层在两个流体相界面两侧传质中的应用。界面两侧各有一边界层，考虑了在这个边界层中流体运动对质量传输的影响；所在扩散边界层内，同时考虑在径向和切向方向的对流扩散和分子扩散；边界层的厚度不仅与流体的性质和流速有关，而且与扩散组元的性质有关。

5.3.3　溶质渗透理论与表面更新理论

5.3.3.1　溶质渗透理论

黑碧（R. Higbie）在研究流体间传质过程中提出了溶质渗透理论模型。

假设：

（1）流体 2 可看做由许多微元组成，相间的传质是由流体中的微元完成的，如图 1-5-14 所示；

（2）每个微元内某组元的浓度为 c_b，由于自然流动或湍流，若某微元被带到界面与另一流体（流体 1）相接触，如流体 1 中某组元的浓度大于流体 2 相平衡的浓度则该组元从流体 1 向流体 2 微元中迁移；

（3）微元在界面停留的时间很短，以 t_e 表示。经 t_e 时间后，微元又进入流体 2 内。此时，微元内的浓度增加到 $c_b + \Delta c$；

（4）由于微元在界面处的寿命很短，组元渗透到微元中的深度小于微元的厚度，微观上该传质过程看做非稳态的一维半无限体扩散过程。

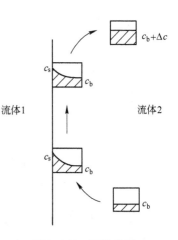

图 1-5-14 流体微元
流动的示意图

数学模型：

半无限体扩散的初始条件和边界条件为

$$t=0, x \geqslant 0, c=c_b$$

$$0 < t \leqslant t_e, x=0, c=c_s; x=\infty, c=c_b$$

对半无限体扩散时，菲克第二定律的解为

$$\frac{c-c_b}{c_s-c_b} = 1 - \mathrm{erf}\left(\frac{x}{2\sqrt{Dt}}\right) \qquad (1-5-108)$$

$$c = c_s - (c_s - c_b)\mathrm{erf}\left(\frac{x}{2\sqrt{Dt}}\right) \qquad (1-5-109)$$

在 $x=0$ 处，（即界面上），组元的扩散流密度

$$J = -D\left(\frac{\partial c}{\partial x}\right)_{x=0} = D(c_s-c_b)\left[\frac{\partial}{\partial x}\left(\mathrm{erf}\frac{x}{2\sqrt{Dt}}\right)\right]_{x=0}$$

$$= D(c_s-c_b) \cdot \frac{1}{\sqrt{\pi Dt}} = \sqrt{\frac{D}{\pi t}}(c_s-c_b) \qquad (1-5-110)$$

在寿命 t_e 时间内的平均扩散流密度

$$\overline{J} = \frac{1}{t_e}\int_0^{t_e}\sqrt{\frac{D}{\pi t}}(c_s-c_b)\mathrm{d}t = 2\sqrt{\frac{D}{\pi t_e}}(c_s-c_b) \qquad (1-5-111)$$

根据传质系数的定义 $J = k_d (c_s - c_b)$，得到黑碧的溶质渗透理论的传质系数公式

$$k_d = 2\sqrt{\frac{D}{\pi t_e}} \qquad (1-5-112)$$

应强调溶质渗透理论认为，流体 2 的各微元与流体 1 接触时间即寿命 t_e 是一定的，t_e 即代表平均寿命；另外，传质为非稳态。

5.3.3.2 表面更新理论

丹克沃茨（P. V. Danckwerts）认为流体 2 的各微元与流体 1 接触时间即寿命各不相同，而是按 $0 \sim \infty$ 分布，服从统计分布规律。

设 Φ 表示流体微元在界面上的停留时间分布函数，其单位 $[\mathrm{s}^{-1}]$，则 Φ 与微元停留时间的关系可用图1-5-15表示。

$$\int_0^\infty \Phi(t)\mathrm{d}t = 1 \qquad (1-5-113)$$

该式的物理意义是界面上不同停留时间的微元面积的总和为 1，即停留时间为 t 的微

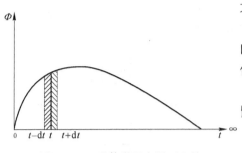

图 1-5-15　流体微元在界面上的
停留时间分布函数

元面积占微元总面积的分数：$\Phi(t)/1$。

以 S 表示表面更新率，即在单位时间内更新的表面积与在界面上总表面积的比例，或者是单位时间更新的表面积分数，其单位也是 $[s^{-1}]$；

在 t 到 $(t-dt)$ 的时间间隔内，在界面上停留时间为 t 的微元面积占全部面积的分数为 $\Phi_t dt$；

此后的 dt 时间，更新的表面分数为 Sdt；

所以，在 t 到 $t+dt$ 这段时间间隔内更新的微元面积为：

（停留时间为 t 的微元面积分数 $\Phi_t dt$）×（dt 时间内表面更新分数 Sdt）$=\Phi_t dt (Sdt)$；

因此，在 t 至 $t+dt$ 时间间隔内，未被更新的面积为 $\Phi_t dt (1-Sdt)$，此数值应等于停留时间为 $t+dt$ 的微元面积 $\Phi_{t+dt} dt$，因此

$$\Phi_t dt(1-Sdt)=\Phi_{t+dt}dt$$
$$\Phi_{t+dt}-\Phi_t=-\Phi_t Sdt$$
$$d\Phi_t/\Phi_t=-Sdt$$

设 S 为一常数，则

$$\Phi=Ae^{-st} \tag{1-5-114}$$

式中，A 为积分常数。由式 1-5-113 得

$$\int_0^\infty Ae^{-st}dt=1$$

$$\frac{A}{S}\int_0^\infty e^{-st}d(st)=\frac{A}{S}=1$$

故 $A=S$，得

$$\Phi(t)=Se^{-st} \tag{1-5-115}$$

式 1-5-110 中的扩散（物质）流密度 J 是对微元寿命为 t 的物质流密度。因此，对于构成全部表面积所有各种寿命微元的总物质流密度为

$$J=\int_0^\infty J_t\Phi(t)dt=\int_0^\infty \sqrt{\frac{D}{\pi t}}(c_s-c_b)Se^{-st}dt=\sqrt{DS}(c_s-c_b) \tag{1-5-116}$$

根据传质系数的定义，得

$$k_d=\sqrt{DS}=\sqrt{\frac{D}{t_e}} \tag{1-5-117}$$

比较不同传质理论所得到的传质系数的表达式有

有效边界层理论、双膜理论

$$k_d=D/\delta'_c$$

黑碧溶质渗透理论公式

$$k_d = 2\sqrt{\frac{D}{\pi t_e}} = 1.128\sqrt{\frac{D}{t_e}}$$

丹克沃茨表面更新理论公式

$$k_d = \sqrt{DS} = \sqrt{D/t_e}$$

在双膜理论及有效扩散边界层理论中，传质系数 k_d 与扩散系数成正比；在溶质渗透及表面更新理论公式中，$k_d \propto D^{1/2}$。从模型实验中归纳得到的相似准数关系式中，$k_d \propto D^n$，指数 n 随流体的流动状态及周围环境的不同其数值在 $0.5 \sim 1.0$ 之间变化。如在层流强制对流传质中，$Sh = a + bRe^c Sc^{1/3}$ 关系式中，其中 a、b、c 均为常数，经简单的变换，得到 $k_d \propto D^{2/3}$。

例 1-5-2 电炉氧化期脱碳反应产生 CO 气泡。钢液中 $w[O]_b = 0.05\%$，熔体表面和炉气接触处含氧达饱和 $w[O]_s = 0.16\%$，每秒每 $10cm^2$ 表面溢出一个气泡，气泡直径为 $4cm$。已知 $1600℃$ $D_{[O]} = 1 \times 10^{-8}$ m^2/s，钢液密度为 $7.1 \times 10^3 kg/m^3$。求钢液中氧的传质系数及氧传递的扩散流密度。

解： 氧化期钢液脱氧反应为

$$(FeO) = [Fe] + [O] \qquad [C] + [O] = CO_{(g)}$$

每个气泡的截面积为 $\quad \pi r^2 = 12.5$ cm^2

表面更新的分数为 $\quad 12.5/(10 \times 1) = 1.25$ s^{-1}

应用表面更新理论，传质系数为 $\quad k_d = \sqrt{DS} = \sqrt{10^{-8} \times 1.25} = 1.12 \times 10^{-4} m/s$

氧传递的扩散流密度计算如下

浓度 c_i（mol/m^3）与质量分数之间的关系为

$$c_i = \frac{w(i)\rho}{M_i}$$

$$J = k_d(c_{[O]}^s - c_{[O]}^b) = 1.12 \times 10^{-4} \times \left[\frac{(0.16\% - 0.05\%) \times 7.1 \times 10^3}{16 \times 10^{-3}}\right]$$

$$= 5.48 \times 10^{-2} mol/(m^2 \cdot s)$$

第六章　冶金反应动力学模型

6.1　气—固反应动力学

在冶金过程中许多反应属气—固反应。例如，铁矿石还原、石灰石分解、硫化矿焙烧、卤化冶金等。在气—固反应动力学研究中，人们建立了多种不同的数学模型，如未反应核模型、粒子模型等。其中未反应核模型获得了成功和广泛的应用。

6.1.1　气—固反应机理

假设：

（1）气—固反应的一般反应式为

$$A_{(g)} + bB_{(s)} = gG_{(g)} + sS_{(s)} \qquad (1\text{-}6\text{-}1)$$

（2）固体反应物 B 是致密的或无孔隙的，则反应发生在气—固相的界面上，即具有界面化学反应特征。这即是未反应核模型，其几何表述如图 1-6-1 所示。

在 B 和气体 A 之间的如式 1-6-1 表示的气—固反应由以下步骤组成：

（1）气体反应物 A 通过气相扩散边界层到达固体反应物表面的外扩散。

（2）气体反应物通过多孔的还原产物（S）层，扩散到化学反应界面的内扩散。（在气体反应物向内扩散的同时，还可能有固态离子通过固体产物层的扩散）。

（3）气体反应物 A 在反应界面与固体反应物 B 发生化学反应，生成气体产物 G 和固体产物 S 的界面化学反应，由气体反应物的吸附、界面化学反应本身及气体产物的脱附等步骤组成。

（4）气体产物 G 通过多孔的固体产物（S）层扩散到达多孔层的表面。

（5）气体产物通过气相扩散边界层扩散到气体体相内。

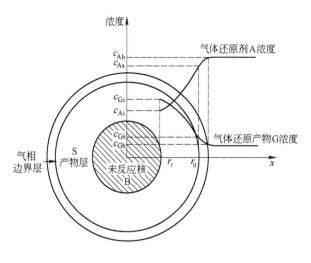

图 1-6-1　未反应核模型示意图

上述步骤中，每一步都有一定的阻力。对于传质步骤，传质系数的倒数 $1/k_d$ 相当于这一步骤的阻力。界面化学反应步骤中，反应速率常数的倒数 $1/k$，相当于该步骤的阻力。对于由前后相接的步骤串联组成的串联反应，则总阻力等于各步骤阻力之和。若反应包括两个或多个平行的途径组成的步骤，如上述第二步骤有两种进行途径，则这一步骤阻力的倒数等于两个平行反应阻力倒数之和。总阻力的计算与电路中总电阻的计算十分相似，串联反应相当于电阻串联，并联反应相当于电阻并联。

6.1.2　气—固反应的未反应核模型

如式 1-6-1 表示的反应，假设固体产物层是多孔的，则界面化学反应发生在多孔固体产物层和未反应的固体反应核之间。随着反应的进行，未反应的固体反应核逐渐缩小。基于这一考虑建立起来的预测气—固反应速率的模型称为缩小的未反应核模型，或简称为未反应核模型。大量的实验结果证明了这个模型可广泛应用于如矿石的还原，金属及合金的氧化，碳酸盐的分解，硫化物焙烧等气—固反应。

据此，式 1-6-1 表示的反应一般有五个串联步骤组成。其中第一及第五步骤为气体的外扩散步骤；第二、四步骤有气体通过多孔固体介质的内扩散步骤；第三步为界面化学反应。下面分别分析这三种不同类型的步骤的特点，推导其速率的表达式及由它们单独控速时，反应时间与反应率的关系。

6.1.2.1　外扩散为限制环节时的反应模型

如图 1-6-1 所示球形颗粒的半径为 r_0，气体反应物通过球形颗粒外气相边界层的速率 v_g 可以表示为

$$v_g = -\frac{dn_A}{dt} = 4\pi r_0^2 k_g (c_{Ab} - c_{As}) \tag{1-6-2}$$

式中　c_{Ab}——气体 A 在气相内的浓度；

　　　c_{As}——在球体外表面的浓度；

　　$4\pi r_0^2$——固体反应物原始表面积，设反应过程中由固体反应物生成产物过程中总体积无变化，$4\pi r_0^2$ 也是固体产物层的外表面积；

　　　k_g——气相边界层的传质系数，与气体流速、颗粒直径、气体的黏度和扩散系数有关。层流强制对流流体通过球体表面可应用如下经验式。

$$\frac{k_g d}{D} = 2.0 + 0.6 Re^{1/2} Sc^{1/3} \tag{1-6-3}$$

式中　D——气体反应物的扩散系数；

　　　d——颗粒的直径；

　　　Re——雷诺数；

　　　Sc——施密特数。

当外扩散阻力大于其他各步阻力时，如图 1-6-2 所示。颗粒外表面的浓度 c_{As} 等于未反应核界面上的浓度 c_{Ai}。此时出现两种情况：

（1）若反应为可逆反应，则未反应核界面浓度 c_{Ai} 等于化学反应的平衡浓度 c_{Ae}。因此

$$v_g = 4\pi r_0^2 k_g (c_{Ab} - c_{Ae}) \tag{1-6-4}$$

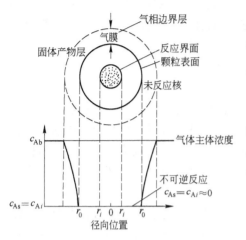

图 1-6-2　外扩散控制时气相边界
层中的浓度分布

（2）若界面上化学反应是不可逆的，由于外扩散是限制环节，可以认为通过产物的反应物气体物质扩散到未反应核界面上立即和固体反应，可以认为 $c_{Ai} \approx 0$。因此得到

$$v_g = 4\pi r_0^2 k_g c_{Ab} \qquad (1\text{-}6\text{-}5)$$

在一定的时间 t，若此时未反应核的半径为 r_i，反应物气体 A 通过气相边界层的扩散速度应等于未反应核界面上化学反应消耗 B 的速率 v_C。则未反应核体积内反应物 B 的摩尔数为：

$$n_B = \frac{\frac{4}{3}\pi r_i^3 \rho_B}{M_B}$$

v_C 可表示为

$$v_C = -\frac{dn_B}{b\,dt} = -\frac{4\pi r_i^2 \rho_B}{b M_B}\frac{dr_i}{dt} \qquad (1\text{-}6\text{-}6)$$

式中　n_B——固体反应物 B 物质的量；

ρ_B——B 的密度；

M_B——B 的摩尔质量。

联立式 1-6-5、式 1-6-6，得到

$$-\frac{4\pi r_i^2 \rho_B}{b M_B}\frac{dr_i}{dt} = 4\pi r_0^2 k_g c_{Ab} \qquad (1\text{-}6\text{-}7)$$

分离变量积分后，得反应时间 t 与未反应核半径的关系式

$$t = \frac{\rho_B r_0}{3b M_B k_g c_{Ab}}\left[1 - \left(\frac{r_i}{r_0}\right)^3\right] \qquad (1\text{-}6\text{-}8)$$

反应物 B 完全反应时，$r_i = 0$，则完全反应时间 t_f 为

$$t_f = \frac{\rho_B r_0}{3b M_B k_g c_{Ab}} \qquad (1\text{-}6\text{-}9)$$

定义反应消耗的反应物 B 的量与其原始量之比为反应分数或转化率，并以 X_B 表示，可以得出

$$X_B = \frac{\frac{4}{3}\pi r_0^3 \rho_B - \frac{4}{3}\pi r_i^3}{\frac{4}{3}\pi r_0^3 \rho_B} = 1 - \left(\frac{r_i}{r_0}\right)^3 \qquad (1\text{-}6\text{-}10)$$

由式 1-6-8 与式 1-6-9 得

$$\frac{t}{t_f} = 1 - \left(\frac{r_i}{r_0}\right)^3 = X_B \qquad (1\text{-}6\text{-}11)$$

令 $t_f = a$，则 $t = a X_B$　　　　　　　　　　　　　　　　　　　(1-6-12)

对于片状颗粒，也可以用类似方法求得外扩散控速时完全反应时间 t_f

$$t_f = \frac{\rho_B L_0}{b M_B k_g c_{Ab}}$$

式中　L_0——平板的厚度。

$$\frac{t}{t_f} = X_B$$

令 $t_f = a$，则可得 $t = a X_B$。

已证明对于圆柱体颗粒仍可得 $t = a X_B$ 的关系，相应的 a（即 t_f）值不同，但仍与 ρ_B，M_B，c_{Ab} 及颗粒尺寸有关。

由此可以看出，当外扩散为控速步骤时，达到某一转化率所需的时间与外扩散阻力、颗粒形状、密度、气体浓度等因素有关，与转化率成正比。

6.1.2.2　气体反应物在固相产物层中的内扩散

固相产物层中的扩散即内扩散速率 v_D 可以表示为

$$v_D = -\frac{dn_A}{dt} = 4\pi r_i^2 D_{eff} \frac{dc_A}{dr_i}$$　　　　　　(1-6-13)

式中　n_A——气体反应物 A 通过固体产物层的物质的量；

　　　D_{eff}——A 的有效扩散系数。

气体反应物在多孔产物层中的扩散和在自由空间的扩散不同，有效扩散系数与扩散系数的关系为

$$D_{eff} = \frac{D \varepsilon_p}{\tau}$$　　　　　　　　　　　　(1-6-14)

式中　ε_p——产物层的气孔率；

　　　τ——曲折度系数。

产物层中气孔不是直通的，而是如迷宫一般错综分布。因此，气体反应物及产物的扩散路径比直线距离长得多。D_{eff} 的值可以实验测定，也可以用经验公式求出。

式 1-6-13 只在 c_A 值较小或反应物和产物等分子逆向扩散的前提下成立。在稳态或准稳态条件下，内扩散速率 r_D 可看成一个常数。

$$dc_A = -\frac{1}{4\pi D_{eff}} \frac{dn_A}{dt} \frac{dr_i}{r_i^2}$$　　(1-6-15)

对式 1-6-15 积分

$$\int_{c_{As}}^{c_{Ai}} dc_A = -\frac{1}{4\pi D_{eff}} \frac{dn_A}{dt} \int_{r_0}^{r_i} \frac{dr_i}{r_i^2}$$　　(1-6-16)

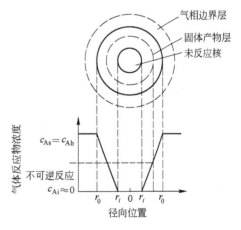

图 1-6-3　产物层中的内扩散控制时，气体反应物 A 的浓度分布

$$v_D = -\frac{\mathrm{d}n_A}{\mathrm{d}t} = 4\pi D_{eff} \frac{r_0 r_i}{r_0 - r_i}(c_{As} - c_{Ai}) \tag{1-6-17}$$

由图 1-6-3 可以看出，当反应由产物层中气体 A 的内扩散控速时，颗粒表面的浓度 c_{As} 等于在气相内部本体的浓度 c_{Ab}，但产物层内气体的分布如图 1-6-3 所示，$c_{Ab} > c_{Ai}$。有两种情况：

（1）对于可逆反应，组元 A 在固相产物层中的扩散为控速，所以其中未反应核表面浓度总是等于化学反应平衡时的浓度 $c_{Ai} = c_{Ae}$；

（2）对不可逆反应，则未反应核表面浓度总是等于零，即 $c_{Ai} \approx 0$。式 1-6-17 应改写为

$$v_D = -\frac{\mathrm{d}n_A}{\mathrm{d}t} = 4\pi D_{eff} \frac{r_0 r_i}{r_0 - r_i} c_{Ab} \tag{1-6-18}$$

由于

$$-\frac{\mathrm{d}n_A}{\mathrm{d}t} = -\frac{\mathrm{d}n_B}{b\mathrm{d}t} = -\frac{4\pi r_i^2 \rho_B}{bM_B} \frac{\mathrm{d}r_i}{\mathrm{d}t} \tag{1-6-19}$$

代入式 1-6-18 得

$$\frac{4\pi r_i^2 \rho_B}{bM_B} \frac{\mathrm{d}r_i}{\mathrm{d}t} = -4\pi D_{eff} \left(\frac{r_0 r_i}{r_0 - r_i}\right) c_{Ab} \tag{1-6-20}$$

分离变量，积分

$$\int_0^t -\frac{bM_B D_{eff} c_{Ab}}{\rho_B} \mathrm{d}t = \int_{r_0}^{r_i} \left(r_i - \frac{r_i^2}{r_0}\right) \mathrm{d}r_i \tag{1-6-21}$$

得

$$t = \frac{\rho_B r_0^2}{6bD_{eff}M_B c_{Ab}} \left[1 - 3\left(\frac{r_i}{r_0}\right)^2 + 2\left(\frac{r_i}{r_0}\right)^3\right] \tag{1-6-22}$$

由于

$$X_B = 1 - \left(\frac{r_i}{r_0}\right)^3$$

代入

$$t = \frac{\rho_B r_0^2}{6bD_{eff}M_B c_{Ab}} \left[1 - 3(1-X_B)^{2/3} + 2(1-X_B)\right] \tag{1-6-23}$$

颗粒完全反应时，$X_B = 1$，得完全反应时间 t_f

$$t_f = \frac{\rho_B r_0^2}{6bD_{eff}M_B c_{Ab}} \tag{1-6-24}$$

令 $t_f = a$，上式可改写为

$$t = a\left[1 - 3(1-X_B)^{2/3} + 2(1-X_B)\right] \tag{1-6-25}$$

或用无因次反应时间表示

$$\frac{t}{t_f} = \left[1 - 3(1-X_B)^{2/3} + 2(1-X_B)\right] \tag{1-6-26}$$

用类似的方法可以得到，对片状颗粒

$$t_f = \frac{\rho_B L_0^2}{2bD_{eff}M_B c_{Ab}} \tag{1-6-27}$$

$$\frac{t}{t_f} = X_B^2$$

令 $t_f = a$，可得到

$$t = aX_B^2 \tag{1-6-28}$$

式 1-6-28 表示对于片状颗粒，当气—固反应由内扩散控速时，反应时间与反应物的转化率（或称反应分数）成抛物线关系。

已证明对柱状颗粒有如下关系

$$t = a[X_B + (1-X_B)\ln(1-X_B)] \tag{1-6-29}$$

三种不同颗粒形状对应的完全反应时间 t_f 的值不同，可以用下式统一起来表示

$$t_f = \frac{\rho_B F_p}{2bD_{eff}M_B c_{Ab}} \left(\frac{V_p}{A_p}\right)^2 \tag{1-6-30}$$

式中　V_p——固体反应物颗粒的原始体积；

　　　A_p——固体反应物颗粒的原始表面积；

　　　F_p——形状因子。对片状、圆柱及球形颗粒，F_p 相应的值分别为 1、2、3。

6.1.2.3　界面化学反应

对于球形反应物颗粒，在未反应核及多孔产物层界面上，气—固反应的速率为

$$v_C = -\frac{dn_A}{dt} = 4\pi r_i^2 k_{rea} c_{Ai} \tag{1-6-31}$$

当界面化学反应阻力比其他步骤阻力大得多时，过程为界面化学反应阻力控速。此时气体反应物 A 在气相内、颗粒的表面及反应核界面上浓度都相等。其浓度分布如图 1-6-4 所示。

界面化学反应控速时，球形颗粒的反应速率方程应为

$$v_C = -\frac{dn_A}{dt} = 4\pi r_i^2 k_{rea} c_{Ab} \tag{1-6-32}$$

式 1-6-31、式 1-6-32 实际上相当于已假设反应为一级不可逆反应。

又考虑到

$$-\frac{dn_A}{dt} = -\frac{dn_B}{bdt} = -\frac{4\pi r_i^2 \rho_B}{bM_B}\frac{dr_i}{dt}$$

$$\tag{1-6-33}$$

式 1-6-32、式 1-6-33 相等

$$-\frac{4\pi r_i^2 \rho_B}{bM_B}\frac{dr_i}{dt} = 4\pi r_i^2 k_{rea} c_{Ab}$$

分离变量，积分

$$-\int_{r_0}^{r_i} dr_i = \int_0^t \frac{bM_B k_{rea} c_{Ab}}{\rho_B} dt$$

得

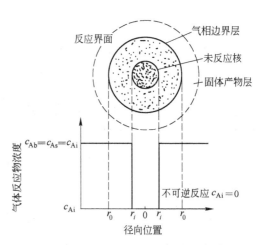

图 1-6-4　界面化学反应控速时，
反应物 A 的浓度分布

$$t = \frac{\rho_B r_0}{b M_B k_{rea} c_{Ab}}\left(1 - \frac{r_i}{r_0}\right) \tag{1-6-34}$$

由完全反应时，$r_i = 0$、$t = t_f$，得

$$t_f = \frac{\rho_B r_0}{b M_B k_{rea} c_{Ab}} \tag{1-6-35}$$

$$\frac{t}{t_f} = 1 - \frac{r_i}{r_0} = 1 - (1 - X_B)^{1/3} \tag{1-6-36}$$

或令 $t_f = a$，得

$$t = a\left(1 - \frac{r_i}{r_0}\right) = a[1 - (1 - X_B)^{1/3}]$$

6.1.2.4　内扩散及界面化学反应混合控速

当气体流速较大，同时界面化学反应速率与固相产物层内的扩散速率相差不大时，可以忽略气膜中的扩散阻力，认为反应过程由界面化学反应及气体在固相产物层中的内扩散混合控速。

由于忽略外扩散阻力，固体颗粒外表面上反应物 A 的浓度与它在气相本体中的浓度相等，即 $c_{As} = c_{Ab}$。推导其反应的速率方程。

A　通过固体产物层的扩散

$$J_A = -\frac{dn_A}{dt} = 4\pi r_i^2 D_{eff} \frac{dc_A}{dr_i} \tag{1-6-37}$$

分离变量，积分得　　　　　$$\int_{c_{Ab}}^{c_{Ai}} dc_A = \frac{J_A}{4\pi D_{eff}}\int_{r_0}^{r_i} \frac{dr_i}{r_i^2}$$

稳定条件下，J_A 为一定值，积分后得

$$J_A = 4\pi D_{eff}(c_{Ab} - c_{Ai})\frac{r_0 r_i}{r_0 - r_i} \tag{1-6-38}$$

在产物层与未反应核界面上的化学反应

$$-\frac{dn_A}{dt} = 4\pi r_i^2 k_{rea} c_{Ai} \tag{1-6-39}$$

在达到稳定时，界面上化学反应速率等于通过固体产物层的内扩散速率，即式 1-6-38、式 1-6-39 相等，于是

$$4\pi D_{eff}\left(\frac{r_0 r_i}{r_0 - r_i}\right) \cdot (c_{Ab} - c_{Ai}) = 4\pi r_i^2 k_{rea} c_{Ai}$$

整理后得

$$c_{Ai} = \frac{D_{eff} r_0 c_{Ab}}{k_{rea}(r_0 r_i - r_i^2) + r_0 D_{eff}} \tag{1-6-40}$$

将式 1-6-40 代入式 1-6-39，得

$$-\frac{dn_A}{dt} = 4\pi r_i^2 k_{rea}\frac{D_{eff} c_{Ab} r_0}{k_{rea}(r_0 r_i - r_i^2) + r_0 D_{eff}} \tag{1-6-41}$$

又因为
$$-\frac{dn_A}{dt}=-\frac{dn_B}{bdt}=-\frac{4\pi r_i^2\rho_B}{bM_B}\frac{dr_i}{dt}$$

由以上两式相等，得

$$-\frac{\rho_B}{bM_B}\frac{dr_i}{dt}=\frac{D_{eff}c_{Ab}r_0k_{rea}}{k_{rea}(r_0r_i-r_i^2)+r_0D_{eff}} \tag{1-6-42}$$

分离变量积分

$$-\frac{k_{rea}D_{eff}c_{Ab}r_0bM_B}{\rho_B}\int_0^t dt=\int_{r_0}^{r_i}\left[k_{rea}(r_0r_i-r_i^2)+r_0D_{eff}\right]dr_i \tag{1-6-43}$$

得

$$\frac{k_{rea}D_{eff}r_0c_{Ab}bM_B}{\rho_B}t=\frac{1}{6}k_{rea}(r_0^3-3r_0r_i^2+2r_i^3)-r_0r_iD_{eff}+r_i^2D_{eff} \tag{1-6-44}$$

以 r_0^3 除上式两边并代入 $X_B=1-(r_i/r_0)^3$ 后整理得到

$$\frac{k_{rea}D_{eff}c_{Ab}bM_B}{r_0^2\rho_B}t=\frac{1}{6}k_{rea}\left[1+2(1-X_B)-3(1-X_B)^{\frac{2}{3}}\right]$$
$$+\frac{D_{eff}}{r_0}\left[1-(1-X_B)^{\frac{1}{3}}\right] \tag{1-6-45}$$

移项整理，得出

$$t=\frac{r_0^2\rho_B}{6bD_{eff}c_{Ab}M_B}\left[1+2(1-X_B)-3(1-X_B)^{\frac{2}{3}}\right]$$
$$+\frac{r_0\rho_B}{bk_{rea}c_{Ab}M_B}\left[1-(1-X_B)^{\frac{1}{3}}\right] \tag{1-6-46}$$

式 1-6-46 给出的是界面化学反应及通过固相产物层的内扩散混合控速时达到一定的反应转化率所需的时间。不难看出式 1-6-46 相当于式 1-6-23 和式 1-6-36 的加和。对片状、圆柱状的固体颗粒可以作出类似的关于反应时间具有加和性的结论。

6.1.2.5　一般的情况

假若外扩散、内扩散及化学反应的阻力都不能忽略，在动力学方程式中应同时考虑这三个因素对速率的贡献。采用类似的方式推导，对球形颗粒可得出下列方程式

$$t=\frac{r_0\rho_B}{3bk_gc_{Ab}M_B}X_B+\frac{r_0^2\rho_B}{6bD_{eff}c_{Ab}M_B}\left[1+2(1-X_B)-3(1-X_B)^{\frac{2}{3}}\right]$$
$$+\frac{r_0\rho_B}{bk_{rea}c_{Ab}M_B}\left[1-(1-X_B)^{\frac{1}{3}}\right] \tag{1-6-47}$$

式中，第一、二、三项分别表示外扩散、内扩散及界面化学反应的贡献。可以看出式 1-6-47 仍然符合加合性原则。

由稳态条件下各步骤的速率相等，联立式 1-6-7、式 1-6-18、式 1-6-32 得

$$4\pi r_0^2k_g(c_{Ab}-c_{As})=4\pi D_{eff}\left(\frac{r_0r_i}{r_0-r_i}\right)\cdot(c_{As}-c_{Ai})=4\pi r_i^2k_{rea}c_{Ai} \tag{1-6-48}$$

上式可以改写为

$$\frac{4\pi r_0^2(c_{Ab} - c_{As})}{\frac{1}{k_g}} = \frac{4\pi r_0^2(c_{As} - c_{Ai})}{\frac{r_0(r_0 - r_i)}{D_{eff} r_i}} = \frac{4\pi r_0^2 c_{Ai}}{\frac{1}{k_{rea}}\left(\frac{r_0}{r_i}\right)^2} \tag{1-6-49}$$

由和分比性质，

若

$$\frac{a_1}{b_1} = \frac{a_2}{b_2} = \frac{a_3}{b_3} = v_t$$

则

$$a_1 = b_1 v_t, a_2 = b_2 v_t, a_3 = b_3 v_t$$

所以

$$\frac{a_1 + a_2 + a_3}{b_1 + b_2 + b_3} = v_t$$

可得总反应速率与各步骤速率相等，用 v_t 表示为

$$v_t = \frac{4\pi r_0^2 c_{Ab}}{\frac{1}{k_g} + \frac{r_0(r_0 - r_i)}{D_{eff} r_i} + \frac{1}{k_{rea}}\left(\frac{r_0}{r_i}\right)^2} \tag{1-6-50}$$

令

$$\frac{1}{k_t} = \frac{1}{k_g} + \frac{r_0}{D_{eff}}\left(\frac{r_0 - r_i}{r_i}\right) + \frac{1}{k_{rea}}\left(\frac{r_0}{r_i}\right)^2 \tag{1-6-51}$$

则

$$v = 4\pi r_0^2 k_t c_{Ab} \tag{1-6-52}$$

式中，$1/k_t$ 可以视为各步骤的总阻力，相当于各步骤阻力之和。式 1-6-51 右边分母中第一、二、三项分别相当于外扩散、内扩散及界面化学反应的阻力。式 1-6-50 中分子 (c_{Ab}-0) 相当于反应的推动力。

以上讨论中假设化学反应是一级不可逆反应，若界面化学反应是一级可逆反应，则化学反应速率

$$v_c = k_{rea+} 4\pi r_i^2 c_{Ai} - k_{rea-} 4\pi r_i^2 c_{Gi} \tag{1-6-53}$$

式中　k_{rea+} 和 k_{rea-}——正、逆反应的速率常数，与标准平衡常数 $K^\ominus$ 的关系为

$$K^\ominus = \frac{k_{rea+}}{k_{rea-}} = \frac{c_{Ge}}{c_{Ae}} \tag{1-6-54}$$

式中　c_{Ge}——平衡时气体产物的浓度；

c_{Ae}——平衡时气体反应物的浓度。

c_{Ge} 和 c_{Ae} 数值可以从热力学数据中得到。若反应前后气体分子数不变，即反应式1-6-1 中系数 $a = g$ 时，反应前后气相的总浓度不变，则有如下关系

$$c_{Ae} + c_{Ge} = c_{Ai} + c_{Gi} \tag{1-6-55}$$

由此可得

$$c_{Gi} = c_{Ae}(1 + K) - c_{Ai}$$

代入式 1-6-53，整理后得出

$$v_c = 4\pi r_i^2(c_{Ai} - c_{Ae})\frac{k_{rea+}(1 + K)}{K} \tag{1-6-56}$$

将推动力 $c_{Ai} - c_{Ae}$ 与式 1-6-56 一起代入式 1-6-49，整理后得到的速率方程为

$$v_t = \frac{4\pi r_0^2 (c_{Ab} - c_{Ae})}{\dfrac{1}{k_g} + \dfrac{r_0(r_0 - r_i)}{D_{eff} r_i} + \dfrac{K}{k_{rea+}(1+K)}\left(\dfrac{r_0}{r_i}\right)^2} \tag{1-6-57}$$

令式中分母为 $1/k_t$，则

$$v_t = 4\pi r_0^2 (c_{Ab} - c_{Ae}) k_t \tag{1-6-58}$$

可以看出，当平衡常数很大时，反应物的平衡浓度很小，由式 1-6-57 及式 1-6-58 可近似地得到式 1-6-50 及式 1-6-52。即式 1-6-50、式 1-6-52 表示的情况是式 1-6-57，式 1-6-58 的一个特例。

对片状和圆柱状颗粒，也可以推导出相应的动力学方程式。

讨论：

（1）在上面的推导过程中，只考虑了前三步的速率，没有考虑气体产物的内扩散和外扩散两个步骤。由于这两个步骤与前三个步骤是串联关系，可以同样方式考虑五个步骤来推导速率公式，这时总的阻力是五个步骤阻力之和，而推动力不是式 1-6-57 中的（$c_{Ab} - c_{Ae}$）而是 $c_{Ab} - c_{Gb}/K$，c_{Gb} 为气体产物在气相主体中的浓度。

（2）若反应级数 n 不等于 1，则相应的微分速率方程中各反应物浓度的一次方项应以其 n 次幂代替。由此得出的计算结果表明，当化学反应不是一级时，再用一级反应的公式来处理就会带来一定的误差。

（3）在分析中，都假设过程是在等温下进行的。实际上，大多数的气—固反应都有明显的放热或吸热。这样，在固体颗粒内部可能出现温度梯度，这不仅要考虑气体和固体颗粒间的对流传热，还要考虑在固体颗粒内的传热。在非等温情况下可能在颗粒内部由于局部温度的升高会产生烧结。另一个伴随发生的问题就是热不稳定性。

6.1.3 气—固反应应用实例

原始矿球由 Fe_2O_3 组成，密度为 $4.93 \times 10^3 \text{kg/m}^3$，气孔率 ε_P 为 0.15，用白金丝悬挂于石英弹簧秤上。在氮气中升温到给定温度后，通以恒压恒流量的纯氢或氮氢混合气体。伴随还原过程的进行，可以连续记录矿球质量的减少值。当实验温度为 1233K，混合气体中氢的分压 $p_{H_2} = 0.0405\text{MPa}$，氮分压 $p_{N_2} = 0.0608\text{MPa}$。从混合气体的有关公式可以计算出扩散系数 $D = 1 \times 10^{-3} \text{m}^2/\text{s}$，动黏度系数 $\nu = 2.39 \times 10^{-4} \text{m}^2/\text{s}$，矿球直径 $d = 1.2 \times 10^{-2}\text{m}$，气体流量标准状态下为 $50\text{L}^3/\text{min}$，炉管直径 $7.7 \times 10^{-2}\text{m}$。

解： 从以上已知数据可以计算出 $Re = 41$，$Sc = 0.24$。

由式 $\dfrac{k_g d}{D} = 2.0 + 0.6 Re^{1/2} Sc^{1/3}$ 可以计算出 $k_g = 0.367\text{m/s}$。

已知原始矿球由 Fe_2O_3 组成，其密度为 $4.93 \times 10^3 \text{kg/m}^3$。可以求出单位体积矿石需去除的氧原子的量 $d_0 = 9.26 \times 10^4 \text{mol/m}^3$。

在 Fe_2O_3 整个还原过程中，FeO 还原为铁这一步骤最困难，在计算平衡常数和气相平衡浓度时，可以只考虑 FeO 还原为铁的反应。

$$FeO + H_2 = Fe + H_2O \quad K_{1233}^{\ominus} = 0.627$$

平衡时气相氢气分压为 0.0249 MPa，水蒸气分压为 0.0156 MPa。

若气—固反应过程为混合控制，可以应用式 1-6-57 来计算还原速率

$$v_t = \frac{4\pi r_0^2 (c_{Ab} - c_{Ae})}{\frac{1}{k_g} + \frac{r_0(r_0 - r_i)}{D_{eff} r_i} + \frac{K}{k_{rea+}(1+K)}\left(\frac{r_0}{r_i}\right)^2}$$

由式 1-6-11 给出的 $X_B \sim r_i$ 关系微分得

$$\frac{dX_B}{dt} = -3\frac{r_i^2}{r_0^3}\frac{dr_i}{dt} \tag{1-6-59}$$

设矿球中需要去除的氧的浓度为 $d_0 \, mol/m^3$，由物质平衡可以得出

$$v\,dt = -4\pi r_i^2 d_0 \, dr_i \tag{1-6-60}$$

$$\frac{dr_i}{dt} = -\frac{v}{4\pi r_i^2 d_0} \tag{1-6-61}$$

将式 1-6-11、式 1-6-57、式 1-6-61 代入式 1-6-59 中，整理后得出

$$\frac{dX_B}{dt} = \frac{3(c_{Ab} - c_{Ae})}{\left\{\frac{1}{k_g} + \frac{r_0}{D_{eff}}[(1-X_B)^{-\frac{1}{3}} - 1] + \frac{K^{\ominus}}{k_{rea+}(1+K^{\ominus})}(1-X_B)^{-\frac{2}{3}}\right\}(r_0 d_0)} \tag{1-6-62}$$

积分，得出 X_B 和 t 之间的关系

$$\frac{X_B}{3k_g} + \frac{r_0}{6D_{eff}}[1 - 3(1-X_B)^{\frac{2}{3}} + 2(1-X_B)] + \frac{K^{\ominus}}{k_{rea+}(1+K^{\ominus})}[1 - (1-X_B)^{\frac{1}{3}}]$$

$$= \frac{(c_{Ab} - c_{Ae})}{r_0 d_0} t \tag{1-6-63}$$

式 1-6-63 中包括三个速率参数 D_{eff}、k_+ 和 k_g。其中 k_g 可以从相似理论给出的经验关系式估算。

$$\frac{k_g d}{D} = 2.0 + 0.6 Re^{1/2} Sc^{1/3}$$

以下的计算中忽略浓度的下标 A，还原率的下标 B，则可以得到

$$c_b - c_e = \frac{1}{8.314 \times 1233}(0.0405 - 0.0249) \times 10^6 = 1.522 \, mol/m^3$$

通过实验可以测量出不同时间的还原率 X，然后求出有效扩散系数和反应速率常数

令

$$A = \frac{r_0^2 d_0}{6D_{eff}(c_b - c_e)} \tag{1-6-64}$$

$$B = \frac{K^{\ominus} \cdot r_0 \cdot d_0}{k_{rea+}(1+K^{\ominus})(c_b - c_e)} \tag{1-6-65}$$

$$F = 1 - (1-X)^{\frac{1}{3}} \tag{1-6-66}$$

$$t_1 = \frac{r_0 d_0 X}{3k_g(c_b - c_e)} \tag{1-6-67}$$

把上述关系式代入式 1-6-63，整理后得

$$\frac{t - t_1}{F} = A(3F - 2F^2) + B \tag{1-6-68}$$

用（$t-t_1$）/F 对（$3F-2F^2$）作图，从直线的斜率和截距可以求出有效扩散系数和正反应速率常数。几组典型的实验结果如图 1-6-5 所示。

对于 1233K 的实验，直线的截距近似于 37，从式 1-6-65 可以求出 $k_{rea+}=0.0317$ m/s。直线的斜率为 28，代入式 1-6-64 得出 $D_{eff}=2.5\times10^{-4}\,m^2/s$。

把上述数据代入下式，可以求出各步骤的阻力

$$\eta_d = \frac{1}{k_g} \tag{1-6-69}$$

$$\eta_i = \frac{r_0(r_0-r_i)}{D_{eff}r_i} \tag{1-6-70}$$

$$\eta_c = \frac{K^\ominus}{k_{rea+}(1+K^\ominus)}\frac{r_0^2}{r_i^2} \tag{1-6-71}$$

式中，η_d、η_i 和 η_c 分别表示外扩散、内扩散和化学反应的阻力。

从实验结果求出各步骤在不同还原率 X 时的阻力可见表 1-6-1。从表中数据可以看出，随着还原反应的进行，还原反应层逐渐增厚，还原反应界面的面积逐渐减小，内扩散和化学反应的阻力逐渐增大。如图 1-6-6 所示给出了设总阻力为 1 时，各步骤相对阻力 η_d^+、η_i^+ 和 η_c^+ 的变化。随还原反应的进行，内扩散的阻力逐渐增大，外扩散和化学反应步骤的相对阻力逐渐减小。对一般实验条件，各个步骤的阻力都不可忽略，不能确定一个唯一的限制性环节。

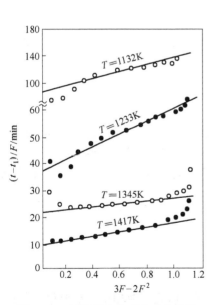

图 1-6-5　用作图法求反应速率常数
和有效扩散系数

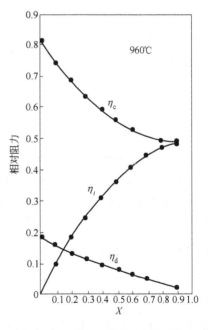

图 1-6-6　还原反应进行过程中各步
骤相对阻力的变化

表 1-6-1　内扩散、外扩散和化学反应各步骤的阻力

$(r_0 = 6 \times 10^{-3}\,\text{m}, k_g = 0.367\,\text{m/s}, D_{eff} = 2.5 \times 10^{-4}\,\text{m}^2/\text{s}, k_{rea+} = 3.17 \times 10^{-2}\,\text{m/s})$

各步骤阻力/s·m⁻¹	还原率 X					
	0	0.2	0.4	0.8	0.9	1.0
外扩散阻力, η_d	2.72	2.72	2.72	2.72	2.72	2.72
内扩散阻力, η_i	0	3.7	8.9	17.2	34.1	55.4
化学反应阻力, η_c	12.2	14.1	17.1	22.4	35.6	56.6

讨论：

(1)如果还原的温度较低,而还原气体的流速较大,还原产物层的孔隙度较大时,外扩散和内扩散的阻力可以忽略,整个过程由化学反应控制,式 1-6-63 可以简化为

$$r_0 d_0 [1 - (1-X)^{1/3}] = \frac{k_{rea+}(1+K^\ominus)}{K^\ominus}(c_b - c_e)t$$

而由式 1-6-36　　　　　　　$1 - \dfrac{r_i}{r_0} = 1 - (1-X_B)^{1/3}$

所以

$$d_0(r_0 - r_i) = \frac{k_{rea+}(1+K^\ominus)}{K^\ominus}(c_b - c_e)t \qquad (1\text{-}6\text{-}72)$$

这一结论已被实验结果证实。

(2)当还原温度较高,化学反应较快,当固相产物层较为致密,整个过程由内扩散所控制,式 1-6-63 可以简化为

$$r_0^2 d_0 [1 - 3(1-X)^{2/3} + 2(1-X)] = 6D_{eff}(c_b - c_e)t \qquad (1\text{-}6\text{-}73)$$

(3)在较为一般的情况下,外扩散阻力可以忽略,过程由内扩散和化学反应混合控制,式 1-6-63 可以简化为

$$\frac{r_0}{6D_{eff}}[1 - 3(1-X)^{2/3} + 2(1-X)] + \frac{K^\ominus}{k_{rea+}(1+K^\ominus)}[1 - (1-X)^{1/3}] = \frac{c_b - c_e}{r_0 d_0}t$$

$$(1\text{-}6\text{-}74)$$

6.2　气—液反应动力学

在冶金生产过程中,气—液反应是一类很重要的反应。如转炉炼钢中的脱碳、钢液的真空脱气;有色冶金中的闪速熔炼、铜转炉吹炼得到粗铜等过程均属气—液反应。

研究气液反应的方法是先从气泡的形成开始,然后研究气泡的上浮,上浮过程的反应,这些都属于动力学的范畴。

6.2.1　液相中气泡生成机理

6.2.1.1　均相中气泡生成机理

化学反应中产生的气体,要在液相中产生气泡,气体组元在液相中就需要很高的过饱和度,这是为什么?

设液相中有一半径为 R 的球形气泡,其表面积为 $4\pi R^2$,液体的表面张力为 σ,则气泡的

表面能为 $4\pi R^2\sigma$。如果这一球形气泡半径增加 dR，表面能增加为

$$dG = 4\pi\sigma[(R+dR)^2 - R^2] = 8\pi\sigma R \cdot dR + 4\pi\sigma \cdot dR^2 \approx 8\pi\sigma R \cdot dR \qquad (1\text{-}6\text{-}75)$$

表面能的增加应等于气泡长大时，气泡内的附加压力反抗表面张力（即外力）所做的功
设液体内的附加压力为 $p_{附}$，则在气泡面上的附加力即为

$$F_{附} = 4\pi R^2 p_{附}$$

当气泡的半径变化 dR，则附加力所做的功为

$$dG = \delta W_{外} = 4\pi R^2 p_{附} \cdot dR \qquad (1\text{-}6\text{-}76)$$

将式 1-6-76 代入式 1-6-75，得到

$$p_{附} = \frac{2\sigma}{R} \qquad (1\text{-}6\text{-}77)$$

式中，$p_{附}$ 表示液相中的气泡除受到外界大气压力和液相的静压力外，还必须克服表面张力
所产生的附加压力，即气泡内的压力为大气压力、液相静压力及附加压力之和。气泡越小，
表面张力所产生的附加压力就越大，形成气泡所需要的过饱和度就越大。例如，在钢液脱碳
过程中，钢液和一氧化碳气体之间的表面张力约为 1.50N/m。在钢液中要形成一个半径为
10^{-7}m 的气泡核心，表面张力所产生的附加压力约为 30MPa。但钢液中碳氧反应产生的一
氧化碳压力远小于此值。因此，实际上在钢液中不可能形成一氧化碳气泡的核心。在均匀
的液相中，一般来说难以形成气泡的核心。

　　例　若钢液中 $w[C] = 4.5\%$，$w[O] = 0.02\%$，若钢液和 CO 气体的表面张力为
$\sigma = 1.5$N/m，钢液中能否形成半径为 10^{-7}m 的气泡？

　　解：在 1600℃下，对反应 $[C] + [O] = CO$

$$\frac{p_{CO}}{[\%C][\%O]} = 500$$

所以，$p_{CO} = 500[\%C][\%O] = 500 \times 4.5 \times 0.0002 = 0.45$

或　　　　　　　　　　　　$p_{CO} = 0.45 \times 10^5 \text{Pa} = 0.045\text{MPa}$

而　　　　　　　　$p_{附} = \frac{2\sigma}{r} = \frac{2 \times 1.5}{10^{-7}} = 3 \times 10^7 \text{Pa} = 30\text{MPa}$

$$p_{CO} \ll p_{附}$$

所以，此钢液中不能形成 CO 气泡。

6.2.1.2　非均相中气泡生成机理

　　非均相生核比均相生核要容易实现。例如，炼钢炉衬的耐火材料表面是不光滑的，表面
上有大量微孔隙，由于钢水和耐火材料不浸润，接触角大于 90°，约为 120°～160°之间，钢水
不完全浸入到耐火材料的微孔隙中，这些微孔隙就成为一氧化碳气泡的天然核心。

　　是不是所有的孔隙都能成为气泡产生的核心。

　　设孔隙是半径为 r 的圆柱形孔隙，如图 1-6-7 所示，固相与液相间的接触角为 θ。表面
张力所产生的附加压力与液体产生的重力方向相反，其数值可由式 1-6-77 计算

$$p_附 = \frac{2\sigma}{R}$$

而在图 1-6-7 中，$r = R\cos(180 - \theta)$，所以

$$p_附 = \frac{2\sigma}{R} = \frac{2\sigma\cos(180-\theta)}{r} = -\frac{2\sigma\cos\theta}{r} \qquad (1\text{-}6\text{-}78)$$

式中　R——液相弯月面的曲率半径。

　　如果孔隙中残余气体和炉气相平衡，当表面张力产生的附加压力大于钢水重力所产生的静压力时，钢水就不能充满这一孔隙。显然，当附加压力与静压力相等时，孔隙的尺寸为临界值，即能产生气泡的孔隙最大直径。设液体的密度为 ρ_l，g 为重力加速度，h 为由液体表面到固相表面的高度，则静压力 $p_静 = \rho_l g h$。

　　根据 $p_附 = p_静$，可以求出活性孔隙半径的上限 r_{max}

$$r_{max} = -\frac{2\sigma\cos\theta}{\rho_l g h} \qquad (1\text{-}6\text{-}79)$$

实际孔隙的半径大于 r_{max} 时，将会被液体填充不能成为气泡核心。

　　例　在钢液中，气液表面张力 σ 值约为 1.5N/m，θ 角约为 150°，钢液密度为 7200kg/m³，设熔池深度为 0.5m。活性孔隙的最大半径是多少？

　　解：将这些数值代入式 1-6-79

$$r_{max} = -\frac{2\sigma\cos\theta}{\rho_l g h} = \frac{2\times1.5\times\cos150°}{7200\times9.8\times0.5} = 7.4\times10^{-5}\text{m}$$

即炉底耐火材料活性孔隙半径的上限为 0.074mm。

6.2.1.3　非均相中气泡生成过程分析

　　随着气-液反应的进行，微孔隙中气泡的长大过程可以分为如下 6 步，如图 1-6-8 所示。

　　(1)满足活性孔隙条件的孔隙中开始有化学反应产生的气体进入，孔隙中气体压力增大，液面的曲率半径逐渐增大。

　　(2)曲率半径为无穷大，孔隙处的气体压力需要由 0.1MPa 增加到 0.1MPa 加钢水静压力，而附加压力变为零。

　　(3)液面的曲率半径由无穷大变为 R，但方向与处于(1)时相反。此时孔隙内的气相压力为

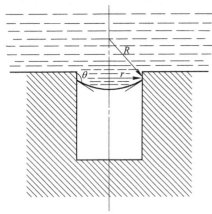

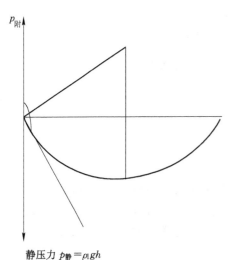

图 1-6-7　液相与固相孔隙的润湿情况

$$p = p_\text{g} + \rho_\text{l}gh + \frac{2\sigma}{R} \qquad (1\text{-}6\text{-}80)$$

或
$$p = p_\text{g} + \rho_\text{l}gh + \frac{2\sigma\sin\theta}{r}$$

随着气体不断产生,继续膨胀,R 不断减小,P 不断增大;θ 变动至一定角度时,p 达到最大值 $p_{\max}$,因为 $p_\text{附}$ 和液体静压力方向一致。$p_{\max}$ 按下式计算

$$p_{\max} = p_\text{g} + \rho_\text{l}gh + \frac{2\sigma\sin\theta}{r} \qquad (1\text{-}6\text{-}81)$$

式中　p_g 为液面上方气相的压力,通常为 0.1013MPa。

(4)接触角 θ 维持不变情况下,液面的曲率半径逐渐增大,表面张力产生的附加压力逐渐降低。

(5)当活性孔隙内气相扩展到一定程度时,由于浮力的作用,气泡脱离孔隙面而上浮到溶液的表面。

气泡浮力与活性孔隙接触处的表面张力平衡时,气泡达最大值,

$$\frac{4}{3}\pi \left(\frac{d_\text{B}}{2}\right)^3 g(\rho_\text{l} - \rho_\text{g}) = 2\pi r\sigma$$

$$d_\text{B} = \left[\frac{12r\sigma}{g(\rho_\text{l} - \rho_\text{g})}\right]^{\frac{1}{3}}$$

或
$$V_\text{B} = \frac{2\pi r\sigma}{g(\rho_\text{l} - \rho_\text{g})} \qquad (1\text{-}6\text{-}82)$$

若将气-液反应的平衡压力值代替式 1-6-81 中的 $p_{\max}$,可以求出能产生气泡的微孔隙半径的下限值。

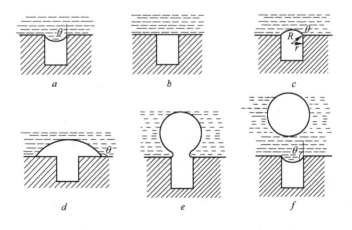

图 1-6-8　从活性孔隙中产生气泡的过程

6.2.2　气泡在液体中的行为

6.2.2.1　气泡在液体中的运动

A　气泡在液体中受力分析

气泡在液体中运动时受三个力:浮力,由于不同形状引起的形状阻力,以及与液体的特性有关的黏性力,如图 1-6-9 所示。

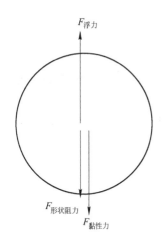

图 1-6-9　气泡
受力分析

当 $F_{浮力} = F_{形阻} + F_{黏性力}$ 时,气泡在液体中运速上浮。

B　决定气泡运动特点的基本参数

(1) 气泡的雷诺数 $Re_B = \dfrac{u d_B \rho_l}{\mu_l}$。

(2) 韦伯数 $We_B = \dfrac{\rho_l d_B u^2}{g \sigma}$。

(3) 奥托斯数 $Eo_B = \dfrac{g d_B^2 (\rho_l - \rho_g)}{\sigma}$。

(4) 莫顿数 $Mo_B = \dfrac{g \mu_l^4}{\rho_l \sigma^3}$。

C　气泡在液体中的行为划分

J. R. Grace 根据这些特征数的大小,将气泡在液体中的行为进行如下划分:

(1)$Re_B < 2$ 气泡类似刚性球,根据 Stockes 公式,其稳定上升速率

$$u_t = \frac{d_B^2}{18\mu}(\rho_l - \rho_g)g \tag{1-6-83}$$

(2) $Re_B > 1000, We_B > 18$(或 $Eo_B > 50$),气泡上浮过程的速率与液体性质无关

$$u_t = 0.79 g^{\frac{1}{2}} V_B^{\frac{1}{6}} \text{ 或 } u_t = 1.02 \sqrt{\frac{g d_B}{2}} \tag{1-6-84}$$

(3)若 Re_B 处于中间范围,有两种情况:

1) Eo_B 大时,形成裙边形或凹坑形气泡;

2) Eo_B 不大时,形成椭圆形或旋转气泡。

6.2.2.2　气泡上浮过程中的长大

在实际体系中,当气泡穿过液体(或熔体)上升时,由于承受的静压力逐渐降低,其尺寸不断增大。此种效应对处于大气压力下的水溶液或有机溶剂体系来说是不显著的。但液态金属的密度大,即使熔池深度不大,也会引起气泡的明显长大。对于以中等速度膨胀的气泡,气泡内部的压力等于在同一水平上液态所受的静压力。设 p_0 为气泡形成时受到液体的压力,气泡在某时刻上浮的垂直距离为 x,则此时气泡的压力为 p_x,

$$p_x = p_0 - \rho_l g x \tag{1-6-85}$$

如果形成的气泡为球冠形,则其上升速率为

$$u_t = 0.79g^{\frac{1}{2}}V_B^{\frac{1}{6}} \tag{1-6-86}$$

由于 $u_t = \mathrm{d}x/\mathrm{d}t$，所以

$$\frac{\mathrm{d}x}{\mathrm{d}t} = 0.79g^{\frac{1}{2}}V_B^{\frac{1}{6}} \tag{1-6-87}$$

设气泡内的气体服从理想气体状态方程

$$p_x V_x = p_0 V_0 \tag{1-6-88}$$

如果气泡在初始形成时，其上方液层的深度为 h，则

$$p_0 = p^{\ominus} + gh\rho_l \tag{1-6-89}$$

结合式 1-6-85～式 1-6-88，若气泡从深度为 h 的位置开始上浮，得到

$$\frac{\mathrm{d}x}{\mathrm{d}t} = 0.79g^{\frac{1}{2}}\left[\frac{p_0 V_0}{p_0 - \rho_l gx}\right]^{\frac{1}{6}} \tag{1-6-90}$$

对下列初始条件

在 $t=0$ 时，$x=0$

积分得出

$$t = \frac{1.08}{(p_0 V_0)^{1/6} \cdot \rho_l g^{1/2}}\left[p_0^{\frac{7}{6}} - (p_0 - \rho_l gx)^{\frac{7}{6}}\right]，\text{其中 } 0 \leqslant x \leqslant h \tag{1-6-91}$$

根据 t 和 x 的关系式，可以求得上浮过程任意时刻球冠形气泡的体积。对球形气泡可以用类似的方法估计气泡的膨胀情况。

上式只适用于气泡膨胀速度比较缓慢时的情况。此外，也没有考虑液体中温度变化及气体参与化学反应等复杂情况。若液体（或熔体）上方的压力下降，如液态金属的真空脱气，气泡迅速膨胀，以至于气泡内部的压力要比处于同一水平的液体所受的静压力大，此时式1-6-91不再适用。

6.2.2.3　炼钢过程中一氧化碳气泡的上浮与长大

例　CO 在炼钢过程中的生成和长大，以电炉中碳氧反应为例，首先炉渣中氧化铁迁移到钢渣界面；在钢渣界面发生反应

$$(\mathrm{FeO})_s \rightarrow [\mathrm{Fe}]_s + [\mathrm{O}]_s$$

由此开始了碳氧反应。

解：碳氧反应机理：

(1)钢渣界面上吸附的氧 $[\mathrm{O}]_s$ 向钢液内部扩散；

(2)钢液内部的碳和氧扩散到一氧化碳气泡表面；

(3)在一氧化碳气泡表面发生反应

$$[\mathrm{C}]_s + [\mathrm{O}]_s \rightarrow \mathrm{CO}_{(g)_s} \tag{1-6-92}$$

(4)生成的 CO 气体扩散到气泡内部，使气泡长大并上浮，通过钢水和渣进入炉气。

总的脱碳反应为

$$[\mathrm{C}] + (\mathrm{FeO}) \rightarrow [\mathrm{Fe}] + \mathrm{CO}_{(g)} \tag{1-6-93}$$

式中，下标 s 表示钢渣界面或气泡表面处的物质。

数学模型：一氧化碳气泡的形成和长大过程由上述 4 个步骤中 2、3、4 步骤组成。由于气体的扩散系数比液体扩散系数约大 5 个数量级，第 4 步骤进行很快，可以近似认为气泡表面处的一氧化碳压力等于气泡内部一氧化碳压力。在炼钢温度下化学反应速率很快，第 3 步可以认为达到局部平衡，满足通常的平衡常数关系。在 1600℃时的碳氧反应平衡常数

$$K^{\ominus}_{1873} = \frac{p_{CO}/p^{\ominus}}{w[C]_{s,\%} w[O]_{s,\%}} \approx 500 \qquad (1-6-94)$$

气泡长大的控速环节为第 2 步骤，即碳和氧通过边界层的传质。对中、高含碳量的钢液，碳的浓度远大于氧的浓度，碳的最大可能扩散速率可能比氧的要大得多，可以近似地认为氧的扩散是限制性环节。碳在界面处的浓度近似等于钢液内部的浓度，即

$$w[C]_s = w[C] \qquad (1-6-95)$$

一氧化碳的生成速率等于氧通过钢液边界层的扩散速率，即

$$\frac{dn_{CO}}{dt} = k_d A_B (c_{[O]} - c_{[O]_s}) \qquad (1-6-96)$$

式中　k_d——氧的传质系数；

　A_B——气泡的表面积。

假定气泡中一氧化碳的压力 $p_{CO} = 0.1013MPa$，上式中 $c_{[O]} - c_{[O]_s}$ 为氧浓度与平衡氧浓度之差，也称为氧的过饱和值，记为 $\Delta c_{[O]}$。上式可以改写为

$$\frac{dn_{CO}}{dt} = k_d A_B \Delta c_{[O]} \qquad (1-6-97)$$

设气泡中 1mol 一氧化碳的体积为 V_m，则 $n_{CO} = \dfrac{V_B}{V_m}$

气泡体积增大速率为

$$\frac{dV_B}{dt} = V_m k_d A_B \Delta c_{[O]} \qquad (1-6-98)$$

设气泡为图 1-6-10 所示的球冠形，$\theta = 55°$，其球冠体积近似为

$$V_B \approx \frac{1}{6} \pi r^3 \qquad (1-6-99)$$

$$\frac{dV_B}{dt} = \frac{1}{2} \pi r^2 \frac{dr}{dt}$$

所以　　　　　　　　　　$$\frac{dr}{dt} = \frac{2}{\pi r^2} V_m k_d A_B \Delta c_{[O]} \qquad (1-6-100)$$

球冠的高度 H 近似等于曲率半径的一半，$H \approx 0.5r$。球冠的表面积近似为

$$A_B \approx 2\pi r^2 \qquad (1-6-101)$$

式中　r——球冠的曲率半径。

已知 $Re > 1000$，气泡的韦伯数大于 18，奥特斯数大于 40 时，球冠形气泡上升速度为

$$u_t = 0.71 \sqrt{\frac{gd_B}{2}} \approx \frac{2}{3} (gr)^{0.5} \qquad (1-6-102)$$

从传质的渗透模型可以得出

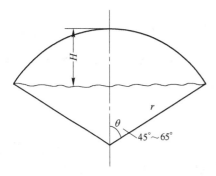

图 1-6-10　球冠形气泡

$$k_d = 2 \left(\frac{D}{\pi t_e} \right)^{\frac{1}{2}} \tag{1-6-103}$$

式中，接触时间 t_e 可用下式求得

$$t_e = \frac{H}{u_t} = \frac{1}{2} \frac{r}{u_t} \tag{1-6-104}$$

所以

$$k_d = 4 \left(\frac{gD}{9\pi^2 r} \right)^{\frac{1}{4}} \tag{1-6-105}$$

从理想气体的状态方程可得

$$V_m = \frac{RT}{p} = \frac{RT}{p_g + \rho g h} \tag{1-6-106}$$

式中，p 是气泡内一氧化碳压力，等于炉气压力 p_g 与钢水静压力之和。上式中忽略了表面张力产生的附加压力。对直径 1cm 的气泡，其附加压力仅为 6kPa。

将式 1-6-101、式 1-6-105、式 1-6-106 代入式 1-6-100，整理后得出

$$\frac{dr}{dt} = \left(\frac{16RT}{p_g + \rho g h} \right) \cdot \left(\frac{gD^2}{9\pi^2 r} \right)^{\frac{1}{4}} \cdot \Delta c_{[O]} \tag{1-6-107}$$

气泡上浮速度和熔池深度的关系用下式表示

$$u_t = \frac{dh}{dt} \tag{1-6-108}$$

则有

$$\frac{dr}{dh} = \frac{dr}{dt} \cdot \frac{dt}{dh} = \frac{dr}{dt} \frac{1}{u_t} \tag{1-6-109}$$

将式 1-6-107 和式 1-6-108 代入上式，整理后得出

$$\frac{dr}{dh} = \left(\frac{8RT}{p_g + \rho g h} \right) \cdot \left(\frac{9D^2}{g\pi^2 r^3} \right)^{\frac{1}{4}} \cdot \Delta c_{[O]} \tag{1-6-110}$$

对上式分离变量积分，得出

$$\int_0^r r^{\frac{3}{4}} dr = 8RT \left(\frac{3D}{\pi} \right)^{\frac{1}{2}} \left(\frac{1}{g} \right)^{\frac{1}{4}} \cdot \frac{\Delta c_{[O]}}{\rho g} \cdot \int_0^h \frac{dh}{h + \frac{p_g}{\rho g}}$$

$$r = \left\{ \frac{14RT}{\sqrt[4]{g}} \left(\frac{3D}{\pi} \right)^{\frac{1}{2}} \cdot \left(\frac{\Delta c_{[O]}}{\rho g} \right) \cdot \left[\ln \left(h + \frac{p_g}{\rho g} \right) - \ln \frac{p_g}{\rho g} \right] \right\}^{\frac{4}{7}} \tag{1-6-111}$$

在积分时，忽略了炉底产生的气泡核心的体积，即 $h = 0$ 时，气泡半径 $r = 0$。这既是 CO 气泡上浮的数学模型。

例 1-6-1　设熔池深度 0.5m，根据电化学直接定氧测头测定结果，中、高碳钢氧的过饱和值约为 $0.015\% \sim 0.025\%$，$T = 1873K$；$R = 8.314 \, J/(mol \cdot K)$；$D = 5 \times 10^{-9} \, m^2/s$；$g = 9.8 \, m/s^2$；$\rho = 7.2 \times 10^3 \, kg/m^3$；$p_g = 1.013 \times 10^5 \, Pa$。计算气泡浮出钢水面时曲率半径。

解：取 $\Delta w[O] = 0.02\%$

所以

$$\Delta c_{[O]} = \frac{\rho}{A r_0} \Delta w[O] = \frac{7.2 \times 10^3}{16 \times 10^{-3}} \cdot \frac{0.02}{100} = 90 \, mol/m^3$$

将以上数据代入整理后，可简化为

$$r = 5.77 \times 10^{-3} (\Delta c_{[O]})^{\frac{4}{7}} \cdot \left(\ln \frac{1.436 + h}{1.436} \right)^{\frac{4}{7}} \qquad (1\text{-}6\text{-}112)$$

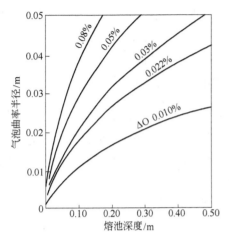

图 1-6-11　钢液中不同氧过饱和值
对一氧化碳气泡长大的影响

再代入浓度和熔池深度，可得计算得出气泡浮出钢水面时曲率半径为

$$r = 3.79 \times 10^{-2} \text{m}$$

讨论：

(1)以上计算说明，从炉底产生的一氧化碳气泡核心在上浮过程中具有非常好的动力学条件，在几秒钟的上浮过程中，可以长大到相当大的尺度。图 1-6-11 所示是不同氧的过饱和值对一氧化碳气泡长大的影响。

(2)CO 从底部上升 0.5m，仅仅由于钢液中氧的浓度变化 $\Delta w[O] = 0.02\%$，气泡的半径即由零增加到 3.79cm。

(3)碳氧反应速率

假定单位炉底面积上的生核频率 I 和氧的过饱和值成正比，即

$$I = k \Delta c_{[O]}$$

从公式 1-6-112 和式 1-6-99 可以计算一个气泡的体积为

$$V_B = \frac{1}{6} \pi r^3 = \frac{1}{6} \pi \left[5.77 \times 10^{-3} (\Delta c_{[O]})^{\frac{4}{7}} \cdot \left(\ln \frac{1.436 + h}{1.436} \right)^{\frac{4}{7}} \right]^3$$

$$= 1.00 \times 10^{-7} (\Delta c_{[O]})^{\frac{12}{7}} \cdot \left(\ln \frac{1.436 + h}{1.436} \right)^{\frac{12}{7}}$$

单位炉底面积上产生的一氧化碳体积 V 为

$$V = I V_B = 1.00 \times 10^{-7} k (\Delta c_{[O]})^{2.7} \cdot \left(\ln \frac{1.436 + h}{1.436} \right)^{1.7}$$

$$= k' (\Delta c_{[O]})^{2.7} \cdot \left(\ln \frac{1.436 + h}{1.436} \right)^{1.7}$$

由上式得出，脱碳速率和熔池中氧的过饱和值的 2.7 次幂成正比。这一结论和电炉的实际情况大体相符。如 T. 金(T. King)从 30t 电炉的生产数据得出，脱碳速率与 $\Delta c_{[O]}$ 的 2.2 次幂成正比。

在讨论中，假定钢水中氧的扩散是限制性环节。对应超低碳钢，碳的浓度低而氧浓度高，碳的扩散将成为碳氧反应的限制性环节，这时可以用类似的方法来讨论。

6.2.3 气泡冶金过程动力学模型

利用气泡和钢液的相互作用来去除钢中某些气体及杂质元素称为"气泡冶金"。如在电炉氧化期,碳氧沸腾产生大量一氧化碳气泡对排除钢中氢、氮等起重要作用。一氧化碳气泡对氢气、氮气相对于真空,氢和氮将扩散到一氧化碳气泡内并随气泡上浮最后排出钢液。钢水和夹杂物是不润湿的,夹杂物会吸附于气泡表面排出钢液。

除了碳氧反应外,从钢包底部鼓入 Ar 气(或氮气),也可以降低钢中氢及夹杂物的含量,净化钢液。此外,在冶炼超低碳不锈钢时,采用 AOD 即氩氧混吹法,可加速碳氧反应促进脱碳过程。

以下将应用气-液反应动力学的基本原理通过典型实例说明这些过程的基本规律。

6.2.3.1 吹氩冶炼超低碳不锈钢碳氧反应动力学模型

钢中鼓入氩气脱碳的机理是利用氩气的稀释作用,降低气泡中一氧化碳分压,促使碳氧反应的进行,以一氧化碳形式去除钢液中的碳。

A 反应机理

(1)溶解在钢中氧和碳通过钢液边界层扩散到气泡的表面,即

$$[O] \rightarrow [O]^s, \ [C] \rightarrow [C]^s$$

(2)在氩气泡表面上发生化学反应

$$[O]^s + [C]^s \rightarrow [CO]^s$$

(3)生成的一氧化碳从气泡表面扩散到气泡内部,并随气泡上浮排出。

B 数学模型

吹氩冶炼超低碳不锈钢过程中,由于钢液中碳含量很低,可以认为碳在钢液边界层中的扩散是碳氧化反应过程的控速环节。根据传质理论,碳的传质速率

$$\frac{dn_C}{dt} = Ak_d(c_{[C]} - c_{[C],s}) \tag{1-6-113}$$

$$k_d = 2\sqrt{\frac{D}{\pi t_e}} \tag{1-6-114}$$

式中 k_d——钢中碳的传质系数;

A——氩气泡的表面积;

D——钢中碳的扩散系数;

t_e——接触时间;

$c_{[C]}$——钢液中碳的浓度,mol/m^3;

$c_{[C],s}$——钢液和气泡界面处的浓度,mol/m^3。

由于在 1600℃ 高温下化学反应速率很大,在气泡与钢液界面化学反应达局部平衡,碳的界面浓度为

$$w[C]^s_\% = \frac{p_{CO}/p^\ominus}{K^\ominus_{1873} w[O]_\%} \tag{1-6-115}$$

式中　　$w[O]_\%$ ——钢中氧的质量百分数；

　　　　$w[C]_\%$ ——氩气泡表面处碳的质量分数；

　　　　p_{CO} ——氩气泡中 CO 的分压，Pa；

　　　　$p^\ominus$ ——等于 1.01325×10^5 Pa；

　　　　$K_{1873}^\ominus$ ——1873K 温度时碳氧反应的平衡常数，已知 $K_{1873}^\ominus = 500$。

　　质量分数代替摩尔浓度的换算关系为

$$c(\text{mol/m}^3) = \frac{w[C] \cdot \rho}{M_C} = 6 \times 10^5 w[C] = 6000 w[C]_\% \tag{1-6-116}$$

式中　　M_C——碳的摩尔质量，12×10^{-3} kg/mol；

　　　　ρ——钢液密度，取 7.2×10^3 kg/m³。

　　将式 1-6-116 式 1-6-115 代入式 1-6-113，得到

$$\frac{dn_C}{dt} = 6000 k_d A \left[w[C]_\% - \frac{p_{CO}/p^\ominus}{K_{1873}^\ominus w[O]_\%} \right] \tag{1-6-117}$$

　　碳通过边界层的传质速率等于气泡中一氧化碳的生成速率，由此可得

$$\frac{dp_{CO}}{dt} = \frac{RT \, dn_{CO}}{V \, dt} = \frac{RT \, dn_C}{V \, dt} \tag{1-6-118}$$

　　代入式 1-6-117，分离变量积分

$$\int_0^{p'_{CO}} \frac{dp_{CO}}{w[C]_\% - \frac{p_{CO}/p^\ominus}{500 w[O]_\%}} = 6000 \frac{RT}{V} A k_d \int_0^t dt$$

计算得　　　$$\ln \frac{w[C]_\%}{w[C]_\% - \frac{p'_{CO}/p^\ominus}{500 w[O]_\%}} = 12 \times \frac{RT}{p^\ominus V} A k_d \frac{t}{w[O]_\%} \tag{1-6-119}$$

式中　　p'_{CO}——气泡在钢液中停留时间 t 秒后，其中的一氧化碳分压力。式中的 A、k_d 可根据气泡的尺寸计算。由黑碧的溶质渗透理论得出

$$k_d = 2\sqrt{\frac{D}{\pi t_e}}$$

式中，气泡与钢液的接触时间 t_e 可按下式计算

$$t_e = 2r/u_t \tag{1-6-120}$$

式中　　r——气泡的半径；

　　　　u_t——气泡的上浮速度。对于直径大于 1cm 的球冠形气泡，u_t 与气泡半径间的关系为

$$u_t \approx 0.7 \sqrt{gr}$$

式中　　g——重力加速度。

　　代入 k_d、A 的值以后，可以计算出一个氩气泡的脱氧效果。

　　若用 α 表示气泡中一氧化碳压力与碳氧平衡压力之比，则

$$\alpha = \frac{p'_{CO}/p^\ominus}{p'_{CO.eq}/p^\ominus} = \frac{p'_{CO}/p^\ominus}{500 w[C]_\% w[O]_\%}$$

这一比值 α 称为不平衡参数。在式 1-6-119 中引入不平衡参数得到

$$\ln \frac{1}{1-\alpha} = 12 \times \left(\frac{RT}{p^{\ominus}V}\right) A k_{\mathrm{d}} \frac{t}{w\,[\mathrm{O}]_{\%}} \tag{1-6-121}$$

上式表示不平衡参数和气泡上浮时间、气泡大小、钢中含氧量之间的关系。

实际操作中关心的是把钢中的碳含量由起始值 $w[\mathrm{C}]_{\%}$ 降低到 $w[\mathrm{C}]_{\%}^{t}$，需要鼓入多少氩气及需鼓入的氩气量与钢中氧含量的关系。

设一个氩气泡上浮到钢液面由于脱碳反应脱碳的物质量为 $\mathrm{d}n_{\mathrm{C}}$，则

$$\mathrm{d}n_{\mathrm{C}} = \mathrm{d}n_{\mathrm{CO}} = \frac{\dfrac{p'_{\mathrm{CO}}}{p^{\ominus}}\mathrm{d}V_{\mathrm{CO}}}{RT} \tag{1-6-122}$$

式中　p'_{CO}——上浮到钢液面时气泡中一氧化碳的分压；

　　　$\mathrm{d}V_{\mathrm{CO}}$——上浮到钢液面时一个气泡的体积。

设标准状态下该气泡的体积为 $\mathrm{d}V_0$，则

$$\frac{\mathrm{d}V_0}{R \times 273} = \frac{\mathrm{d}V_{\mathrm{CO}}}{RT}$$

代入式 1-6-122 得

$$\mathrm{d}n_{\mathrm{C}} = \frac{\dfrac{p'_{\mathrm{CO}}}{p^{\ominus}}\mathrm{d}V_0}{0.0224}, \quad (p'_{\mathrm{CO}} = 1.013 \times 10^5\,\mathrm{Pa};\ V,\mathrm{m}^3)$$

或

$$\mathrm{d}V_0 = \frac{0.0224}{\dfrac{p'_{\mathrm{CO}}}{p^{\ominus}}}\mathrm{d}n_{\mathrm{C}} \tag{1-6-123}$$

一个气泡上浮引起钢液中碳含量的下降为 $\mathrm{d}w[\mathrm{C}]_{\%}$，$\mathrm{d}n_{\mathrm{C}}$ 与 $\mathrm{d}w[\mathrm{C}]_{\%}$ 的关系为

$$-\mathrm{d}w[\mathrm{C}]_{\%} = \frac{M_{\mathrm{C}}\mathrm{d}n_{\mathrm{C}}}{1000W} \times 100 = \frac{12 \times 10^{-4}\mathrm{d}n_{\mathrm{C}}}{W}$$

或

$$\mathrm{d}n_{\mathrm{C}} = -\frac{W}{12 \times 10^{-4}}\mathrm{d}w[\mathrm{C}]_{\%} \tag{1-6-124}$$

式中　W——钢水量，t；

　　　M_{C}——[C]的摩尔质量，kg/mol。

由不平衡参数的定义

$$\frac{p'_{\mathrm{CO}}}{p^{\ominus}} = \alpha \cdot \frac{p_{\mathrm{CO,eq}}}{p^{\ominus}} = \alpha \cdot 500 w[\mathrm{C}]_{\%} w[\mathrm{O}]_{\%} \tag{1-6-125}$$

将式 1-6-124，式 1-6-125 代入式 1-6-123，整理后得出

$$\mathrm{d}V_0 = \frac{0.0224\mathrm{d}n_{\mathrm{C}}}{\dfrac{p'_{\mathrm{CO}}}{p^{\ominus}}}$$

$$= \frac{0.0224 \times \dfrac{W}{12 \times 10^{-4}}\mathrm{d}w[\mathrm{C}]_{\%}}{500\alpha w[\mathrm{C}]_{\%} w[\mathrm{O}]_{\%}}$$

$$= -0.0373 \frac{W}{\alpha w[\mathrm{C}]_\% w[\mathrm{O}]_\%} \mathrm{d}w[\mathrm{C}]_\% \tag{1-6-126}$$

由碳氧反应的化学计量关系可得

$$w[\mathrm{O}]_\% = w[\mathrm{O}]_\%^0 - \frac{16}{12}(w[\mathrm{C}]_\%^0 - w[\mathrm{C}]_\%) \tag{1-6-127}$$

式中，$w[\mathrm{C}]_\%^0$ 和 $w[\mathrm{O}]_\%^0$ 分别表示初始的碳和氧的质量分数，代入式 1-6-126 并整理得到

$$\int_0^{V_0} \mathrm{d}V_0 = 0.0373 \frac{W}{\alpha} \int_{w[\mathrm{C}]_\%^0}^{w[\mathrm{C}]_\%^f} \frac{-\mathrm{d}w[\mathrm{C}]_\%}{\{w[\mathrm{O}]_\%^0 - 1.33 w[\mathrm{C}]_\%^0 + 1.33 w[\mathrm{C}]_\%\} w[\mathrm{C}]_\%} \tag{1-6-128}$$

积分得

$$V_0 = \frac{86 \times 10^{-3} W}{\alpha\{1.33 w[\mathrm{C}]_\%^0 - w[\mathrm{O}]_\%^0\}} \times \lg \frac{w[\mathrm{O}]_\%^0 w[\mathrm{C}]_\%^f}{\{w[\mathrm{O}]_\%^0 - 1.33 w[\mathrm{C}]_\%^0 + 1.33 w[\mathrm{C}]_\%^f\} w[\mathrm{C}]_\%^0} \tag{1-6-129}$$

式 1-6-129 中，$w[\mathrm{C}]_\%^f$ 是鼓入 $V_0\,\mathrm{m}^3$（标态）氩气后钢液中碳的质量分数。为简化计算，可假设 α 值为常数。

讨论，对中、高碳钢的吹氩脱氧：

(1) $w[\mathrm{O}]_\%^f$ 与鼓入氩气体积 V_0 的关系：

对于中、高碳钢，钢中碳含量皆大于 0.2%，而氧含量低于碳含量，氧通过钢液边界层的传质是控速环节。

此时，$1.33 w[\mathrm{C}]_\%^0 - w[\mathrm{O}]_\%^0 \approx 1.33 w[\mathrm{C}]_\%^0$

$$w[\mathrm{O}]_\%^0 - 1.33 w[\mathrm{C}]_\%^0 + 1.33 w[\mathrm{C}]_\%^f = w[\mathrm{O}]_\%^f$$

$$w[\mathrm{C}]_\%^0 \approx w[\mathrm{C}]_\%^f$$

所以

$$V_0 = 64.5 \times 10^{-3} \frac{W}{\alpha} \frac{1}{w[\mathrm{C}]_\%} \lg \frac{w[\mathrm{O}]_\%^0}{w[\mathrm{O}]_\%^f} \tag{1-6-130}$$

(2) 不平衡参数和气泡上浮时间、气泡大小、钢中含氧量之间的关系：

用相近方法可以推导得出式中的不平衡参数 α 的计算公式

$$\ln \frac{1}{1-\alpha} = 9 \times \left(\frac{RT}{VP^\ominus}\right) A \cdot k_\mathrm{d} \frac{1}{w[\mathrm{C}]_\%} t \tag{1-6-131}$$

6.2.3.2 吹氩脱氢过程动力学模型

A 反应机理

钢包吹氩气是一个常用的钢液净化途径。钢液吹氩脱氢也包括 3 个主要步骤：

(1) 钢液中的氢通过钢液与气泡边界层扩散到氩气泡的表面，$[\mathrm{H}]^\mathrm{s}$；

(2) 在气泡-钢液界面上发生化学反应，$2[\mathrm{H}]^\mathrm{s} = \mathrm{H}_2^\mathrm{s}$；

(3) 反应生成的氢分子扩散到气泡内部，$\mathrm{H}_2^\mathrm{s} \rightarrow \mathrm{H}_2$。

B 数学模型

但由于钢液中[H]的扩散系数较大，上述 3 个步骤速度都较快，气泡中 H_2 的分压接近与钢液中[H]相平衡的压力。已知

$$2[H] = H_{2(g)}$$

$$\Delta G^{\ominus} = -72950 - 60.90T, \ (J/mol)$$

$$\lg K^{\ominus} = \frac{3811}{T} + 3.18$$

1600℃时，$K^{\ominus} = \dfrac{\dfrac{p_{H_2}}{p^{\ominus}}}{w[H]_{\%}^2} = 1.64 \times 10^5$

所以，H_2 的平衡压力

$$p_{H_2} = 1.64 \times 10^5 w[H]_{\%}^2 \times 0.1013 MPa \tag{1-6-132}$$

一个氩气泡上浮过程脱氢的量为

$$dn_H = 2dn_{H_2} = 2\frac{p_{H_2}dV}{RT}, \ (mol)$$

$$dV = \frac{dV_0}{273}T$$

$$dn_H = 2dn_{H_2} = 2\frac{p_{H_2}dV}{RT} = 2\frac{p_{H_2}\dfrac{dV}{273}T}{RT} = 2p_{H_2}\frac{dV_0}{R \times 273}$$

一个气泡上浮引起钢液中氢含量的下降为 $dw[H]_{\%}$，dn_H 与 $dw[H]_{\%}$ 的关系为

$$-dw[H]_{\%} = \frac{M_H dn_H}{W \times 1000} \times 100 = \frac{2M_H p_{H_2}\dfrac{dV_0}{R \times 273}}{W \times 1000} \times 100 \tag{1-6-133}$$

式中　W——钢液量，t；

　　　M_H——氢原子的摩尔质量，kg/mol；

　　　dV_0——氩气在标态下的体积，m^3。

将式 1-6-132 代入，并整理得

$$dV_0 = -\frac{8.314 \times 273 \times w \times 10}{1.64 \times 10^5 \times 1.013 \times 10^5 \times 2 \times 10^{-3} \times w[H]_{\%}^2}dw[H]_{\%}$$

$$= 6.83 \times 10^{-4}\frac{Wdw[H]_{\%}}{w[H]_{\%}^2}$$

上式积分后得

$$V_0 = 6.83 \times 10^{-4}W \cdot \left[\frac{1}{w[H]_{\%}^f} - \frac{1}{w[H]_{\%}^0}\right] \tag{1-6-134}$$

式中　$w[H]_{\%}^0$——开始吹氩时钢液中氢的质量分数；

　　　$w[H]_{\%}^f$——吹氩结束时钢液中氢的质量分数。

讨论：

(1)可以应用类似的方法推导出吹氩过程脱碳反应速率和脱氢速率的关系

$$\frac{\mathrm{d}w[\mathrm{H}]_\%}{\mathrm{d}t} = 2.73 \times 10^4 w[\mathrm{H}]_\%^2 \frac{\mathrm{d}w[\mathrm{C}]_\%}{\mathrm{d}t} \tag{1-6-135}$$

(2)对吹氩去氮也可以导出与式 1-6-135 相应的公式。但是气泡中氮分压远不能达平衡。生产实践证明,吹氩没有明显的脱氮效果。原因可能是脱氮过程动力学规律较复杂。氮的扩散不是唯一的控速环节,界面化学反应也有较大的阻力。

例 1-6-2 已知钢液原始氢含量为 $8 \times 10^{-4}\%$,求在 1600℃将氢含量降至 $4 \times 10^{-4}\%$。每吨钢水所需的吹氩量。

解:将式 1-6-135 两边除以钢包中钢水量 w,得

$$V_0/W = 6.83 \times 10^{-4} \left(\frac{1}{w[\mathrm{H}]_\%^f} - \frac{1}{w[\mathrm{H}]_\%^i} \right)$$

代入 $w[\mathrm{H}]_\%^i$ 及 $w[\mathrm{H}]_\%^f$ 值,得

$$V_0/W = 6.83 \times 10^{-4} \left(\frac{1}{4} - \frac{1}{8} \right) \times 10^4 = 0.854 \ \mathrm{m^3/t}$$

解得所需的氩气量为每吨钢 0.854m³(标态)。

例 1-6-3 若在钢包吹氩过程中碳含量可视为常数,为 0.5%,不平衡常数 $\alpha = 0.5$。计算将钢液中氧含量由 0.004%降至 0.001%每吨钢水所需的吹氩量。

解:由式 1-6-130 可得单位体积钢液所需的吹氩量

$$V_0/W = 64.5 \times 10^{-3} \frac{1}{\alpha w[\mathrm{C}]_\%} \lg \frac{w[\mathrm{O}]_\%^i}{w[\mathrm{O}]_\%^f}$$

代入 $w[\mathrm{C}]_\%$、$w[\mathrm{O}]_\%^i$、$w[\mathrm{O}]_\%^f$ 值

$$V_0/W = 64.5 \times 10^{-3} \frac{1}{0.5 \times 0.5} \lg \frac{0.004}{0.001} = 0.155 \mathrm{m^3/t}$$

解得所需的氩气量为每吨钢 0.155m³(标态)。

6.2.3.3 真空冶金过程脱气动力学模型

真空技术在冶金生产中的应用大体上可以划分为两大类。一类用于钢水的处理,最常应用的有真空铸锭、钢包真空处理、RH 和 DH 真空精炼等,通常称为真空处理;另一类属于真空熔炼过程,如真空自耗熔炼,真空电渣熔炼。

在真空条件下,有良好的去除金属液中溶解的氢、氧等有害杂质的有利条件,提高冶金产品的质量。但是,真空也加速了合金元素的挥发。掌握真空冶金过程动力学有利于控制这些过程。

以下介绍真空去气的基本动力学规律。

A 反应机理

金属液去气过程的组成步骤为:

(1)溶解于金属液中的气体原子通过对流和扩散迁移到金属液面或气泡表面;

(2)在金属液或气泡表面上发生界面化学反应,生成气体分子。这一步骤又包括反应物的吸附,化学反应本身及气体生成物的脱附;

(3)气体分子通过气体边界层扩散进入气相,或被气泡带入气相,并被真空泵抽出。

B 数学模型

根据大多数研究结果,钢液中吸氢、脱氢、脱氧过程由钢液边界层中的传质控制,若对组元 i,传质速率

$$\frac{\mathrm{d}n_i}{\mathrm{d}t} = Ak_\mathrm{d}(C_{[i]} - C_{[i]}^\mathrm{s}) \tag{1-6-136}$$

式中　A——表面积;

　　$C_{[i]}$——钢液内部浓度;

　　$C_{[i]}^\mathrm{s}$——气液界面处的浓度。

由物质平衡可得

$$\frac{\mathrm{d}n_i}{\mathrm{d}t} = -V\frac{\mathrm{d}C_{[i]}}{\mathrm{d}t} \tag{1-6-137}$$

式中　V——钢液的体积。

该式说明传质速率等于去气(氢或氧)的速率。

联立式 1-6-136 和式 1-6-137 可得

$$\frac{\mathrm{d}C_{[i]}}{\mathrm{d}t} = -\frac{A}{V}k_\mathrm{d}(C_{[i]} - C_{[i]}^\mathrm{s}) \tag{1-6-138}$$

假设表面浓度 $C_{[i]}^\mathrm{s}$ 为常数,积分上式得

$$\ln\frac{C_{[i]} - C_{[i]}^\mathrm{s}}{C_{[i]}^0 - C_{[i]}^\mathrm{s}} = -\frac{A}{V}k_\mathrm{d}t \tag{1-6-139}$$

式中　$C_{[i]}^0, C_{[i]}$——钢液的原始浓度及真空处理 t 时该元素的浓度。

上式中的浓度可以用 $\mathrm{mol/m^3}$ 为单位,也可以用质量分数。该式说明,如果脱气过程为传质步骤控制,则表现为一级反应规律,如脱氢和脱氧过程属于这一种机理。

6.3　液—液反应动力学

液—液反应是指两个不相溶的液相之间的反应。这类反应对冶金过程十分重要。例如,电炉炼钢过程,从炉内形成钢液熔体开始,直至出钢为止,液—液反应贯穿于整个熔化、氧化和还原过程中。例如,熔化期和氧化期中钢液中 C、Si、Mn、P 及某些合金元素的氧化,就包含有渣中氧化铁和钢中这些元素之间的反应。还原期的脱硫也是渣钢之间的反应。有色冶金也有类似的情况。如湿法提取冶金中用萃取的方法进行分离和提纯就是典型的液—液反应的例子。在火法冶金过程中,鼓风炉炼制粗铅及转炉吹炼粗铜都包含有熔渣和金属熔体之间的液—液反应。

液—液反应机理的共同特点在于,反应物来自两个不同的液相,然后在共同的相界面上发生界面化学反应,最后生成物再以扩散的方式从相界面传递到不同的液相中。寻求这样的反应的规律,较多地应用了双膜理论。

液—液反应的限制性环节一般分为两类。一类以扩散为限制性环节;另一类是以界面化学反应为限制性环节。对这两类不同的反应过程,温度、浓度、搅拌速度等外界条件对速度的影响也是不同的,借此可用来判断限制性环节。

大量事实说明,在液—液反应中,尤其是高温冶金反应中,大部分限制性环节处于扩散范围,只有一小部分反应属于界面化学反应类型。尽管后者代表的反应不多,但其机理研究却很重要,一般说来,处理的难度也较前者大。

6.3.1　金属液—熔渣反应机理

一般是应用双膜理论分析金属液—熔渣反应机理和反应速率。金属液—熔渣反应主要以下两种反应进行。

$$[A]+(B^{z+})=(A^{z+})+[B] \tag{1-6-140}$$

$$[A]+(B^{z-})=(A^{z-})+[B] \tag{1-6-141}$$

式中　　　　　　　$[A]$,$[B]$——金属液中以原子状态存在的组元 A,B;

(A^{z+}),(A^{z-}),(B^{z+}),(B^{z-})——熔渣中以正(负)离子状态存在的组元 A,B。

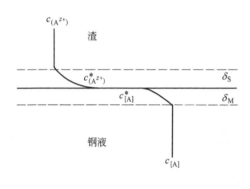

图 1-6-12　组元 A 在熔渣与金属
液中浓度分布示意图

图 1-6-12 是组元 A 在熔渣、金属液两相中浓度分布示意图。

图中,δ_S,δ_M 分别为渣相及金属液边界层的厚度;

$c_{(A^{z+})}$,$c_{[A]}$ 分别为其在渣相及金属液中的浓度;

$c^*_{(A^{z+})}$ 为组元 A 在渣膜一侧界面处的浓度;

$c^*_{[A]}$ 为组元 A 在金属液膜一侧界面处的浓度。

就反应机理,整个反应包括如下步骤:

(1)组元[A]由金属液内穿过金属液一侧边界层向金属液—熔渣界面迁移;

(2)组元(B^{z+})由渣相内穿过渣相一侧边界层向熔渣—金属液界面的迁移;

(3)在界面上发生化学反应$[A]^* + (B^{z+})^* = (A^{z+})^* + [B]^*$;

(4)反应产物$(A^{z+})^*$由熔渣—金属液界面穿过渣相边界层向渣相内迁移;

(5)反应产物$[B]^*$由金属液—熔渣界面穿过金属液边界层向金属液内部迁移。

对于一般情况,若组元 A 在钢液和在渣中的扩散及在界面化学反应速率差不多,每一步的物质流密度如下:

在金属液边界层的物质流密度

$$J_{[A]} = k_{[A]}(c_{[A]} - c^*_{[A]}) \tag{1-6-142}$$

在渣相边界层的物质流密度

$$J_{(A^{z+})} = k_{(A^{z+})}(c^*_{(A^{z+})} - c_{(A^{z+})}) \tag{1-6-143}$$

若界面化学反应为一级反应时,则正反应速率为

$$v_+ = k_{rea+}c^*_{[A]} \tag{1-6-144}$$

逆反应速率为

$$v_- = k_{rea-}c^*_{(A^{z+})} \tag{1-6-145}$$

式中 k_{rea+}，k_{rea-}——正、逆反应的速率常数；

v_+，v_-——正、逆反应速率。

当正、逆反应速率相等，达到动态平衡时，则

$$\frac{c^*_{(A^{z+})}}{c^*_{[A]}} = \frac{k_{rea+}}{k_{rea-}} = K^{\ominus} \tag{1-6-146}$$

当正、逆反应速率不相等时，则化学反应净速率为

$$v_A = k_{rea+} c^*_{[A]} - k_{rea-} c^*_{(A^{z+})} = k_{rea+}\left(c^*_{[A]} - \frac{c^*_{(A^{z+})}}{K^{\ominus}}\right)$$

总反应过程可以认为是稳态，则

$$J_A = k_{[A]}(c_{[A]} - c^*_{[A]}) = k_{(A^{z+})}(c^*_{(A^{z+})} - c_{(A^{z+})}) = k_{rea+}\left(c^*_{[A]} - \frac{c^*_{(A^{z+})}}{K^{\ominus}}\right) \tag{1-6-147}$$

或

$$J_A = \frac{(c_{[A]} - c^*_{[A]})}{\dfrac{1}{k_{[A]}}} = \frac{\left(\dfrac{c^*_{(A^{z+})}}{K^{\ominus}} - \dfrac{c_{(A^{z+})}}{K^{\ominus}}\right)}{\dfrac{1}{K^{\ominus} k_{(A^{z+})}}} = \frac{\left(c^*_{[A]} - \dfrac{c^*_{(A^{z+})}}{K^{\ominus}}\right)}{\dfrac{1}{k_{rea+}}}$$

采用合分比的方法可以得出

$$J_A\left(\frac{1}{k_{[A]}} + \frac{1}{k_{(A^{z+})}K^{\ominus}} + \frac{1}{k_{rea+}}\right) = c_{[A]} - \frac{c_{(A^{z+})}}{K^{\ominus}}$$

$$J_A = \frac{c_{[A]} - \dfrac{c_{(A^{z+})}}{K^{\ominus}}}{\dfrac{1}{k_{[A]}} + \dfrac{1}{k_{(A^{z+})}K^{\ominus}} + \dfrac{1}{k_{rea+}}} \tag{1-6-148}$$

式中，$\dfrac{1}{k_{[A]}}$，$\dfrac{1}{k_{(A^{z+})}K^{\ominus}}$，$\dfrac{1}{k_{rea+}}$ 分别表示 A 在钢液、渣中的传质和在界面上化学反应的阻力。这就是双膜理论在渣钢反应应用的数学模型。可以看出，总反应速率与两相间的浓度差成正比，与总反应的阻力成反比。

讨论：

(1)若 A 在钢液中的传质是限制环节，即 $\dfrac{1}{k_{[A]}} \gg \dfrac{1}{k_{(A^{z+})}K^{\ominus}} + \dfrac{1}{k_{rea+}}$ 则在渣中的阻力和化学反应的阻力可以忽略，此时，总过程的速率

$$J_A = \frac{c_{[A]} - \dfrac{c_{(A^{z+})}}{K^{\ominus}}}{\dfrac{1}{k_{[A]}}} = k_{[A]}\left(c_{[A]} - \frac{c_{(A^{z+})}}{K^{\ominus}}\right)$$

$$c_{(A^{z+})} = c^*_{(A^{z+})}$$

由

$$\frac{c_{(A^{z+})}}{c^*_{[A]}} = \frac{k_{rea+}}{k_{rea-}} = K^{\ominus}$$

$$\frac{c_{(A^{z+})}}{K^{\ominus}} = c^*_{[A]}$$

所以

$$J_A = k_{[A]}(c_{[A]} - c^*_{[A]})$$

(2)若 A 在渣中的传质是限制环节 $\dfrac{1}{k_{(A^{z+})}K^{\ominus}} \gg \dfrac{1}{k_{[A]}} + \dfrac{1}{k_{rea+}}$，则在钢液中的阻力和化学反应的阻力可以忽略，此时，总过程的速率

$$J_A = \frac{c_{[A]} - \dfrac{c_{(A^{z+})}}{K^{\ominus}}}{\dfrac{1}{k_{(A^{z+})}K^{\ominus}}} = k_{(A^{z+})}K^{\ominus}\left(c_{[A]} - \frac{c_{(A^{z+})}}{K^{\ominus}}\right) = k_{(A^{z+})}(K^{\ominus}c_{[A]} - c_{(A^{z+})})$$

由
$$\frac{c^{*}_{(A^{z+})}}{c^{*}_{[A]}} = \frac{k_{rea+}}{k_{rea-}} = K^{\ominus}$$
$$c_{[A]} = c^{*}_{[A]}$$

所以
$$c_{[A]}K^{\ominus} = c^{*}_{(A^{z+})}$$
$$J_A = k_{(A^{z+})}(K^{\ominus}c_{[A]} - c_{(A^{z+})}) = k_{(A^{z+})}(c^{*}_{(A^{z+})} - c_{(A^{z+})})$$

(3)若 A 在渣钢界面化学反应是限制环节，$\dfrac{1}{k_{rea+}} \gg \dfrac{1}{k_{[A]}} + \dfrac{1}{k_{(A^{z+})}K^{\ominus}}$ 则在钢液和渣中的阻力可以忽略，此时，总过程的速率

$$J_A = k_{rea+}\left(c_{[A]} - \frac{c_{(A^{z+})}}{K^{\ominus}}\right) = k_{rea+}c_{[A]} - k_{rea+}\frac{c_{(A^{z+})}}{\dfrac{k_{rea+}}{k_{rea-}}} = k_{rea+}c_{[A]} - k_{rea-}c_{(A^{z+})}$$

在炼钢的高温情况下，一般来说，化学反应速率是很快的，不是过程的限制性环节。总的速率多决定于组元的传质速率。

第二篇　现代冶金物理化学理论

　　研究现代冶金物理化学与普通冶金物理化学有很多区别,这一部分所达到的目的和掌握该部分内容需要如下两个方面的知识:

　　第一是现代冶金物理化学理论的任务。其中包括:

　　(1)对溶液及其组元的热力学性质进行进一步研究。找出溶液的热力学性质与其组成的关系;建立几种常规的热力学模型。对金属熔体和熔渣的活度进行理论计算;

　　(2)研究多相多元系的平衡问题。用非线性方程计算多相多元系平衡时的组成;

　　(3)深入研究冶金反应动力学规律。重点从反应的机理入手,从而找出提高反应速率、缩短冶炼时间、增加反应器生产率的途径。

　　第二是研究冶金物理化学所需的理论基础。其中包括:

　　(1)统计热力学原理与方法;

　　(2)非线性规划的数学理论;

　　(3)基础物理化学的基本理论;

　　(4)计算机 FORTRAN 或 BASIC 等语言。

第一章　溶液的热力学性质

1.1　溶液及其热力学量

溶液可分为实际溶液和理想溶液。

溶液的描述用状态函数。

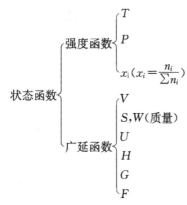

（1）广延函数。也称为广度性质（extensive properties），又称为容量性质（capacity properties）。

特点如下：

1）其数值与体系的数量成正比；

2）具有加和性；

3）在数学上是一次齐函数。

（2）齐函数：若 $f(\lambda x, \lambda y, \lambda z) = \lambda^n f(x, y, z)$，则称 $f(x, y, z)$ 为 n 次齐函数。

齐函数的 3 个重要性质：

1）若 $F(x, y, z)$ 是 m 次齐函数，$\Phi(x, y, z)$ 是 n 次齐函数

则 $\dfrac{F(x, y, z)}{\Phi(x, y, z)}$ 为 $(m-n)$ 次齐函数。

2）设 $f(x, y)$ 是 n 次齐函数，则有

$$x\left(\frac{\partial f}{\partial x}\right)_y + y\left(\frac{\partial f}{\partial y}\right)_x = nf(x, y) \qquad \text{（欧勒定理）}$$

3）若 $F(x, y)$ 是 n 次齐函数，则该函数对任一变量偏微商后所得的函数为 $(n-1)$ 次齐函数。

例　两种理想气体混合后，其体积 $V = \dfrac{n_1 + n_2}{P} RT$

等温等压下，$V=f(n_1+n_2)$

又 $$f(\lambda n_1,\lambda n_2)=\lambda f(n_1,n_2)$$

由于 V 是广延函数，所以，V 是 n_i 的一次齐函数

所以 $$n_1\left(\frac{\partial V}{\partial n_1}\right)_{T,P,n_2}+n_2\left(\frac{\partial V}{\partial n_2}\right)_{T,P,n_1}=V \qquad （欧勒定理）$$

从数学推导的结果和以前的热力学结果完全一致。

(3)强度函数或强度性质(intensive properties)。其特点如下：

1)不具加和性。其数值取决于体系自身的特性，与体系的数量无关；

2)在数学上是零次齐函数；

3)某种广度性质除以物质的量后成为强度性质(或两种广度性质相除，由性质1)；两个一次奇函数相除是零次齐函数。

1.1.1 偏摩尔量与集合量

体系的任一广度性质 $G=f(T,P,n_1,n_2\cdots)$

定义：$G_{i,m}=\lim\limits_{\partial n_i\to 0}(\frac{\delta G}{\delta n_i})_{T,P,n_j}=(\frac{\partial G}{\partial n_i})_{T,P,n_j}$ 为溶液的偏摩尔量

所以

$$dG=(\frac{\delta G}{\delta T})_{P,n_i}dT+(\frac{\delta G}{\delta P})_{T,n_i}dP+\sum(\frac{\delta G}{\delta n_i})_{T,P,n_j}dn_i$$

或由欧勒定理，在 T,P 一定时，

$$G=\sum n_i G_{i,m} \tag{2-1-1}$$

1 mol 溶液 G

$$G_m=\frac{G}{\sum n_i} \qquad x_i=\frac{n_i}{\sum n_i}$$

所以

$$G_m=\sum x_i G_{i,m}$$

1.1.2 混合偏摩尔自由能与混合自由能

例 T、P 一定时，使液态 Fe 和 Si 混合，成为具有组成为 x_{Si} 的溶液。

$$Si_{(l)}=[Si]$$

混合前后 Si 的自由能变化 $\Delta_{mix}G_{Si}=G_{Si,m}-G_{Si,m}^{\ominus}$，即将溶液中的 Si 和作为标准态的纯液体 Si 之间自由能之差，定义为 Si 的混合偏摩尔自由能。通常用 $\Delta_{mix}G_{Si}$ 表示

$$\Delta_{mix}G_{Si}=G_{Si,m}-G_{Si,m}^{\ominus}=RT\ln a_{Si} \tag{2-1-2}$$

一般地，对 i 个组元形成溶液，混合前各纯物质自由能之总和

$$G^{\ominus} = \sum n_i G_{i,m}^{\ominus} \text{ 或 } G_m^{\ominus} = \sum x_i G_{i,m}^{\ominus}$$

则

$$\Delta_{mix}G = G - G^{\ominus}$$

$$= \sum n_i (G_{i,m} - G_{i,m}^{\ominus})$$

$$= \sum n_i \Delta_{mix} G_i$$

$$= \sum n_i RT \ln a_i$$

或

$$\Delta_{mix}G_m = G_m - G_m^{\ominus}$$

$$= \sum x_i \Delta_{mix} G_i = RT \sum x_i \ln a_i \tag{2-1-3}$$

思考:混合偏摩尔自由能与标准溶解自由能的联系与区别?

1.1.3 过剩自由能(或超额自由能)

若混合过程为理想混合

$$\Delta_{mix}G_{i,id} = RT \ln x_i$$

$$\Delta_{mix}G_{m,id} = \sum x_i \Delta_{mix}G_{i,id} = RT \sum x_i \ln x_i$$

定义

$$\Delta_{mix}G_i^E = \Delta_{mix}G_i - \Delta_{mix}G_{i,id} = RT \ln \gamma_i$$

为组元 i 的过剩偏摩尔自由能或超额偏摩尔自由能。全部溶液的超额自由能为

$$\Delta_{mix}G_m^E = \Delta_{mix}G_m - \Delta_{mix}G_{m,id} = \sum x_i \Delta_{mix}G_i - \sum x_i \Delta_{mix}G_{i,id}$$

$$= RT(\sum x_i \ln a_i - \sum x_i \ln x_i)$$

$$= RT x_i \ln \gamma_i \tag{2-1-4}$$

为溶液的过剩摩尔自由能。

1.1.4 偏摩尔自由能的增量

在等 T, P 下,往 1—2 二元系稀溶液(1—溶剂,2—溶质)中加入另外一组元 3,构成 1—2—3 三元系溶液。组元 3 对组元 2 作用的结果,使组元 2 在原来的二元系溶液中的偏摩尔自由能发生变化。

$$\Delta G_{2,m}^{(3)} = G_{2,m}^{(2)} - G_{2,m}^{(3)}$$

上式中 $G_{2,m}^{(2)}$ 和 $G_{2,m}^{(3)}$ 各为组元 2 在二元系和三元系中偏摩尔自由能。$\Delta G_{2,m}^{(3)}$ 为组元 2 的偏摩尔自由能的增量。

根据稀溶液中组元的浓度表示法不同,其表示法如下:

$$\begin{cases} \Delta G_{2,m}^{(\%)3} = G_{2,m}^{(\%)2} - G_{2,m}^{(\%)3} & \text{(溶液浓度用质量分数)} \\ \Delta G_{2,m}^{(x)3} = G_{2,m}^{(x)2} - G_{2,m}^{(x)3} & \text{(溶液浓度用摩尔分数)} \end{cases} \qquad (2\text{-}1\text{-}5)$$

1.2 溶液偏摩尔量关系式

1.2.1 吉布斯—杜亥姆方程

$$\sum n_i \mathrm{d}G_{i,m} = 0 \quad \text{或} \quad \sum x_i \mathrm{d}G_{i,m} = 0 \qquad (2\text{-}1\text{-}6)$$

下面由齐函数的性质证明

证明：等温等压下

$$G = G(n_1, n_2, \cdots, n_i, \cdots)$$

$$\mathrm{d}G = \sum G_{i,m} \mathrm{d}n_i \qquad (2\text{-}1\text{-}7)$$

因为 G 是齐函数

由欧勒定律，再加上 G 是一次齐函数的条件

$$\sum n_i \left(\frac{\partial G}{\partial n_i}\right)_{T,P,n_j} = G(n_1, n_2, \cdots)$$

或

$$\sum n_i G_{i,m} = G(n_1, n_2, \cdots) \qquad (2\text{-}1\text{-}8)$$

方程两边同时微分，并将式 2-1-7 代入，得

$$\sum G_{i,m} \mathrm{d}n_i + \sum n_i \mathrm{d}G_{i,m} = \sum G_{i,m} \mathrm{d}n_i \qquad (2\text{-}1\text{-}9)$$

两边比较，得 $\qquad\qquad \sum n_i \mathrm{d}G_{i,m} = 0$

1.2.2 偏摩尔量的求法

偏摩尔量的求法如下：

(1)已知一个组元的偏摩尔量求另一个组元的偏摩尔量

对二元系 $\qquad\qquad x_1 \mathrm{d}G_{1,m} + x_2 \mathrm{d}G_{2,m} = 0$

两边同除 $\mathrm{d}x_1$，由 $\mathrm{d}x_1 = -\mathrm{d}x_2$，得出

$$x_1 \left(\frac{\partial G_{1,m}}{\partial x_1}\right)_{T,P} = x_2 \left(\frac{\partial G_{2,m}}{\partial x_2}\right)_{T,P} \qquad (2\text{-}1\text{-}10)$$

(2)由溶液的摩尔量确定其偏摩尔量

$$G_m = x_1 G_{1,m} + x_2 G_{2,m} \qquad (2\text{-}1\text{-}11)$$

$$\mathrm{d}G_m = x_1 \mathrm{d}G_{1,m} + x_2 \mathrm{d}G_{2,m} + G_{1,m} \mathrm{d}x_1 + G_{2,m} \mathrm{d}x_2$$

$$= G_{1,m} \mathrm{d}x_1 + G_{2,m} \mathrm{d}x_2$$

两边同除以 $\mathrm{d}x_1$（利用 $\mathrm{d}x_1=-\mathrm{d}x_2$）

所以

$$\left(\frac{\partial G_{\mathrm{m}}}{\partial x_1}\right)_{T,P}=G_{1,\mathrm{m}}-G_{2,\mathrm{m}} \tag{2-1-12}$$

$$x_2\left(\frac{\partial G_{\mathrm{m}}}{\partial x_1}\right)_{T,P}=x_2 G_{1,\mathrm{m}}-x_2 G_{2,\mathrm{m}}$$

将式 2-1-7 代入式 2-1-8

$$G_{\mathrm{m}}+x_2\left(\frac{\partial G_{\mathrm{m}}}{\partial x_1}\right)_{T,P}=G_{1,\mathrm{m}}(x_2+x_1)=G_{1,\mathrm{m}}$$

所以

$$G_{1,\mathrm{m}}=G_{\mathrm{m}}+x_2\left(\frac{\partial G_{\mathrm{m}}}{\partial x_1}\right)_{T,P}=G_{\mathrm{m}}+(1-x_1)\left(\frac{\partial G_{\mathrm{m}}}{\partial x_1}\right)_{T,P}$$

$$G_{2,\mathrm{m}}=G_{\mathrm{m}}+x_1\left(\frac{\partial G_{\mathrm{m}}}{\partial x_2}\right)_{T,P}=G_{\mathrm{m}}+(1-x_2)\left(\frac{\partial G_{\mathrm{m}}}{\partial x_2}\right)_{T,P} \tag{2-1-13}$$

（3）图解法

图解法如图 2-1-1 所示。在 $G_{\mathrm{m}}\sim x_2$ 图上，若求 x_2 点的溶液的偏摩尔量，只要作 x_2 点的切线，就可一次读出两个偏摩尔量的值。

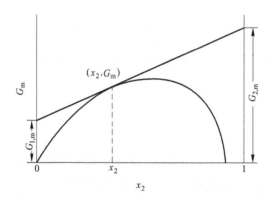

图 2-1-1　溶液的摩尔自由能与浓度的关系

1. 2. 3　其他的偏摩尔量与摩尔量的关系式

其他的偏摩尔量与摩尔量的关系式如下：

（1）　　　　　　　　　　　　　$G=H-TS$　　　　　　　　　　　　　$(2-1-14)$

对 G_m，$G_{i,m}$，$G_{i,\mathrm{id}}$，$\Delta_{\mathrm{mix}}G_i$，$\Delta_{\mathrm{mix}}G$，$\Delta_{\mathrm{mix}}G_i^E$，$\Delta_{\mathrm{mix}}G^E$ 同样满足此关系。

(2)混合偏摩尔自由能随温度和压力的变化

$$\left(\frac{\partial \Delta_{\mathrm{mix}}G_i}{\partial T}\right)_{P,x_i,x_j} = -\Delta_{\mathrm{mix}}S_i \qquad (2\text{-}1\text{-}15)$$

$$\left(\frac{\partial \Delta_{\mathrm{mix}}G_i}{\partial P}\right)_{T,x_i,x_j} = \Delta_{\mathrm{mix}}V_i \qquad (2\text{-}1\text{-}16)$$

克劳修斯－克拉珀龙定律

$$\frac{\partial\left(\dfrac{\Delta_{\mathrm{mix}}G_i}{T}\right)}{\partial\left(\dfrac{1}{T}\right)} = \Delta_{\mathrm{mix}}H_i \qquad (2\text{-}1\text{-}17)$$

1.3 各类溶液的热力学特征

描述溶液的热力学特征用混合自由能 $\Delta_{\mathrm{mix}}G$。

而

$$\Delta_{\mathrm{mix}}G = \Delta_{\mathrm{mix}}H - T\Delta_{\mathrm{mix}}S \qquad (2\text{-}1\text{-}18)$$

或

$$\Delta_{\mathrm{mix}}G_i = \Delta_{\mathrm{mix}}H_i - T\Delta_{\mathrm{mix}}S_i \qquad (2\text{-}1\text{-}19)$$

式中，$\Delta_{\mathrm{mix}}H$ 为与构成溶液的分子或原子间的作用力有关；$\Delta_{\mathrm{mix}}S$ 为与构成溶液的分子或原子间的排列方式有关。

1.3.1 理想溶液

定义：

在溶液中，各组分分子的大小及作用力，彼此相似，一种组分的分子被另一种组分的分子取代时，没有能量的变化或空间结构的变化(分子模型)。

在全部浓度范围内，满足拉乌尔定律

$$P_i = P_i^* x_i (0 \leqslant x_i \leqslant 1)$$

微观特征：

各组元分子间的相互作用力相等，因此 $\Delta_{\mathrm{mix}}H = 0$

分子半径完全无序排列 $\Delta_{\mathrm{mix}}S = \Delta_{\mathrm{mix}}S_{\mathrm{id}}$

热力学特征：

(1)

$$a_{R,i} = \frac{P_i}{P_i^*} = x_i \qquad (0 \leqslant x_i \leqslant 1) \tag{2-1-20}$$

$$\gamma_i = a_{R,i}/x_i = 1$$

(2)混合热力学性质

$$\Delta_{mix}G_i = G_{i,m} - G_{i,m}^{\ominus} = RT\ln x_i \tag{2-1-21}$$

$$\Delta_{mix}G_m = G_m - (x_1 G_1^{\ominus} + x_2 G_2^{\ominus} + \cdots) \tag{2-1-22}$$

$$= \sum x_i (G_{i,m} - G_i^{\ominus})$$

$$= RT\sum x_i \ln x_i$$

$$\begin{cases} \Delta_{mix}H_i = \left[\dfrac{\partial\left(\dfrac{\Delta_{mix}G_i}{T}\right)}{\partial\left(\dfrac{1}{T}\right)}\right]_{P,x_j} = \left[\dfrac{\partial(R\ln x_i)}{\partial\left(\dfrac{1}{T}\right)}\right]_{P,n_j} = 0 \\[4mm] \Delta_{mix}H_m = \sum x_i \Delta_{mix}H_i = 0 \end{cases} \tag{2-1-23}$$

$$\begin{cases} \Delta_{mix}V_i = \left(\dfrac{\partial\Delta_{mix}G_i}{\partial P}\right)_T = \left(\dfrac{\partial RT\ln x_i}{\partial P}\right)_T = RT\left(\dfrac{\partial \ln x_i}{\partial P}\right)_T = 0 \\[4mm] \Delta_{mix}V_m = \sum x_i \Delta_{mix}V_i = 0 \end{cases} \tag{2-1-24}$$

$$\begin{cases} \Delta_{mix}S_i = -\dfrac{\partial\Delta_{mix}G_i}{\partial T} = -\dfrac{\partial RT\ln x_i}{\partial T} = -R\ln x_i \\[4mm] \Delta_{mix}S_m = -R\sum x_i \ln x_i \end{cases} \tag{2-1-25}$$

1.3.2　实际溶液

定义:各组元的原子间相互作用,分子半径和排列方式皆不同。与拉乌尔定律发生或正或负的偏差。

因此

$$\Delta_{mix}H \neq 0 \qquad\qquad \Delta_{mix}S \neq \Delta_{mix}S_{id}$$

$$a_{R,i} = \frac{P_i}{P_i^*} = \gamma_i x_i \qquad \gamma_i \neq 1 \qquad (0 < x_i < 1)$$

活度常用三种标准态(见第一篇)。

混合热力学性质

$$\Delta_{mix}G_i = G_{i,m} - G_{i,m}^{\ominus} = RT\ln a_i = RT\ln x_i + RT\ln\gamma_i$$

过剩热力学性质

$$
\begin{cases}
\Delta_{mix}G_i^E = \Delta_{mix}G_i - \Delta_{mix}G_{i,id} = RT\ln\gamma_i \\
\Delta_{mix}G_m^E = \sum x_i \Delta_{mix}G_i^E = RT\sum x_i \ln\gamma_i
\end{cases}
\tag{2-1-26}
$$

$$
\begin{cases}
\Delta_{mix}S_i^E = \Delta_{mix}S_i - \Delta_{mix}S_{i,id} = -R\ln\gamma_i - RT\dfrac{\partial\ln\gamma_i}{\partial T} \\
\Delta_{mix}S_m^E = \sum x_i \Delta_{mix}S_i^E = -R\sum x_i \ln\gamma_i - RT\sum x_i \dfrac{\partial\ln\gamma_i}{\partial T}
\end{cases}
\tag{2-1-27}
$$

由于理想溶液

$$
\Delta_{mix}V_{id} = 0 \qquad\qquad \Delta_{mix}H_{id} = 0
\tag{2-1-28}
$$

$$
\begin{cases}
\Delta_{mix}V_i = \Delta_{mix}V_i^E \\
\Delta_{mix}V = \Delta_{mix}V^E
\end{cases}
\tag{2-1-29}
$$

$$
\begin{cases}
\Delta_{mix}H_i = \Delta_{mix}H_i^E \\
\Delta_{mix}H = \Delta_{mix}H^E
\end{cases}
\tag{2-1-30}
$$

1.3.3　稀溶液

定义：

在溶剂分子周围绝大部分是同类分子，分子间的作用力不会因有少量溶质分子存在而引起多大改变；溶质分子周围基本上被溶剂分子包围，并且受着溶剂分子的均匀作用；溶质分子间的作用力可以忽略不计。因此，溶剂符合拉乌尔定律，而溶质符合亨利定律。

三种标准态及其活度定义如下：

(1)以拉乌尔定律为基础，纯物质标准态 $a_{R,i} = \dfrac{P_i}{P_i^*} = \gamma_i x_i$

(2)以亨利定律为基础，纯物质标准态 $a_{H,i} = \dfrac{P_i}{K_{H,i}} = f_i' x_i$　　（无限稀溶液为标准态）

(3)以亨利定律为基础，假想 1% 蒸气压为标准态 $a_{\%,i} = \dfrac{P_i}{K_{\%,i}} = f_i[\%i]$

关于组元 i 的蒸气压与浓度的关系，如图 2-1-2 所示。

三种标准态活度系数在稀溶液时关系：

(1)γ_i 与 f_i'

$$
\frac{\gamma_i}{f_i'} = \frac{K_{H,i}}{P_i^*} = \gamma_i^\ominus \qquad \text{或 } \gamma_i = f_i'\gamma_i^\ominus
$$

$$
x_i \rightarrow 1 \text{ 时}, \quad \gamma_i \rightarrow 1 \qquad f_i' = \frac{1}{\gamma_i^\ominus}
$$

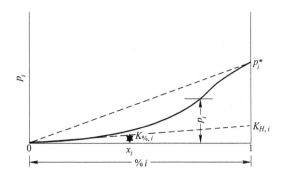

图 2-1-2 组元 i 蒸气压与浓度的关系

$$x_i \to 0 \text{ 时,} \quad f_i' \to 1 \qquad \gamma_i = \gamma_i^{\ominus}$$

(2)γ_i 和 f_i

$$\frac{a_{R,i}}{a_{\%,i}} = \frac{K_{\%,i}}{P_i^*} = \frac{M_1}{100M_i}\gamma_i^{\ominus}$$

$$\frac{\gamma_i x_i}{f_i[\%i]} = \frac{M_1}{100M_i}\gamma_i^{\ominus}$$

$$\frac{\gamma_i}{f_i} = \frac{[\%i]}{x_i}\frac{M_1}{100M_i}\gamma_i^{\ominus}$$

1)$x_i \to 0$ 时

$$x_i \approx \frac{M_1}{100M_i}[\%i]$$

$$\gamma_i \approx f_i\gamma_i^{\ominus}$$

此时

$$f_i = 1$$

所以

$$\gamma_i = \gamma_i^{\ominus}$$

2)$x_i \to 1$ 时,即 $\%i = 100$

$$\frac{\gamma_i}{f_i} = \frac{100}{1}\frac{M_1}{100M_i}\gamma_i^{\ominus}$$

$$= \frac{M_1}{M_i}\gamma_i^{\ominus}$$

而

$$\gamma_i = 1$$

所以

$$f_i = \frac{M_i}{M_1}\frac{1}{\gamma_i^{\ominus}}$$

混合热力学性质（i 为溶质）——纯物质标准态

$$\begin{cases} \Delta_{\mathrm{mix}}G_i = G_{i,\mathrm{m}} - G_i^{\ominus} = RT\ln a_i = RT\ln x_i + RT\ln\gamma_i^{\ominus} \\ \Delta_{\mathrm{mix}}G_1 = RT\ln x_1 \end{cases} \tag{2-1-31}$$

$$\Delta_{\mathrm{mix}}H_i = \Delta_{\mathrm{mix}}H_1 = 0$$

1.3.4　规则溶液

定义：

在等温等压下，混合热 $\Delta_{\mathrm{mix}}H \neq 0$，混合熵等于理想混合熵的溶液

$$\Delta_{\mathrm{mix}}S_i = \Delta_{\mathrm{mix}}S_{i,\mathrm{id}} = -R\ln x_i$$

具有以上特征的溶液称为正规溶液。

微观特征：

组元之间相互作用只限制在相邻的分子之间，形成完全无规则的分子偶，而相邻分子偶之间没有作用。因而 $\Delta_{\mathrm{mix}}S^{\mathrm{E}} = 0$。

活度系数规律：

$$RT\ln\gamma_i = \alpha'(1 - x_i)^2 \tag{2-1-32}$$

或

$$\ln\gamma_i = \alpha(1 - x_i)^2 \tag{2-1-33}$$

式中，α 是与组元种类和温度有关的常数。称为 α 函数。

$$\alpha = \frac{\left[(\Delta E_1^{\mathrm{V}})^{1/2} - (\Delta E_2^{\mathrm{V}})^{1/2}\right]^2}{RT} \tag{2-1-34}$$

式中，ΔE_1^{V}，ΔE_2^{V}，是组元 1、2 的摩尔汽化热。

特别地，对于二元系

$$\ln\gamma_1 = \alpha x_2^2, \ln\gamma_2 = \alpha x_1^2 \tag{2-1-35}$$

混合热力学性质

$$\begin{cases} \Delta_{\mathrm{mix}}S_i = -R\ln x_i \\ \Delta_{\mathrm{mix}}S_{\mathrm{m}} = -R\sum x_i\ln x_i \end{cases} \tag{2-1-36}$$

$$\begin{cases} \Delta_{\mathrm{mix}}G_i = RT\ln a_i = RT\ln x_i + RT\ln\gamma_i \\ \Delta_{\mathrm{mix}}G_{\mathrm{m}} = RT\sum x_i\ln x_i + RT\sum x_i\ln\gamma_i \end{cases} \tag{2-1-37}$$

$$\begin{cases} \Delta_{\mathrm{mix}}H_i = \Delta_{\mathrm{mix}}G_i + T\Delta_{\mathrm{mix}}S_i = RT\ln\gamma_i \\ \Delta_{\mathrm{mix}}H_m = RT\sum x_i\ln\gamma_i \end{cases} \tag{2-1-38}$$

对二元系

$$\Delta_{\mathrm{mix}}H_m = RT\alpha(x_1 x_2^2 + x_2 x_1^2) = RT\alpha x_1 x_2 \tag{2-1-39}$$

$$\Delta_{\mathrm{mix}}G_m = RT\alpha x_1 x_2 + RT(x_1\ln x_1 + x_2\ln x_2) \tag{2-1-40}$$

超额热力学性质

$$\Delta_{\mathrm{mix}}H_m^E = \Delta_{\mathrm{mix}}H_m - \Delta_{\mathrm{mix}}H_{m,\mathrm{id}} = RT\sum x_i\ln\gamma_i - 0 \tag{2-1-41}$$

$$\Delta_{\mathrm{mix}}G_m^E = \Delta_{\mathrm{mix}}G_m - \Delta_{\mathrm{mix}}G_{m,\mathrm{id}} = RT\alpha x_1 x_2 \tag{2-1-42}$$

思考：

(1) 组分的混合自由能与溶解自由能及标准溶解自由能的联系与区别。

(2) 活度的三种标准态的关系。

(3) 用齐函数的性质证明吉布斯—杜亥姆方程 $\sum x_i G_{i,m} = 0$。

(4) 比较理想溶液、稀溶液、规则溶液的 $\Delta_{\mathrm{mix}}G, \Delta_{\mathrm{mix}}S, \Delta_{\mathrm{mix}}H, \Delta_{\mathrm{mix}}V$ 之关系。

第二章　溶液的统计热力学模型

目的：

(1)研究溶液的热力学性质、成分与构型之间的内在联系，找出它们与构型能的关系。

(2)用统计热力学的原理和方法解决经典热力学问题。

2.1　混合过程基本方程与拟晶格模型

2.1.1　几点假设

(1)纯液体和液体混合物的结构同晶体结构相似，每个分子由一定的近邻分子包围。

依据：

1)液体的密度和固体密度近似相等。

2)X射线分析证实，溶液除了缺少分子完全有序之外，其结构和晶体皆相似。

以上假设的不足：没有考虑溶液的流动性。

(2)混合物的分子形状和大小近似相等；形成溶液过程中体积变化忽略不计。

由此得出

1)

$$\Delta_{mix}H = \Delta_{mix}U \qquad (2\text{-}2\text{-}1)$$

因为

$$\Delta_{mix}H = \Delta_{mix}U + P\Delta_{mix}V$$

而

$$\Delta_{mix}V = 0$$

2)

$$\Delta_{mix}G = \Delta_{mix}F$$

因为

$$\Delta_{mix}G = \Delta_{mix}H - T\Delta_{mix}S$$

$$\Delta_{mix}F = \Delta_{mix}U - T\Delta_{mix}S$$

而

$$\Delta_{mix}H = \Delta_{mix}U$$

(3)只考虑近邻质点间的相互作用。

(4)混合物的分子排列都是完全无序的,即各组元分子皆是非极性的。

(5)混合过程中,分子内原子的移动和振动能不变,只发生相互作用能(构型能)的变化。

2.1.2　构型能

分子之间形成某种结构所需的能量叫构型能。对组元1,2之间形成构型能,一般有如下几种形式:

(1)对液体组元1,设有 N_1 个分子。其配位数为 Z,即有 Z 个近邻分子围绕。从中取出一个分子所需的功为 $-Z\varepsilon_{11}$。

注:1) ε_{11} 为负值,它是组元1分子间的作用能;

　　2)"+,-"号的规定:分离为"-",组合为"+"。

组成1-1分子总对数为 $\frac{1}{2}ZN_1$(因为组元的配位数是 Z,每个组元1的周围都有 Z 个相同的组元1,形成 Z 个 1-1 分子对,因为是 1-1 分子对,所以总分子对的数量为 $\frac{1}{2}ZN_1$)。

故将无限远的 N_1 个分子集中(组合),组成液体,其构型能为 $\frac{1}{2}ZN_1\varepsilon_{11}$。即

$$U_{11} = \frac{1}{2}ZN_1\varepsilon_{11}$$

(2)同理,对液体组元2,设有 N_2 个分子,配位数亦为 Z,则

$$U_{22} = \frac{1}{2}ZN_2\varepsilon_{22} \quad (\varepsilon_{22} \text{ 是组元 2 分子间的作用能})$$

(3)分离 Z 个 1-1 偶和 Z 个 2-2 偶,同时形成 $2Z$ 个 1-2 偶,需要做的功为

$$2Z\varepsilon_{12} - Z\varepsilon_{11} - Z\varepsilon_{22} = 2Z\left[\varepsilon_{12} - \frac{1}{2}(\varepsilon_{11} + \varepsilon_{22})\right] \tag{2-2-2}$$

即把一个1分子从液体1中取出,同时把一个2分子从液体2中取出,把1分子放入液体2的空穴中,而把2分子放入液体1的空穴中。如图 2-2-1 所示。

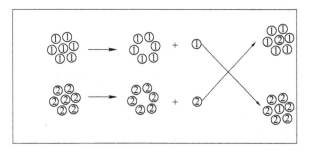

图 2-2-1　分子构型示意图

定义

$$Q' = \varepsilon_{12} - \frac{1}{2}(\varepsilon_{11} + \varepsilon_{22}) \text{ 为混合能}$$

(4)分离为无限远的分子聚合形成溶液,则在混合液中,假定有 ZN_{11} 对组元 1 的分子偶,有 ZN_{22} 对组元 2 的分子偶,有 ZX 对 1—2 形成的异种近邻分子偶,其构型能为:

$$U = ZN_{11}\varepsilon_{11} + ZN_{22}\varepsilon_{22} + ZXQ' = U_1^{\ominus} + U_2^{\ominus} + ZXQ' \tag{2-2-3}$$

2.1.3　混合过程基本方程

对组元混合形成溶液,其混合自由能

$$\Delta_{\mathrm{mix}}G = \Delta_{\mathrm{mix}}H - T\Delta_{\mathrm{mix}}S$$

由 2.1.1 中的假设(2),得

$$\Delta_{\mathrm{mix}}H = \Delta_{\mathrm{mix}}U = U - (U_1^{\ominus} + U_2^{\ominus}) = ZXQ' \tag{2-2-4}$$

由玻耳兹曼方程　　　　　　　　　 $S = k\ln\omega$

式中　ω——混合后分子可能的排列方式数;

　　　k——玻耳兹曼常数,即 1.380658×10^{-23} J/K。

对二元系,混合前

$$S^{\ominus} = S_1^{\ominus} + S_2^{\ominus}$$
$$= k\ln\omega_1^{\ominus} + k\ln\omega_2^{\ominus}$$
$$= k\ln\omega_1^{\ominus}\omega_2^{\ominus}$$

混合后　　　　　　　 $S = k\ln\omega$

所以　　　　　　　

$$\Delta_{\mathrm{mix}}S = S - S^{\ominus}$$
$$= k[\ln\omega - \ln\omega_1^{\ominus}\omega_2^{\ominus}]$$
$$= k\ln\frac{\omega}{\omega_1^{\ominus}\omega_2^{\ominus}} \tag{2-2-5}$$

$$\Delta_{\mathrm{mix}}G = -T\Delta_{\mathrm{mix}}S + \Delta_{\mathrm{mix}}H = -kT\ln\frac{\omega}{\omega_1^{\ominus}\omega_2^{\ominus}} + ZXQ' \tag{2-2-6}$$

这就是二元溶液混合过程基本方程。

2.1.4　统计热力学常用的几种排列方式

(1)将 N_1 个不同的分子排列到 N_1 个位置上的方式数为 $N_1!$;

(2)将 N_1 个相同的分子排列到 N_1 个位置上的方式数为 $\dfrac{N_1!}{N_1!} = 1$;

(3)将 N_1 个不同的分子,N_2 个不同的分子同时排列在 $N_1 + N_2$ 个位置上的方式数为 $(N_1 + N_2)!$;

(4)将 N_1 个相同分子,N_2 个相同分子同时排列在 $N_1 + N_2$ 个位置上的方式数为 $\dfrac{(N_1 + N_2)!}{N_1!\ N_2!}$;

(5)将 N 个不同的分子排列在 M 个位置上的方式数为：

$$M(M-1)(M-2)\cdots(M-N+1) = \frac{M!}{(M-N)!} \quad (N \leqslant M)$$

(6)将 N 个相同的分子排列在 M 个位置上的方式数为：

$$\frac{M(M-1)(M-2)\cdots(M-N+1)}{N!} = \frac{M!}{N!(M-N)!} \quad (N \leqslant M)$$

2.2 拟晶态模型下的几种溶液的统计模型

2.2.1 理想溶液

对二元系，组元 1 分子数为 N_1，组元 2 分子数为 N_2。

由理想溶液模型定义，$\Delta_{\mathrm{mix}}H=0$。

所以，由混合过程基本方程 $\Delta_{\mathrm{mix}}G=-kT\ln\frac{\omega^\ominus}{\omega_1^\ominus\omega_2^\ominus}$。

对纯组元 1,2，其排列方式数 $\omega_1^\ominus=\omega_2^\ominus=1$；溶液中，$N_1,N_2$ 排列在 N_1+N_2 个位置上的几率为

$$\omega_{溶液} = \frac{(N_1+N_2)!}{(N_1)!(N_2)!}$$

由 Stirling 公式 $\qquad\qquad \ln N! = N(\ln N-1)$

所以 $\qquad \ln(N_1+N_2)! = (N_1+N_2)[\ln(N_1+N_2)-1]$

$$\ln N_1! = N_1[\ln N_1-1]$$

$$\ln N_2! = N_2[\ln N_2-1]$$

所以 $\quad \Delta_{\mathrm{mix}}G = -(N_1+N_2)kT\ln(N_1+N_2)+N_1kT\ln N_1+N_2kT\ln N_2$

$$= N_1kT\ln\frac{N_1}{N_1+N_2}+N_2kT\ln\frac{N_2}{N_1+N_2}$$

$$= kT(N_1\ln x_1+N_2\ln x_2) \qquad\qquad\qquad (2\text{-}2\text{-}7)$$

又 $\qquad\qquad\qquad\qquad \frac{N_1}{N_A}=n_1$

式中 N_A——阿伏伽德罗常数 $6.0221\times10^{23}/\mathrm{mol}$；

$\quad\;\; n_1$——摩尔数。

$N_A k=R$ 即 $6.0221\times10^{23}\times1.3807\times10^{-23}\left(\dfrac{\mathrm{J}}{\mathrm{K}}\cdot\dfrac{1}{\mathrm{mol}}\right)=8.3147\mathrm{J}/(\mathrm{K}\cdot\mathrm{mol})$

故

$$\Delta_{mix}G = N_A kT \left[\frac{N_1}{N_A} \ln x_1 + \frac{N_2}{N_A} \ln x_2 \right]$$

$$= RT \left[n_1 \ln x_1 + n_2 \ln x_2 \right] \tag{2-2-8}$$

对 1mol 溶液

$$\Delta_{mix}G_m = RT \left[x_1 \ln x_1 + x_2 \ln x_2 \right] \tag{2-2-9}$$

2.2.2 规则溶液

2.2.2.1 1—2 二元系

对组元 1、2 形成的 1—2 二元系,组元 1 有 N_1 个分子,组元 2 有 N_2 个分子,配位数为 Z,即每个分子周围皆有 Z 个分子包围,或每个分子皆可组成 Z 对分子。混合溶液中总分子对为 $\frac{1}{2}Z(N_1+N_2)$,组元 1、2 的分子排列情况如下:

(1)　　　　　位置 1　　　　　　　　　　　位置 2

$$\frac{N_1}{N_1+N_2} \qquad\qquad\qquad \frac{N_2}{N_1+N_2}$$

分子 1 排列在位置 1 上的几率　　　分子 2 排列在位置 2 上的几率

$$\frac{N_1 N_2}{(N_1+N_2)^2}$$

分子 1 排列在位置 1 同时分子 2 排列在位置 2 的几率

(2)　　　　　位置 1　　　　　　　　　　　位置 2

$$\frac{N_2}{N_1+N_2} \qquad\qquad\qquad \frac{N_1}{N_1+N_2}$$

分子 2 排列在位置 1 上的几率　　　分子 1 排列在位置 2 上的几率

$$\frac{N_2 N_1}{(N_1+N_2)^2}$$

分子 2 排列在位置 1,同时分子 1 排列在位置 2 的几率

(3)"分子 1 排列在位置 1 同时分子 2 排列在位置 2 的几率"与"分子 2 排列在位置 1,同时分子 1 排列在位置 2 的几率"之和为形成异种分子对的总几率:

$$\frac{N_2 N_1}{(N_1+N_2)^2} + \frac{N_1 N_2}{(N_1+N_2)^2} = \frac{2N_1 N_2}{(N_1+N_2)^2}$$

(4)混合溶液中异种分子偶的数目

$$ZX = \frac{1}{2}Z(N_1+N_2) \frac{2N_1 N_2}{(N_1+N_2)^2} = \frac{ZN_1 N_2}{N_1+N_2} \tag{2-2-10}$$

由混合过程的基本方程

$$\Delta_{mix}G = -RT \ln \frac{\omega}{\overset{\ominus}{\omega_1}\overset{\ominus}{\omega_2}} + ZXQ' \tag{2-2-11}$$

$$-RT\ln\frac{\omega}{\omega_1^\ominus\omega_2^\ominus} = RT[n_1\ln x_1 + n_2\ln x_2] \quad (\text{同理想溶液}) \tag{2-2-12}$$

$$ZXQ' = Z\frac{N_1N_2}{N_1+N_2}Q' \tag{2-2-13}$$

所以

$$\Delta_{\text{mix}}G = RT[n_1\ln x_1 + n_2\ln x_2] + Z\frac{N_1N_2}{N_1+N_2}Q' \tag{2-2-14}$$

$$G = G^\ominus + \Delta_{\text{mix}}G$$

$$= n_1G_1^\ominus + n_2G_2^\ominus + n_1RT\ln x_1 + n_2RT\ln x_2 + ZN_AQ'\frac{n_1n_2}{n_1+n_2} \tag{2-2-15}$$

而

$$G_{1,\text{m}} = \left(\frac{\partial G}{\partial n_1}\right)_{T,P,n_2} = G_1^\ominus + RT\ln x_1 + ZN_AQ'\frac{n_2^2}{(n_1+n_2)^2}$$

$$= G_1^\ominus + RT\ln x_1 + ZN_AQ'(1-x_1)^2 \tag{2-2-16}$$

同理

$$G_{2,\text{m}} = \left(\frac{\partial G}{\partial n_2}\right)_{T,P,n_1} = G_2^\ominus + RT\ln x_2 + ZN_AQ'(1-x_2)^2 \tag{2-2-17}$$

与 $G_{i,\text{m}} = G_i^\ominus + RT\ln x_i + RT\ln\gamma_i$ 比较,得

$$RT\ln\gamma_1 = ZN_AQ'(1-x_1)^2 \tag{2-2-18}$$

$$RT\ln\gamma_2 = ZN_AQ'(1-x_2)^2 \tag{2-2-19}$$

令

$$Q = ZN_AQ' \qquad \alpha = \frac{Q}{RT}$$

所以

$$\ln\gamma_1 = \alpha(1-x_1)^2$$

$$\ln\gamma_2 = \alpha(1-x_2)^2$$

可以看出,统计热力学得出的结论与正规溶液的(实验)定义是一致的,在以上的推导中也可以看出,正规溶液中的常数 α 在统计热力学中有具体的定义。

2.2.2.2 对 1—2—3 三元系

组元 1:分子数为 N_1;

组元 2:分子数为 N_2;

组元 3:分子数为 N_3。

且组元 1—2—3 混合后形成 1mol 溶液,即 $N_1+N_2+N_3=N_A$

配位数皆为 Z

总分子偶数为 $\frac{1}{2}Z(N_1+N_2+N_3)$

组成 1—2 分子偶几率：$\dfrac{2N_1N_2}{(N_1+N_2+N_3)^2}$

组成 1—2 分子偶总数：$P_{12}=\dfrac{1}{2}Z(N_1+N_2+N_3)\dfrac{2N_1N_2}{(N_1+N_2+N_3)^2}=ZN_A x_1 x_2$

同理

$$\begin{cases}P_{13}=ZN_A x_1 x_3\\[4pt] P_{23}=ZN_A x_2 x_3\\[4pt] P_{11}=\dfrac{1}{2}ZN_A x_1 x_1\\[4pt] P_{22}=\dfrac{1}{2}ZN_A x_2 x_2\\[4pt] P_{33}=\dfrac{1}{2}ZN_A x_3 x_3\end{cases} \qquad (2\text{-}2\text{-}20)$$

混合前，纯组元 1，2，3 形成 1—1，2—2，3—3 分子对的总数为

$$\begin{cases}P_{11}^0=\dfrac{1}{2}ZN_1=\dfrac{1}{2}ZN_A x_1\\[4pt] P_{22}^0=\dfrac{1}{2}ZN_2=\dfrac{1}{2}ZN_A x_2\\[4pt] P_{33}^0=\dfrac{1}{2}ZN_3=\dfrac{1}{2}ZN_A x_3\end{cases} \qquad (2\text{-}2\text{-}21)$$

则三元系溶液形成前后体系内能变化

$\Delta_{\text{mix}}U=U-U^\ominus$

$=(P_{12}\varepsilon_{12}+P_{13}\varepsilon_{13}+P_{23}\varepsilon_{23}+P_{11}\varepsilon_{11}+P_{22}\varepsilon_{22}+P_{33}\varepsilon_{33})-(P_{11}^0\varepsilon_{11}+P_{22}^0\varepsilon_{22}+P_{33}^0\varepsilon_{33})$

$=\dfrac{1}{2}ZN_A[(2x_1x_2\varepsilon_{12}+2x_1x_3\varepsilon_{13}+2x_2x_3\varepsilon_{23}+x_1^2\varepsilon_{11}+x_2^2\varepsilon_{22}+x_3^2\varepsilon_{33})-(x_1\varepsilon_{11}+x_2\varepsilon_{22}+x_3\varepsilon_{33})]$

$=\dfrac{1}{2}ZN_A[2x_1x_2\varepsilon_{12}+2x_1x_3\varepsilon_{13}+2x_2x_3\varepsilon_{23}-x_1(1-x_1)\varepsilon_{11}-x_2(1-x_2)\varepsilon_{22}-x_3(1-x_3)\varepsilon_{33}]$

$=\dfrac{1}{2}ZN_A[2x_1x_2\varepsilon_{12}+2x_1x_3\varepsilon_{13}+2x_2x_3\varepsilon_{23}-x_1(x_2+x_3)\varepsilon_{11}-x_2(x_1+x_3)\varepsilon_{22}-x_3(x_1+x_2)\varepsilon_{33}]$

$=\dfrac{1}{2}ZN_A[x_1x_2(2\varepsilon_{12}-\varepsilon_{11}-\varepsilon_{22})+x_1x_3(2\varepsilon_{13}-\varepsilon_{11}-\varepsilon_{33})+x_2x_3(2\varepsilon_{23}-\varepsilon_{22}-\varepsilon_{33})]$

$=ZN_A\{x_1x_2[\varepsilon_{12}-\dfrac{1}{2}(\varepsilon_{11}+\varepsilon_{22})]+x_1x_3[\varepsilon_{13}-\dfrac{1}{2}(\varepsilon_{11}+\varepsilon_{33})]+x_2x_3[\varepsilon_{23}-\dfrac{1}{2}(\varepsilon_{22}+\varepsilon_{33})]\}$

$$\qquad (2\text{-}2\text{-}22)$$

令 $\qquad\qquad\qquad\qquad Q_{12}=ZN_A Q'_{12}$

$$=ZN_A[\varepsilon_{12}-\dfrac{1}{2}(\varepsilon_{11}+\varepsilon_{22})] \qquad (2\text{-}2\text{-}23)$$

$$Q_{13} = ZN_A\left[\varepsilon_{13} - \frac{1}{2}(\varepsilon_{11} + \varepsilon_{33})\right] \tag{2-2-24}$$

$$Q_{23} = ZN_A\left[\varepsilon_{23} - \frac{1}{2}(\varepsilon_{22} + \varepsilon_{33})\right] \tag{2-2-25}$$

所以 $\quad \Delta_{mix}U_m = x_1 x_2 Q_{12} + x_1 x_3 Q_{13} + x_2 x_3 Q_{23} \tag{2-2-26}$

又由 $\quad \Delta_{mix}S_m = k\ln\omega$

$$= k\ln\frac{(N_1 + N_2 + N_3)!}{(N_1)!(N_2)!(N_3)!}$$

$$= -R(x_1\ln x_1 + x_2\ln x_2 + x_3\ln x_3) \tag{2-2-27}$$

所以 $\quad \Delta_{mix}G_m = \Delta_{mix}H_m - T\Delta_{mix}S_m = \Delta_{mix}U_m - T\Delta_{mix}S_m$

$$= RT(x_1\ln x_1 + x_2\ln x_2 + x_3\ln x_3) + x_1 x_2 Q_{12} + x_1 x_3 Q_{13} + x_2 x_3 Q_{23} \tag{2-2-28}$$

2.2.3 稀溶液

组元 1—溶剂 $\qquad\qquad x_1 \rightarrow 1$

组元 2—溶质 $\qquad\qquad x_2 \rightarrow 0$

$$P_1 = (1 - x_2)P_1^* \qquad (\text{拉乌尔定律})$$

$$P_2 = k_{H,2}x_2 \qquad (\text{亨利定律})$$

$$k_{H,2} \neq P_2^*$$

由混合过程基本方程

$$\Delta_{mix}G = N_1 kT\ln x_1 + N_2 kT\ln x_2 + ZXQ'$$

其中

$$N_1 k = \frac{N_1}{N_A}N_A k = n_1 R \tag{2-2-29}$$

$$N_2 k = \frac{N_2}{N_A}N_A k = n_2 R \tag{2-2-30}$$

$$ZX = ZN_2 = Z\frac{N_2}{N_A}N_A = Zn_2 N_A \tag{2-2-31}$$

此处,组元 2 是稀溶液中的溶质分子,其总数量 N_2 比组元 1 的数量 N_1 小得多,每个溶质的分子均能同溶剂的分子结合成分子偶,所以,异种分子偶数与溶质分子形成的分子偶数相同。

所以 $\quad \Delta_{mix}G = RT[n_1\ln x_1 + n_2\ln x_2] + Zn_2 N_A Q' \tag{2-2-32}$

或 $\quad G = n_1 G_1^{\ominus} + n_2 G_2^{\ominus} + n_1 RT\ln x_1 + n_2 RT\ln x_2 + ZN_A Q' n_2 \tag{2-2-33}$

所以 $\quad \begin{cases} G_{1,m} = \left(\dfrac{\partial G}{\partial n_1}\right)_{T,p,n_2} = G_1^{\ominus} + RT\ln x_1 \\[3mm] G_{2,m} = \left(\dfrac{\partial G}{\partial n_2}\right)_{T,p,n_1} = G_2^{\ominus} + RT\ln x_2 + ZN_A Q' \end{cases} \tag{2-2-34}$

讨论：

(1)对稀溶液的溶质，即 $x_2 \to 0$。

$f_2 = 1$(以假想的 1%(质量分数)溶液为标准态)

$\gamma_2 = \gamma_2^{\ominus} f_2 = \gamma_2^{\ominus}$(以纯组元 2 为标准态)

所以 $\qquad G_{2,m} = G_2^{\ominus} + RT\ln\gamma_2^{\ominus} x_2 = G_2^{\ominus} + RT\ln\gamma_2^{\ominus} + RT\ln x_2$ $\qquad$ (2-2-35)

式 2-2-35 与式 2-2-34 比较，得

$$RT\ln\gamma_2^{\ominus} = ZN_A Q'$$

$$= ZN_A\left[\varepsilon_{12} - \frac{1}{2}(\varepsilon_{11} + \varepsilon_{22})\right] \qquad (2\text{-}2\text{-}36)$$

这就是 $\gamma_2^{\ominus}$ 的统计热力学定义。

(2)对稀溶液，由于 $x_2 = \dfrac{P_2}{k_{H,2}}$

所以 $\qquad G_{2,m} = G_2^{\ominus} + RT\ln\dfrac{P_2}{k_{H,2}} + ZN_A Q'$

整理得 $\qquad \ln k_{H,2} = \dfrac{G_2^{\ominus} - G_{2,m} + ZN_A Q'}{RT} + \ln P_2 \qquad$ (2-2-37)

这就是亨利常数 $k_{H,2}$ 的统计热力学定义。

2.3　溶液的拟化学模型

2.3.1　基本假设[古根海姆(Guggenheim)]

假设：

(1)~(5)同拟晶态模型。

(6)混合溶液中相同分子组成的分子对的浓度 x_{11}, x_{22} 与不同分子间组成的分子对的浓度 x_{12} 之间存在的化学平衡。

$$①-①+②-② = 2①-② \qquad (2\text{-}2\text{-}38)$$

①-①及 ②-②分别为分子 1 与 1 和分子 2 与 2 组成的分子对；①-②为分子 1 与 2 组成的分子对。

即

$$K^{\ominus} = \frac{x_{12}^2}{x_{11}x_{22}} = e^{\frac{\Delta_r G^{\ominus}}{RT}} = e^{\frac{\Delta_{mix} G}{RT}} \qquad (2\text{-}2\text{-}39)$$

2.3.2　拟化学模型的基本方程

(1)理想混合，即 $Q' = 0$,

由分子无序排列时,溶液中各分子对的统计数(见规则溶液),

设组元 1 分子数为 N_1,组元 2 分子数为 N_2,总分子对为 $\dfrac{1}{2}Z(N_1 + N_2)$。

组元 1 的分子占有位置 1 的几率为 $\dfrac{N_1}{N_1+N_2}$；

组元 2 的分子占有位置 2 的几率为 $\dfrac{N_2}{N_1+N_2}$；

组元 1 的分子占有位置 1 的几率与组元 2 的分子占有位置 2 的几率二者同时发生的几率为 $\dfrac{N_1 N_2}{(N_1+N_2)^2}$；组元 2 的分子占有位置 1 与组元 1 占有位置 2 同时发生的几率为 $\dfrac{N_2 N_1}{(N_1+N_2)^2}$。

所以形成①—②对的几率：$\dfrac{N_2 N_1}{(N_1+N_2)^2}+\dfrac{N_1 N_2}{(N_1+N_2)^2}=\dfrac{2N_1 N_2}{(N_1+N_2)^2}$

形成①—①对的几率：$\dfrac{N_1{}^2}{(N_1+N_2)^2}$

形成②—②对的几率：$\dfrac{N_2{}^2}{(N_1+N_2)^2}$

所以

$$N_{11}=\frac{Z}{2}(N_1+N_2)\frac{N_1{}^2}{(N_1+N_2)^2}=\frac{Z}{2}\frac{N_1{}^2}{N_1+N_2}$$

$$N_{22}=\frac{Z}{2}(N_1+N_2)\frac{N_2{}^2}{(N_1+N_2)^2}=\frac{Z}{2}\frac{N_2{}^2}{N_1+N_2}$$

$$N_{12}=\frac{Z}{2}(N_1+N_2)\frac{2N_1 N_2}{(N_1+N_2)^2}=Z\frac{N_1 N_2}{N_1+N_2}$$

所以各分子对的摩尔分数

$$x_{11}=\frac{N_{11}}{N_{11}+N_{22}+N_{12}}=\frac{N_1^2}{(N_1+N_2)^2}$$

$$x_{22}=\frac{N_{22}}{N_{11}+N_{22}+N_{12}}=\frac{N_2^2}{(N_1+N_2)^2}$$

$$x_{12}=\frac{N_{12}}{N_{11}+N_{22}+N_{12}}=\frac{2N_1 N_2}{(N_1+N_2)^2}$$

$$K^{\ominus}=\frac{x_{12}^2}{x_{11}x_{22}}$$

$$=\frac{\left[\dfrac{2N_1 N_2}{(N_1+N_2)^2}\right]^2}{\dfrac{N_1^2}{(N_1+N_2)^2}\dfrac{N_2^2}{(N_1+N_2)^2}}=4 \tag{2-2-40}$$

而

$$\ln K^{\ominus}=\frac{\Delta_{\mathrm{mix}}S}{R}-\frac{\Delta_{\mathrm{mix}}H}{RT}$$

式中，$\Delta_{\mathrm{mix}}H=ZXQ'$ 为混合过程构型能的变化。

而 $Q'=0$，即 $\Delta_{\mathrm{mix}}H=0$，且溶液中分子完全无序地排列时

$$K^{\ominus} = e^{\frac{\Delta_{mix}G}{RT}}$$

$$= e^{\frac{\Delta_{mix}S}{R} - \frac{\Delta_{mix}H}{RT}}$$

$$= e^{\frac{\Delta_{mix}S}{R}}$$

$$= 4$$

(2)实际混合——分子不完全无序排列的情况

若 $Q' \neq 0$ 时

$$\frac{x_{12}^2}{x_{11}x_{22}} = e^{\frac{\Delta_{mix}S}{R}} e^{\frac{\Delta_{mix}H}{RT}}$$

$$= 4e^{\frac{\Delta_{mix}H}{RT}}$$

$$= 4e^{\frac{ZQ'N_A}{RT}} \qquad （对 1mol 溶液） \qquad (2-2-41)$$

此时,分子偶总数不变,仍为

$$\frac{Z}{2}(N_1 + N_2) = N_{11} + N_{22} + N_{12}$$

若　　　　　　　　　　　　　$N_{12} = ZX$

则　　　　　　　　　　　　　$N_{11} = \frac{Z}{2}(N_1 - X)$

$$N_{22} = \frac{Z}{2}(N_2 - X)$$

所以

$$\begin{cases} x_{11} = \dfrac{N_{11}}{N_{11} + N_{22} + N_{12}} = \dfrac{\frac{Z}{2}(N_1 - X)}{\frac{Z}{2}(N_1 + N_2)} = \dfrac{N_1 - X}{N_1 + N_2} \\[3mm] x_{22} = \dfrac{N_{22}}{N_{11} + N_{22} + N_{12}} = \dfrac{\frac{Z}{2}(N_2 - X)}{\frac{Z}{2}(N_1 + N_2)} = \dfrac{N_2 - X}{N_1 + N_2} \\[3mm] x_{12} = \dfrac{N_{12}}{N_{11} + N_{22} + N_{12}} = \dfrac{ZX}{\frac{Z}{2}(N_1 + N_2)} = \dfrac{2X}{N_1 + N_2} \end{cases} \qquad (2-2-42)$$

代入平衡常数关系式中,并整理得

$$X^2 = (N_1 - X)(N_2 - X)e^{\frac{ZQ'N_A}{RT}}$$

或　　　　　　　　　　　$X = \dfrac{2(N_1 + N_2)x_1 x_2}{1 + \xi} \qquad (2-2-43)$

其中　　　　　　　$\xi = \left[1 - 4x_1 x_2 \left(1 - e^{\frac{ZQ'N_A}{RT}}\right)\right]^{\frac{1}{2}} \qquad (2-2-44)$

混合过程基本方程中

$$\Delta_{mix}H = ZQ'X$$

$$= \frac{2ZQ'(N_1 + N_2)}{1 + \xi} x_1 x_2 \tag{2-2-45}$$

所以

$$\frac{\Delta_{\mathrm{mix}}G}{T} = \int \Delta_{\mathrm{mix}}H d\left(\frac{1}{T}\right) + c$$

$$= \int \frac{2ZQ'(N_1 + N_2)}{1 + \sqrt{1 - 4x_1 x_2 (1 - \mathrm{e}^{\frac{2ZQ'N_A}{RT}})}} d\left(\frac{1}{T}\right) + c \tag{2-2-46}$$

$$\Delta_{\mathrm{mix}}G = (N_1 + N_2)RT\big[x_1 \ln x_1 + x_2 \ln x_2 +$$

$$\frac{Z}{2} x_1 \ln \frac{\xi - 1 + 2x_1}{x_1(\xi + 1)} + \frac{Z}{2} x_2 \ln \frac{\xi - 1 + 2x_2}{x_2(\xi + 1)}\big] \tag{2-2-47}$$

分别对 n_1, n_2 求偏导

$$\begin{cases} G_{1,\mathrm{m}} - G_1^{\ominus} = N_A\left(\frac{\partial \Delta_{\mathrm{mix}}G}{\partial n_1}\right) = RT\big[\ln x_1 + \left(\frac{Z}{2}\right)\ln \frac{\xi - 1 + 2x_1}{x_1(\xi + 1)}\big] \\ G_{2,\mathrm{m}} - G_2^{\ominus} = N_A\left(\frac{\partial \Delta_{\mathrm{mix}}G}{\partial n_2}\right) = RT\big[\ln x_2 + \left(\frac{Z}{2}\right)\ln \frac{\xi - 1 + 2x_2}{x_2(\xi + 1)}\big] \end{cases} \tag{2-2-48}$$

所以,与式 2-1-2 比较

$$\begin{cases} \gamma_1 = \left[\dfrac{\xi - 1 + 2x_1}{x_1(\xi + 1)}\right]^{\frac{Z}{2}} \\ \gamma_2 = \left[\dfrac{\xi - 1 + 2x_2}{x_2(\xi + 1)}\right]^{\frac{Z}{2}} \end{cases} \tag{2-2-49}$$

即为不计溶液中分子形成簇的现象,像规则溶液那样无序排列的情况。与规则溶液(即完全无序地排列)对比:

规则溶液

$$\begin{cases} G_{1,\mathrm{m}} = G_1^{\ominus} + RT\ln x_1 + ZN_A Q'(1 - x_1)^2 \\ G_{2,\mathrm{m}} = G_2^{\ominus} + RT\ln x_2 + ZN_A Q'(1 - x_2)^2 \end{cases} \tag{2-2-50}$$

$$\begin{cases} \ln\gamma_1 = \dfrac{ZN_A Q'(1 - x_1)^2}{RT} \\ \ln\gamma_2 = \dfrac{ZN_A Q'(1 - x_2)^2}{RT} \end{cases} \tag{2-2-51}$$

或

$$\begin{cases} \gamma_1 = e^{\frac{ZN_A Q'(1-x_1)^2}{RT}} \\ \gamma_2 = e^{\frac{ZN_A Q'(1-x_2)^2}{RT}} \end{cases} \tag{2-2-52}$$

对比可见：

(1)x_i 一定时，γ_i 都取决于 Z, Q', T 的数值；

(2)若温度较低，Q' 绝对值较小时，两个模型计算出的 γ_i 差别不大。

思考：二元系中，$\dfrac{Q}{RT}$ 对 $\dfrac{\Delta_{mix}G}{RT} \sim x_1$ 曲线的影响规律如何？

第三章 铁液中溶质的相互作用参数

3.1 相互作用参数

3.1.1 二元系和三元系活度系数的关系——Chipman 定浓度相互作用参数

对二元系:1—2 ,组元 1—溶剂,组元 2—溶质,设其活度为 a'_2 , $a'_2 = \gamma'_2 x_2$。而对三元系:1—2—3,组元 1—溶剂,组元 2,3—溶质,则组元 2 的活度

$$a_2 = \gamma_2 x_2$$

设二元系中的 x_2 同三元系中的 x_2 相同。则一般地

$$\gamma_2 \neq \gamma'_2 \qquad a_2 \neq a'_2$$

由 $x_2 = x_2$ 得

$$\frac{a_2}{\gamma_2} = \frac{a'_2}{\gamma'_2}$$

或

$$a_2 = (\frac{\gamma_2}{\gamma'_2}) a'_2$$

令

$$\gamma_{2(x_2)}^{(3)} = \frac{\gamma_2}{\gamma'_2}$$

称为定浓度(二元系和三元系中的浓度都是 x_2)的相互作用系数,简称 $\gamma_2^{(3)}$。
同理可得

$\gamma_{2(a_2)}^{(3)}$——定活度的相互作用系数;

$\gamma_{2(x_2/x_3)}^{(3)}$——定浓度比的相互作用系数;

$f_{2(\%2)}^{(3)}$——定浓度(%)相互作用系数,简称 $f_2^{(3)}$。

一般的相互作用系数常用 $\gamma_2^{(3)}$,$f_2^{(3)}$。

可以推得

$$\begin{cases} \gamma_2 = \gamma'_2 \gamma_2^{(3)} \\ f_2 = f'_2 f_2^{(3)} \end{cases}$$

亦可推到多元系

$$\begin{cases} \gamma_2 = \gamma'_2 \gamma_2^{(3)} \gamma_2^{(4)} \cdots \\ f_2 = f'_2 f_2^{(3)} f_2^{(4)} \cdots \end{cases} \tag{2-3-1}$$

一般地

$$\begin{cases} \ln\gamma_2 = \ln\gamma'_2 + \ln\gamma_2^{(3)} + \ln\gamma_2^{(4)} + \cdots \\ \ln f_2 = \ln f'_2 + \ln f_2^{(3)} + \ln f_2^{(4)} + \cdots \end{cases} \tag{2-3-2}$$

Chipman 从实验中发现,铁液中 C,P,Ni 对 Si 的活度系数的影响规律:

在浓度小时

$$\lg f_{Si} = e_{Si}^j \ [\%j] \quad (j = C, P, Ni \ 等)$$

即 $\lg f_{Si}$ 与加入的第三元素的浓度成线性关系。

几乎在同时,瓦格纳(Wagner)用泰勒级数展开式从数学理论上解决了多元系溶液活度系数与溶质浓度间相互作用参数的一般式。

3.1.2 瓦格纳一次相互作用参数式与 L—E 高次相互作用系数

3.1.2.1 浓度用摩尔分数

在一个多元系溶液中,设组元 1 为溶剂,组元 2,3,… 为溶质。

在 T, P 一定时,有

$$\ln\gamma_2 = f(x_2, x_3, \cdots)$$

取纯物质为标准态。且 $x_1 \to 1$,或 $x_2, x_3, \cdots \to 0$ 时,对上式在 $x_2 = 0$ 附近展开为泰勒级数,得

$$\ln\gamma_2 = \ln\gamma_2^0 + \left(\frac{\partial\ln\gamma_2}{\partial x_2}\right)x_2 + \left(\frac{\partial\ln\gamma_2}{\partial x_3}\right)x_3 + \cdots +$$

$$\frac{1}{2}\left[\frac{\partial^2\ln\gamma_2}{\partial x_2^2}x_2^2 + \frac{\partial^2\ln\gamma_2}{\partial x_3^2}x_3^2 + \cdots + 2\sum_{x_i=2}^n\sum_{x_j=2}^n\frac{\partial^2\ln\gamma_2}{\partial x_i\partial x_j}x_ix_j\right] \qquad (2\text{-}3\text{-}3)$$

定义

$$\left(\frac{\partial\ln\gamma_2}{\partial x_2}\right)_{x_1\to1} = \varepsilon_2^{(2)}$$

$$\left(\frac{\partial\ln\gamma_2}{\partial x_3}\right)_{x_1\to1} = \varepsilon_2^{(3)}$$

$$\vdots$$

$$\left(\frac{\partial\ln\gamma_2}{\partial x_i}\right)_{x_1\to1} = \varepsilon_2^{(i)}$$

称 $\varepsilon_2^{(2)}, \varepsilon_2^{(3)}, \cdots, \varepsilon_2^{(i)}$ 为组元 2,3,…,i 对组元 2 的一次相互作用系数。

定义

$$\frac{1}{2}\left(\frac{\partial^2\ln\gamma_2}{\partial x_2^2}\right)_{x_1\to1} = \rho_2^{(2)}$$

$$\frac{1}{2}\left(\frac{\partial^2\ln\gamma_2}{\partial x_3^2}\right)_{x_1\to1} = \rho_2^{(3)}$$

$$\vdots$$

$$\frac{1}{2}\left(\frac{\partial^2\ln\gamma_2}{\partial x_i^2}\right)_{x_1\to1} = \rho_2^{(i)}$$

$$\left(\frac{\partial^2 \ln\gamma_2}{\partial x_2 \partial x_3}\right)_{x_1 \to 1} = \rho_2^{(2,3)}$$

$$\vdots$$

$$\left(\frac{\partial^2 \ln\gamma_2}{\partial x_j \partial x_k}\right)_{x_1 \to 1} = \rho_2^{(j,k)}$$

称 $\rho_2^{(2)}, \rho_2^{(3)}, \cdots, \rho_2^{(i)}$ 为组元 $2,3,\cdots,i$ 对组元 2 的二次相互作用系数。
$\rho_2^{(2,3)}, \cdots, \rho_2^{(j,k)}$ 为组元 j,k 对组元 2 的二次相互作用系数。

即
$$\ln\gamma_2 = \ln\gamma_2^0 + \sum_{j=2}^{n} \varepsilon_2^{(j)} x_j + \sum_{j=2}^{n} \rho_2^{(j)} x_j^2 + \sum_{j=2}^{n} \sum_{k=2}^{n} \rho_2^{(j,k)} x_j x_k \tag{2-3-4}$$

一般地,可以写成(对 n 元系,1—溶剂, $2,3,\cdots,i$ 为溶质)

$$\ln\gamma_i = \ln\gamma_i^0 + \sum_{j=2}^{n} \varepsilon_i^{(j)} x_j + \sum_{j=2}^{n} \rho_i^{(j)} x_j^2 + \sum_{j=2}^{n} \sum_{k=2}^{n} \rho_i^{(j,k)} x_j x_k \tag{2-3-5}$$

3.1.2.2　浓度用质量分数

对 n 元系溶液,选 1% 溶液为标准态,则
$$\lim_{x_i \to 0} f_i = f_i^0 = 1$$
所以
$$\lg f_i^0 = 0$$
$$\lg f_i = F(\%2, \%3, \cdots, \%i, \cdots)$$

将 $\lg f_2$ 在 $\%i = 0$ 附近展开为泰勒级数。

$$\lg f_i = \sum_{j=2}^{n} \frac{\partial \lg f_i}{\partial [\%j]} [\%j] + \sum_{j=2}^{n} \frac{1}{2} \frac{\partial^2 \lg f_i}{\partial [\%j]^2} [\%j]^2 +$$

$$\sum_{j=2}^{n} \sum_{k=2}^{n} \frac{\partial^2 \lg f_i}{\partial [\%j] \partial [\%k]} [\%j][\%k] \tag{2-3-6}$$

同理,定义

$$e_i^j = \left(\frac{\partial \lg f_i}{\partial [\%j]}\right)_{[\%j] \to 0} \tag{2-3-7}$$

$$\gamma_i^j = \left(\frac{1}{2} \frac{\partial^2 \lg f_i}{\partial [\%j]^2}\right)_{[\%j] \to 0} \tag{2-3-8}$$

$$\gamma_i^{i,j} = \left(\frac{\partial^2 \lg f_i}{\partial [\%j] \partial [\%k]}\right)_{[\%j] \to 0, [\%k] \to 0} \tag{2-3-9}$$

所以
$$\lg f_i = \sum_{j=2}^{n} e_i^j [\%j] + \sum_{j=2}^{n} \gamma_i^j [\%j]^2 + \sum_{j=2}^{n} \sum_{k=2}^{n} \gamma_i^{(j,k)} [\%j][\%k] \tag{2-3-10}$$

练习：

证明

(1)
$$\varepsilon_i^{(j)} = \varepsilon_j^{(i)}$$

(2)
$$e_i^j = \left(e_i^j - \frac{1}{230}\right)\left(\frac{M_i}{M_j}\right) + \frac{1}{230}$$

3.2　相互作用系数的意义

3.2.1　物理化学意义

关于 $\varepsilon_2^{(2)}$ ：
等温等压下，由定义

$$\varepsilon_2^{(2)} = \left(\frac{\partial \ln \gamma_2}{\partial x_2}\right)_{x_1 \to 1}$$

或

若 $\varepsilon_2^{(2)} > 0$　则组元 2 的增加使 γ_2 增加；

$\varepsilon_2^{(2)} < 0$　则组元 2 的增加使 γ_2 减少。

关于 $\varepsilon_2^{(3)}$ ：
等温等压下，由定义

$$\varepsilon_2^{(3)} = \left(\frac{\partial \ln \gamma_2}{\partial x_3}\right)_{x_1 \to 1}$$

若 $\varepsilon_2^{(3)} > 0$　则组元 3 的增加使 γ_2 增加；

$\varepsilon_2^{(3)} < 0$　　　则组元 3 的增加使 γ_2 减少。

3.2.2　统计热力学意义

N_1 个组元 1 分子和 N_2 个组元 2 分子相混合，则溶液中异种分子偶的数目为：

$$Z \frac{N_1 N_2}{N_1 + N_2}$$

若混合时产生每对异种分子偶内能变化为 Q'，则溶液混合焓即为

$$\Delta_{\text{mix}} H = Q' Z \frac{N_1 N_2}{N_1 + N_2} \tag{2-3-11}$$

由混合过程基本方程，得出

$$\Delta_{\text{mix}} G = n_1 RT \ln x_1 + n_2 RT \ln x_2 + Z \frac{N_1 N_2}{N_1 + N_2} Q' \tag{2-3-12}$$

$$G = \Delta_{\text{mix}} G + G^{\ominus}$$

$$\begin{cases} G_{1,\mathrm{m}} = (\dfrac{\partial G}{\partial n_1})_{T,p,n_2} = G_1^{\ominus} + RT\ln x_1 + ZN_{\mathrm{A}}Q'(1-x_1)^2 \\ G_{2,\mathrm{m}} = (\dfrac{\partial G}{\partial n_2})_{T,p,n_1} = G_2^{\ominus} + RT\ln x_2 + ZN_{\mathrm{A}}Q'(1-x_2)^2 \end{cases} \tag{2-3-13}$$

$$\begin{cases} \Delta_{\mathrm{mix}}G_1^{\mathrm{E}} = ZN_{\mathrm{A}}Q'(1-x_1)^2 \\ \Delta_{\mathrm{mix}}G_2^{\mathrm{E}} = ZN_{\mathrm{A}}Q'(1-x_2)^2 \end{cases} \tag{2-3-14}$$

或
$$\begin{cases} RT\ln\gamma_1 = ZN_{\mathrm{A}}Q'(1-x_1)^2 \\ RT\ln\gamma_2 = ZN_{\mathrm{A}}Q'(1-x_2)^2 \end{cases} \tag{2-3-15}$$

令 $Q_{12}=ZN_{\mathrm{A}}Q'$，称为组元 1、2 的相互作用能。

对稀溶液，若 x_2 为溶质的浓度，在 $x_2 \to 0$ 时展开

$$(1-x_2)^2 = 1 - 2x_2 + x_2^2$$

由于 x_2 很小，可以忽略 x_2^2 项，得出

$$(1-x_2)^2 = 1 - 2x_2$$

式 2-3-15 可以写成

$$RT\ln\gamma_2 = Q_{12} - 2Q_{12}x_2 \quad 或 \quad \ln\gamma_2 = \frac{(Q_{12}-2Q_{12}x_2)}{RT}$$

与 $\ln\gamma_2 = \ln\gamma_2^0 + \varepsilon_2^2 x_2$（二元系的瓦格纳方程式）比较，得

$$\begin{cases} \ln\gamma_2^0 = \dfrac{Q_{12}}{RT} \\ \varepsilon_2^2 = -\dfrac{2Q_{12}}{RT} \end{cases} \tag{2-3-16}$$

同理，对三元系 1—2-3，（x_2，x_3 为稀溶液的溶质）

$$\varepsilon_2^3 = \frac{Q_{32} - Q_{12} - Q_{13}}{RT} \tag{2-3-17}$$

同理，在一般的三元系中，可以利用两个组元间的相互作用能 Q_{ij} 求组元的相互作用系数 $\varepsilon_i^{(i)}$，$\varepsilon_i^{(j)}$。

例 2-3-1　在 Fe—i 二元系中（i＝Al，Si，…），由式 2-3-16，用组元的相互作用能计算的相互作用系数和实验测量的数据对比，如表 2-3-1 所示。

表 2-3-1　用相互作用能 $Q_{\mathrm{Fe}-i}$ 计算的组元的相互作用系数 $\varepsilon_i^{(i)}$ 和实验测量的数据对比

i	$Q_{\mathrm{Fe}-i}/J\cdot\mathrm{mol}^{-1}$	$\varepsilon_i^{(i)}$	
		计　算	实验测量
Al	−43054	5.5	5.3
Si	−144335	18.4	37
Cu	33440	−4.3	−5.5
C	−88034	11.4	11
P	−8778	11.2	—
S	31768	−3.6	−3.7
O	99066	−12.7	−13.0

例 2-3-2　已知 $Q_{C-Si}=-4180J/mol, Q_{Fe-C}=-88034J/mol, Q_{Fe-Si}=-144335J/mol$，
求 1983K 时 ε_C^{Si}

解：由式 2-3-17

$$\varepsilon_C^{Si} = \frac{Q_{C\text{-}Si} - Q_{Fe\text{-}C} - Q_{Fe\text{-}Si}}{RT}$$

$$= \frac{-4180 + 88034 + 144335}{8.314 \times 1983}$$

$$= 13.84$$

3.2.3　相互作用系数的几何意义

对二元系瓦格纳方程

$$\ln\gamma_2 = \ln\gamma_2^0 + \varepsilon_2^2 x_2 + \rho_2^2 x_2^2$$

或

$$\ln(\gamma_2/\gamma_2^0) = \varepsilon_2^2 x_2 + \rho_2^2 x_2^2$$

如图 2-3-1 所示。

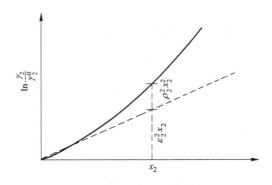

图 2-3-1　相互作用系数的几何描述

在上图中，虚线是线性关系，表示 $\ln\dfrac{\gamma_2}{\gamma_2^0}$ 与 $\varepsilon_2^2 x_2$ 的线性关系段 $\ln(\gamma_2/\gamma_2^0)=\varepsilon_2^2 x_2$；实线是
非线性关系 $\ln(\gamma_2/\gamma_2^0)=\varepsilon_2^2 x_2 + \rho_2^2 x_2^2$，其中 $\rho_2^2 x_2^2$ 是虚线与实线之间距离，是非线性程度的描
述。可以看出，随着浓度 x_2 的增大，$\rho_2^2 x_2^2$ 越来越大，$\ln\dfrac{\gamma_2}{\gamma_2^0}$ 与 x_2 的关系偏离线性关系的程度
在增大。

3.3　相互作用系数与原子序数的关系

Turkdogan 研究 1823K，碳饱和的 Fe—C—j 三元系，发现 $\varepsilon_{C(a)}^j \sim j$ 的原子序数之间的
规律，如图 2-3-2 所示。可以看出，其关系与元素周期表有着类似的规律。

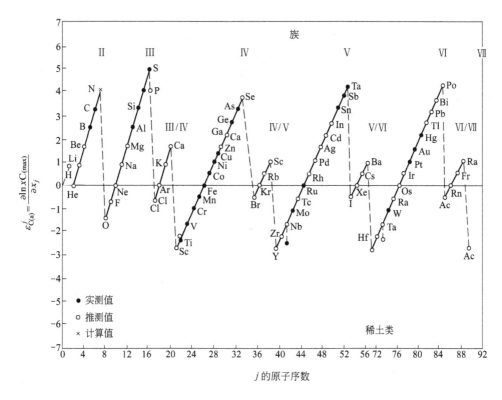

图 2-3-2 相互作用系数与原子序数图

3.4 温度对相互作用参数的影响

对 1—2—3 三元系溶液中

$$\lg f_2 = \lg f_2' + \lg f_2^3$$

或

$$\lg f_2 = e_2^2[\%2] + e_2^3[\%3]$$

两边同乘以 $2.303RT$

$$2.303RT\lg f_2 = 2.303RT\lg f_2' + 2.303RT\lg f_2^3$$

就是

$$\Delta_{mix}G_2^E = 2.303RT e_2^2[\%2] + 2.303RT e_2^3[\%3]$$
$$= \overline{G}_2^{(\%2)} + \overline{G}_2^{(\%3)} \tag{2-3-18}$$

式中,$\overline{G}_2^{(\%2)}$、$\overline{G}_2^{(\%3)}$ 分别表示组元 2、3 对超额自由能的贡献,且

$$\overline{G}_2^{(\%3)} = H_2^{(\%3)} - TS_2^{(\%3)} \tag{2-3-19}$$

定义

$$\left(\frac{\partial H_2^{(\%3)}}{\partial[\%3]}\right)_{[\%1]\to100} = h_2^{(3)} \qquad 焓的相互作用参数$$

$$\left(\frac{\partial S_2^{(\%3)}}{\partial[\%3]}\right)_{[\%1]\to100} = S_2^{(3)} \qquad 熵的相互作用参数$$

所以
$$G_2^{(\%3)} = 2.303RT \mathrm{e}_2^3 [\%3]$$
$$= h_2^{(\%3)} [\%3] - TS_2^{(3)} [\%3] \tag{2-3-20}$$

故
$$\mathrm{e}_2^3 = \frac{h_2^{(\%3)}}{2.303RT} - \frac{S_2^{(3)}}{2.303R} \tag{2-3-21}$$

$h_2^{(3)}$，$S_2^{(3)}$ 与温度无关，令

$$A_2 = \frac{h_2^{(\%3)}}{2.303R} \qquad B_2 = \frac{S_2^{(3)}}{2.303R}$$

则
$$\mathrm{e}_2^{(3)} = \frac{A_2}{T} + B_2 \tag{2-3-22}$$

一般地
$$\mathrm{e}_i^i = \frac{A_i}{T} + B_i \tag{2-3-23}$$

第四章　铁液中溶质的活度系数

上一章对铁溶液中组元的活度系数的描述是用瓦格纳方程,描述采用常规的方法和统计热力学方法,但是瓦格纳方程式有如下的局限性:

(1)溶质的浓度较高时,在瓦格纳方程中不能忽略二次以上的项,但二次以上相互作用系数由于实验精度上的限制,可靠的数据不多。

(2)一次相互作用系数一个不能缺少,特别是浓度比较大的组元和作用系数较大的组元。二次作用系数在实验上是不可能测全的,如果数据不全,即失去应用意义。

(3)溶质的浓度很大时,瓦格纳方程几乎不能使用。

由于以上原因,限制了瓦格纳方程在实际溶液中的使用范围。为此 Darken 提出了一种解决方案。

4.1　Darken 二次型与规则溶液模型

4.1.1　铁系二元系的特点

Darken 总结了一些铁系二元系和部分三元系的溶质的活度系数随其浓度变化的规律。对 1—2 二元系,如图 2-4-1 所示。

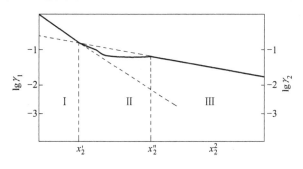

图 2-4-1　铁系二元系的活度系数与浓度的关系

将溶液按组元 2 的浓度的大小分为 3 个区:

Ⅰ区 $0 < x_2 < x_2'$ 组元 2 作为溶质,此时

$$\begin{cases} \lg\gamma_1 = ax_2^2 \\ \lg\gamma_2 = ax_1^2 + m \end{cases} \quad \text{或} \quad \begin{cases} \lg\gamma_1 = a(1-x_1)^2 \\ \lg\gamma_2 = a(1-x_2)^2 + m \end{cases} \quad (2\text{-}4\text{-}1)$$

Ⅲ区 $x_2'' < x_2 < 1$ 组元 2 作为溶剂,此时有如下关系:

$$\begin{cases} \lg\gamma_1 = bx_2^2 + n \\ \lg\gamma_2 = bx_1^2 \end{cases} \quad 或 \quad \begin{cases} \lg\gamma_1 = b(1-x_1)^2 + n \\ \lg\gamma_2 = b(1-x_2)^2 \end{cases} \quad (2\text{-}4\text{-}2)$$

Ⅱ区 $x_2' < x_2 < x_2''$ 溶液没有明显的规律。

Ⅰ区、Ⅲ区有共同的规律,可用如下例题说明。

例 Fe—Si 二元系

Ⅰ区,Fe 为溶剂

$$\lg\gamma_{Fe} = -3.10x_{Si}^2$$

$$\lg\gamma_{Si} = -3.10x_{Fe}^2 + 0.35$$

Ⅲ区,Si 为溶剂

$$\lg\gamma_{Si} = -0.78x_{Fe}^2$$

$$\lg\gamma_{Fe} = -0.78x_{Si}^2 - 0.86$$

讨论:

Fe 系二元系在全浓度范围内可分为 3 个区域。

(1)Ⅰ,Ⅲ区域:溶剂的活度系数的对数和溶质的浓度平方成正比,$Y=KX$ 型。

溶质的活度系数的对数和溶剂的浓度平方成正比,$Y=KX+I$ 型。

在同一区域,溶剂与溶质同浓度的线性关系有相同的斜率 K。

(2)系数 m,n 的确定

区域Ⅰ:2 为溶质

$$\lg\gamma_2 = ax_1^2 + m$$

当 $\qquad\qquad x_2 \to 0(或\ x_1 \to 1)时,$

由 $\qquad\qquad \gamma_2 = \gamma_2^{\ominus} f_2 \qquad f_2 = 1$

所以 $\qquad\qquad \gamma_2|_{x_2 \to 0} = \gamma_2^{\ominus}$

故 $\qquad\qquad m = \lg\gamma_2^{\ominus} - a \qquad\qquad\qquad (2\text{-}4\text{-}3)$

同理,区域Ⅲ:1 为溶质

$$\lg\gamma_1 = ax_2^2 + n$$

当 $\qquad\qquad x_1 \to 0(或\ x_2 \to 1)时,$
由 $\qquad\qquad \gamma_1 = \gamma_1^{\ominus} f_1 \qquad f_1 = 1$
所以 $\qquad\qquad \gamma_1|_{x_1 \to 0} = \gamma_1^{\ominus}$
故 $\qquad\qquad n = \lg\gamma_1^{\ominus} - b \qquad\qquad\qquad (2\text{-}4\text{-}4)$

(3)铁系二元系Ⅰ,Ⅲ区域 Darken 方程的一般式

区域Ⅰ:2—溶质
$$\begin{cases} \lg\gamma_1 = ax_2^2 \\ \lg\dfrac{\gamma_2}{\gamma_2^{\ominus}} = a(x_1^2-1) = a(-2x_2+x_2^2) \end{cases}$$
(2-4-5)

区域Ⅲ:1—溶质
$$\begin{cases} \lg\dfrac{\gamma_1}{\gamma_1^{\ominus}} = b(x_2^2-1) = b(-2x_1+x_1^2) \\ \lg\gamma_2 = bx_1^2 \end{cases}$$
(2-4-6)

4.1.2　区域Ⅱ的特点

区域Ⅱ:$x_2' < x_2 < x_2''$

下面研究区域Ⅱ中溶液的特点:

(1)稳定性与过剩稳定性的定义

稳定性:在溶液中,定义$\dfrac{\mathrm{d}^2 G_\mathrm{m}}{\mathrm{d}x_1^2}$或$\dfrac{\mathrm{d}^2 G_\mathrm{m}}{\mathrm{d}x_2^2}$为溶液的稳定性。

其中
$$\frac{\mathrm{d}^2 G_\mathrm{m}}{\mathrm{d}x_1^2} = \frac{\mathrm{d}^2 G_\mathrm{m}}{\mathrm{d}x_2^2}$$

过剩稳定性:在溶液中,定义$\dfrac{\mathrm{d}^2 \Delta_\mathrm{mix} G^\mathrm{E}}{\mathrm{d}x_1^2}$或$\dfrac{\mathrm{d}^2 \Delta_\mathrm{mix} G^\mathrm{E}}{\mathrm{d}x_2^2}$为溶液的过剩稳定性。

(2)稳定性方程

对组元 2,由偏摩尔量和摩尔量关系式,可以知道

$$G_{2,\mathrm{m}} = G_\mathrm{m} + x_1\left(\frac{\mathrm{d}G_\mathrm{m}}{\mathrm{d}x_2}\right)$$
$$= G_\mathrm{m} + (1-x_2)\frac{\mathrm{d}G_\mathrm{m}}{\mathrm{d}x_2}$$
(2-4-7)

两边皆对 x_2 求导

$$\frac{\mathrm{d}G_{2,\mathrm{m}}}{\mathrm{d}x_2} = \frac{\mathrm{d}G_\mathrm{m}}{\mathrm{d}x_2} + (1-x_2)\frac{\mathrm{d}^2 G_\mathrm{m}}{\mathrm{d}x_2^2} - \frac{\mathrm{d}G_\mathrm{m}}{\mathrm{d}x_2}$$
$$= (1-x_2)\frac{\mathrm{d}^2 G_\mathrm{m}}{\mathrm{d}x_2^2}$$
(2-4-8)

所以
$$\frac{\mathrm{d}^2 G_\mathrm{m}}{\mathrm{d}x_2^2} = \frac{1}{1-x_2}\frac{\mathrm{d}G_{2,\mathrm{m}}}{\mathrm{d}x_2} = -\frac{2\mathrm{d}G_{2,\mathrm{m}}}{\mathrm{d}(1-x_2)^2}$$

同理,对过剩稳定性

$$\frac{\mathrm{d}^2 \Delta_\mathrm{mix} G^\mathrm{E}}{\mathrm{d}x_2^2} = -\frac{2\mathrm{d}\Delta_\mathrm{mix} G_2^\mathrm{E}}{\mathrm{d}(1-x_2)^2}$$

而
$$G_{2,\mathrm{m}} = G_2^{\ominus} + RT\ln a_2$$
$$\Delta_\mathrm{mix} G_2^\mathrm{E} = \Delta_\mathrm{mix} G_2 - \Delta_\mathrm{mix} G_{2,\mathrm{id}}$$
$$= RT\ln\gamma_2$$

所以
$$\begin{cases} \dfrac{d^2 G_m}{dx_2^2} = -\dfrac{2RT\,dlna_2}{d(1-x_2)^2} = -4.605RT\,\dfrac{dlga_2}{d(1-x_2)^2} \\[4mm] \dfrac{d^2 \Delta_{mix}G^E}{dx_2^2} = -\dfrac{2RT\,dln\gamma_2}{d(1-x_2)^2} = -4.605RT\,\dfrac{dlg\gamma_2}{d(1-x_2)^2} \end{cases} \qquad (2\text{-}4\text{-}9)$$

(3)过剩稳定性的变化规律

实验指出

$$\frac{d^2 \Delta_{mix}G^E}{dx_2^2} = -4.605RT\,\frac{dlg\gamma_2}{d(1-x_2)^2} = A \qquad 0 < x_2 < x_2{}' \qquad (2\text{-}4\text{-}10)$$

$$\frac{d^2 \Delta_{mix}G^E}{dx_2^2} \qquad \text{极值或急剧变化} \qquad x_2{}' < x_2 < x_2{}'' \qquad (2\text{-}4\text{-}11)$$

$$\frac{d^2 \Delta_{mix}G^E}{dx_2^2} = -4.605RT\,\frac{dlg\gamma_2}{d(1-x_2)^2} = B \qquad x_2{}'' < x_2 < 1 \qquad (2\text{-}4\text{-}12)$$

如图 2-4-2、图 2-4-3 所示是过剩稳定性与浓度的关系。

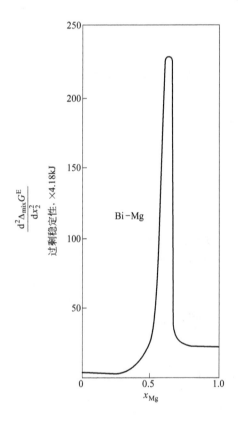

图 2-4-2　过剩稳定性与浓度的关系(1)

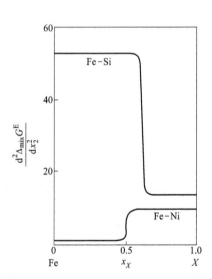

图 2-4-3　过剩稳定性与浓度的关系(2)

4.1.3 Darken 二次型

在 1—2 二元系溶液中
对区域 I

$$\begin{cases} \lg\gamma_1 = \alpha_{12}x_2^2 \\ \lg\gamma_2/\gamma_2^{\ominus} = \alpha_{12}(-2x_2 + x_2^2) \end{cases}$$

而

$$\Delta_{mix}G_m^E = x_1\Delta_{mix}G_1^E + x_2\Delta_{mix}G_2^E$$

$$= x_1RT\ln\gamma_1 + x_2RT\ln\gamma_2$$

$$= 2.303RT[\alpha_{12}x_1x_2^2 + x_2\lg\gamma_2^{\ominus} - 2\alpha_{12}x_2^2 + \alpha_{12}x_2^3]$$

$$= 2.303RTx_2[\alpha_{12}x_1x_2 + \lg\gamma_2^{\ominus} - 2\alpha_{12}x_2 + \alpha_{12}x_2^2]$$

整理得

$$\Delta_{mix}G_m^E = 2.303RT(x_2\lg\gamma_2^{\ominus} - \alpha_{12}x_2^2) \tag{2-4-13}$$

该式叫做 Darken 二次型
若 $\lg\gamma_2^{\ominus} = \alpha_{12}$，则

$$\Delta_{mix}G_m^E = 2.303RT\alpha_{12}x_2(1-x_2)$$

$$= 2.303RT\alpha_{12}x_1x_2 \tag{2-4-14}$$

所以，该式是正规溶液，另外，从另一方面可以看出，Darken 二次型是正规溶液模型的一般形式，而正规溶液是 Darken 二次型在 $\lg\gamma_2^{\ominus} = \alpha_{12}$ 时的特殊形式。

4.2　三元系 $\lg\gamma_i$ 的计算

对区域 I

$$\begin{cases} \lg\gamma_1 = \alpha_{12}x_2^2 \\ \lg\gamma_2/\gamma_2^{\ominus} = \alpha_{12}(-2x_2 + x_2^2) \end{cases}$$

将二元系中 Darken 二次型推广到三元系，有

$$\frac{\Delta_{mix}G_m^E}{2.303RT} = x_2\lg\gamma_2^{\ominus} + x_3\lg\gamma_3^{\ominus} - \alpha_{12}x_2^2 - \alpha_{13}x_3^2 - (\alpha_{12} + \alpha_{13} - \alpha_{23})x_2x_3 \tag{2-4-15}$$

其中

$$\alpha_{12} = \frac{\lg\gamma_1}{x_2^2}$$

$$\alpha_{13} = \frac{\lg\gamma_1}{x_3^2}$$

这时在三元系溶液中组元 1—溶剂，组元 2,3—溶质；
而对于 2—3 体系

$$\alpha_{23} = \frac{\lg\gamma_1}{x_3^2}$$

可以认为：组元 2—溶剂，组元 3—溶质。

前面的推导中，得到二元系中

$$\begin{cases} G_{1,m} = G_m + (1-x_1)(\frac{dG_m}{dx_1}) \\ \\ G_{2,m} = G_m + (1-x_2)(\frac{dG_m}{dx_2}) \end{cases}$$

三元系中，同样有如下关系：

$$\begin{cases} G_{1,m} = G_m + (1-x_1)(\frac{\partial G_m}{\partial x_1})_{x_2/x_3} \\ \\ G_{2,m} = G_m + (1-x_2)(\frac{\partial G_m}{\partial x_2})_{x_1/x_3} \\ \\ G_{3,m} = G_m + (1-x_3)(\frac{\partial G_m}{\partial x_3})_{x_1/x_2} \end{cases} \tag{2-4-16}$$

所以

$$\begin{cases} 2.303RT\lg\gamma_1 = \Delta_{mix}G_m^E + (1-x_1)(\frac{\partial \Delta_{mix}G_m^E}{\partial x_1})_{x_1/x_3} \\ \\ 2.303RT\lg\gamma_2 = \Delta_{mix}G_m^E + (1-x_2)(\frac{\partial \Delta_{mix}G_m^E}{\partial x_2})_{x_2/x_3} \\ \\ 2.303RT\lg\gamma_3 = \Delta_{mix}G_m^E + (1-x_3)(\frac{\partial \Delta_{mix}G_m^E}{\partial x_3})_{x_1/x_2} \end{cases} \tag{2-4-17}$$

令

$$\frac{x_2}{x_3} = K$$

则

$$x_1 + x_2 + x_3 = x_1 + x_3(1 + \frac{x_2}{x_3})$$
$$= x_1 + x_3(1+K) = 1$$

两边对 x_1 求导

$$1 + (1+K)(\frac{\partial x_3}{\partial x_1})_{x_2/x_3} = 0$$

所以

$$(\frac{\partial x_3}{\partial x_1})_{x_2/x_3} = -\frac{1}{1+K} = -\frac{1}{1+\frac{x_2}{x_3}}$$

$$= -\frac{x_3}{x_2 + x_3}$$

$$= -\frac{x_3}{1-x_1}$$

三元系的 Darken 二次型可变为

$$\frac{\Delta_{\mathrm{mix}}G_{\mathrm{m}}^{\mathrm{E}}}{2.303RT} = x_3(\frac{x_2}{x_3}\lg\gamma_2^{\ominus} + \lg\gamma_3^{\ominus}) - x_3^2(\alpha_{12}\frac{x_2^2}{x_3^2} + \alpha_{13}) -$$

$$(\alpha_{12} + \alpha_{13} - \alpha_{23})x_3^2\frac{x_2}{x_3} \qquad (2\text{-}4\text{-}18)$$

$\frac{x_2}{x_3}$一定时,上式对 x_1 求导

$$\frac{1}{2.303RT}\frac{\partial\Delta_{\mathrm{mix}}G_{\mathrm{m}}^{\mathrm{E}}}{\partial x_1} = \left(\frac{\partial x_3}{\partial x_1}\right)_{x_2/x_3}\left(\frac{x_2}{x_3}\lg\gamma_2^{\ominus} + \lg\gamma_3^{\ominus}\right) -$$

$$2x_3\left(\frac{\partial x_3}{\partial x_2}\right)_{x_2/x_3}\left(\alpha_{12}\frac{x_2^2}{x_3^2} + \alpha_{13}\right) - 2x_3\left(\frac{\partial x_3}{\partial x_1}\right)_{x_2/x_3}(\alpha_{12} + \alpha_{13} - \alpha_{23})\frac{x_2}{x_3}$$

$$= -\frac{x_3}{1-x_1}\left(\frac{x_2}{x_3}\lg\gamma_2^{\ominus} + \lg\gamma_3^{\ominus}\right) + \frac{2x_3^2}{1-x_1}\left(\alpha_{12}\frac{x_2^2}{x_3^2} + \alpha_{13}\right) +$$

$$\frac{2x_2x_3}{1-x_1}(\alpha_{12} + \alpha_{13} - \alpha_{23}) \qquad (2\text{-}4\text{-}19)$$

将式 2-4-15、式 2-4-19 代入式 2-4-17 中并整理得

$$\lg\gamma_1 = \alpha_{12}x_2^2 + (\alpha_{12} + \alpha_{13} - \alpha_{23})x_2x_3 \qquad (2\text{-}4\text{-}20)$$

同理可得

$$\lg\frac{\gamma_2}{\gamma_2^{\ominus}} = -2\alpha_{12}x_2 + (\alpha_{23} - \alpha_{12} - \alpha_{13})x_3 + \alpha_{12}x_2^2 +$$

$$\alpha_{13}x_3^2 + (\alpha_{12} + \alpha_{13} - \alpha_{23})x_2x_3 \qquad (2\text{-}4\text{-}21)$$

$$\lg\frac{\gamma_3}{\gamma_3^{\ominus}} = -2\alpha_{13}x_3 + (\alpha_{23} - \alpha_{12} - \alpha_{13})x_2 + \alpha_{12}x_2^2 +$$

$$\alpha_{13}x_3^2 + (\alpha_{12} + \alpha_{13} - \alpha_{23})x_2x_3 \qquad (2\text{-}4\text{-}22)$$

注:求三元系中 γ_1,γ_2,γ_3 的前提,必须先求出以下参数:

$$\left.\begin{matrix}\gamma_2^{\ominus}\\\gamma_3^{\ominus}\\\alpha_{12}\\\alpha_{13}\end{matrix}\right\} \text{由二元系溶液的试验求;}$$

式中,α_{23}由三元系溶液的试验求。

4.3 Darken 二次型与 Wagner 方程比较

(1)在 1−2−3 三元系中,若 $x_2\to0$,$x_3\to0$ 时

Wagner 式

$$\begin{cases} \ln\gamma_2 = \ln\gamma_2^\ominus + \varepsilon_2^2 x_2 + \varepsilon_2^3 x_3 \\ \ln\gamma_3 = \ln\gamma_3^\ominus + \varepsilon_3^3 x_3 + \varepsilon_3^2 x_2 \end{cases}$$

或

$$\begin{cases} \ln\dfrac{\gamma_2}{\gamma_2^\ominus} = \varepsilon_2^2 x_2 + \varepsilon_2^3 x_3 \\ \ln\dfrac{\gamma_3}{\gamma_3^\ominus} = \varepsilon_3^3 x_3 + \varepsilon_3^2 x_2 \end{cases} \tag{2-4-23}$$

对式 2-4-21、式 2-4-22 如忽略二次项,得

$$\begin{cases} \lg\dfrac{\gamma_2}{\gamma_2^\ominus} = -2\alpha_{12}x_2 + (\alpha_{23}-\alpha_{12}-\alpha_{13})x_3 \\ \lg\dfrac{\gamma_3}{\gamma_3^\ominus} = -2\alpha_{13}x_3 + (\alpha_{23}-\alpha_{12}-\alpha_{13})x_2 \end{cases} \tag{2-4-24}$$

式 2-4-23 和式 2-4-24 比较,得

$$\begin{cases} \varepsilon_2^2/2.303 = -2\alpha_{12} \\ \varepsilon_3^3/2.303 = -2\alpha_{13} \\ \varepsilon_2^3/2.303 = \varepsilon_3^2/2.303 = \alpha_{23}-\alpha_{12}-\alpha_{13} \end{cases} \tag{2-4-25}$$

(2)x_2,x_3 较大时,Wagner 式如下

$$\begin{cases} \ln\dfrac{\gamma_2}{\gamma_2^\ominus} = \varepsilon_2^2 x_2 + \varepsilon_2^3 x_3 + \rho_2^2 x_2^2 + \rho_2^3 x_3^2 + \rho_2^{(2,3)} x_2 x_3 \\ \ln\dfrac{\gamma_3}{\gamma_3^\ominus} = \varepsilon_3^2 x_2 + \varepsilon_3^3 x_3 + \rho_3^2 x_2^2 + \rho_3^3 x_3^2 + \rho_3^{(2,3)} x_2 x_3 \end{cases} \tag{2-4-26}$$

与式 2-4-21、式 2-4-22 比较,可得

$$\begin{cases} \rho_2^2/2.303 = \alpha_{12} \\ \rho_2^3/2.303 = \alpha_{13} \\ \rho_2^{(2,3)}/2.303 = \rho_3^{(2,3)}/2.303 = \alpha_{12}+\alpha_{13}-\alpha_{23} \\ \rho_3^2/2.303 = \alpha_{12} \\ \rho_3^3/2.303 = \alpha_{13} \end{cases} \tag{2-4-27}$$

讨论:

(1)用 Darken 二次型准确计算三元系的活度系数只需 α_{12},α_{13},α_{23} 三个参数,而 Wagner 式则需 ε_2^2,ε_2^3,ε_3^3,ρ_2^2,ρ_2^3,$\rho_2^{(2,3)}$,$\rho_3^{(2,3)}$ 7 个参数;

(2)溶质浓度<30%时,原则用 Darken 二次型皆可取得满意的结果。

例 2-4-1　对饱和的 Fe—C—j 三元系,求组元 j 的活度系数。

解:对 Fe—C 二元系,若碳饱和

$$\lg a'_C = \lg \gamma'_C + \lg x'_C$$

其中 x'_C 是二元系中碳的溶解度,而

$$\lg \left(\frac{\gamma'_C}{\gamma_C^\ominus} \right) = \alpha_{Fe-C} x'_C (-2 + x'_C) \qquad (2-4-28)$$

对 Fe—C—j 三元系(碳饱和)

$$\lg a_C = \lg \gamma_C + \lg x_C \qquad (\text{其中 } x_C \text{ 是三元系中碳的溶解度})$$

$$\lg \left(\frac{\gamma_C}{\gamma_C^\ominus} \right) = -2\alpha_{Fe-C} x_C + (\alpha_{C\ j} - \alpha_{Fe-C} - \alpha_{Fe-j}) x_j +$$

$$\alpha_{Fe-C} x_C^2 + \alpha_{Fe-j} x_j^2 + (\alpha_{Fe-C} + \alpha_{Fe-j} - \alpha_{C-j}) x_C x_j \qquad (2-4-29)$$

碳饱和时,$a'_C = a_C$(碳饱和时,二元系和三元系的活度相等)

所以

$$a'_C = x'_C \gamma'_C = x_C \gamma_C$$

$$\lg \frac{\gamma_C}{\gamma'_C} = \lg \frac{x'_C}{x_C}$$

或

$$\lg \gamma_C = \lg \gamma'_C + \lg \frac{x'_C}{x_C} \qquad (2-4-30)$$

两边同时减 $\lg \gamma_C^\ominus$,得

$$\lg \frac{\gamma_C}{\gamma_C^\ominus} = \lg \frac{\gamma'_C}{\gamma_C^\ominus} + \lg \frac{x'_C}{x_C} \qquad (2-4-31)$$

将式 2-4-28,式 2-4-29 代入式 2-4-31 得

$$-2\alpha_{Fe-C} x_C + (\alpha_{C-j} - \alpha_{Fe-C} - \alpha_{Fe-j}) x_j + \alpha_{Fe-C} x_C^2 +$$

$$\alpha_{Fe-j} x_j^2 + (\alpha_{Fe-C} + \alpha_{Fe-j} - \alpha_{C-j}) x_C x_j$$

$$= \alpha_{Fe-C} x'_C (-2 + x'_C) + \lg \frac{x'_C}{x_C}$$

整理得

$$\alpha_{C-j} - \alpha_{Fe-C} - \alpha_{Fe-j} = \frac{\lg \dfrac{x'_C}{x_C} - \alpha_{Fe-C} \{ x'_C (2 - x'_C) - x_C (2 - x_C) \} - \alpha_{Fe-j} x_j^2}{x_j (1 - x_C)}$$

令

$$X = \lg \frac{x'_C}{x_C} - \alpha_{Fe-C} \{ x'_C (2 - x'_C) - x_C (2 - x_C) \} - \alpha_{Fe-j} x_j^2$$

$$Y = x_j (1 - x_C)$$

则

$$X = (\alpha_{C-j} - \alpha_{Fe-C} - \alpha_{Fe-j}) Y$$

作 X-Y 关系图,求出斜率 $\alpha_{C-j} - \alpha_{Fe-C} - \alpha_{Fe-j}$,由二元系的规则溶液可知 α_{Fe-C},α_{Fe-j},即可求出 α_{C-j}。

万谷志郎利用 Fe—C—j(j=Al,Co,Cu,Mn,Ni,S)三元系资料,求出的 X-Y 图表明 X-Y 近似为直线。求出 α_{C-j} 后,代入式 2-4-20,式 2-4-21,式 2-4-22 可计算出 γ_{Fe},γ_C,γ_j。

练习:证明式 2-4-21,式 2-4-22 关系式。

第五章　熔渣的热力学模型(Ⅰ)

——经典热力学模型

熔渣的活度计算要用熔渣模型,熔渣模型可以分为以下几种:

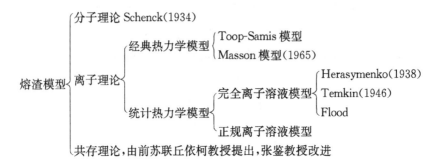

5.1　离子理论——Masson 模型

1961 年,G. W. Toop 在他的导师 C. S. Samis 教授的指导下,在 Univ. of British Co-lumbia 完成了其硕士论文。提出了二元硅酸盐系(MO—SiO₂)理论模型——Toop 模型(发表在 The Metallurgical Society of AIME. Transactions C. Vol(224) Oct. (1962))。

Toop 理论基本要点:

二元硅酸盐(MO—SiO₂)系中,复合阴离子之间有下列聚合反应

$$\overset{|}{\underset{|}{-Si}}-O^-+\ -O-\overset{|}{\underset{|}{Si}}-\ =\ -\overset{|}{\underset{|}{Si}}-O-\overset{|}{\underset{|}{Si}}-+O^{2-}$$

或　　　　　　　　　　　　$O^-+O^-=O^0+O^{2-}$

或　　　　　　　　　　　　$SiO_4^{4-}+SiO_4^{4-}=Si_2O_7^{6-}+O^{2-}$

$$K=\frac{x_{O^{2-}}\ x_{O^0}}{x_{O^-}^2}$$

利用 K 值,可由熔渣中的 x_{SiO_2} 计算出 O^0,O^-,O^{2-} 离子的浓度,然后求出MO和SiO₂的活度,但是 Toop 模型由于考虑的是硅酸盐的单链结构,所以计算的结论与实际结果差别较大。后来 Masson 在 Toop 模型的基础上于 1965 年提出了全链结构模型(all chain configuration),1970 年进一步完善,可比较准确地计算出硅酸盐体系MO—SiO₂的活度。

5.1.1　基本假设

(1)熔渣中,离子的活度等于其浓度(摩尔分数)。

(2)所有复合阴离子均是链状结构，SiO_4^{4-}，$Si_2O_7^{6-}$，$Si_3O_{10}^{8-}$，$\cdots$，$Si_nO_{3n+1}^{(2n+2)-}$。且这些离子之间的聚合反应达平衡，平衡常数皆相等。

$$\begin{cases} SiO_4^{4-}+SiO_4^{4-}=Si_2O_7^{6-}+O^{2-} \\ SiO_4^{4-}+Si_2O_7^{6-}=Si_3O_{10}^{8-}+O^{2-} \\ \quad\quad\quad\vdots \\ SiO_4^{4-}+Si_nO_{3n+1}^{(2n+2)-}=Si_{n+1}O_{3n+4}^{2(n+2)-}+O^{2-} \end{cases} \tag{2-5-1}$$

5.1.2　热力学模型

在 Masson 模型的假设下，可得到计算硅酸盐体系中 MO 的活度的关系式：

$$X_{SiO_2}=\cfrac{1}{3-K+\cfrac{a_{MO}}{1-a_{MO}}+\cfrac{K(K-1)}{\cfrac{a_{MO}}{1-a_{MO}}+K}} \tag{2-5-2}$$

证明：由假设条件(2)。设式 2-5-1 中所有反应的平衡常数皆为 K，则

$$\begin{cases} X_{Si_2O_7^{6-}}=K\cfrac{X_{SiO_4^{4-}}}{X_{O^{2-}}}X_{SiO_4^{4-}} \quad (m=2) \\ X_{Si_3O_{10}^{8-}}=K\cfrac{X_{SiO_4^{4-}}}{X_{O^{2-}}}X_{Si_2O_7^{6-}}=\left(K\cfrac{X_{SiO_4^{4-}}}{X_{O^{2-}}}\right)^2 X_{SiO_4^{4-}} \quad (m=3) \\ \quad\quad\quad\vdots \\ X_{Si_mO_{3m+1}^{(2m+2)-}}=\left(K\cfrac{X_{SiO_4^{4-}}}{X_{O^{2-}}}\right)^{m-1}X_{SiO_4^{4-}} \quad (m=m) \end{cases} \tag{2-5-3}$$

所有阴离子分数之和等于 1，即

$$X_{O^{2-}}+\sum X_{Si_mO_{3m+1}^{(2m+2)-}}=1 \tag{2-5-4}$$

令

$$K\cfrac{X_{SiO_4^{4-}}}{X_{O^{2-}}}=b$$

所以　　　$1-X_{O^{2-}}=\sum X_{Si_mO_{3m+1}^{(2m+2)-}}=\sum X_{SiO_4^{4-}}b^{m-1}=X_{SiO_4^{4-}}\sum b^{m-1}$ $\tag{2-5-5}$

利用级数求和公式

$$\sum b^{m-1}=\cfrac{1}{1-b} \quad\quad (b<1)$$

$$=\cfrac{1}{1-K\cfrac{X_{SiO_4^{4-}}}{X_{O^{2-}}}}$$

$$=\cfrac{X_{O^{2-}}}{X_{O^{2-}}-KX_{SiO_4^{4-}}}$$

代入式 2-5-5 得

$$1-X_{O^{2-}}=\frac{X_{SiO_4^{4-}}-X_{O^{2-}}}{X_{O^{2-}}-KX_{SiO_4^{4-}}}$$

解得

$$X_{SiO_4^{4-}}=\frac{X_{O^{2-}}(1-X_{O^{2-}})}{X_{O^{2-}}+K(1-X_{O^{2-}})} \tag{2-5-6}$$

而 $X_{SiO_4^{4-}}$ 与 X_{SiO_2} 有关,因为

$$X_{SiO_2}=\frac{n_{SiO_2}}{n_{MO}+n_{MO(结)}+n_{SiO_2}} \tag{2-5-7}$$

由

$$\begin{cases} SiO_2+2O^{2-}=SiO_4^{4-} & (m=1) \\ 2SiO_2+3O^{2-}=Si_2O_7^{6-} & (m=2) \\ 3SiO_2+4O^{2-}=Si_3O_{10}^{8-} & (m=3) \\ \quad\vdots \\ m\,SiO_2+(m+1)O^{2-}=Si_mO_{3m+1}^{(2m+2)-} & (m=m) \end{cases} \tag{2-5-8}$$

所以

$$\begin{aligned} n_{SiO_2}&=n_{SiO_4^{4-}}+2n_{Si_2O_7^{6-}}+3n_{Si_3O_{10}^{8-}}+\cdots \\ &=\sum mn_{Si_mO_{3m+1}^{(2m+2)-}} \end{aligned} \tag{2-5-9}$$

$$n_{MO}=n_{O^{2-}}$$

$$\begin{aligned} n_{MO(结)}&=2n_{SiO_4^{4-}}+3n_{Si_2O_7^{6-}}+4n_{Si_3O_{10}^{8-}}+\cdots \\ &=\sum(m+1)n_{Si_mO_{3m+1}^{(2m+2)-}} \end{aligned}$$

这是由于复杂硅酸盐离子与碱性金属离子之间有如下关系

$$\begin{cases} SiO_4^{4-}+2M^{2+}=2MO\cdot SiO_2 \\ Si_2O_7^{6-}+3M^{2+}=3MO\cdot2SiO_2 \\ \quad\vdots \\ Si_mO_{3m+1}^{(2m+2)-}+(m+1)M^{2+}=(m+1)MO\cdot mSiO_2 \end{cases}$$

所以

$$\begin{cases} n_{MO(结)_1}=2n_{SiO_4^{4-}} \\ n_{MO(结)_2}=3n_{Si_2O_7^{6-}} \\ \quad\vdots \\ n_{MO(结)_m}=(m+1)n_{Si_mO_{3m+1}^{(2m+2)-}} \end{cases} \tag{2-5-10}$$

所以

$$X_{SiO_2}=\frac{\sum mn_{Si_mO_{3m+1}^{(2m+2)-}}}{n_{O^{2-}}+\sum(m+1)n_{Si_mO_{3m+1}^{(2m+2)-}}+\sum mn_{Si_mO_{3m+1}^{(2m+2)-}}}$$

$$= \frac{\sum m n_{Si_m O_{3m+1}^{(2m+2)-}}}{n_{O^{2-}} + \sum (2m+1) n_{Si_m O_{3m+1}^{(2m+2)-}}} \quad \text{(分子分母同除以溶液中的总摩尔数)}$$

$$= \frac{\sum m X_{Si_m O_{3m+1}^{(2m+2)-}}}{X_{O^{2-}} + \sum (2m+1) X_{Si_m O_{3m+1}^{(2m+2)-}}} \quad \text{(将式 2-5-3 代入)}$$

$$= \frac{\sum m \left(K \dfrac{X_{SiO_4^{4-}}}{X_{O^{2-}}} \right)^{m-1} X_{SiO_4^{4-}}}{X_{O^{2-}} + \sum (2m+1) \left(K \dfrac{X_{SiO_4^{4-}}}{X_{O^{2-}}} \right)^{m-1} X_{SiO_4^{4-}}}$$

$$= \frac{X_{SiO_4^{4-}} \sum m b^{m-1}}{X_{O^{2-}} + X_{SiO_4^{4-}} \sum (2m+1) b^{m-1}} \tag{2-5-11}$$

利用级数求和公式

$$1 + 2b + 3b^2 + \cdots = \sum m b^{m-1} = \frac{1}{(1-b)^2} \tag{2-5-12}$$

$$3 + 5b + 7b^2 + \cdots = \sum (2m+1) b^{m-1} = \frac{3-b}{(1-b)^2} \tag{2-5-13}$$

式 2-5-11 可以写成

$$X_{SiO_2} = \frac{X_{SiO_4^{4-}} \dfrac{1}{(1-b)^2}}{X_{O^{2-}} + X_{SiO_4^{4-}} \dfrac{3-b}{(1-b)^2}}$$

将 $b = K \dfrac{X_{SiO_4^{4-}}}{X_{O^{2-}}}$ 代入

$$= \frac{X_{SiO_4^{4-}}}{X_{O^{2-}} \left(1 - K \dfrac{X_{SiO_4^{4-}}}{X_{O^{2-}}} \right)^2 + X_{SiO_4^{4-}} \left(3 - K \dfrac{X_{SiO_4^{4-}}}{X_{O^{2-}}} \right)}$$

将式 2-5-6 代入
$$= \frac{1}{3 - K + \dfrac{X_{O^{2-}}}{1 - X_{O^{2-}}} + \dfrac{K(K-1)}{\dfrac{X_{O^{2-}}}{1 - X_{O^{2-}}} + K}} \tag{2-5-14}$$

或
$$X_{SiO_2} = \frac{1}{3 - K + \dfrac{a_{MO}}{1 - a_{MO}} + \dfrac{K(K-1)}{\dfrac{a_{MO}}{1 - a_{MO}} + K}} \tag{2-5-15}$$

5.1.3 Masson 模型的应用

由 Masson 模型归纳出求 a_{MO} 方法如下:

(1)由化学分析确定 X_{SiO_2};

(2)由 $MO-SiO_2$ 系测定某一 X_{SiO_2} 下的 a_{MO},代入式 2-5-15 计算得 K;

(3)利用已求出的 K 确定任一 X_{SiO_2} 下的 a_{MO}。

例 2-5-1 1600℃,文献中测得:

$$CaO-SiO_2 \quad K = 0.0016$$
$$MgO-SiO_2 \quad K = 0.010$$
$$MnO-SiO_2 \quad K = 0.25$$
$$FeO-SiO_2 \quad K = 1.0$$

可以看出 K 的变化规律:随着 M^{2+} 半径的减小,K 值增大。

5.1.4 Masson 模型的不足之处

(1)Masson 模型视熔渣体系为理想溶液,与实际不符合;

(2)模型的结论难以应用到三元系;

(3)邹元爔 1982 年在 18 期《金属学报》上发表文章对 $CaO-SiO_2$ 系的 K 是否为常数提出了质疑,其实验发现,$\lg K$ 与 x_{SiO_2} 成线性关系,因此 Masson 模型的基本假设是否合理也就不难判断。

5.2 共存理论模型

5.2.1 理论依据

共存理论模型最初由前苏联的丘依柯教授提出,后经张鉴修正,成为一套完整的模型体系,其主要理论基于:

(1)结晶化学的事实:

CaO、MgO、MnO、FeO 等在固态下具有 $NaCl$ 状的面心立方晶格,即它们在固态下呈离子状,熔化后(物理过程)全部离解为离子:$MO \rightarrow M^{2+} + O^{2-}$。

(2)熔渣导电的差异:不同熔渣的电导如下。

表 2-5-1　几个熔渣体系的电导

项　目	电导/$\Omega^{-1} \cdot cm^{-1}$
熔　盐	2~7
熔　渣	0.1~0.9

项　目	电导/$\Omega^{-1} \cdot cm^{-1}$
高 FeO—MnO 渣	16
$SiO_2-Al_2O_3(3\%)$	0.0007(2000K)
$SiO_2-Al_2O_3(8\%)$	0.004(2000K)

(3)$CaO-SiO_2$、$MgO-SiO_2$、$MnO-SiO_2$、$FeO-SiO_2$ 等渣系靠近 SiO_2 一边熔化时出现两相,其中一相成分与纯 SiO_2 相近,说明 SiO_2 可单独存在于熔渣中。

例 2-5-2　$CaO-SiO_2$ 相图,如图 2-5-1 所示。成分 1 的点(l_1)冷却至 2 时,出现纯固相 SiO_2 与 l_2 共存。

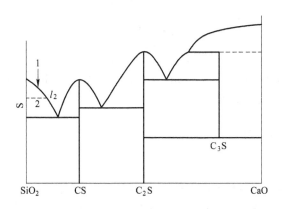

图 2-5-1　$CaO-SiO_2$ 相图

(4)各种渣系的相图表明有分子存在的事实,如 $CaO-SiO_2$ 相图中可以看出,固态下有 $CaO \cdot SiO_2$ 及 $2CaO \cdot SiO_2$ 存在,则其在液态下亦存在。

(5)否定离子理论中提出的熔渣中有 SiO_3^{2-} 及 $Si_3O_9^{6-}$ 复杂离子存在(T. BaaK 实验),对 $CaSiO_3-CaF_2$ 系,熔渣的黏度为 η。η 与($\%CaF_2$)成曲线,如图 2-5-2 所示。

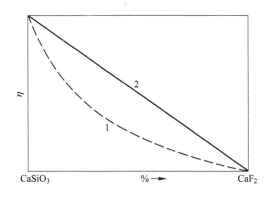

图 2-5-2　η 与($\%CaF_2$)曲线

BaaK 假定：溶液中存在 $Ca_3Si_3O_9$ 三聚物，得出：$\eta = KX_{CaF_2}$（线性关系 2）。

其中
$$X_{CaF_2} = \frac{\dfrac{(\%CaF_2)}{M_{CaF_2}}}{\dfrac{(\%CaF_2)}{M_{CaF_2}} + \dfrac{(\%CaSiO_3)}{3M_{CaSiO_3}}}$$

若按照共存理论的观点：

假定，CaF_2 在液态下是以三质点组成的，而 $CaSiO_3$ 并非为三聚物，所以

$$X_{CaF_2} = \frac{3 \times \dfrac{(\%CaF_2)}{M_{CaF_2}}}{3 \times \dfrac{(\%CaF_2)}{M_{CaF_2}} + \dfrac{(\%CaSiO_3)}{M_{CaSiO_3}}}$$

其结论与 BaaK 实验相同，但是 BaaK 假定的三聚物$(CaSiO_3)_3$ 或 $Ca_3Si_3O_9$ 是没有根据的，而假定 CaF_2 是 3 个质点已经是公认的事实。

5.2.2　共存理论模型及应用

共存理论模型

（1）熔渣由简单离子（Na^+、Ca^{2+}、Mg^{2+}、Mn^{2+}、Fe^{2+}、O^{2-}、S^{2-}、F^- 等）和酸性氧化物分子，如 SiO_2 等及硅酸盐、磷酸盐、铝酸盐等复杂分子组成。

（2）简单离子与分子间处于动态平衡，如硅酸盐：
$$2(M^{2+}+O^{2-})+(SiO_2)=(M_2SiO_4)$$
$$(M^{2+}+O^{2-})+(SiO_2)=(MSiO_3)$$

而碱性氧化物全部电离 $MO=M^{2+}+O^{2-}$。

（3）熔渣中组元的活度：
$$a_{MO}=X_{MO}=X_{M^{2+}}+X_{O^{2-}}$$
$$a_{SiO_2}=X_{SiO_2}$$

（4）熔渣内部各组元之间服从质量作用定律。

例 2-5-3　求 $FeO-Fe_2O_3-SiO_2$ 中各组元的活度。

由 FeO_n-SiO_2 及 $FeO-Fe_2O_3$ 两个二元系相图可知，可生成稳定的复杂化合物，分别是：Fe_2SiO_4（或 $2FeO \cdot SiO_2$）及 Fe_3O_4。由共存理论，熔渣组成如下：

离子：Fe^{2+}，O^{2-}；

分子：Fe_2O_3、SiO_2、Fe_3O_4、Fe_2SiO_4。

由化学平衡原理，得：

$$2(Fe^{2+}+O^{2-})+(SiO_2)_s=(Fe_2SiO_4)\quad \Delta G_1^\ominus=-6470+0.6T(1371\sim1535℃)$$
$$(Fe^{2+}+O^{2-})+(Fe_2O_3)_s=Fe_3O_{4(s)}\quad \Delta G_2^\ominus=-10950+2.54T(1371\sim1597℃)$$

设 n_{FeO}^0，$n_{Fe_2O_3}^0$，$n_{SiO_2}^0$ 分别为该三元系混合前的摩尔量，则：

$$2(Fe^{2+}+O^{2-})+(SiO_2)_s=(Fe_2SiO_4) \qquad (Fe^{2+}+O^{2-})+(Fe_2O_3)_s=Fe_3O_{4(s)}$$

混合前　　　n_{FeO}^0　　　　　　$n_{SiO_2}^0$　　　　　　　　　　n_{FeO}^0　　　　　　$n_{Fe_2O_3}^0$

平衡时　　　A　　　　B　　　　C　　　　A′　　　　B′　　　　C′

注：$A=n_{FeO}^0-2n_{Fe_2SiO_4}-n_{Fe_3O_4}$，$B=n_{SiO_2}^0-n_{Fe_2SiO_4}$，$C=n_{Fe_2SiO_4}$；

$A'=n_{FeO}^0-2n_{Fe_2SiO_4}-n_{Fe_3O_4}$，$B'=n_{Fe_2O_3}^0-n_{Fe_3O_4}$，$C'=n_{Fe_3O_4}$。

平衡时，体系总质点数为

$$\begin{aligned}
\sum n_i &= 2n_{FeO}+n_{SiO_2}+n_{Fe_2SiO_4}+n_{Fe_3O_4}+n_{Fe_2O_3} \\
&= 2(n_{FeO}^0-2n_{Fe_2SiO_4}-n_{Fe_3O_4})+(n_{SiO_2}^0-n_{Fe_2SiO_4})+ \\
&\quad n_{Fe_2SiO_4}+(n_{Fe_2O_3}^0-n_{Fe_3O_4})+n_{Fe_3O_4} \\
&= 2n_{FeO}^0+n_{SiO_2}^0+n_{Fe_2O_3}^0-4n_{Fe_2SiO_4}-2n_{Fe_3O_4}
\end{aligned} \tag{2-5-16}$$

因为

$$\begin{cases}
a_{FeO}=X_{FeO}=\dfrac{2n_{FeO}}{\sum n_i}=\dfrac{2(n_{FeO}^0-2n_{Fe_2SiO_4}-n_{Fe_3O_4})}{\sum n_i} \\[2mm]
a_{SiO_2}=X_{SiO_2}=\dfrac{n_{SiO_2}}{\sum n_i}=\dfrac{n_{SiO_2}^0-n_{Fe_2SiO_4}}{\sum n_i} \\[2mm]
a_{Fe_2O_3}=X_{Fe_2O_3}=\dfrac{n_{Fe_2O_3}}{\sum n_i}=\dfrac{n_{Fe_2O_3}^0-n_{Fe_3O_4}}{\sum n_i} \\[2mm]
a_{Fe_3O_4}=X_{Fe_3O_4}=\dfrac{n_{Fe_3O_4}}{\sum n_i} \\[2mm]
a_{Fe_2SiO_4}=X_{Fe_2SiO_4}=\dfrac{n_{Fe_2SiO_4}}{\sum n_i}
\end{cases} \tag{2-5-17}$$

$$\begin{aligned}
K_1 &= \frac{X_{Fe_2SiO_4}}{X_{SiO_2}X_{FeO}^2}=\frac{\dfrac{n_{Fe_2SiO_4}}{\sum n_i}}{\dfrac{n_{SiO_2}^0-n_{Fe_2SiO_4}}{\sum n_i}\left[\dfrac{2(n_{FeO}^0-2n_{Fe_2SiO_4}-n_{Fe_3O_4})}{\sum n_i}\right]^2} \\[3mm]
&= \frac{n_{Fe_2SiO_4}(\sum n_i)^2}{(n_{SiO_2}^0-n_{Fe_2SiO_4})\left[2(n_{FeO}^0-2n_{Fe_2SiO_4}-n_{Fe_3O_4})\right]^2} \\[3mm]
&= \frac{n_{Fe_2SiO_4}(2n_{FeO}^0+n_{SiO_2}^0+n_{Fe_2O_3}^0-4n_{Fe_2SiO_4}-2n_{Fe_3O_4})^2}{(n_{SiO_2}^0-n_{Fe_2SiO_4})\left[2(n_{FeO}^0-2n_{Fe_2SiO_4}-n_{Fe_3O_4})\right]^2}
\end{aligned} \tag{2-5-18}$$

$$\begin{aligned}
K_2 &= \frac{X_{Fe_3O_4}}{X_{FeO}X_{Fe_2O_3}}=\frac{\dfrac{n_{Fe_3O_4}}{\sum n_i}}{\dfrac{2(n_{FeO}^0-2n_{Fe_2SiO_4}-n_{Fe_3O_4})}{\sum n_i}\cdot\dfrac{(n_{Fe_2O_3}^0-n_{Fe_3O_4})}{\sum n_i}} \\[3mm]
&= \frac{n_{Fe_3O_4}(2n_{FeO}^0+n_{SiO_2}^0+n_{Fe_2O_3}^0-4n_{Fe_2SiO_4}-2n_{Fe_3O_4})}{2(n_{FeO}^0-2n_{Fe_2SiO_4}-n_{Fe_3O_4})\cdot(n_{Fe_2O_3}^0-n_{Fe_3O_4})}
\end{aligned} \tag{2-5-19}$$

其中的 K_1，K_2 可由 $\Delta G_i^{\ominus} = a_i + b_i T$ 求出；

n_{FeO}^0、$n_{SiO_2}^0$、$n_{Fe_2O_3}^0$ 由已知条件给出，联立求解式 2-5-18、式 2-5-19 可得 $n_{Fe_2SiO_4}$、$n_{Fe_3O_4}$。代入式 2-5-17 可求出 a_{FeO}、a_{SiO_2}、$a_{Fe_2O_3}$。

练习：由 $CaO-SiO_2$ 相图已知，该二元系在溶液中存在 $CaSiO_3$ 及 Ca_2SiO_4 两种稳定化合物，且：

$$(Ca^{2+} + O^{2-}) + (SiO_2) = (CaSiO_3) \qquad \Delta G_1^{\ominus} = -13459.6 - 20.56T(J/mol)$$

$$2(Ca^{2+} + O^{2-}) + (SiO_2) = (Ca_2SiO_4) \qquad \Delta G_2^{\ominus} = -83182 - 3.51T(J/mol)$$

求 1600℃下，a_{CaO}，a_{SiO_2}。要求：

(1)用 Masson 模型（$K = 0.0016$）。

(2)用共存理论。

试用二模型算出的结果作一对比。

第六章 熔渣的热力学模型(Ⅱ)
——统计热力学模型

用统计热力学的方法计算离子之间的作用能(用混合热表示,$\Delta_{\text{mix}}H_i$)和离子分布的组态(用分布几率表示,$\Delta_{\text{mix}}S_i$),再利用 $\Delta_{\text{mix}}G_i=\Delta_{\text{mix}}H_i-T\Delta_{\text{mix}}S=RT\ln a_i$ 计算组分 i 的活度。

6.1 Flood 模型

6.1.1 发展背景

1938 年,Herasymenko 发表文章,在"熔渣完全由离子组成"的假设下,用统计力学的方法,得出:

$$\begin{cases} X_{i^{\nu+}}=\dfrac{n_{i^{\nu+}}}{\sum n_{i^{\nu+}}+\sum n_{j^{\nu-}}} \\[4mm] X_{j^{\nu-}}=\dfrac{n_{j^{\nu-}}}{\sum n_{i^{\nu+}}+\sum n_{j^{\nu-}}} \end{cases}$$

$$a_{i^{\nu+}j^{\nu-}}=X_{i^{\nu+}} \cdot X_{j^{\nu-}}$$

这是基于以下两个基本假设:

(1)全部离子处于完全随机分布状态,离子和同号离子相邻的几率与异号离子相邻的几率相同;

(2)不考虑离子电荷。

到 1946 年,苏联学者 Темкин 进一步完善,对 Herasymenko 的模型进行了修正,提出如下假设:

(1)熔渣完全由正负离子构成;

(2)熔渣的结构同晶体相同;

(3)离子最近邻者仅是异号离子,所有同号离子不管其电荷的数量是否相同,与周围的异号离子的静电作用力是相等的。

由统计力学得出如下结论:

$$X_{i^+}=\frac{n_i^+}{\sum n_i^+}$$

$$X_{j^-}=\frac{n_j^-}{\sum n_j^-}$$

$$a_{MO} = X_{O^{2-}} \cdot X_{M^{2+}}$$

从以上二模型可以看出：

（1）Herasymenko 模型中，由于正负离子电荷的相互作用（吸引或排斥），其分布的几率应该是不相等的；

（2）Темкин 模型虽然考虑了离子带电的正负，但没有考虑带电数量，认为所有离子间静电作用力是相等的，这显然是不合理的。

1952 年，Flood 在上述模型的基础上，修正了他们的不足，提出了在假设条件上较为合理的 Flood 模型。

6.1.2　基本假设

（1）熔渣完全由正负离子组成；

（2）离子最近邻者是异号离子；离子互换时，一个 ν 价的离子可以取代 ν 个 1 价的离子，留下 $\nu-1$ 个空位；统计处理时，必须同时考虑这些空位产生的影响；

（3）离子的混合过程是理想的。

6.1.3　数学模型

以 Na_2O-MnO 混合为例。

（1）分别计算各离子混合前后的排列方式数（计算时注意到：1 个 2 价 Mn^{2+} 可取代两个 1 价 Na^+。混合时，1 个 Mn^{2+} 附带一个空位数）。

混合前

$$\begin{cases} \omega_{Na^+} = 1 \\[2mm] \omega_{Mn^{2+}} = \dfrac{(N_{Mn^{2+}} + N_{C^0})!}{(N_{Mn^{2+}})!(N_{C^0})!} = \dfrac{(2N_{Mn^{2+}})!}{(N_{Mn^{2+}})!(N_{Mn^{2+}})!} \\[2mm] \omega_{O^{2-}} = 1 \end{cases} \tag{2-6-1}$$

混合后

$$\begin{aligned} \omega_+ &= \frac{(N_{Mn^{2+}} + N_{C^0} + N_{Na^+})!}{(N_{Mn^{2+}})!(N_{C^0})!(N_{Na^+})!} \\[2mm] &= \frac{(2N_{Mn^{2+}} + N_{Na^+})!}{(N_{Mn^{2+}})!(N_{Mn^{2+}})!(N_{Na^+})!} \end{aligned} \tag{2-6-2}$$

（2）求混合熵。

$$\begin{aligned} \Delta_{mix}S_+ &= k\ln\frac{\omega_+}{\omega_{Na^+}\omega_{Mn^{2+}}} = k\ln\frac{(2N_{Mn^{2+}} + N_{Na^+})!}{(2N_{Mn^{2+}})!(N_{Na^+})!} \\[2mm] &= k\big[(2N_{Mn^{2+}} + N_{Na^+})\ln(2N_{Mn^{2+}} + N_{Na^+}) - (2N_{Mn^{2+}} + N_{Na^+}) - \end{aligned}$$

$$2N_{Mn^{2+}}\ln 2N_{Mn^{2+}}+2N_{Mn^{2+}}-N_{Na^+}\ln N_{Na^+}]$$

$$=-k[2N_{Mn^{2+}}\ln\frac{2N_{Mn^{2+}}}{2N_{Mn^{2+}}+N_{Na^+}}+N_{Na^+}\ln\frac{N_{Na^+}}{2N_{Mn^{2+}}+N_{Na^+}}]$$

$$=-R[2n_{Mn^{2+}}\ln\frac{2n_{Mn^{2+}}}{2n_{Mn^{2+}}+n_{Na^+}}+n_{Na^+}\ln\frac{n_{Na^+}}{2n_{Mn^{2+}}+n_{Na^+}}]\quad(KN_A=R)\quad(2\text{-}6\text{-}3)$$

$$\Delta_{mix}S_-=k\ln 1=0$$

(3)求 $\Delta_{mix}G$。

由假设条件(3)，$\Delta_{mix}H=0$。

所以　　　　　$\Delta_{mix}G_+=-T\Delta_{mix}S_+$

$$=RT[2n_{Mn^{2+}}\ln\frac{2n_{Mn^{2+}}}{2n_{Mn^{2+}}+n_{Na^+}}+n_{Na^+}\ln\frac{n_{Na^+}}{2n_{Mn^{2+}}+n_{Na^+}}]$$

$$=RT[2n_{Mn^{2+}}\ln X_{Mn^{2+}}+n_{Na^+}\ln X_{Na^+}]\quad(2\text{-}6\text{-}4)$$

$$\Delta_{mix}G_-=0$$

$$\Delta_{mix}G=\Delta_{mix}G_++\Delta_{mix}G_-$$
$$=RT[2n_{Mn^{2+}}\ln X_{Mn^{2+}}+n_{Na^+}\ln X_{Na^+}]\quad(2\text{-}6\text{-}5)$$

一般情况下

$$\begin{cases}X_{i^{\nu+}}=\dfrac{\nu n_i^{\nu+}}{\sum\nu n_i^{\nu+}}\\[3mm] X_{j^{\nu-}}=\dfrac{\nu n_j^{\nu-}}{\sum\nu n_j^{\nu-}}\\[3mm] a_{ij}=X_{i^{\nu+}}\cdot X_{j^{\nu-}}\end{cases}\quad(2\text{-}6\text{-}6)$$

Flood 模型的不足：对不含 SiO_2，而只由 FeO、MnO、Na_2O、CaO、MgO 等碱性氧化物组成的体系计算结果与实验有较好的符合，而对含 SiO_2 的渣系，计算误差较大。

6.2　柯热乌罗夫(Кожеуров)规则离子溶液模型

6.2.1　基本假设

(1)熔渣是由简单的阳离子及其周围的公共的 O^{2-} 组成；O^{2-} 致密地填满各位置，阳离子无序地分布在 O^{2-} 之间(这是由于 O^{2-} 的半径为 1.4,而多数阳离子半径皆小于 1)；

(2)混合时有热效应发生；

(3)混合熵与完全离子溶液(Темкин)相同。

6.2.2　二元氧化物渣系的数学模型

以 $FeO-SiO_2$ 为例。

用 1、2 分别表示 Fe^{2+}、Si^{4+} 离子；3 表示 O^{2-}。1—3 表示 Fe^{2+} 和 O^{2-} 组成的离子对，2—3 表示 Si^{4+} 和 O^{2-} 组成的离子对。

ε_{11}——离子 1 与离子 3 的结合能，例 Fe—O—Fe；

ε_{12}（或 ε_{21}）——包围 1—3（或 2—3）的近邻离子为异类的 2（或 1）；

Z——正离子晶格的配位数；

ε_{22}——离子 2 与离子 3 的结合能，例 Si—O—Si。

注：包围 1—3（或 2—3）的近邻的离子为同类的 1（或 2）。

则 1—3 和 2—3 混合物中，正离子 1，2 的平均结合能

$$\varepsilon_1 = \frac{ZX_1\varepsilon_{11} + ZX_2\varepsilon_{12}}{Z}$$

$$= X_1\varepsilon_{11} + X_2\varepsilon_{12}$$

$$\varepsilon_2 = \frac{ZX_1\varepsilon_{21} + ZX_2\varepsilon_{22}}{Z}$$

$$= X_1\varepsilon_{21} + X_2\varepsilon_{22}$$

式中，$X_1 = \dfrac{n_1^+}{\sum n_i^+}$，$X_2 = \dfrac{n_2^+}{\sum n_i^+}$，$X_3 = \dfrac{n_3^-}{\sum n_i^-}$。

1mol 混合物的结合能

$$\Delta_{mix}U_m = N_A(x_1\varepsilon_1 + x_2\varepsilon_2) = N_A[x_1(x_1\varepsilon_{11} + x_2\varepsilon_{12}) + x_2(x_1\varepsilon_{21} + x_2\varepsilon_{22})]$$

$$= N_A(x_1^2\varepsilon_{11} + x_1x_2\varepsilon_{12} + x_2x_1\varepsilon_{21} + x_2^2\varepsilon_{22})$$

$$= N_A[x_1(1-x_2)\varepsilon_{11} + x_1x_2\varepsilon_{12} + x_2x_1\varepsilon_{21} + \qquad\qquad (2\text{-}6\text{-}7)$$

$$x_2(1-x_1)\varepsilon_{22}]$$

$$= N_A[x_1\varepsilon_{11} + x_2\varepsilon_{22} + x_1x_2(\varepsilon_{12} + \varepsilon_{21} - \varepsilon_{11} - \varepsilon_{22})]$$

令　　　　　　　　　　$U_1 = N_A\varepsilon_{11}$　　　　　　　　（1mol 纯 1-3 结合能）

　　　　　　　　　　　$U_2 = N_A\varepsilon_{22}$　　　　　　　　（1mol 纯 2-3 结合能）

　　　　　　　　　$Q_{12}{}' = N_A(\varepsilon_{12} + \varepsilon_{21} - \varepsilon_{11} - \varepsilon_{22})$　　（混合能）

所以　　　　　　　　$\Delta_{mix}U_m = x_1U_1 + x_2U_2 + x_1x_2Q_{12}{}'$

又混合熵　　　　　　$\Delta_{mix}S_m = x_1S_1 + x_2S_2 + k\ln\omega$

而　　　　　　　$\omega = \dfrac{[N_A(x_1 + x_2)]!}{(N_Ax_1)!(N_Ax_2)!} = \dfrac{N_A!}{(N_Ax_1)!(N_Ax_2)!}$

由 stirling 公式

$$k\ln\omega = -R(x_1\ln x_1 + x_2\ln x_2)$$

所以　　　　$$\Delta_{mix}S_m = x_1S_1 + x_2S_2 - R(x_1\ln x_1 + x_2\ln x_2) \qquad (2\text{-}6\text{-}8)$$

而　　　　　　　　　　　$$\Delta_{mix}H_m = \Delta_{mix}U_m$$

故　　　　$$\Delta_{mix}G_m = \Delta_{mix}U_m - T\Delta_{mix}S_m$$

$$= x_1U_1 + x_2U_2 + x_1x_2Q_{12}{}' - x_1TS_1 - x_2TS_2 +$$

$$RT(x_1\ln x_1 + x_2\ln x_2)$$

令　　　　　　　$$G_1^{\ominus} = U_1 - TS_1 , G_2^{\ominus} = U_2 - TS_2$$

所以　　$$\Delta_{mix}G_m = x_1G_1^{\ominus} + x_2G_2^{\ominus} + RT(x_1\ln x_1 + x_2\ln x_2) + x_1x_2Q_{12}{}' \qquad (2\text{-}6\text{-}9)$$

——二元系熔渣混合过程方程

6.2.3　多元系熔渣数学模型

设有 l 个组元(实际是正离子组元),则正离子组元的平均结合能

$$\varepsilon_i = \sum_{m=1}^{l} x_m\varepsilon_{im}$$

1mol 正离子的总结合能

$$\Delta_{mix}U_m = N_A\sum_{i=1}^{l}x_i\varepsilon_i = N_A\sum_{i=1}^{l}x_i\left(\sum_{m=1}^{l}x_m\varepsilon_{im}\right)$$

$$= N_A\left[\sum_{i=1}^{l}x_i\varepsilon_{ii} + \sum_{1m=i+1}^{l-1}\sum_{}^{l} x_i\varepsilon_m(\varepsilon_{in} + \varepsilon_{mi} - \varepsilon_{ii} - \varepsilon_{mn})\right] \qquad (2\text{-}6\text{-}10)$$

$$\Delta_{mix}S_m = \sum_{i=1}^{l}x_iS_i - R\sum_{i=1}^{l}x_i\ln x_i \qquad (2\text{-}6\text{-}11)$$

所以　　　$$\Delta_{mix}G_m = \sum_{i=1}^{l}x_iG_i^{\ominus} + RT\sum_{i=1}^{l}x_i\ln x_i + \sum_{i=1}^{l-1}\sum_{m=i+1}^{l}x_ix_mQ_{im}{}' \qquad (2\text{-}6\text{-}12)$$

——多元系熔渣混合过程方程

6.2.4　多元系规则溶液模型

设熔渣中组元 i 的摩尔数为 n_i,正离子数为 v_i(例:如 P_2O_5, $v_P=2$)。则:

$$x_i = \frac{v_in_i}{\sum\limits_{i=1}^{l}v_in_i}$$

式 2-6-12 两边乘以 $\sum\limits_{i=1}^{l}v_in_i$(正离子总摩尔数)$\left(\sum\limits_{i=1}^{l}v_in_i\right)\Delta_{mix}G_m = G$

$$G = \Delta_{mix}G_m\sum_{i=1}^{l}v_in_i$$

$$=\sum_{i=1}^{l}v_in_iG_i^{\ominus}+RT\sum_{i=1}^{l}v_in_i\ln x_i+\frac{\sum_{i=1}^{l-1}\sum_{m=i+1}^{l}v_in_iv_mn_mQ'_{im}}{\sum_{i=1}^{l}v_in_i} \tag{2-6-13}$$

式 2-6-13 两边对 n_i 求偏微商,令

$$P=\frac{\sum_{i=1}^{l-1}\sum_{m=i+1}^{l}v_in_iv_mn_mQ'_{im}}{\sum_{i=1}^{l}v_in_i}$$

展开即为:

$$P=\frac{1}{\sum_{i=1}^{l}v_in_i}\Big[\sum_{m=1+1}^{l}v_1n_1v_mn_mQ'_{1m}+\cdots+\sum_{m=(j-1)+1}^{l}v_{j-1}n_{j-1}v_mn_mQ'_{(j-1)m}+ \tag{2-6-14}$$

$$\sum_{m=j+1}^{l}v_jn_jv_mn_mQ'_{jm}+\cdots\Big]$$

$$\frac{\partial P}{\partial n_j}=\frac{v_j}{\sum_{i=1}^{l}v_in_i}\Big[v_1n_1Q'_{1j}+\cdots+v_{j-1}n_{j-1}Q'_{(j-1)j}+\sum_{m=j+1}^{l}v_mn_mQ'_{jm}+0+\cdots\Big]-$$

$$\frac{v_j\sum_{i=1}^{l-1}\sum_{m=i+1}^{l}v_in_iv_mn_mQ'_{im}}{(\sum_{i=1}^{l}v_in_i)^2}$$

$$=\frac{v_j}{\sum_{i=1}^{l}v_in_i}\cdot\sum_{i=1}^{j-1}v_in_iQ'_{ij}+\frac{v_j}{\sum_{i=1}^{l}v_in_i}\cdot\sum_{m=j+1}^{l}v_mn_mQ'_{jm}-$$

$$\frac{v_j\sum_{i=1}^{l-1}\sum_{m=i+1}^{l}v_in_iv_mn_mQ'_{im}}{(\sum_{i=1}^{l}v_in_i)^2}$$

$$=v_j\sum_{i=1}^{j-1}x_iQ'_{ij}+v_j\sum_{m=j+1}^{l}x_mQ_{jm}'-v_j\sum_{i=1}^{l-1}\sum_{m=i+1}^{l}x_ix_mQ'_{im} \tag{2-6-15}$$

$$G_{j,m}=\frac{\partial G}{\partial n_j}=v_j\Big[G_j^{\ominus}+RT\ln x_j+\sum_{i=1}^{j-1}x_iQ'_{ij}+\sum_{i=j+1}^{l}x_iQ'_{ji}-\sum_{i=1}^{l-1}\sum_{m=i+1}^{l}x_ix_mQ_{im}'\Big] \tag{2-6-16}$$

同 $G_{j,m}=v_j\Big[G_j^{\ominus}+RT\ln x_j+RT\ln\gamma_j\Big]$ 比较得:

$$RT\ln\gamma_j=\sum_{i=1}^{j-1}x_iQ'_{ij}+\sum_{i=j+1}^{l}x_iQ'_{ji}-\sum_{i=1}^{l-1}\sum_{m=i+1}^{l}x_ix_mQ'_{im} \tag{2-6-17}$$

——多元系规则离子溶液模型

6.3　Lumsden 规则分子溶液模型

6.3.1　基本假设

(1)、(2)、(3)同柯热乌罗夫(Кожеуров)模型；

(4)正离子混合熵等于理想溶液混合熵(规则溶液性质)。

6.3.2　多元系的规则分子溶液模型

Lumsden 根据以上假设，由统计的方法得到多元渣系的模型：

$$RT\ln\gamma_i = \sum_j \alpha'_{ij}x_j^2 + \sum_j\sum_k (\alpha'_{ij} + \alpha'_{ik} - \alpha'_{jk})x_jx_k$$

模型的几点说明：

(1)α'_{ij} 是假定熔渣为规则溶液时，推导的由混合焓定义的参数。表示由 1mol 组元 i 和 j 形成溶液时体系内能变化，或 $i^+ - O^{2-} - j^+$ 之间相互作用能；

(2)x_i 表示组元 i 的正离子分数；

(3)Lumsden 关系式与 Darken 二次型在形式上是相同的。

例：三元系中 Darken 二次型

$$\ln\gamma_1 = \alpha_{12}x_2^2 + \alpha_{13}x_3^2 + (\alpha_{12} + \alpha_{13} - \alpha_{23})x_2x_3$$

$$\ln\frac{\gamma_2}{\gamma_2^{\ominus}} = -2\alpha_{12}x_2 + (\alpha_{23} - \alpha_{12} - \alpha_{13})x_3 + \alpha_{12}x_2^2 + \alpha_{13}x_3^2 + (\alpha_{12} + \alpha_{13} - \alpha_{23})x_2x_3$$

$$\ln\frac{\gamma_3}{\gamma_3^{\ominus}} = -2\alpha_{13}x_3 + (\alpha_{23} - \alpha_{12} - \alpha_{13})x_2 + \alpha_{12}x_2^2 + \alpha_{13}x_3^2 + (\alpha_{12} + \alpha_{13} - \alpha_{23})x_2x_3$$

可以看出，这与 Lumsden 关系式在形式上是一致的。

6.3.3　α'_{ij} 的求法

6.3.3.1　万谷法

万谷志郎提出的 α'_{ij} 的计算方法是：

假设：

(1)由简单氧化物分子生成复杂氧化物时生成热与混合热近似相等；

(2)氧化物熔化热与固态复杂氧化物的生成热相比要小得多；

(3)复杂氧化物的生成热与温度关系不大。

即
$$\Delta_{mix}H_m = \alpha'_{ij}x_ix_j \approx \Delta H_{f,298}^{\ominus}$$

例 2-6-1　求 $CaO-SiO_2$ 的 α'_{Ca-Si}。

由　　　　　　　$CaO + SiO_2 = CaO \cdot SiO_2$　　　　$\Delta H_f^{\ominus} = 89.1kJ/mol$

若　　　　　　　　　$n_{CaO} = n_{SiO_2} = 0.5mol$

$$x_{Ca^{2+}} = x_{CaO} = \frac{0.5}{0.5 + 0.5} = 0.5 \qquad x_{Si^{4+}} = \frac{0.5}{0.5 + 0.5} = 0.5$$

$$\Delta H_f^{\ominus} = \alpha'_{Ca-Si} x_{CaO} x_{SiO_2}$$

$$89.1 = \alpha'_{Ca-Si} \times 0.5 \times 0.5$$

$$\alpha'_{Ca-Si} = \frac{89.1}{0.5 \times 0.5} = 356.4(kJ)$$

而实际测量的结果是：$\alpha'_{Ca-Si} = 272(kJ)$，差别还是较大的。

万谷从实验中发现：$\Delta H_{f,298}^{\ominus} \leqslant 41.8kJ$， $\Delta H_{f,298}^{\ominus} = \alpha'_{ij} x_i x_j (= \Delta_{mix} H_m)$

$$\Delta H_{f,298}^{\ominus} > 41.8kJ, \qquad \Delta H_{f,298}^{\ominus} \approx \alpha'_{ij} x_i x_j (\approx \Delta_{mix} H_m)$$

6.3.3.2 由平衡法求 α'_{ij}

(1)求 $FeO-Fe_2O_3$ 二元系中 α'_{12} 值(用 1、2 分别代表 FeO，Fe_2O_3)。

$$(FeO_{1.5}) = (FeO) + \frac{1}{4} O_{2(g)} \qquad \Delta G^{\ominus} = 126695 - 53.1T \qquad (2-6-18)$$

平衡时
$$K = \left(\frac{\alpha_{FeO}}{\alpha_{FeO_{1.5}}}\right) p_{O_2}^{\frac{1}{4}} = \left(\frac{x_{FeO}}{x_{FeO_{1.5}}}\right) p_{O_2}^{\frac{1}{4}} \left(\frac{\gamma_{FeO}}{\gamma_{FeO_{1.5}}}\right)$$

两边取对数

$$\ln K = \ln K' + \ln \frac{\gamma_{FeO}}{\gamma_{FeO_{1.5}}} \qquad (2-6-19)$$

由
$$RT \ln \gamma_{FeO} = \alpha'_{12} (1 - x_{FeO})^2$$

$$RT \ln \gamma_{FeO_{1.5}} = \alpha'_{12} x_{FeO}^2$$

得
$$\ln \frac{\gamma_{FeO}}{\gamma_{FeO_{1.5}}} = \frac{\alpha'_{12}}{RT} (1 - 2x_{FeO}) \qquad (2-6-20)$$

$$\ln K' = \ln K - \frac{\alpha'_{12}}{RT} (1 - 2x_{FeO}) \qquad (2-6-21)$$

式中，T 一定时，可以看出，$\ln K'$ 与 $(1 - 2x_{FeO})$ 具有线性关系。

$x_{FeO_{1.5}} > 0.5$ 时，Darken 和 Gurry 研究结果是，$\alpha'_{12} = -18643J$。

(2)求 $FeO-Fe_2O_3-SiO_2$ 三元系 α'_{1j}、α'_{2j}(用 1、2 分别代表 FeO，Fe_2O_3；3 表示 SiO_2)。

第一步：

在三元系中，同样有

$$(FeO_{1.5}) = (FeO) + \frac{1}{4} O_{2(g)}$$

$$RT \ln K = RT \ln \frac{x_{FeO}}{x_{FeO_{1.5}}} + 0.25 RT \ln p_{O_2} + RT \ln \frac{\gamma_{FeO}}{\gamma_{FeO_{1.5}}} \qquad (2-6-22)$$

由规则溶液模型

$$RT\ln\gamma_{FeO} = \alpha'_{12}x^2_{FeO_{1.5}} + \alpha'_{13}x^2_{SiO_2} + (\alpha'_{12} + \alpha'_{13} - \alpha'_{23})x_{FeO_{1.5}}x_{SiO_2}$$

$$RT\ln\gamma_{FeO_{1.5}} = \alpha'_{21}x^2_{FeO} + \alpha'_{23}x^2_{SiO_2} + (\alpha'_{21} + \alpha'_{23} - \alpha'_{13})x_{FeO}x_{SiO_2}$$

两式相减,并整理

$$RT\ln\frac{\gamma_{FeO}}{\gamma_{FeO_{1.5}}} = \alpha'_{12}(x_{FeO_{1.5}} - x_{FeO}) + (\alpha'_{13} - \alpha'_{23})x_{SiO_2} \qquad (2-6-23)$$

代入等温方程式 2-6-22 中,整理得:

$$(\alpha'_{23} - \alpha'_{13})x_{SiO_2} = \alpha'_{12}(x_{FeO} - x_{FeO_{1.5}}) + RT\ln\frac{x_{FeO}}{x_{FeO_{1.5}}} +$$

$$0.25RT\ln p_{O_2} - RT\ln K \qquad (2-6-24)$$

将 $\Delta G^{\ominus} = -RT\ln K = 126695 - 53.1T$ 及 $\alpha'_{12} = -18643$ 代入式 2-6-24,且令

$$y = \alpha'_{12}(x_{FeO} - x_{FeO_{1.5}}) + RT\ln\frac{x_{FeO}}{x_{FeO_{1.5}}} + 0.25RT\ln p_{O_2} +$$

$$126695 - 53.1T$$

所以 $\qquad\qquad y = (\alpha'_{23} - \alpha'_{13})x_{SiO_2} \qquad\qquad (2-6-25)$

在等温下,作 $y \sim x_{SiO_2}$ 图,由该图的斜率得:

$$(\alpha'_{23} - \alpha'_{13}) = 74404J$$

第二步:求 α'_{13}

在三元系 $FeO-Fe_2O_3-SiO_2$ 与金属铁$(\gamma,\delta-Fe)$饱和条件下,

$$Fe_{(s)} + \frac{1}{2}O_{2(g)} = FeO(FeO - FeO_{1.5} - SiO_2) \qquad (2-6-26)$$

$$\Delta G^{\ominus} = -228064 + 44.85T$$

$$K = \frac{x_{FeO}\gamma_{FeO}}{p^2_{O_2}}$$

$$RT\ln K = RT\ln x_{FeO} + RT\ln\gamma_{FeO} - 0.5RT\ln p_{O_2} \qquad (2-6-27)$$

又 $\quad RT\ln\gamma_{FeO} = \alpha'_{12}x^2_{FeO_{1.5}} + \alpha'_{13}x^2_{SiO_2} + (\alpha'_{12} + \alpha'_{13} - \alpha'_{23})x_{FeO_{1.5}}x_{SiO_2} \quad (2-6-28)$

将式 2-6-28 代入式 2-6-27,得:

$$\alpha'_{13}x^2_{SiO_2} = -RT\ln x_{FeO} + 0.5RT\ln p_{O_2} + 18643x^2_{FeO_{1.5}} +$$

$$55761x_{FeO_{1.5}}x_{SiO_2} - \Delta G^{\ominus}$$

令
$$y = -RT\ln x_{FeO} + 0.5RT\ln p_{O_2} + 18643 x_{FeO_{1.5}}^2 +$$
$$55761 x_{FeO_{1.5}} x_{SiO_2} - \Delta G^{\ominus}$$

则
$$y = \alpha'_{13} x_{SiO_2}^2$$

在等温下,作 $y \sim x_{SiO_2}^2$ 图,得 $\alpha'_{13} = -41800J$

所以
$$\alpha'_{23} = 74404 + \alpha'_{13} = 74404 - 41800 = 32604$$

用此法亦可求体系 $FeO-Fe_2O_3-CaO$,亦可继续求四元系中的 α'_{ij}。

第七章　多相多元系平衡计算

为什么要进行多相多元系的平衡计算？

在过去的热力学平衡计算中,判断一个反应能否发生,我们总是单独计算这一个反应的 $\Delta G = \Delta G^{\ominus} + RT\ln Q$,实际上在做这项工作的同时,忽略了同一体系中的其他反应对这个反应的影响,也就对我们的判断正误产生了影响。最典型的例子是假如我们由热力学判断的这个反应是不能进行的,但有这个反应的一个耦合反应存在的情况下,这个反应是可以进行的(见本书 8.3.1),若我们不考虑耦合反应的存在,所判断的反应发生与否就是不确定的;若考虑耦合反应的存在,就必须同时计算两个以上的反应的自由能。

实际上在一个多元多相热力学体系中,反应与反应之间都存在着或多或少的"耦合",又如炼钢过程中的氧化反应,好几个元素都在和氧反应,况且都是同时,单独计算一个氧化反应,其结果是值得怀疑的。

综上所述,单独研究发生在多元多相体系中的一个反应,实际上意义不大,应该同时研究这个体系中全部反应的平衡结果。这在过去计算机不是很发达时,计算是很困难的,目前这项工作已经变得很容易了,所以我们要改变观念。

多元多相体系的平衡研究,已经有大量的研究成果,归纳起来从以下几方面分类:

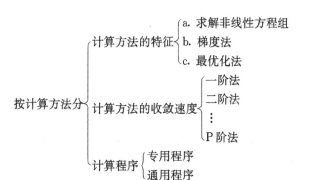

7.1　几个基本问题

7.1.1　独立反应数

(1)必要条件:

在一个多元多相体系中,如果:

1)体系中各独立反应间线性无关;

2)描述每一独立反应的反应进程 ε_j 可独立进行;

3)由一组独立反应式可以描述整个体系的组成变化。

这是描述独立反应数的必要条件。

(2)确定方法:

设一体系中存在 C 个组分,分别为 A_1、A_2、$\cdots$、A_C。其中第 j 个化学反应可以表达成如下通式:

$$v_{j1}A_1 + v_{j2}A_2 + \cdots + v_{jC}A_C = 0 \tag{2-7-1}$$

v_{ji} 代表 i 组分在第 j 个反应中的化学计量系数,规定 i 组分为反应物时为负,为生成物时为正,若存在 s 个反应,则

$$\begin{cases} v_{11}A_1 + v_{12}A_2 + \cdots + v_{1C}A_C = 0 \\ v_{21}A_1 + v_{22}A_2 + \cdots + v_{2C}A_C = 0 \\ \qquad\qquad\qquad\vdots \\ v_{s1}A_1 + v_{s2}A_2 + \cdots + v_{sC}A_C = 0 \end{cases} \tag{2-7-2}$$

其系数矩阵为

$$\boldsymbol{A} = \begin{bmatrix} v_{11} & v_{12} & \cdots & v_{1C} \\ v_{21} & v_{22} & \cdots & v_{2C} \\ \vdots & \vdots & \vdots & \vdots \\ v_{s1} & v_{s2} & \cdots & v_{sC} \end{bmatrix} \tag{2-7-3}$$

求 $\boldsymbol{A}$ 的秩,若为 r,即为该多元多相体系的独立反应数。

7.1.2　反应进度 ε_j(Extent of Reaction)

反应进度 ε_j,早期由 T. de. Donder 引入,IUPAC(International Union of Pure and Applied Chemistry,国际纯粹和应用化学联合会)推荐,在反应热,化学平衡,反应速度中普遍采用。

对反应 j

$$\sum_{i=1}^{C} v_{ji}A_i = 0$$

定义 $\qquad\qquad \varepsilon_j \stackrel{\text{def}}{=} \dfrac{n_i - n_i^0}{v_{ji}} = \dfrac{\Delta n_i}{v_{ji}} \quad 或 \quad \mathrm{d}\varepsilon_j = \dfrac{\mathrm{d}n_i}{v_{ji}} \tag{2-7-4}$

即
$$\varepsilon_j = \frac{\Delta n_1}{v_{j1}} = \frac{\Delta n_2}{v_{j2}} = \cdots = \frac{\Delta n_C}{v_{jC}}$$

或
$$\mathrm{d}\varepsilon_j = \frac{\mathrm{d}n_1}{v_{j1}} = \frac{\mathrm{d}n_2}{v_{j2}} = \cdots = \frac{\mathrm{d}n_C}{v_{jC}}$$

为反应进度。

式中　n_i——A_i 的摩尔数；

　　　n_i^i——A_i 的初始摩尔数。

7.2　化学平衡法

7.2.1　热力学原理

设体系中存在 C 个组分，①、⑫下平衡时，有 r 个独立化学反应

$$\sum_{i=1}^{C} \nu_{ji} A_i = 0 \qquad (j = 1, 2, \cdots, r) \tag{2-7-5}$$

则
$$\prod_{i=1}^{C} a_i^{\nu_{ji}} = \exp\left[\frac{\sum\limits_{i=1}^{C} \nu_{ji} G_i^{\ominus}}{RT}\right] = K_j \qquad (j = 1, 2, \cdots, r) \tag{2-7-6}$$

若体系有 m 元素，则存在 m 个物料平衡条件

$$\sum_{i=1}^{C} \alpha_{ie} n_i = b_e \qquad (e = 1, 2, \cdots, m) \tag{2-7-7}$$

其中 α_{ie} 为组元 i 中元素 e 的原子系数（例如：若组元 i 为 Fe_2O_3，Fe 元素的编号为 1，O 元素的编号为 2。则 $\alpha_{i1} = 2$，$\alpha_{i2} = 3$）；b_e 为体系中元素 e 的总物质的量。

联立求解方程式 2-7-6，式 2-7-7（共 $r+m$ 个），可求出平衡时各组元的浓度。

解的存在性讨论：

由热力学原理　　　　　　　　　$c - m = r$

所以　　　　　　　　　　　　　$c = r + m$

对上述联立方程式，$n_i(i = 1, 2, \cdots, c)$ 为 c 个变量，有 $c = r + m$ 个独立方程；$a_i = \frac{n_i}{\sum n_i} \cdot \gamma_i$ 为组元 i 的活度，活度系数可以由其他方法确定；$\nu_{ji}, G_i^{\ominus}, R, T, \alpha_{ie}, b_e$ 皆为常数。

所以上式可求解。

例 2-7-1　对于 CO、H_2、H_2O、CO_2、CH_4 体系，$c = 5$，$m = 3$(C、H、O)

独立反应数 $r = c - m = 2$，如下：

$$CO + H_2O = CO_2 + H_2 \quad 或 \quad CO + H_2O - CO_2 - H_2 = 0$$

$$CH_4 + H_2O = CO + 3H_2 \quad 或 \quad CH_4 + H_2O - CO - 3H_2 = 0$$

热力学模型
$$K_1 = a_{CO}^{-1} a_{H_2O}^{-1} a_{CO_2} a_{H_2}$$

$$K_2 = a_{CH_4}^{-1} a_{H_2O}^{-1} a_{CO} a_{H_2}^3$$

$$n_{CO} + n_{CO_2} = b_C$$

$$n_{CO} + 2n_{CO_2} + n_{H_2O} = b_O$$

$$2n_{H_2} + 2n_{H_2O} + 4n_{CH_4} = b_H$$

若 $p_{总} = 1atm, a_{CO} = p_{CO} = \dfrac{n_{CO}}{\sum n_i}$

$$\vdots$$

$$a_i = p_i = \frac{n_i}{\sum n_i} (i = CO、H_2、H_2O、CO_2、CH_4)$$

5 个未知数,5 个方程,可求解。

以上已经建立了求解多元多相体系化学反应的平衡浓度的热力学模型,而模型怎么求出具体的解?在数学上有以下几种方法。

7.2.2　Newton—Raphson 法

(1)二阶非线性方程组

$$\begin{cases} f_1(x,y) = 0 \\ f_2(x,y) = 0 \end{cases} \tag{2-7-8}$$

设式 2-7-8 的一组初始近似解为 x_0、y_0,则有

$$\begin{cases} x = x_0 + \Delta x \\ y = y_0 + \Delta y \end{cases}$$

设 f_1、f_2 对 x、y 的二阶偏导数存在,利用泰勒展开

$$\begin{cases} f_1(x,y) = f_1(x_0,y_0) + \dfrac{\partial f_1}{\partial x}(x-x_0) + \dfrac{\partial f_1}{\partial y}(y-y_0) = 0 \\ f_2(x,y) = f_2(x_0,y_0) + \dfrac{\partial f_2}{\partial x}(x-x_0) + \dfrac{\partial f_2}{\partial y}(y-y_0) = 0 \end{cases} \tag{2-7-9}$$

或

$$\begin{cases} \dfrac{\partial f_1(x_0,y_0)}{\partial x}\Delta x + \dfrac{\partial f_1(x_0,y_0)}{\partial y}\Delta y = -f_1(x_0,y_0) \\ \dfrac{\partial f_2(x_0,y_0)}{\partial x}\Delta x + \dfrac{\partial f_2(x_0,y_0)}{\partial y}\Delta y = -f_2(x_0,y_0) \end{cases} \tag{2-7-10}$$

方程组式 2-7-10 的系数矩阵为

$$\begin{pmatrix} \dfrac{\partial f_1(x_0,y_0)}{\partial x} & \dfrac{\partial f_1(x_0,y_0)}{\partial y} \\[3mm] \dfrac{\partial f_2(x_0,y_0)}{\partial x} & \dfrac{\partial f_2(x_0,y_0)}{\partial y} \end{pmatrix}$$

若其非奇异,则可解出 $\Delta x,\Delta y$,于是

$$\begin{cases} x_1=x_0+\Delta x \\ y_1=y_0+\Delta y \end{cases}$$

再以 x_1,y_1 作为非线性方程组式 2-7-8 的一组近似解,并以 x_1,y_1 代替 x_0,y_0。重复上述过程,可得一系列近似解(x_n,y_n),$n=1,2,\cdots$。若相邻两次近似解(x_n,y_n)与(x_{n+1},y_{n+1})满足条件 $\max\{\delta_x,\delta_y\}<\varepsilon_1$ 或 $\max\{|f_1|,|f_2|\}<\varepsilon_2$

其中

$$\delta_x=\begin{cases} |x_{n+1}-x_n| & |x_{n+1}|<C \\[3mm] \dfrac{|x_{n+1}-x_n|}{|x_{n+1}|} & |x_{n+1}|>C \end{cases}$$

$$\delta_y=\begin{cases} |y_{n+1}-y_n| & |y_{n+1}|<C \\[3mm] \dfrac{|y_{n+1}-y_n|}{|y_{n+1}|} & |y_{n+1}|>C \end{cases}$$

式中　ε_1——允许误差;

　　C——控制常数,通常取 1;

　　ε_2——接近于零的小数。

则 x_{n+1},y_{n+1} 即为所求。

(2)n 阶非线性方程

$$\boldsymbol{f}(\boldsymbol{x})=0$$

或

$$\boldsymbol{f}(\boldsymbol{x})=\begin{pmatrix} f_1(x) \\ f_2(x) \\ \vdots \\ f_n(x) \end{pmatrix}, \boldsymbol{x}=\begin{pmatrix} x_1 \\ x_2 \\ \vdots \\ x_n \end{pmatrix} \tag{2-7-11}$$

第 k 次迭代后

$$\boldsymbol{x}_k=[x_1^{(k)},x_2^{(k)},\cdots,x_n^{(k)}]^T \qquad (k=0,1,2,\cdots)$$

设$\boldsymbol{x}^*$ 为方程组式 2-7-11 的解,$\boldsymbol{x}_0$为近似解,设 $\boldsymbol{f}(\boldsymbol{x})$在解的近邻二阶可微。用泰勒公式,可得

$$f(x) = f(x_0) + Df(x_0)(x - x_0) \tag{2-7-12}$$

或

$$Df(x_0)(x - x_0) = -f(x_0) \tag{2-7-13}$$

若 Jacobi 矩阵

$$J = Df(x_0) = \begin{bmatrix} \dfrac{\partial f_1}{\partial x_1} & \dfrac{\partial f_1}{\partial x_2} & \cdots & \dfrac{\partial f_1}{\partial x_n} \\[2mm] \dfrac{\partial f_2}{\partial x_1} & \dfrac{\partial f_2}{\partial x_2} & \cdots & \dfrac{\partial f_2}{\partial x_n} \\[2mm] & & \vdots & \\[2mm] \dfrac{\partial f_n}{\partial x_1} & \dfrac{\partial f_n}{\partial x_2} & \cdots & \dfrac{\partial f_n}{\partial x_n} \end{bmatrix}_{x = x_0} \tag{2-7-14}$$

非奇异,则可得唯一解

$$x_1 = x_0 - (Df(x_0))^{-1} f(x_0) \tag{2-7-15}$$

以 x_1 代替 x_0,得一系列近似解 $x_1, x_2, \cdots, x_n$ 及

$$x_{n+1} = x_n - (Df(x_n))^{-1} f(x_n) \qquad (n = 0, 1, 2, \cdots) \tag{2-7-16}$$

用误差函数 e_k 判别该非线性方程的解

$$e_k = \| f \| = \sqrt{\sum [f_i(x_k)]^2} \tag{2-7-17}$$

$\| \cdot \|$ 称为欧几里得范数,当 $e_k \to 0$ 时,各 $f_i(x_k)$ 也应趋于零。可以证明,当初始近似值充分接近于解时,N—R 迭代按平方收敛速度收敛:

$$\lim_{n \to \infty} \frac{\| x_{n+1} - x^* \|}{\| x_n - x^* \|^2} = k \qquad (k \text{ 为常数}) \tag{2-7-18}$$

(3) N—R 法的优缺点

优点:具有良好的收敛性。

缺点:每一次迭代都要计算 Jacobi 矩阵的逆阵,运算速度较慢。

(4)发展—Broyden 法(拟牛顿法)

1)不用计算 Jacobi 矩阵的逆阵,而是用一个常数矩阵修正 J^{-1} 的估算值;

2)引用一个阻尼因子,保证每一步都能得到更好的估计值。

练习:求解 C—H—O 系平衡。可以用参考文献 Metallurgical Trans. (1983)14B. p465 ～471 给出的计算机程序。

7.3 最小自由能法(White 法)

W. B. White 1958 年首次在 J. Chemical Physic,28,751 发表文章,介绍此法。

7.3.1　热力学原理

体系在达到热力学平衡时,总的自由能最小。因此化学平衡问题可转化为有约束条件的最小化数学问题。

$$\text{min.}\ G=\sum_{i=1}^{C}n_iG_i$$

$$s.t.\quad \sum_{i=1}^{C}\alpha_{ie}n_i=b_e\qquad (e=1,2,\cdots,m)\qquad (2\text{-}7\text{-}19)$$

此即最小自由能法的热力学模型,

式中　C——体系的总的组元素数;

　　　n_i——组元 i 在平衡时的摩尔量;

　　　m——体系中的全部元素数;

　　　α_{ie}——元素 e 在组元 i 中的原子数;

　　　G_i——组元 i 的摩尔自由能(J/mol),$G_i=G_i^\ominus+RT\ln a_i$。其中活度的确定方法如下:

$$a_i=\begin{cases} p_i=\dfrac{n_i}{\sum n_i}\cdot p_总 & i\ 为气态 \\[3mm] \dfrac{n_i}{\sum n_i}\cdot \gamma_i & i\ 为液态 \\[3mm] 1 & i\ 为固态 \end{cases}$$

有约束条件的极值求法实际上是有约束的非线性规划(或非线性优化)问题,已有很多专用程序可供选用,此处只介绍一种方法。

7.3.2　Lagrange 待定乘子法

适用于有等式约束的非线性优化问题。

(1)两个基本定理

定理 1(一阶必要条件)

$$\min f(\boldsymbol{x})$$

$$s.t.\ h_j(\boldsymbol{x})=0\qquad (j=1,2,\cdots,l)\qquad (2\text{-}7\text{-}20)$$

假设:1)$\boldsymbol{x}$ 是约束问题式 2-7-20 的局部最优解;

2)$f,h_1,h_2,\cdots,\boldsymbol{h}_l:R^n\rightarrow \boldsymbol{R}^l$ 在 $\boldsymbol{x}^*$ 的某邻域内连续可微;

3)$\nabla h_1(\boldsymbol{x}^*)$、$\nabla h_2(\boldsymbol{x}^*),\cdots,\nabla h_l(\boldsymbol{x}^*)$ 线性无关。

则存在实数 $\lambda_1^*,\lambda_2^*,\cdots,\lambda_l^*$ 使得

$$\nabla L(\boldsymbol{x}^*,\lambda_1^*,\lambda_2^*,\cdots,\lambda_l^*)=\nabla f(\boldsymbol{x}^*)-\sum_{j=1}^{l}\lambda_j^*\ \nabla h_j(\boldsymbol{x}^*)=0\qquad (2\text{-}7\text{-}21)$$

称 $n+l$ 元函数

$$L(\boldsymbol{x},\lambda_1,\lambda_2,\cdots,\lambda_l)=f(\boldsymbol{x})-\sum_{j=1}^{l}\lambda_j h_j(\boldsymbol{x}) \quad (无约束) \tag{2-7-22}$$

为 Lagrange 函数

这实际上是将约束问题转化为无约束问题，无约束 $L(\boldsymbol{x},\lambda_1,\lambda_2,\cdots,\lambda_l)$ 的最优条件 (2-7-22)与约束问题(2-7-20)的最优解是相同的。

定理 2(一阶充分条件)

假设：1) $f,h_1,h_2,\cdots,h_l:R^n\to R^l$ 是二次连续可微函数；

2)存在 $\boldsymbol{x}^*\in R^n$ 与 $\boldsymbol{\lambda}^*\in R^l$ 使 Lagrange 函数的梯度为零，即

$$\nabla L(\boldsymbol{x}^*,\boldsymbol{\lambda}^*)=0$$

3)对任意非零向量 $\boldsymbol{v}\in R^n$，且

$$\boldsymbol{v}^T\nabla h_j(\boldsymbol{x}^*)=0 \qquad (j=1,2,\cdots,l)$$

便有

$$\boldsymbol{v}^T\nabla^2 L(\boldsymbol{x}^*,\boldsymbol{\lambda}^*)\boldsymbol{v}>0$$

则，$\boldsymbol{x}^*$ 是等式约束问题式 2-7-19 的严格局部极小点。

(2)用 Lagrange 法求解

1) 构造 L 函数

$$L=G-\sum_{e=1}^{m}\lambda_e(\sum_{i=1}^{C}\alpha_{ie}n_i-b_e) \tag{2-7-23}$$

2)求无约束问题式 2-7-23 的解，由 $\nabla L=0$，得：

$$\left\{\begin{array}{l}\left(\dfrac{\partial L}{\partial n_1}\right)=\left(\dfrac{\partial G}{\partial n_1}\right)-\sum\limits_{e=1}^{m}\lambda_e\alpha_{1e}=0 \\[2mm] \left(\dfrac{\partial L}{\partial n_2}\right)=\left(\dfrac{\partial G}{\partial n_2}\right)-\sum\limits_{e=1}^{m}\lambda_e\alpha_{2e}=0 \\[2mm] \qquad\qquad\vdots \\[2mm] \left(\dfrac{\partial L}{\partial n_C}\right)=\left(\dfrac{\partial G}{\partial n_C}\right)-\sum\limits_{e=1}^{m}\lambda_e\alpha_{ce}=0 \\[2mm] \left(\dfrac{\partial L}{\partial \lambda_1}\right)=-(\sum\limits_{i=1}^{C}\alpha_{i1}n_i-b_1)=0 \\[2mm] \left(\dfrac{\partial L}{\partial \lambda_2}\right)=-(\sum\limits_{i=1}^{C}\alpha_{i2}n_i-b_2)=0 \\[2mm] \qquad\qquad\vdots \\[2mm] \left(\dfrac{\partial L}{\partial \lambda_m}\right)=-(\sum\limits_{i=1}^{C}\alpha_{im}n_i-b_m)=0 \end{array}\right. \tag{2-7-24}$$

因为 $\left(\dfrac{\partial G}{\partial n_i}\right)_{T,P,n_j}=u_i$

由式 2-7-24 得

$$\begin{cases} u_1 - \sum_{e=1}^{m} \lambda_e \alpha_{1e} = 0 \\[2mm] u_2 - \sum_{e=1}^{m} \lambda_e \alpha_{2e} = 0 \\[2mm] \vdots \\[2mm] u_C - \sum_{e=1}^{m} \lambda_e \alpha_{ce} = 0 \\[2mm] \sum_{i=1}^{C} \alpha_{i1} n_i - b_1 = 0 \\[2mm] \sum_{i=1}^{C} \alpha_{i2} n_i - b_2 = 0 \\[2mm] \vdots \\[2mm] \sum_{i=1}^{C} \alpha_{im} n_i - b_m = 0 \end{cases} \tag{2-7-25}$$

构成一个 $c+m$ 元简化的方程组，而有 $c+m$ 个变量，其中 $u_i = u_i^{\ominus} + RT\ln a_i$，此非线性方程组可求解。

7.3.3　RAND 法

这是美国兰德公司为了计算火箭燃料喷射反应器开发的应用程序。

对多相多组元体系，设 C 是组分数，P 是相数，S 是纯组分凝聚相数（如纯固相）。

$$\min. G = \sum_{i=1}^{S} G_i^{\ominus} n_i^C + \sum_{l=1}^{P} \sum_{i=S+1}^{C} G_{li} n_{li}$$

$$G_{li} = G_{li}^{\ominus} + RT\ln \alpha_{li} \tag{2-7-26}$$

$$\text{s. t.} \sum_{i=1}^{S} \alpha_{ei} n_i^C + \sum_{l=1}^{P} \sum_{i=S+1}^{C} \alpha_{ei} n_{li} - b_e = 0 \qquad (e = 1, 2, \cdots, m)$$

将式 2-7-26 的 G 在 $\boldsymbol{n}^k = (n_1^{(k)}, n_2^{(k)}, \cdots, n_C^{(k)})$ 处二阶泰勒展开，且 $\boldsymbol{n}^k$ 满足式 2-7-26 中的质量守恒定律及 $n^{(k)} > 0 (i = 1, 2, \cdots, C)$ 的条件，定义

$$Q^{(k)} = G^{(k)} + \sum_{i=1}^{S} \frac{\partial G^{\ominus(k)}}{\partial n_i^C} (n_i^C - n_i^{C(k)}) + \sum_{l=1}^{P} \sum_{i=S+1}^{C} \frac{\partial G}{\partial n_{li}} (n_{li} - n_{li}^{(k)}) +$$

$$\frac{1}{2} \sum_{i=1}^{S} \frac{\partial^2 G^{\ominus(k)}}{\partial n_i^{C2}} (n_i^C - n_i^{C(k)})^2 +$$

$$\frac{1}{2} \sum_{l=1}^{P} \sum_{i=S+1}^{C} \sum_{k=S+1}^{C} \frac{\partial^2 G^{(k)}}{\partial n_{li} \partial n_{lk}} (n_{li} - n_{li}^{(k)})(n_{lk} - n_{lk}^{(k)})$$

引进 Lagrange 函数，将约束问题化为无约束问题

$$L^{(k)} = Q^{(k)} + RT\sum_{e=1}^{m}\lambda_e\Big[b_e - \sum_{i=1}^{S}\alpha_{ei}n_i^C - \sum_{l=1}^{P}\sum_{i=S+1}^{C}\alpha_{li}n_{li}\Big]$$

极值点必要条件是

$$\begin{cases} \dfrac{\partial L^{(k)}}{\partial n_i^C} = 0 & (i = 1,2,\cdots,S) \\[2mm] \dfrac{\partial L^{(k)}}{\partial n_{li}} = 0 & (l = 1,2,\cdots,P) \\[2mm] & (i = S+1,\cdots,C) \\[2mm] \dfrac{\partial L^{(k)}}{\partial \lambda_e} = 0 & (e = 1,2,\cdots,m) \end{cases}$$

通过以上处理,构成 S+P(C−S)+m 元线性方程组,可以很方便求解。

Lagrange 法与 RAND 法比较:

L 法初值的选取有许多技巧,由专门的程序处理,体系中有液相时,计算较困难,很难收敛;而 R 法运算量小,收敛快,但有以下不足:

(1)当某些固相组分的摩尔数趋于零时,会使计算失败;

(2)当某些多组分相趋于消失时,系数矩阵成为奇异的。

改进方法:一般采用人工干预的方法解决。

第八章 冶金反应动力学的基本问题

8.1 反应速度常数与平衡常数的关系

对如下反应

$$aA + bB + \cdots \underset{k'}{\overset{k}{\rightleftharpoons}} \quad cC + dD + \cdots$$

其中,k,k'分别为正、逆反应的速率常数。

正反应速率

$$r_A = -\frac{\mathrm{d}n_A}{\mathrm{d}t} = kc_A^a c_B^b \cdots (A\text{ 的减少速率})$$

逆反应速率

$$r_A' = \frac{\mathrm{d}n'_A}{\mathrm{d}t} = k'c_C^c c_D^d \cdots (A\text{ 的增加速率})$$

或

$$-r_A = -kc_A^a c_B^b \cdots; r_A' = k'c_C^c c_D^d \cdots$$

组元 A 的总的变化率为上两式之和:

$$r_A' - r_A = k'c_C^c c_D^d \cdots - kc_A^a c_B^b \cdots$$

平衡时,$r_A' = r_A$

所以

$$k'c_C^c c_D^d \cdots - kc_A^a c_B^b \cdots = 0$$

或

$$\frac{k}{k'} = \frac{c_C^c c_D^d \cdots}{c_A^a c_B^b \cdots} = K \text{（平衡常数）}$$

这就是可逆反应的动力学速率常数与热力学中平衡常数的关系。

8.2 反应的活化能与反应热的关系

由阿累尼乌斯公式,化学反应的速率常数 $k = k_0 \mathrm{e}^{-\frac{E}{RT}}$,对如下反应:

$$A + B \underset{k'}{\overset{k}{\rightleftharpoons}} \quad C + D \tag{2-8-1}$$

平衡时，$K = \dfrac{k}{k'} = \dfrac{[C][D]}{[A][B]}$

由 $\Delta G^{\ominus} = -RT\ln K$

所以
$$K = \frac{k}{k'} = \exp\left(-\frac{\Delta G^{\ominus}}{RT}\right)$$

$$= \exp\left(-\frac{\Delta H^{\ominus} - T\Delta S^{\ominus}}{RT}\right)$$

$$= \exp\left(\frac{\Delta S^{\ominus}}{R}\right)\exp\left(-\frac{\Delta H^{\ominus}}{RT}\right) \qquad (2\text{-}8\text{-}2)$$

其中，$\Delta G^{\ominus}$、$\Delta H^{\ominus}$、$\Delta S^{\ominus}$ 分别为以上反应式中的标准自由能、熵、焓的变化。

将阿氏公式代入上式

$$K = \frac{k}{k'}$$

$$= \frac{k_0 \exp\left(-\dfrac{E}{RT}\right)}{k'_0 \exp\left(-\dfrac{E'}{RT}\right)}$$

$$= \frac{k_0}{k'_0}\exp\left[-\frac{E - E'}{RT}\right] \qquad (2\text{-}8\text{-}3)$$

将式 2-8-2 与式 2-8-3 比较

$$\frac{k_0}{k'_0} = \exp\left(\frac{\Delta S^{\ominus}}{R}\right) \qquad E - E' = \Delta H^{\ominus}$$

几何表述：

$\overline{E}_{A+B}$——反应物 A+B 的平均能量；

$\overline{E}_{C+D}$——生成物 C+D 的平均能量；

$E_{活}$——有效碰撞所必需的能量，若 A+B 能量达到 $E_{活}$，正反应发生；若 C+D 能量达到 $E_{活}$，逆反应发生。

所以，正反应的活化能　　　　　$E = E_{活} - \overline{E}_{A+B}$

逆反应的活化能　　　　　　　$E' = E_{活} - \overline{E}_{C+D}$

$$E - E' = \Delta H$$

若 $E > E'$，吸热反应（$\Delta H > 0$）；若 $E < E'$，放热反应（$\Delta H < 0$）。

如图 2-8-1 所示。

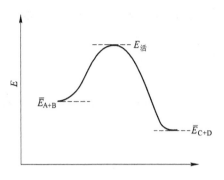

图 2-8-1　反应过程活化能图

8.3　稳态与准稳态近似原理

8.3.1　问题的提出

对如下串联反应（两个一级基元反应）

$$A \xrightarrow{\ k_1\ } B \xrightarrow{\ k_1\ } C$$

$t=0$ 　　c_{A_0} 　　　0 　　　　0

$t=t$ 　　c_A 　　　c_B 　　　c_C

由此得到一个联立微分方程组

$$\left\{ \begin{aligned} &-\frac{\mathrm{d}c_A}{\mathrm{d}t}=k_1 c_A && (2\text{-}8\text{-}4) \\[2mm] &\frac{\mathrm{d}c_B}{\mathrm{d}t}=k_1 c_A-k_2 c_B && (2\text{-}8\text{-}5) \\[2mm] &\frac{\mathrm{d}c_C}{\mathrm{d}t}=k_2 c_B && (2\text{-}8\text{-}6) \end{aligned} \right.$$

解式 2-8-4 得：
$$c_A=c_{A_0}\exp(-k_1 t) \qquad (2\text{-}8\text{-}7)$$

代入式 2-8-5 得：$\dfrac{\mathrm{d}c_B}{\mathrm{d}t}=k_1 c_{A_0}\exp(-k_1 t)-k_2 c_B$

或 $\dfrac{\mathrm{d}c_B}{\mathrm{d}t}+k_2 c_B=k_1 c_{A_0}\exp(-k_1 t)$（一阶非齐次线性方程）

两边乘以 $\exp(k_2 t)$，得：

$$\exp(k_2 t)\frac{\mathrm{d}c_B}{\mathrm{d}t} + c_B k_2 \exp(k_2 t) = k_1 c_{A_0} \exp(k_2 - k_1)t \tag{2-8-8}$$

$t = 0(c_B = 0) \to t = t(c_B = c_B)$ 积分得：

$$c_B = \frac{k_1 c_{A_0}}{k_2 - k_1}\big[\exp(-k_1 t) - \exp(-k_2 t)\big] \tag{2-8-9}$$

将式 2-8-9 代入式 2-8-6：

$$\frac{\mathrm{d}c_C}{\mathrm{d}t} = \frac{k_1 k_2 c_{A_0}}{k_2 - k_1}\big[\exp(-k_1 t) - \exp(-k_2 t)\big] \tag{2-8-10}$$

解得

$$c_C = c_{A_0}\Big[1 - \frac{k_2}{k_2 - k_1}\exp(-k_1 t) + \frac{k_1}{k_2 - k_1}\exp(-k_2 t)\Big] \tag{2-8-11}$$

式 2-8-7、式 2-8-9、式 2-8-11 即为偏微分方程的解。

$$\begin{cases} c_A = c_{A_0}\exp(-k_1 t) \\[2mm] c_B = \dfrac{k_1 c_{A_0}}{k_2 - k_1}\big[\exp(-k_1 t) - \exp(-k_2 t)\big] \\[2mm] c_C = c_{A_0}\Big[1 - \dfrac{k_2}{k_2 - k_1}\exp(-k_1 t) + \dfrac{k_1}{k_2 - k_1}\exp(-k_2 t)\Big] \end{cases}$$

各浓度随时间的变化曲线，如图 2-8-2 所示。

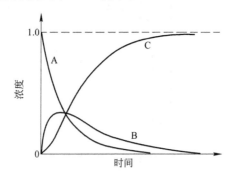

图 2-8-2　A、B、C 各组元的浓度与时间的关系图

　　注意到，以上处理需要解两个偏微分方程，若对较为复杂的连续反应，可以预料求解是非常困难的，所以需要进行一些近似处理，以下的准稳态原理就是针对复杂的串联反应的。

8.3.2　曲线 B 的形状与速率常数的关系

定义
$$q = \frac{k_2}{k_1}$$

求组元 B 浓度的最大值和达到此最大值的时间 $c_{B,max}$ 与 t_{max} ，令

$$\frac{dc_B}{dt} = \frac{k_1 c_{A_0}}{k_2 - k_1}[-k_1 e^{-k_1 t} + k_2 e^{-k_2 t}] = 0$$

所以
$$t_{max} = \frac{\ln\dfrac{k_2}{k_1}}{k_2 - k_1} \tag{2-8-12}$$

$$c_{B,max} = \frac{c_{A_0}}{q-1}\left[e^{\frac{\ln q}{q-1}} - e^{\frac{q\ln q}{q-1}}\right] \text{ 或 } c_{B,max} = \frac{c_{A_0}}{q-1}\left[q^{-\frac{1}{q-1}} - q^{-\frac{q}{q-1}}\right] \tag{2-8-13}$$

讨论：

(1)当 $q \ll 1(k_1 \gg k_2)$ ，或 $q \rightarrow 0$

式 2-8-13 变为 $c_{B,max} \approx \dfrac{c_{A_0}}{-1}[q^{+1} - q^q] \approx c_{A_0}$ \hfill (2-8-14)

中间产物 B 的浓度几乎等于 A 的浓度。

(2) $q \gg 1(k_1 \ll k_2)$ 或 $q \rightarrow \infty$

$$c_{B,max} = \frac{c_{A_0}}{q}\left[q^{-\frac{1}{q}} - q^{-1}\right] \approx \frac{c_{A_0}}{q} \tag{2-8-15}$$

中间产物 B 的浓度很小。

(3) q 恒定时，改变 k_1 与 k_2，由式 2-8-13，$c_{B,max}$ 不变，但由式 2-8-12，t_{max} 随着 $k_2 - k_1 = \Delta k$ 而变，如图 2-8-3 所示。

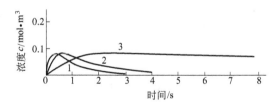

图 2-8-3　对恒定的 q 值，改变 k_1，k_2 值对 t_{max} 的影响

1)$k_1 = 1$，$k_2 = 10 s^{-1}$，$\Delta k = 9 s^{-1}$；

2)$k_1 = 0.5$，$k_2 = 5 s^{-1}$，$\Delta k = 4.5 s^{-1}$；

3)$k_1 = 0.1$，$k_2 = 1 s^{-1}$，$\Delta k = 0.9 s^{-1}$。

8.3.3　稳态和准稳态

为研究复杂的串联反应,有必要定义稳态和准稳态。

稳态

对一个串联反应,若产生中间产物 B 的浓度达到最大值的时间为 $t = t_{max}$ 时,$c_B = c_{B,max}$,此时,$\dfrac{dc_B}{dt} = 0$。生成 B 与消耗 B 的速率相等,或 $k_1 c_A = k_2 c_B$,这时反应所处的状态叫稳态(或静态)。

准稳态

对一个串联反应,假定 $\dfrac{dc_B}{dt} = 0$ 之后的时间,$\dfrac{dc_B}{dt}$ 亦很小(接近于零),或 c_B 变化极小,$c_B \approx c_{B,max}$,$\dfrac{dc_B}{dt} = k_1 c_A - k_2 c_B \approx 0$,此时反应所处的状态叫准稳态(或准静态)。

稳态和准稳态的必要条件

$$\begin{cases} \dfrac{dc_B}{dt} = k_1 c_A - k_2 c_B = 0 & \text{(稳态)} \\[3mm] \dfrac{dc_B}{dt} = k_1 c_A - k_2 c_B \approx 0 & \text{(准稳态)} \end{cases}$$

8.3.4　稳态和准稳态的应用

当体系达到稳态时,由稳态的条件,可得 c_A、c_B、c_C 的值

$$\begin{cases} -\dfrac{dc_A}{dt} = k_1 c_A \\[2mm] \dfrac{dc_B}{dt} = k_1 c_A - k_2 c_B = 0 \\[2mm] \dfrac{dc_C}{dt} = k_2 c_B \end{cases} \Rightarrow \begin{cases} c_A = c_{A_0} \cdot e^{-k_1 t} \\[2mm] c_B = \dfrac{k_1}{k_2} c_{A_0} e^{-k_1 t} \\[2mm] c_C = c_{A_0} \left[1 - e^{-k_1 t} \right] \end{cases} \tag{2-8-16}$$

可以看出

$$-\frac{dc_A}{dt} = \frac{dc_C}{dt} \tag{2-8-17}$$

另外,由

$$\begin{cases} -\dfrac{dc_A}{dt} = k_1 c_A \\[3mm] \dfrac{dc_B}{dt} = k_1 c_A - k_2 c_B \\[3mm] \dfrac{dc_C}{dt} = k_2 c_B \end{cases}$$

得
$$-\frac{dc_A}{dt} = \frac{dc_B}{dt} + \frac{dc_C}{dt} \tag{2-8-18}$$

式 2-8-17 与式 2-8-18 比较,得到应用稳态或准稳态法的充分必要条件:

$$\frac{dc_B}{dt} \ll \frac{dc_C}{dt} \quad 或 \quad \frac{dc_B}{dt} \ll \frac{dc_A}{dt}$$

例 2-8-1 Lindemann—Hinshelwood 机理

$$A + A \underset{k_{-1}}{\overset{k_1}{\rightleftharpoons}} A^* + A, \quad A^* \xrightarrow{k_2} P$$

式中 A^*——两个 A 分子碰撞后产生的能量高于一般分子的活化分子。

$$\frac{dc_{A^*}}{dt} = k_1 c_A^2 - k_{-1} c_{A^*} c_A - k_2 c_{A^*} = 0 (准稳态原理)$$

解得
$$c_{A^*} = \frac{k_1 c_A^2}{k_{-1} c_A + k_2}$$

总反应速率:$r = \frac{dc_P}{dt} = k_2 c_{A^*} = \frac{k_1 k_2 c_A^2}{k_{-1} c_A + k_2}$

(1) 高压时,$k_{-1} c_A$ 较大;若 $k_{-1} c_A \gg k_2$,则 $r = \frac{k_1 k_2}{k_{-1}} c_A$(一级反应);

(2) 低压时,$k_{-1} c_A \ll k_2$,$r \approx k_1 c_A^2$(二级反应);

(3)而中等压力,属于过渡区,动力学上称为混合控制。

8.4 耦合反应与局部平衡

8.4.1 耦合反应

体系若存在两个或两个以上反应,(a)、(b)、…,其中反应(a)单独存在时,不能自动进行。若反应(a)至少有一个产物是反应(b)的反应物。反应(b)的存在使得反应(a)可以自动进行。这种现象叫反应的耦合。

例 2-8-2 (a)$TiO_{2(s)} + 2Cl_{2(g)} = TiCl_{4(l)} + O_{2(g)}$ $\Delta G_{298}^{\ominus} = 161.94kJ$

(b)$C_{(s)} + O_2 = CO_{2(g)}$ $\Delta G_{298}^{\ominus} = -394.38kJ$

(c)$C_{(s)} + TiO_{2(s)} + Cl_{2(g)} = TiCl_{4(l)} + CO_{2(g)}$ $\Delta G_{298}^{\ominus} = -232.49kJ$

反应(a)$\Delta G_{298}^{\ominus} \gg 0$ 说明生成 $TiCl_{4(l)}$ 是很少的;或反应(a)不可以自动进行;而反应(b)的 $\Delta G_{298}^{\ominus} \ll 0$,且反应过程能消耗掉前一个反应的 O_2,反应(a)和反应(b)耦合构成总反应(c),

$\Delta G_{298}^{\ominus} \ll 0$ ，由于耦合的结果，(a)反应不能得到的 $TiCl_{4(l)}$ 通过反应(c)得到了。

8.4.2　局部平衡——Turkdogan 实验

硅酸盐同气相 CO、CO_2 和 S_2 反应：

$$\frac{1}{2}S_2 + (O^{2-}) = (S^{2-}) + \frac{1}{2}O_2 \qquad (2\text{-}8\text{-}19)$$

$$\frac{1}{2}O_2 + 2(Fe^{2+}) = (O^{2-}) + 2(Fe^{3+}) \qquad (2\text{-}8\text{-}20)$$

这是一个耦合反应，反应式 2-8-19 的速率大于式 2-8-20，当反应式 2-8-19 已经达到平衡时，反应式 2-8-20 还在继续进行。设整个体系的反应：

$$\frac{1}{2}S_2 + 2(Fe^{2+}) = (S^{2-}) + 2(Fe^{3+}) \qquad (2\text{-}8\text{-}21)$$

达到了局部平衡，即 (S^{2-}) 达到了平衡状态的浓度，而 $\dfrac{Fe^{3+}}{Fe^{2+}}$ 还在继续增加。对这类耦合反应，一般用于如下情况，第一个反应很重要，但又不能自动进行时，设计第二个反应，使其耦合。第二个反应的速率可以很慢，能起到耦合作用，即使得第一个反应可以发生就可以了。

第九章　液—液相反应动力学

9.1　问题的提出

冶金中研究渣钢反应通常用双膜理论,找出反应过程的限制环节,例如:

$$[B] \xrightarrow{\quad k \quad} (B^{2+})$$

反应速率

$$r = \frac{dn}{dt} \times \frac{1}{A}$$

$$= \frac{c_B - \dfrac{c_{B^{2+}}}{L}}{\dfrac{1}{\beta_1} + \dfrac{1}{L\beta_2} + \dfrac{1}{k}}$$

式中　c_B ——金属液中 B 的浓度,mol/m^3;

$\quad\quad c_{B^{2+}}$——渣中 B^{2+} 的浓度,mol/m^3;

$\quad\quad L$——B 在渣、钢溶液中的分配系数;

$\quad\quad k$——界面正反应的速率常数;

β_1、β_2——金属、渣相内传质系数。$\beta_1 = \dfrac{D_1}{\delta_1}$,$\beta_2 = \dfrac{D_2}{\delta_2}$,$D_1$、$D_2$ 分别是金属、渣相内组元的扩

散系数,δ_1、δ_2 分别是金属、渣相界面的每侧边界层的厚度,如图 2-9-1 所示。

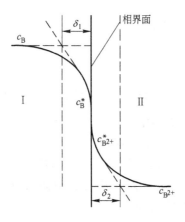

图 2-9-1　液—液反应示意图

以上反应速率式相当于物理学中的欧姆定律

$$I = \frac{U}{R}$$

r 相当于电流 I；$c_B - \dfrac{c_{B^{2+}}}{L}$ 相当于电压 U；$\dfrac{1}{\beta_1} + \dfrac{1}{L\beta_2} + \dfrac{1}{k}$ 相当于电阻 R；$\dfrac{1}{\beta_1}, \dfrac{1}{L\beta_2}, \dfrac{1}{k}$ 的大小分别表示过程在渣、钢和界面化学反应的阻力,通过研究阻力的大小来确定过程的限制环节。

冶金中通常的问题是如下反应:

$$[B] + (A^{2+}) = [A] + (B^{2+})$$

对这样的双分子多相反应如何研究? 以下分两种方法,即瞬态限制性环节和一段时间的限制环节来研究反应的速率。

9.2 瞬态限制性环节的确定

问题:钢中[Mn]的氧化反应

9.2.1 问题的提出

在 27t 电炉炼钢过程中,钢液中[Mn]的氧化反应为

$$[Mn] + (FeO) = (MnO) + [Fe] \tag{2-9-1}$$

炉温 1600℃,渣成分:

20%FeO、5%MnO,某时刻钢液中$[\%Mn] = 0.2$,钢液密度 $\rho' = 7000\text{kg/m}^3$,渣密度 $\rho'' = 3500\text{kg/m}^3$,渣钢界面积 $A = 15\text{m}^2$,$D_{Mn} = 10^{-8}\,\text{m}^2/\text{s}$,$D_{Fe^{2+}} = 10^{-10}\,\text{m}^2/\text{s}$,$D_{Mn^{2+}} = 10^{-10}\,\text{m}^2/\text{s}$,$D_{Fe} = 10^{-8}\text{m}^2/\text{s}$,$\delta_m = 3 \times 10^{-5}\text{m}$,$\delta_s = 1.2 \times 10^{-4}\text{m}$。

以上反应机理:

(1)钢中[Mn]向界面传递(扩散);

(2)渣中(Fe^{2+})向界面传递(扩散);

(3)(Fe^{2+})与[Mn]在界面化学反应:

$$[Mn]^* + (Fe^{2+})^* = (Mn^{2+})^* + [Fe]^*$$

(4)生成的 Mn^{2+} 离开界面向渣中扩散;

(5)生成的 Fe 离开界面向金属相中扩散。

注:由于以下原因,上述机理忽略了 O^{2-} 在渣中的扩散。

1)O^{2-} 的扩散系数比 Fe^{2+}、Mn^{2+} 大得多,不会成为限制环节;

2)(O^{2-})的浓度远大于(Fe^{2+})、(Mn^{2+})。

9.2.2 各扩散环节的最大扩散速率

(1)[Mn]向界面扩散的最大速率:

$$\frac{\mathrm{d}n_{\mathrm{Mn}}}{\mathrm{d}t} = A \times \frac{D_{\mathrm{Mn}}}{\delta_{\mathrm{Mn}}}(c_{\mathrm{Mn}} - c_{\mathrm{Mn}}^*) \tag{2-9-2}$$

式中　D_{Mn}——[Mn]的扩散系数，$\mathrm{m^2/s}$；

$\qquad \delta_{\mathrm{Mn}}$——Mn 在金属相与渣相有效边界层厚度，m；

$c_{\mathrm{Mn}}, c_{\mathrm{Mn}}^*$——分别为 Mn 在金属相与界面浓度，$\mathrm{mol/m^3}$。

　　假定

　　1）界面反应迅速，反应近于平衡

$$K = \frac{c_{\mathrm{Mn}^{2+}}^* c_{\mathrm{Fe}}^*}{c_{\mathrm{Mn}}^* c_{\mathrm{Fe}^{2+}}^*} \tag{2-9-3}$$

　　即

$$c_{\mathrm{Mn}}^* = \frac{1}{K} \cdot \frac{c_{\mathrm{Mn}^{2+}}^* c_{\mathrm{Fe}}^*}{c_{\mathrm{Fe}^{2+}}^*} \tag{2-9-4}$$

　　2）[Fe]、$(\mathrm{Mn^{2+}})$、$(\mathrm{Fe^{2+}})$在各自相中传递速度很快，它们在钢渣相内部浓度与界面浓度相等，此时 Mn 的浓度应该是界面平衡浓度的最小值

$$c_{\mathrm{Mn}}^* \big|_{\min} = \frac{1}{K} \cdot \frac{c_{\mathrm{Mn}^{2+}} c_{\mathrm{Fe}}}{c_{\mathrm{Fe}^{2+}}} \tag{2-9-5}$$

代入式 2-9-2，得 Mn 在金属相中扩散的最大速率

$$\frac{\mathrm{d}n_{\mathrm{Mn}}}{\mathrm{d}t}\bigg|_{\max} = A \cdot \frac{D_{\mathrm{Mn}}}{\delta_{\mathrm{Mn}}}\left(c_{\mathrm{Mn}} - \frac{1}{K} \cdot \frac{c_{\mathrm{Mn}^{2+}} c_{\mathrm{Fe}}}{c_{\mathrm{Fe}^{2+}}}\right) \tag{2-9-6}$$

　　令

$$Q = \frac{c_{\mathrm{Mn}^{2+}} c_{\mathrm{Fe}}}{c_{\mathrm{Mn}} c_{\mathrm{Fe}^{2+}}}$$

　　所以

$$\frac{\mathrm{d}n_{\mathrm{Mn}}}{\mathrm{d}t}\bigg|_{\max} = A \cdot \frac{D_{\mathrm{Mn}}}{\delta_{\mathrm{Mn}}} \cdot c_{\mathrm{Mn}}\left(1 - \frac{Q}{K}\right) \tag{2-9-7}$$

同理可求出

（2）$(\mathrm{Fe^{2+}})$在渣中扩散的最大速率：

$$\frac{\mathrm{d}n_{\mathrm{Fe}^{2+}}}{\mathrm{d}t}\bigg|_{\max} = A \cdot \frac{D_{\mathrm{Fe}^{2+}}}{\delta_{\mathrm{Fe}^{2+}}} c_{\mathrm{Fe}^{2+}}\left(1 - \frac{Q}{K}\right) \tag{2-9-8}$$

（3）$(\mathrm{Mn^{2+}})$在渣中扩散的最大速率：

$$\frac{\mathrm{d}n_{\mathrm{Mn}^{2+}}}{\mathrm{d}t}\bigg|_{\max} = A \cdot \frac{D_{\mathrm{Mn}^{2+}}}{\delta_{\mathrm{Mn}^{2+}}} c_{\mathrm{Mn}^{2+}}\left(\frac{K}{Q} - 1\right) \tag{2-9-9}$$

（4）[Fe]在钢液扩散的最大速率：

$$\frac{\mathrm{d}n_{\mathrm{Fe}}}{\mathrm{d}t}\bigg|_{\max} = A \cdot \frac{D_{\mathrm{Fe}}}{\delta_{\mathrm{Fe}}} c_{\mathrm{Fe}}\left(\frac{K}{Q} - 1\right) \tag{2-9-10}$$

平衡常数 $K=30$(以质量分数表示)。

$$Q=\frac{(\%MnO)[\%Fe]}{[\%Mn](\%FeO)}=\frac{5\times100}{0.2\times20}=125$$

$$\frac{Q}{K}=\frac{125}{301}=0.415$$

$$\frac{K}{Q}=\frac{301}{125}=2.4$$

由 $c_i=\frac{i}{100}\cdot\frac{\rho}{M_i}$ 计算各组分的物质的量浓度：

$$c_{Mn}=\frac{0.2}{100}\cdot\frac{7000}{54.94}=255\text{mol/m}^3$$

$$c_{Fe^{2+}}=\frac{20}{100}\cdot\frac{3500}{71.35}=1.0\times10^4\text{mol/m}^3$$

$$c_{Mn^{2+}}=\frac{5}{100}\cdot\frac{3500}{70.94}=2.45\times10^3\text{mol/m}^3$$

$$c_{Fe}=\frac{100}{100}\cdot\frac{7000}{55.85}=1.25\times10^5\text{mol/m}^3$$

各环节的最大速率如下：

$$\left.\frac{dn_{Mn}}{dt}\right|_{max}=A\cdot\frac{D_{Mn}}{\delta_{Mn}}c_{Mn}\left(1-\frac{k}{Q}\right)=15\times\frac{10^{-8}}{3\times10^{-5}}\times2.55\times10^2\times(1-0.415)$$

$$=0.75(\text{mol/s})$$

$$\left.\frac{dn_{Fe^{2+}}}{dt}\right|_{max}=15\times\frac{10^{-10}}{1.2\times10^{-4}}\times1.0\times10^4\times(1-0.415)=0.073(\text{mol/s})$$

$$\left.\frac{dn_{Mn^{2+}}}{dt}\right|_{max}=15\times\frac{10^{-10}}{1.2\times10^{-4}}\times2.45\times10^3\times(2.4-1)=0.043(\text{mol/s})$$

$$\left.\frac{dn_{Fe}}{dt}\right|_{max}=15\times\frac{10^{-8}}{3\times10^{-5}}\times1.25\times10^5\times(2.4-1)=875(\text{mol/s})$$

可以看出,在 9.2.1 反应机理的步骤中,由于高温,界面反应不会成为限制环节;另外,也可以看出 Fe 的扩散速度远大于其他,亦不会成为限制环节,其他三步骤的最大速率相差不大,还需由其他条件确定。

条件改变对各环节的影响

以上问题中,反应初期,渣中不存在 MnO,($c_{Mn^{2+}}=0$),限制性环节将是(1),(2)步。如果通过吹氧或加矿(FeO),则 Fe^{2+} 的扩散将不会成为限制环节,所以限制环节是第一步。

由 $\qquad -\dfrac{dn_{Mn}}{dt} = -\dfrac{dc_{Mn}}{dt} \cdot V_M$

与 $\qquad\qquad\qquad\qquad C_i = \dfrac{[\%i]}{100} \cdot \dfrac{\rho}{M_i}$

$$c_{Mn}^* = c_{Mn}^{(eq)}$$

式中　$c_{Mn}^{(eq)}$——Mn 在边界上的平衡浓度。

可得

$$-\frac{d[\%Mn]}{dt} = \frac{AD_{Mn}}{V\delta_{Mn}}([\%Mn] - [\%Mn]^{eq}) \tag{2-9-11}$$

$$-\int_{[\%Mn]_0}^{[\%Mn]} \frac{d[\%Mn]}{[\%Mn] - [\%Mn]^{eq}} = \frac{AD_{Mn}}{V\delta_{Mn}} \int_0^t dt$$

$$\ln\frac{[\%Mn]_0 - [\%Mn]^{eq}}{[\%Mn] - [\%Mn]^{eq}} = \frac{AD_{Mn}}{V\delta_{Mn}} t \tag{2-9-12}$$

计算钢液[Mn]被氧化 90% 所需时间。

$$\ln\frac{100}{10} = \frac{AD_{Mn}}{V\delta_{Mn}} t$$

$$V = \frac{W_m}{\rho_m} = \frac{27 \times 1000}{7000} = 3.86 m^3$$

$$t = \frac{V\delta_{Mn}}{AD_{Mn}}\ln10 = \frac{3.86 \times 3 \times 10^{-5}}{15 \times 10^{-8}}\ln10 = 1778(s) \approx 30min$$

这和电炉冶炼去[Mn]时间(30min)是一致的。

9.3　一段时间内的限制性环节的确定——氧化锰被硅还原过程

问题:

碱性炉渣炼钢过程有如下反应

$$2(MnO) + [Si] = 2[Mn] + (SiO_2) \tag{2-9-13}$$

反应机理如图 2-9-2 所示。如何确定该反应中哪一步是限制环节?

9.3.1　反应机理与限制环节确定方法

反应机理如下:

(1)(MnO)向界面扩散;

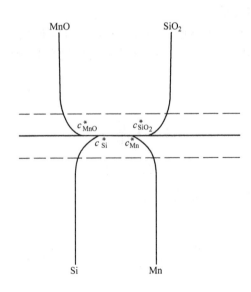

图 2-9-2　反应过程示意图

(2)[Si]向界面扩散；

(3)渣钢界面反应；　$2(MnO)^* + [Si]^* = 2[Mn]^* + (SiO_2)^*$

(4)界面上[Mn]*向钢液中扩散；

(5)界面上$(SiO_2)^*$向渣中扩散。

确定方法：

假设某一步是限制性环节,导出整个反应的速率式,再将相关数据代入导出的速率式中,求出某时刻的浓度,与实验结果对比,若与实验值差别较大,则说明假设不成立,若相差不大,说明该步骤可能是限制性环节,变更实验条件,从不同角度多次进行实验,反复检验,即可最终确定反应的限制性环节。

9.3.2　理论模型

理论模型如下：

(1)假设 Mn 在钢中的扩散为限制性环节,则

$$\frac{dn_{Mn}}{dt} = A \cdot \frac{D_{Mn}}{\delta_{Mn}}(c_{Mn}^* - c_{Mn}) \tag{2-9-14}$$

式中　n_{Mn}——[Mn]的摩尔数；

D_{Mn}——[Mn]的扩散系数,m^2/s；

δ_{Mn}——边界层厚度,m；

c_{Mn}^*, c_{Mn}——分别为[Mn]的界面浓度和内部浓度,mol/m^3。

$$c_{Mn} = \frac{[\%Mn]}{100} \cdot \frac{\rho_m}{M_{Mn}}$$

所以
$$n_{Mn} = c_{Mn} \cdot V_m = \frac{[\%Mn]}{100} \cdot \frac{\rho_m}{M_{Mn}} \cdot V_m \qquad (2\text{-}9\text{-}15)$$

$$V_m = A \cdot h_m \qquad (2\text{-}9\text{-}16)$$

式中　V_m ——钢液体积；

　　　A ——渣钢界面积；

　　　h_m ——钢液高度；

　　　ρ_m ——钢液密度。

将式 2-9-15,式 2-9-16 代入式 2-9-14,得：

$$\frac{d[\%Mn]}{dt} = \frac{D_{Mn}}{\delta_m h_m}([\%Mn]^* - [\%Mn]) \qquad (2\text{-}9\text{-}17)$$

界面平衡时

$$K = \frac{(a_{Mn})^{*\,2}(a_{SiO_2})^*}{(a_{MnO})^{*\,2}(a_{Si})^*} = \frac{[\%Mn]^{*\,2} f_{Mn}^{*\,2} X_{SiO_2}^* \gamma_{SiO_2}^*}{X_{MnO}^{*\,2} \gamma_{MnO}^{*\,2} [\%Si]^* f_{Si}^*} \qquad (2\text{-}9\text{-}18)$$

设：1) 反应过程中各成分变化不大,各活度系数近似为常数；

　　2) 熔渣中 SiO_2 浓度很高,反应过程中其浓度变化很小,亦可看做常数；

　　3) 将 SiO_2,MnO 的摩尔分数转变为质量百分浓度,都有一个转变常数。

将以上三部分常数与常数 K 合并,成为另一个常数 K_1,即：

$$K_1 = \frac{[\%Mn]^{*\,2}}{(\%MnO)^{*\,2}[\%Si]^*}$$

所以
$$[\%Mn]^* = (\%MnO)^* \sqrt{K_1[\%Si]^*} \qquad (2\text{-}9\text{-}19)$$

因为
$$(\%MnO)^* < (\%MnO)$$
$$[\%Si]^* < [\%Si]$$

式 2-9-19 中 MnO,Si 的界面浓度用渣和钢液内部浓度代替时,所得的 $[\%Mn]^*$ 为其最大值,即

$$\frac{d[\%Mn]}{dt}\bigg|_{max} = \frac{D_{Mn}}{\delta_m h_m}((\%MnO)\sqrt{K_1[\%Si]} - [\%Mn]) \qquad (2\text{-}9\text{-}20)$$

由式 2-9-13 可以看出,钢液每生成 1mol Mn,渣和钢液中各消耗 1mol MnO 和 $\frac{1}{2}$ mol Si。若钢液中生成 Mn 为 $[\%Mn]$,即 $\frac{W_m[\%Mn]}{M_{Mn}}$ mol,则渣中减少的 MnO 的质量分数为：

$$\Delta(\%MnO) = \frac{\left(\dfrac{W_m[\%Mn]}{M_{Mn}}\right)M_{MnO}}{W_S} = \frac{W_m}{W_S} \cdot \frac{M_{MnO}}{M_{Mn}}[\%Mn]$$

此时渣中剩余的 MnO 为

$$(\%MnO) = (\%MnO)^0 - \left[\frac{W_m}{W_s} \cdot \frac{M_{MnO}}{M_{Mn}}\right][\%Mn] \qquad (2\text{-}9\text{-}21)$$

同理,钢液中剩余的 Si 为

$$[\%Si] = [\%Si]^0 - \left[\frac{1}{2} \cdot \frac{M_{Si}}{M_{Mn}}\right][\%Mn] \qquad (2\text{-}9\text{-}22)$$

$(\%MnO)^0$、$[\%Si]^0$ 分别为 MnO、Si 在渣和钢液中的初始浓度。

设

$$Q = \frac{W_m}{W_s} \cdot \frac{M_{MnO}}{M_{Mn}} \qquad (2\text{-}9\text{-}23)$$

$$\frac{M_{Si}}{2M_{Mn}} = 0.258 \qquad (2\text{-}9\text{-}24)$$

将式 2-9-21~式 2-9-24 代入式 2-9-20 中,得:

$$\left.\frac{d[\%Mn]}{dt}\right|_{max} = \frac{D_{Mn}}{\delta_m h_m}\left\{\left((\%MnO)^0 - Q[\%Mn]\right)\sqrt{K_1[\%Si]^0 - 0.258K_1[\%Mn]} - [\%Mn]\right\} \qquad (2\text{-}9\text{-}25)$$

$$\int_{[\%Mn]^0}^{[\%Mn]} \frac{d[\%Mn]}{\left((\%MnO)^0 - Q[\%Mn]\right)\sqrt{K_1[\%Si]^0 - 0.258K_1[\%Mn]} - [\%Mn]}$$
$$= \frac{D_{Mn}}{\delta_m h_m}t \qquad (2\text{-}9\text{-}26)$$

(2)假设 MnO 在渣中的扩散为限制性环节,得

$$\int_{[\%Mn]^0}^{[\%Mn]} \frac{Qd[\%Mn]}{(\%MnO)^0 - Q[\%Mn] - \dfrac{[\%Mn]}{\sqrt{K_1[\%Si]^0 - 0.258K_1[\%Mn]}}}$$
$$= \frac{D_{Mn}}{\delta_m h_m}t \qquad (2\text{-}9\text{-}27)$$

(3)假设 Si 在钢中的扩散为限制性环节时

$$\int_{[\%Mn]^0}^{[\%Mn]} \frac{0.258d[\%Mn]}{[\%Si]^0 - 0.258[\%Mn] - \dfrac{[\%Mn]^2}{K_1((\%MnO)^0 - Q[\%Mn])^2}}$$
$$= \frac{D_{Si}}{\delta_m h_m}t \qquad (2\text{-}9\text{-}28)$$

(4)假设 SiO$_2$ 在渣中的扩散为限制性环节

$$\int_{[\%Mn]^0}^{[\%Mn]} \frac{Q'd[\%Mn]}{\dfrac{K_2((\%MnO)^0 - Q'[\%Mn])^2([\%Si]^0 - 0.258[\%Mn])}{[\%Mn]^2}((\%SiO_2)^0 + Q'[\%Mn])}$$
$$= \frac{D_{SiO_2}}{\delta_s h_s}t \qquad (2\text{-}9\text{-}29)$$

其中:

$$K_2 = \frac{[\%Mn]^2 (\%SiO_2)}{(\%MnO)^2 [\%Si]}, Q' = \frac{1}{2}\left[\frac{W_m}{W_s} \cdot \frac{M_{SiO_2}}{M_{Mn}}\right]$$

式 2-9-26～式 2-9-29 可以概括为以下解析式:

$$F_i([\%Mn]) = \frac{D_i}{\delta_i h_i}t$$

$i = 1, 2, 3, 4$ 分别代表在假设(1)、(2)、(3)、(4)条件下所推导的解析式。这些式子都有一个共同点,$[\%Mn]$ 的函数 $F_i([\%Mn])$ 与时间 t 是线性关系。

实验验证:

(1)一定温度下,对不同的初始状态,将不同时间的 $[\%Mn]$ 值代入式 2-9-26～式 2-9-29,对 $F_i([\%Mn]) = \frac{D_i}{\delta_i h_i}t (i = 1, 2, 3, 4)$,进行数值积分,若某一关系式 F_i 与时间 t 为线性关系(对 i 式,线性关系的标志是,不同时间 t,代入相应的 $[\%Mn]$,所得的 $\frac{D_i}{\delta_i h_i}$ 为一常数)。说明推导该关系式所做的假设成立,则该步骤在实验条件下为限制性环节。

注意,不可能存在两个或两个以上的关系式同时为线性关系。

这样就可确定哪一步是限制环节,由限制环节即可确定反应的速率。

(2)熔池的几何形状等条件改变,以上所确定的限制环节可能发生变化。

对以上例子的实验验证发现式 2-9-26 满足线性关系,所以 $[Mn]$ 在钢液中的扩散是限制性环节。

第三篇　冶金物理化学的应用

现从以下几个方面描述冶金物理化学的应用：

(1)气体与凝聚相的反应；

(2)气体与固相的反应；

(3)液液相的反应。

本篇的全部过程，紧紧围绕钢铁冶金过程的主要反应，如脱硫、碳、氧、磷，最后利用冶金物理化学的原理分析两个典型的例子，不锈钢的冶炼过程热力学分析、炼钢过程精炼（同时脱硫、脱磷）热力学及动力学模型。

第一章 冶金过程气体与凝聚相间的反应

反应过程特点如下:

(1)参加反应的凝聚相大都是固相纯物质,在以纯物质为标准态时,它们的活度为1;恒温恒压下体系的平衡常数关系式中仅用温度及气相组分的分压(或体积浓度)作为热力学参数。

(2)可直观地用由 $\Delta G^{\ominus}$ 计算出的平衡分压(或浓度)和温度构成的优势区图,确定凝聚相产物形成或稳定存在的热力学区域。

1.1 化合物分解

1.1.1 分解压

分解压一般是针对如下反应:

$$MCO_3 = MO_{(s)} + CO_2$$

$$2MS = 2M_{(s)} + S_2$$

$$\frac{2}{y}M_xO_y = \frac{2x}{y}M_{(s)} + O_2$$

当 MCO_3, MS, M_xO_y, MO, M 都是纯凝聚相物质时,它们的活度都为1。上述分解反应的

$$\Delta G^{\ominus} = -RT\ln K$$
$$= -RT\ln p_{O_2} (\text{或 } p_{CO_2}, p_{S_2})$$

即分解反应达到平衡时,分解出的气体的平衡分压称为化合物的分解压。

(1) 分解压的计算方法

由标准生成自由能计算

若化合物标准生成自由能反应(生成1mol物质的标准自由能称为标准生成自由能):

$$\frac{y}{2}O_2 + xM = M_xO_y \quad \Delta G_f^{\ominus} = a - bT$$

则分解反应

$$\frac{2}{y}M_xO_y = \frac{2x}{y}M + O_2 \quad \text{的标准自由能}$$

$$\Delta G^{\ominus} = -\frac{2}{y}\Delta G_f^{\ominus}$$

$$= -\frac{2}{y}a + \frac{2}{y}bT$$

$$= -RT\ln p_{O_2}$$

所以　　　　　　　$$\ln p_{O_2} = \frac{2a}{yRT} - \frac{2b}{Ry} = \frac{A}{T} - B \tag{3-1-1}$$

其中　　　　　　　$$A = \frac{2a}{Ry} \quad B = \frac{2b}{Ry}$$

(2)分解压的影响因素

凝聚相物质的相变

对反应

$$\frac{2}{y}M_xO_y = \frac{2x}{y}M_{(s)} + O_2 \quad \Delta H^{\ominus}$$

1)若 M 发生相变(在 T_m 点,M 由固相变为液相)

$$M_{(s)} = M_{(l)} \quad \Delta H_m^{\ominus}(吸热 > 0)$$

$T < T_m$ 时

$$\Delta H^{\ominus} = \frac{2x}{y}H_{M_{(s)}}^{\ominus} + H_{O_2}^{\ominus} - \frac{2}{y}H_{M_xO_y}^{\ominus}$$

由等压方程式

$$\frac{d\ln K}{dT} = \frac{d\ln p_{O_2}}{dT} = \frac{\Delta H^{\ominus}}{RT^2}$$

即　　　　　$$\left(\frac{d\ln p_{O_2}}{dT}\right)_{T < T_m} = \frac{\frac{2x}{y}H_{M_{(s)}}^{\ominus} + H_{O_2}^{\ominus} - \frac{2}{y}H_{M_xO_y}^{\ominus}}{RT^2} \tag{3-1-2}$$

$T > T_m$ 时,同理可得

$$\left(\frac{d\ln p_{O_2}}{dT}\right)_{T > T_m} = \frac{\frac{2x}{y}H_{M_{(s)}}^{\ominus} + \frac{2x}{y}\Delta H_m^{\ominus} + H_{O_2}^{\ominus} - \frac{2}{y}H_{M_xO_y}^{\ominus}}{RT^2} \tag{3-1-3}$$

因为　　　　　　　$$\Delta H_m^{\ominus} > 0$$

所以　　　　　$$\left(\frac{d\ln p_{O_2}}{dT}\right)_{T > T_m} > \left(\frac{d\ln p_{O_2}}{dT}\right)_{T < T_m} \tag{3-1-4}$$

即 M 由固态熔化变为液态后,M_xO_y 的分解压 p_{O_2} 随温度的变化率增大。

2)若 M_xO_y 在 T_m 点相变

同理可证

$$\left(\frac{\mathrm{d}\ln p_{O_2}}{\mathrm{d}T}\right)_{T>T_m} < \left(\frac{\mathrm{d}\ln p_{O_2}}{\mathrm{d}T}\right)_{T<T_m} \tag{3-1-5}$$

即 M_xO_y 发生相变后，M_xO_y 的分解压 p_{O_2} 随温度的变化率减少。

3)若 M 在 T_b 点由液态变成气态，即 $M_{(l)} = M_{(g)}$，则反应可写成

$$\frac{2}{y}M_xO_{y(s)} = \frac{2x}{y}M_{(g)} + O_2$$

$$K = p_{O_2} p_M^{\frac{2x}{y}}$$

所以

$$p_{O_2} = \frac{K}{p_M^{\frac{2x}{y}}}$$

则当 $T > T_b$ 后，M_xO_y 的分解压随 M 的蒸汽压 p_M 的降低而升高。

注：一般情况下，$p_{O_2} \ll p_M$。

例 3-1-1 　将 $MgO_{(s)}$ 在真空度为 133Pa 的室内加热到 1400K，试求 MgO 的分解压（Mg 的沸点为 1376K）

解： 由热力学数据表中查到

$$Mg_{(g)} + \frac{1}{2}O_2 = MgO \quad \Delta G_f^\ominus = -732702 + 205.99T$$

故　　　　　　$2MgO = 2Mg_{(g)} + O_2 \quad \Delta G_f^\ominus = 146504 - 411.98T$

由 $\Delta G^\ominus = -RT\ln K$

计算得，$T = 1400K$ 时，$K = 7.1 \times 10^{-34}$

而真空室内总压（133Pa）

$$p' = p'_{M(g)} + p'_{O_2} \approx p'_{M(g)}$$

即　　　　　$p_{M(g)} = \frac{p'_{M(g)}}{p^\ominus} = \frac{133}{1.01325 \times 10^5} = 1.31 \times 10^{-3}$

所以　　　　$p_{O_2} = \frac{K}{p_{M(g)}^2} = \frac{7.1 \times 10^{-34}}{(1.31 \times 10^{-2})^2} = 4.14 \times 10^{-28}$

或　　　　$p'_{O_2} = p_{O_2} p^\ominus = 4.14 \times 10^{-24} \times 1.01325 \times 10^5 = 4.14 \times 10^{-23} Pa$

若要增加 p_{O_2}，可采取抽真空的方法，使总压（即 p_M）降低。

(3)化合物的分散度

若化合物是微小颗粒时，则计算其吉布斯自由能时，表面能不能忽略。

对 K 个组分组成的体系，吉布斯自由能

$$G = \sum_{B=1}^{K} (u_B n_B + \sigma_B A_B) \tag{3-1-6}$$

式中　　u_B ——组分 B 不考虑表面能时的化学势；

　　　　σ_B ——组分 B 的表面能，J/m^2；

　　　　A_B ——组分 B 的表面积，m^2/mol；

　　　　n_B ——组分 B 的摩尔数。

此时，B 的化学势 u_B

$$u_B = \frac{\partial G}{\partial n_B} = u_{B(V)} + \sigma_B \frac{\partial A_B}{\partial n_B}$$

$$= u_{B(V)} + \sigma_B \frac{\partial A_B}{\partial V} \frac{\partial V}{\partial n_B} \tag{3-1-7}$$

设固相 B 是半径为 r 的球体，则

$$\frac{\partial A_B}{\partial V} = \frac{\partial(4\pi r^2)}{\partial(\frac{4}{3}\pi r^2)} = \frac{2}{r}$$

$$\frac{\partial V}{\partial n_B} = \overline{V}_B \quad (B \text{ 的偏摩尔体积})$$

所以　　　　　　　　　　$u_B = u_{B(V)} + \frac{2\sigma_B}{r}\overline{V}_B \tag{3-1-8}$

对 M_xO_y 为微小颗粒分解时

$$\frac{2}{y}M_xO_y = \frac{2x}{y}M + O_2$$

$$RT\ln K = -\Delta G^{\ominus}$$

$$= \frac{2}{y}u^{\ominus}_{M_xO_y} - \frac{2x}{y}u^{\ominus}_M - u^{\ominus}_{O_2} \tag{3-1-9}$$

$$= \frac{2}{y}u^{\ominus}_{M_xO_y(V)} + \frac{2}{y}\frac{2\sigma_{M_xO_y}}{r}\overline{V}_{M_xO_y} - \frac{2x}{y}u^{\ominus}_M - u^{\ominus}_{O_2}$$

$$= \frac{2}{y}u^{\ominus}_{M_xO_y(V)} - \frac{2x}{y}u^{\ominus}_M - u^{\ominus}_{O_2} + \frac{2}{y}\frac{2\sigma_{M_xO_y}}{r}\overline{V}_{M_xO_y}$$

亦即　　　　$RT\ln p_{O_2} = RT\ln p_{O_2(V)} + \frac{2}{y}\frac{2\sigma_{M_xO_y}}{r}\overline{V}_{M_xO_y} \tag{3-1-10}$

其中　　　　$RT\ln p_{O_2(V)} = \frac{2}{y}u_{M_xO_y(V)} - \frac{2x}{y}u_M - u_{O_2}$

是不考虑微小颗粒的分解压，而 $\frac{2\sigma}{r}\overline{V} > 0$

可见，微小颗粒的氧化物 M_xO_y 的分解压比原来（不是微小颗粒）增加了。可用下式表示。

$$RT\ln\frac{p_{O_2}}{p_{O_2(V)}} = \frac{2}{y}\cdot\frac{2\sigma_{M_xO_y}}{r}\cdot\overline{V}_{M_xO_y} \tag{3-1-11}$$

例 3-1-2　欲使氧化物 M_xO_y 的分解压增加 1%。颗粒半径应为多少?

设 $y=2, x=1$。取

$$\sigma_{M_xO_y} = 0.50 J/m^2$$

$$\overline{V}_{M_xO_y} = 2\times10^{-5} m^3/mol$$

$$T = 1000K$$

解:　　$$r = \frac{2\sigma_{M_xO_y}\overline{V}_{M_xO_y}}{RT\ln\dfrac{p_{O_2}}{p_{O_2(V)}}} = \frac{2\times0.5\times2\times10^{-5}}{8.314\times1000\times\ln1.01} = 2.5\times10^{-7} m$$

由计算可以看出,欲使氧化物 M_xO_y 的分解压增加,颗粒的半径应该减少到 $10^{-7}m$,这是一个很小的数。

1.1.2　分解反应的优势区图(Predominance area diagram)

反应:

$$\frac{2}{y}M_xO_y = \frac{2x}{y}M + O_2$$

$$\Delta G^{\ominus} = -RT\ln p_{O_2}$$

作 $p_{O_2(分)}\sim T$ 图,以曲线为界可得两个区域,如图 3-1-1 所示。

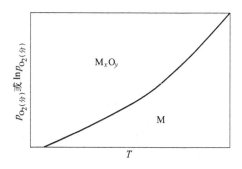

图 3-1-1　分解反应的优势区图

(1)曲线之上是 M_xO_y 的稳定区。因为该区域内 $p_{O_2} > p_{O_2(分)}$

$$\Delta G = \Delta G^{\ominus} + RT\ln p_{O_2}$$

$$= -RT\ln p_{O_2(分)} + RT\ln p_{O_2}$$

$$= RT\ln\frac{p_{O_2}}{p_{O_2(分)}} > 0 \qquad (3\text{-}1\text{-}12)$$

所以,反应逆向进行,向生成 M_xO_y 方向进行。

(2)M 的稳定区

$$p_{O_2} < p_{O_2(分)}$$

$$\Delta G = \Delta G^{\ominus} + RT\ln p_{O_2}$$

$$= -RT\ln p_{O_2(分)} + RT\ln p_{O_2} \qquad (3\text{-}1\text{-}13)$$

$$= RT\ln\frac{p_{O_2}}{p_{O_2(分)}} < 0$$

所以,反应正向进行,在该区域, M_xO_y 分解生成 M。

(3) $p_{O_2(分)} \sim T$ 线上,反应达到平衡。

1.1.3　化合物的开始分解温度与沸腾温度

在 M_xO_y 的优势区图中,如图 3-1-2 所示。

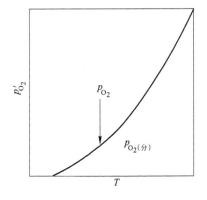

图 3-1-2　氧化物开始分解温度

在 M_xO_y 的稳定区内 $p_{O_2} > p_{O_2(分)}$,欲使 M_xO_y 分解的方法有二。一是保持温度不变,降低气相氧分压。使 $p_{O_2} \leqslant p_{O_2(分)}$;二是外界氧压 p_{O_2} 不变,升高温度。此种方法有两种情况。

(1)升高温度,如图 3-1-3 所示。使温度增加到 $p_{O_2} \geqslant p_{O_2(分)}$ 时,其温度叫氧化物 M_xO_y 的开始分解温度。

由 　　　　　　　　　　$$\ln p_{O_2(分)} = \frac{A}{T} - B$$

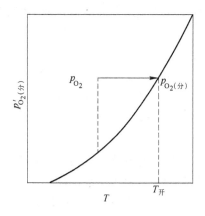

图 3-1-3 升高温度求开始分解温度

所以
$$T_{开} = \frac{A}{\ln p_{O_2(分)} + B} \tag{3-1-14}$$

(2)若 $p_{O_2} = 1$。升高温度,使 $p_{O_2(分)}$ 增加到 $p_{O_2(分)} = 1$ 时的温度,叫氧化物的沸腾温度,如图 3-1-4 所示。

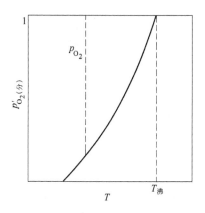

图 3-1-4 求沸腾温度示意图

$$T_{沸} = \frac{A}{\ln p_{O_2} + B} = \frac{A}{B} \tag{3-1-15}$$

1.1.4 氧化物分解原则

对于同一金属元素,若其能形成不同价位的氧化物,则其分解过程有如下原则:

(1)稳定性原则:温度升高时,结构比较简单的低价(含氧原子数少)的氧化物稳定存在;低温时,则是结构比较复杂的氧化物稳定存在。

(2)逐级转变原则:高价氧化物在温度升高时放出氧,依次突跃地经过体系中所有低价氧化物,直至零价(金属)。

例如:Fe_2O_3 分解反应

$$6Fe_2O_3 = 4Fe_3O_4 + O_2$$
$$2Fe_3O_4 = 6FeO + O_2$$
$$2FeO = 2Fe + O_2$$

(3)最低价氧化物存在原则:最低价氧化物在转变过程中有其出现的最低温度。高于此温度才能出现。而低于此温度在转变过程中不能出现。

例如,铁的氧化物,最低价为 FeO。出现 FeO 的最低温度为 570℃。

$$t > 570℃ \qquad Fe_2O_3 \rightarrow Fe_3O_4 \rightarrow FeO \rightarrow Fe$$
$$t < 570℃ \qquad Fe_2O_3 \rightarrow Fe_3O_4 \rightarrow Fe$$

以上原则可体现在铁氧化物分解的优势区图中,如图 3-1-5 所示。

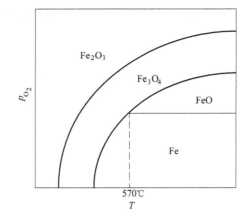

图 3-1-5　铁的氧化物优势区图

1.2　固体氧化物的间接还原

1.2.1　固体还原剂对氧化物还原的热力学原理

以分解压为例,导出还原反应的热力学条件。

若用还原剂 N 还原 M_xO_y 时,

$$\frac{2}{y}M_xO_y + \frac{2a}{b}N = \frac{2x}{y}M + \frac{2}{b}N_aO_b \qquad (3-1-16)$$

可以是以下反应组合

$$\frac{2}{b}N_aO_b = \frac{2a}{b}N + O_2 \qquad \Delta G_1^\ominus = -RT\ln p_{O_2(N_aO_b)} \qquad (3\text{-}1\text{-}17)$$

$$\frac{2}{y}M_xO_y = \frac{2x}{y}M + O_2 \qquad \Delta G_2^\ominus = -RT\ln p_{O_2(M_xO_y)} \qquad (3\text{-}1\text{-}18)$$

$$\Delta G^\ominus = \Delta G_2^\ominus - \Delta G_1^\ominus$$

$$\Delta G = RT\left(\ln\frac{a_{N_aO_b}^{2/b}a_M^{2x/y}}{a_N^{2a/b}a_{M_xO_y}^{2/y}}\right) - RT\ln K$$

$$= -RT\ln K + RT\ln J$$

上式中

$$K = \frac{K_{M_xO_y}}{K_{N_aO_b}}$$

当参加反应的各物质是纯态时，$a_{M_xO_y}$，a_N，a_M，$a_{N_aO_b}$ 皆等于 1。

$$K_{M_xO_y} = p_{O_2(M_xO_y)}$$

$$K_{N_aO_b} = p_{O_2(N_aO_b)}$$

所以　　　　　　　$\Delta G = \Delta G^\ominus = -RT\ln K$ 　　　　　　(3-1-19)

$$= -RT[\ln p_{O_2(M_xO_y)} - \ln p_{O_2(N_aO_b)}]$$

$$= RT[\ln p_{O_2(N_aO_b)} - \ln p_{O_2(M_xO_y)}]$$

由此得以下结论：

(1)如 $p_{O_2(N_aO_b)} < p_{O_2(M_xO_y)}$ 时，　$\Delta G(\Delta G^\ominus) < 0$

即 N_aO_b 氧化物的分解压小于 M_xO_y 氧化物的分解压时，N 是还原剂，且还原反应可以自动进行。

(2)如 $p_{O_2(N_aO_b)} = p_{O_2(M_xO_y)}$ 时，　$\Delta G^\ominus = 0$

氧化物还原反应达平衡，此时的温度叫氧化物的开始还原温度。

各种氧化物的还原有如下规律：

(1)在氧势图上(见第一篇的氧势图)，将氧化物的还原分为 3 类：

1)在 CO_2(或 $H_2O_{(g)}$)的 $\Delta G^\ominus$-T 直线以上的氧化物均能被 CO 及 H_2 还原。如 CuO 等，称易还原氧化物。

2)在 CO 的 $\Delta G^\ominus$-T 以上的氧化物均能被固体碳还原。但不一定能为 CO 还原。如 Cr，Nb，V，Si 的氧化物等，称为中等还原氧化物。

3)难还原氧化物，在很高的温度才能被 C 还原的，如 CaO，MgO，Al_2O_3 等。

(2)以上仅对反应在标准态的讨论得出的结论,实际情况应具体分析。

例如, $FeO+CO=Fe+CO_2$

从以下两式所得

$$2FeO = 2Fe + O_2$$

$$\Delta G_1^\ominus = -RT\ln p_{O_2(FeO)}$$

$$2CO_2 = 2CO + O_2$$

$$\Delta G_2^\ominus = -RT\ln p_{O_2(CO_2)}\left(\frac{p_{CO}}{p_{CO_2}}\right)^2$$

$$= -RT\ln p_{O_2(CO_2)} - 2RT\ln\frac{p_{CO}}{p_{CO_2}}$$

当 FeO 和 Fe 皆为纯物质时,

因为 $\Delta G_1^\ominus > \Delta G_2^\ominus$

所以 CO 不能在标准状态($p_{CO}=1, p_{CO_2}=1$)下还原 FeO。但实际高炉状态并非 $p_{CO}=1, p_{CO_2}=1$,而是

$$\frac{p_{CO}}{p_{CO_2}} > 1$$

所以 $RT\ln p_{O_2(CO_2)} = -\Delta G_2^\ominus - 2RT\ln\frac{p_{CO}}{p_{CO_2}}$ 降低了,降低到 $RT\ln p_{O_2(FeO)}$ 之下,此时 CO 就可还原 FeO 了。

1.2.2 气体(CO,H₂)还原剂对氧化物还原的热力学

用 C 作还原剂的反应叫直接还原,而用 CO 作还原剂的称间接还原。

$$2CO + O_2 = 2CO_2 \quad \Delta G_1^\ominus$$

$$2M + O_2 = 2MO \quad \Delta G_2^\ominus$$

所以 $$MO + CO = M + CO_2 \quad \Delta G^\ominus = \frac{1}{2}(\Delta G_1^\ominus - \Delta G_2^\ominus)$$

$$\Delta H^\ominus = \frac{1}{2}(-563770 - \Delta H_2^\ominus)$$

式中 −563770——反应 1 的焓变,J。

$$K = \frac{a_M a_{CO_2}}{a_{MO} a_{CO}} = \frac{p_{CO_2}}{p_{CO}} = \frac{\%CO_2}{\%CO}$$

$$\%CO_2 = \%COK = (100 - \%CO_2)K$$

$$\%CO_2 = \frac{100K}{1+K}$$

$$\%CO = \frac{100}{1+K}$$

CO 还原 MO 的优势区图如图 3-1-6 所示。

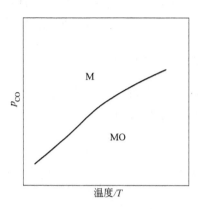

图 3-1-6 CO 还原 MO 优势区图

(1)在优势区图上,平衡曲线趋势与反应的 $\Delta H^{\ominus}$ 有关(因为 $\frac{\mathrm{d}\ln K}{\mathrm{d}T}=\frac{\Delta H^{\ominus}}{RT^2}$)

若反应为吸热($\Delta H^{\ominus}>0$)。平衡曲线向右下降。

若反应为放热($\Delta H^{\ominus}<0$)。平衡曲线向右上升。

证明:

因为
$$\frac{\mathrm{d}\ln K}{\mathrm{d}T}=\frac{\Delta H^{\ominus}}{RT^2}$$

所以
$$\frac{1}{K}\frac{\mathrm{d}K}{\mathrm{d}T}=\frac{\Delta H^{\ominus}}{RT^2}$$

而
$$K=\frac{100-\%CO}{\%CO}=\frac{100}{\%CO}-1$$

代入 $\frac{\mathrm{d}K}{\mathrm{d}T}=K\frac{\Delta H^{\ominus}}{RT^2}$ 中,得

$$-100(\%CO)^{-2}\frac{\mathrm{d}(\%CO)}{\mathrm{d}T}=\left(\frac{100}{\%CO}-1\right)\frac{\Delta H^{\ominus}}{RT^2}$$

$$\frac{\mathrm{d}(\%CO)}{\mathrm{d}T}=-\frac{1}{100}(\%CO)^2\left(\frac{100}{\%CO}-1\right)\frac{\Delta H^{\ominus}}{RT^2}$$

或
$$\frac{\mathrm{d}(\%CO)}{\mathrm{d}T}=-(\%CO)\left(1-\frac{\%CO}{100}\right)\frac{\Delta H^{\ominus}}{RT^2} \tag{3-1-20}$$

因为 $\%CO>0,\left(1-\frac{\%CO}{100}\right)>0$

所以 $\Delta H^{\ominus}>0$ 则 $\frac{\mathrm{d}(\%CO)}{\mathrm{d}T}<0$ 平衡曲线向右下降。

$$\Delta H^{\ominus} < 0 \quad \text{则} \frac{d(\%CO)}{dT} > 0 \quad \text{平衡曲线向右上升}$$

(2)平衡曲线在图中位置与 K 值大小有关。

当 $K \ll 1$,%CO$\approx$100 故平衡曲线靠近上方,MO 是难还原氧化物。

当 $K \gg 1$,%CO$_2$$\approx$100 故平衡曲线靠近下方,MO 是易还原氧化物。

1.2.3 CO 还原氧化铁的平衡图(叉子曲线)

氧化铁的分解遵循逐级转变原则,其还原也是逐级的,在 570℃ 以下及以上有不同的转变顺序,因此其还原也是如此,如图 3-1-7 所示。

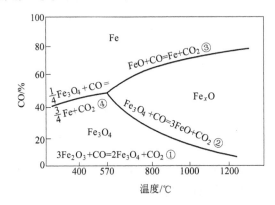

图 3-1-7 叉子曲线

$t < 570℃$ $3Fe_2O_3 + CO = 2Fe_3O_4 + CO_2$ $\Delta G_1^{\ominus} = -52130 - 41.0T$

$\quad\quad\quad\quad \frac{1}{4}Fe_3O_4 + CO = \frac{3}{4}Fe + CO_2$ $\Delta G_2^{\ominus} = -1030 - 2.96T$

$t > 570℃$ $3Fe_2O_3 + CO = 2Fe_3O_4 + CO_2$ $\Delta G_1^{\ominus} = -52130 - 41.0T$

$\quad\quad\quad\quad Fe_3O_4 + CO = 3FeO + CO_2$ $\Delta G_3^{\ominus} = 35380 - 40.16T$

$\quad\quad\quad\quad FeO + CO = Fe + CO_2$ $\Delta G_4^{\ominus} = -13160 + 17.21T$

可以计算:$K_1 \gg 1$。所以,%CO$_{平}$$\to$0。其平衡线在最下,几乎在图上表达不出来。

而 $K_2 \sim K_4 = 0.3 \sim 9$,%CO$_{平}$ 如图 3-1-7 所示,形成一个类似"叉子"的曲线。

1.2.4 H$_2$ 还原氧化铁的平衡

与 CO 还原氧化铁类似,如图 3-1-8 所示。

$t < 570℃$ $3Fe_2O_3 + H_2 = 2Fe_3O_4 + H_2O_{(g)}$ $\Delta G_1^{\ominus} = -15547 - 74.40T$

$\quad\quad\quad\quad \frac{1}{4}Fe_3O_4 + H_2 = \frac{3}{4}Fe + H_2O_{(g)}$ $\Delta G_2^{\ominus} = 35580 - 30.40T$

$t > 570℃$ $3Fe_2O_3 + H_2 = 2Fe_3O_4 + H_2O_{(g)}$ $\Delta G_1^{\ominus} = -15547 - 74.40T$

$\quad\quad\quad\quad Fe_3O_4 + H_2 = 3FeO + H_2O_{(g)}$ $\Delta G_3^{\ominus} = 71940 - 73.62T$

$\quad\quad\quad\quad FeO + H_2 = Fe + H_2O_{(g)}$ $\Delta G_4^{\ominus} = 23430 - 16.16T$

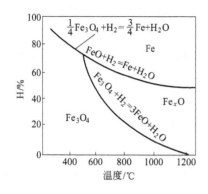 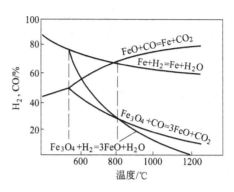

图 3-1-8 H_2 还原氧化铁的平衡图

由
$$K = \frac{\%H_2O}{\%H_2}$$

所以
$$\%H_2 = \frac{100}{1+K}$$

$$\%H_2O = \frac{100K}{1+K}$$

讨论：

(1)由 $\Delta G^{\ominus} = \Delta H^{\ominus} - T\Delta S^{\ominus}$，曲线的变化趋势与 $\Delta H^{\ominus}$ 的关系和 CO 还原情况一致；

$$\Delta H_1^{\ominus} = -15547 < 0 \qquad 曲线向上升$$
$$\left.\begin{array}{l} \Delta H_2^{\ominus} = 35550 > 0 \\ \Delta H_3^{\ominus} = 71940 > 0 \\ \Delta H_4^{\ominus} = 23430 > 0 \end{array}\right\} \qquad 曲线向下降$$

(2)在810℃,即 $T=1083K$,可以验证,反应 3,4 与 CO 还原的 3,4 平衡常数相等。
$$(\%CO_{平}) = (\%H_{2平})$$
此时,CO 与 H_2 有相同的还原能力。

$$t < 810℃ \qquad (\%CO_{平}) < (\%H_{2平}) \qquad CO 的还原能力大于 H_2$$
$$t > 810℃ \qquad (\%CO_{平}) > (\%H_{2平}) \qquad CO 的还原能力小于 H_2$$

1.2.5 固体氧化物间接还原动力学——氧化铁还原的一界面模型

固体氧化物间接还原的特点：

(1)热力学特征(逐级性)

铁矿石或高价氧化物的间接还原(即为 CO,H_2 所还原)在热力学上是逐级进行的,即首先形成低价氧化物。而后再经过价数更低的氧化物转变为金属。如铁矿石中氧化物的还原顺序：$Fe_2O_3 | Fe_3O_4 | Fe_xO | Fe$

(2)动力学特征(分层性)

致密的固体氧化物自内向外可能有多层氧化物层组成。如对铁矿石：$Fe_2O_3|Fe_3O_4|Fe_xO|Fe$，逐级和分层是同步的，形成 3 个界面（三界面模型）。亦可能在还原时仅出现逐级性而无明显分层性。如铁矿石 $Fe_2O_3,Fe_3O_4,Fe_xO|Fe$ 只有一个界面（一界面模型）。

一界面模型：

H_2 或 CO 为还原剂时的反应为

$$\frac{1}{3}Fe_2O_3+H_2=\frac{2}{3}Fe+H_2O_{(g)}$$

或

$$Fe_xO+H_2=xFe+H_2O_{(g)}$$

问题：半径为 r_0 的矿球，上述反应在半径 r 的界面上进行，界面总是 $Fe|Fe_2O_3$（或 Fe_xO），即已还原的包围未反应的 Fe_2O_3（或 Fe_xO）。

浓度为 c_0 的 H_2，以流速 $V_0(m^3/min)$ 向矿球表面流动。（1）通过矿球周围的气相边界层；（2）通过已还原的铁层向矿球内的反应界面扩散；（3）在界面发生化学反应。即经过以上 3 个环节，完成反应。设

矿球表面 H_2 浓度为 c_1；

反应界面 H_2 浓度为 c；

反应平衡浓度为 c^*。

如图 3-1-9 所示，以上 3 个环节的速率式如下：

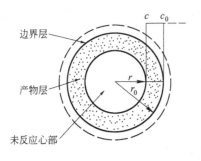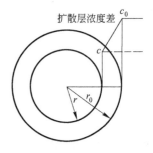

图 3-1-9　气固相反应模型图

气相边界层内扩散：
$$J_1 = 4\pi r_0^2\beta(c_0-c_1) \tag{3-1-21}$$

还原铁层孔隙内扩散：
$$J_2 = 4\pi D_e\frac{r_0 r}{r_0-r}(c_1-c) \tag{3-1-22}$$

界面化学反应：
$$\overline{r_c} = 4\pi r^2 k_+\left(1+\frac{1}{K}\right)(c-c^*) \tag{3-1-23}$$

式中　β——气相边界层内 H_2 的传质系数，$\beta=\dfrac{D}{\delta}$；

D——气相边界层内 H_2 的扩散系数，m^2/s；

δ——气相边界层的厚度，m；

D_e——气相边界层内 H_2 的有效扩散系数，$D_e=D\varepsilon\xi$；

   ε ——还原铁层内的孔隙度；

   ξ ——还原铁层内的迷宫系数；

   k_+——还原反应正反应的速率常数；

   K ——还原反应平衡常数。

3 个环节以准稳态进行时，各环节速率等于总反应过程速率：

$$\bar{r} = J_1 = J_2 = \overline{r_c}$$

联立三式，消去 c_1, c。得

$$\bar{r} = \frac{4\pi r_0^2}{\dfrac{1}{\beta} + \dfrac{r_0}{D_e}\dfrac{r_0 - r}{r} + \dfrac{K}{k_+(1+K)}\dfrac{r_0^2}{r^2}}(c_0 - c^*) \tag{3-1-24}$$

由 $r = r_0(1-R)^{1/3}$ 代入，R 是铁矿石的还原率，得：

$$-\frac{\mathrm{d}n}{\mathrm{d}t} = \frac{4\pi r_0^2}{\dfrac{1}{\beta} + \dfrac{r_0}{D_e}\left[\dfrac{1}{(1-R)^{1/3}} - 1\right] + \dfrac{K}{k_+(1+K)}\dfrac{1}{(1-R)^{2/3}}}(c_0 - c^*) \tag{3-1-25}$$

式中，n 可看作是矿球内氧的摩尔数，因还原反应

$$\frac{1}{3}\mathrm{Fe_2O_3} + \mathrm{H_2} = \frac{2}{3}\mathrm{Fe} + \mathrm{H_2O}$$

$$\frac{\mathrm{d}n_{\mathrm{H_2}}}{\mathrm{d}t} = \frac{\mathrm{d}n_0}{\mathrm{d}t} = \frac{\mathrm{d}n}{\mathrm{d}t}$$

而

$$-\frac{\mathrm{d}n_0}{\mathrm{d}t} = -4\pi r_0^2(1-R)^{2/3}\rho_0\frac{\mathrm{d}}{\mathrm{d}t}\left[r_0(1-R)^{1/3}\right]$$

$$= \frac{4}{3}\pi r_0^3\rho_0\frac{\mathrm{d}R}{\mathrm{d}t} \tag{3-1-26}$$

式中 ρ_0——矿球内的氧密度，$\mathrm{mol/m^3}$。

$$\frac{4}{3}\pi r_0^3\rho_0\frac{\mathrm{d}R}{\mathrm{d}t} = \frac{4\pi r_0^2}{\dfrac{1}{\beta} + \dfrac{r_0}{D_e}\left[\dfrac{1}{(1-R)^{1/3}} - 1\right] + \dfrac{K}{k_+(1+K)}\dfrac{1}{(1-R)^{2/3}}}(c_0 - c^*) \tag{3-1-27}$$

整理后，两边做定积分，得

$$\int_0^R \frac{\rho_0 r_0}{3(c_0 - c^*)}\left\{\frac{1}{\beta} + \frac{r_0}{D_e}\left[\frac{1}{(1-R)^{1/3}} - 1\right]\right.$$

$$\left. + \frac{K}{k_+(1+K)}(1-R)^{-2/3}\right\}\mathrm{d}R = \int_0^t \mathrm{d}t \tag{3-1-28}$$

积分得

$$t = \frac{\rho_0 r_0}{3(c_0 - c^*)}\left\{\frac{R}{3\beta} + \frac{r_0}{6D_e}\left[1 - 3(1-R)^{1/3} + 2(1-R)\right]\right.$$

$$\left. + \frac{K}{k_+(1+K)}\left[1 - (1-R)^{1/3}\right]\right\} \tag{3-1-29}$$

或
$$t = \frac{\rho_0 r_0}{c_0 - c^*} f(R) \tag{3-1-30}$$

实际上,上式中 $f(R)$ 内的三项分别代表气相边界层扩散阻力、铁层内扩散阻力以及界面反应阻力。

讨论:

(1)当反应温度不太高,而还原层内孔隙度较高,气流速比较高时,两个扩散阻力可以忽略,整个过程速率为界面反应限制,此时

$$t = \frac{\rho_0 r_0}{(c_0 - c^*)} \frac{K}{k_+ (1+K)} \left[1 - (1-R)^{1/3}\right] \tag{3-1-31}$$

特点:

1)矿球完全还原的时间为 t_0(还原率 $R = 1$)

$$t_0 = \frac{\rho_0 r_0}{(c_0 - c^*)} \frac{K}{k_+ (1+K)} \tag{3-1-32}$$

式中,t_0 与半径 r_0 的一次方成正比。

2)k_+ 可由 $t \sim f(R)$ 曲线斜率来求。

(2)反应温度较高。还原层较致密。全部过程速率为还原层内扩散限制。

$$t = \frac{\rho_0 r_0^2}{6 D_e (c_0 - c^*)} \left[3 - 2R - 3(1-R)^{2/3}\right] \tag{3-1-33}$$

1)矿球完全还原时间($R = 1$)

$$t_0 = \frac{\rho_0 r_0^2}{6 D_e (c_0 - c^*)} \tag{3-1-34}$$

式中,t_0 与半径 r_0 的平方成正比。

2)D_e 可由 $t \sim F(R)$ 斜率求。

3)如果界面反应与内扩散混合限制时

$$t = \frac{\rho_0 r_0}{3(c_0 - c^*)} \left\{ \frac{r_0}{6 D_e} \left[3 - 2R - 3(1-R)^{2/3}\right] \right.$$
$$\left. + \frac{K}{k_+ (1+K)} \left[1 - (1-R)^{1/3}\right] \right\} \tag{3-1-35}$$

1.3　固体氧化物直接还原

1.3.1　直接还原热力学

直接还原是用固体 C 还原固体氧化物,还原反应为

由
$$2C + O_2 = 2CO$$
$$2M + O_2 = 2MO$$

耦合所得　$MO_{(s)} + C = 2M_{(s)} + CO$　　　$\Delta H^{\ominus} > 0$

$$2MO_{(s)} + C = 2M_{(s)} + CO_2 \qquad \Delta H^{\ominus} > 0$$

高温下 $900 \sim 1000℃$，CO_2 实际上不存在，所以这一反应实际上发生在较低温度。

$$K = \frac{\%CO}{100}p = p_{CO}$$

或
$$\%CO = \frac{100K}{p}$$

由等压方程式

$$\frac{\partial \ln p_{CO}}{\partial T} = \frac{\Delta H^{\ominus}}{RT^2} > 0 \tag{3-1-36}$$

——直接还原平衡曲线形状的判别式

所以，$T\uparrow$，$p_{CO}\uparrow$。其优势区图如图 3-1-10 所示。

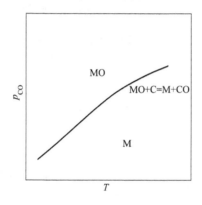

图 3-1-10　直接还原的 p_{CO}-T 图

1.3.2　直接还原反应的机理

直接还原反应的机理——二步理论，间接还原反应和 C 的气化反应的组合。

$$MO_{(s)} + CO = M_{(s)} + CO_2 \qquad \Delta H_1^{\ominus} \leqslant 0 \qquad \text{(间接还原)} \tag{3-1-37a}$$

$$+) \qquad CO_2 + C = 2CO \qquad \Delta H_2^{\ominus} > 0 \qquad \text{(碳的气化)} \tag{3-1-37b}$$

$$MO_{(s)} + C = M_{(s)} + CO \qquad \qquad \text{(直接还原)} \tag{3-1-38}$$

这就是直接还原的二步理论，当体系中有微量的 CO 时，即还原 MO，生成 CO_2，而 CO_2 与 C 反应形成两倍的 CO，CO 再与 MO 反应，此时的 CO_2 的量就增加了一倍，周而复始，使 CO 的还原能力成倍增加。体系中只要有固体还原物 C，直接还原就剧烈地进行下去，况且，越来越快。注意，最终消耗的不是 CO，而是 C。

1.3.3　C 的气化反应

从以上可以看出,碳的气化反应在直接还原起着关键作用,在此有必要重点研究。

$$C + CO_2 = 2CO$$

$$K = \frac{p_{CO}^2}{p_{CO_2}} = \frac{\left(\dfrac{\%CO}{100}\right)^2 p^2}{\dfrac{\%CO_2}{100} p}$$

当 $p = 1$ 时,$K = \dfrac{\%CO}{100(100 - \%CO)}$

$$\ln K = 2\ln\%CO - \ln100 - \ln(100 - \%CO)$$

$$\frac{d\ln K}{dT} = \frac{2d\ln\%CO}{dT} - \frac{d\ln(100 - \%CO)}{dT}$$

$$= \frac{2}{\%CO}\frac{d\%CO}{dT} + \frac{1}{100 - \%CO}\frac{d\ln\%CO}{dT}$$

$$= \frac{200 - \%CO}{\%CO(100 - \%CO)}\frac{d\%CO}{dT}$$

由等压方程式

$$\frac{d\ln K}{dT} = \frac{\Delta H^{\ominus}}{RT^2}$$

所以

$$\frac{200 - \%CO}{\%CO(100 - \%CO)}\frac{d\%CO}{dT} = \frac{\Delta H^{\ominus}}{RT^2}$$

$$\frac{d\%CO}{dT} = \frac{\Delta H^{\ominus}}{RT^2}\frac{\%CO(100 - \%CO)}{200 - \%CO}$$

而

$$\frac{\%CO(100 - \%CO)}{200 - \%CO} > 0$$

所以 $\Delta H^{\ominus} > 0$ 时,$\dfrac{d\%CO}{dT} > 0$,所以随着温度的提高,平衡的 CO 量增加,实验结果也证实了这一点。

根据实验得出,平衡曲线%C～T 呈 S 形,实际上,数学上也能证实这一点,只要求%CO对 T 的二阶导数,即可证明,如图 3-1-11 所示。

1.3.4　直接还原反应的平衡图(%CO)—T

对反应式 3-1-37a 与反应式 3-1-37b 组合,可得出直接还原反应式 3-1-38,反应中平衡浓度关系如(%CO)－T图,如图3-1-11所示。

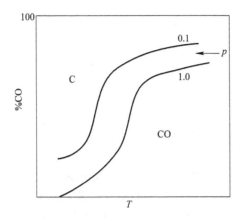

图 3-1-11 C＋CO$_2$＝2CO 的优势区图

对一定压力 p 下

反应式 3-1-37a：$K_1 = \dfrac{p_{CO_2}}{p_{CO}} = \dfrac{\dfrac{\%CO_2}{100}p}{\dfrac{\%CO}{100}p} = \dfrac{\%CO_2}{\%CO} = \dfrac{100-\%CO}{\%CO}$

曲线(1)是反应式 3-1-37a 的平衡线

$$K_2 = \frac{(\%CO)^2 p}{100(100-\%CO)}$$

曲线(2)是反应式 3-1-37b 在恒压下的平衡线,如图3-1-12所示。若曲线(1)与曲线(2)平衡的%CO相等时,联立求得

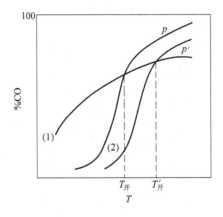

图 3-1-12 在直接还原中间接还原
与碳的气化的关系

$$p = \frac{100}{\%CO} K_1 K_2$$

$$= \frac{100}{\%CO} \exp\left[-\frac{\Delta G_1^{\ominus} + \Delta G_2^{\ominus}}{RT}\right]$$

或　　　　　　　$$p\%CO = 100 \exp\left[-\frac{\Delta G_1^{\ominus} + \Delta G_2^{\ominus}}{RT}\right]$$

讨论：

(1)对一定压力下,曲线(1)与曲线(2)交点(两平衡线交点)称为氧化物直接还原的开始还原温度($T_{\mathcal{H}}$)。

$T > T_{\mathcal{H}}$,反应式 3-1-37a 进行。即间接还原反应发生。MO 被 CO 还原成 M。

$T < T_{\mathcal{H}}$,反应式 3-1-37b 进行。CO_2 不断将 C 氧化成 CO。

(2)总压 p 增加至 p',由于反应式 3-1-37b 平衡曲线下移。直接还原的开始还原温度 $T_{\mathcal{H}}$ 增加至 $T'_{\mathcal{H}}$。

另由上式可得,右边在温度一定时是一个常数。

所以,随着总压 $p \uparrow$,$(\%CO)_{\Psi} \downarrow$。

1.3.5　氧化铁直接还原平衡图

利用氧化铁间接还原的叉子曲线加上碳的气化反应可以得到氧化铁直接还原的平衡图。以下重点讨论($p = 1.01325 \times 10^5 Pa$)的情况。

曲线④反应

$$FeO + CO = Fe + CO_2$$

与碳的气化反应

$$C + CO_2 = 2CO \text{ 交于点 a}(T = 710℃, \%CO = 60)$$

间接还原的叉子曲线与碳的气化反应线交点为($T = 656℃, \%CO = 42.4$)及($T = 710℃, \%CO = 60\%$)

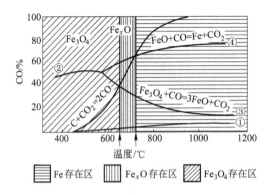

图 3-1-13　氧化铁间接还原与碳气化反应关系

如图 3-1-13 所示：

$T > 710℃$,反应为 $FeO \longrightarrow Fe$。FeO 还原为 Fe(稳定相是 Fe)

$656℃ < T < 710℃$,反应 $Fe_3O_4 \longrightarrow FeO$。(稳定相是 FeO)

$T < 656℃$,C 气化反应发生。$C \longrightarrow CO$。(稳定相是 Fe_3O_4)

例 3-1-3　确定 $p = 1.0135 \times 10^5 Pa$ 及 $p = 2.5 \times 10^5 Pa$ 。固体碳还原 Fe_2O_3 到 Fe 的还原开始温度。

解：Fe_2O_3 的还原开始温度是 FeO 的间接还原曲线与碳的气化反应曲线交点温度。

反应

$$FeO + CO = Fe + CO_2 \qquad\qquad K_1 = \frac{\%CO_2}{\%CO} = \frac{100 - \%CO}{\%CO}$$

$$C + CO_2 = 2CO \qquad\qquad K_2 = \frac{(\%CO)^2 p}{100(100 - \%CO)}$$

两式联立,消去%CO,得

$$p = K_1 K_2 + K_1^2 K_2 = K_1 K_2 (1 + K_1)$$

$$\lg p = \lg K_1 + \lg K_2 + \lg(1 + K_1)$$

而

$$\lg K_1 = -\frac{687}{T} - 0.90$$

$$\lg K_2 = -\frac{8990}{T} + 9.27$$

所以

$$K_1 = 10^{-\frac{687}{T} - 0.90} = 0.126 \times 10^{-\frac{687}{T}}$$

$$\lg p = -\frac{8303}{T} + 8.37 + \lg(1 + 0.126 \times 10^{-\frac{687}{T}})$$

当

$$p = 1 \text{ 时}, -\frac{8303}{T} + 8.37 + \lg(1 + 0.126 \times 10^{-\frac{687}{T}}) = 0$$

解得,$T = 966K$

而当 $p = 2.5$ 时,$\lg p = \lg 2.5 = 0.4 - \frac{8303}{T} + 8.37 + \lg(1 + 0.126 \times 10^{-\frac{687}{T}}) = 0.4$

解得,$T = 1016K$

可见,当总压强由 1 增加到 2.5 时,开始还原温度由 966K 增加到 1016K。

第二章 气体与金属熔体、熔渣反应

本章主要讲气体在钢液中溶解的热力学及动力学；硫、氧、磷在渣中溶解反应。气体在渣中的溶解度很小，在工程中的计算数量级一般用 1×10^{-6} 和 $cm^3/100g$ 表示。

$$1cm^3 H_2 = \frac{10^{-3}1}{22.4l/1mol}$$

$$= \frac{10^{-3}}{22.4}mol \frac{2g}{mol} \times 10^{-3}$$

$$= 0.089 \times 10^{-6} kg \quad （标准状态下）$$

$$1cm^3 N_2 = \frac{10^{-3}}{22.4} \times 28 \times 10^{-3}$$

$$= 1.25 \times 10^{-6} kg \quad （标准状态下）$$

所以，在标准状态下，氢气和氮气在钢液中溶解的体积与它们各自的质量分数之间关系为：

$$1cm^3 H_2/100kg = 0.89 \times 10^{-6} \%$$

$$1cm^3 N_2/100kg = 12.5 \times 10^{-6} \%$$

一般地 $$1cm^3 X_2/100kg = \frac{M_{X_2}}{22.4} \times 10^{-6} \% \quad (3\text{-}2\text{-}1)$$

2.1 气体在金属中溶解热力学

平方根定律（或 Sieverts 定律）：气体在金属中是单原子状。其溶解反应：

$$\frac{1}{2} X_{2(g)} = [X]$$

式中 $X_{2(g)}$——H_2、N_2、O_2。

所以 $$K = \frac{a_X}{p_{x_2}^{1/2}} = \frac{f_x[\%X]}{p_{x_2}^{1/2}}$$

当
$$f_x = 1, [\%X] = K\sqrt{p_{x_2}}$$

即一定温度下,双原子气体在金属中的溶解与该气体分压的平方根成正比。故称为平方根定律。

氢、氮在钢液中的溶解

由溶解平衡计算的氢、氮在钢液中的溶解与温度的关系:

$$\begin{cases} \lg[\%H] = -\dfrac{1900}{T} - 1.577 \\[3mm] \lg[\%N] = -\dfrac{188.1}{T} - 1.246 \end{cases} \tag{3-2-2}$$

例 3-2-1　试计算氢在1560℃及 $p'_{H_2} = 0.3 \times 10^5$ Pa 时钢液中氢的溶解量。钢液成分为 0.85% C, 0.3% Mn, 0.3% Si, 4.0% Cr, 6.0% W, 2.0% V, 5.0% Mo。

解:

$$[\%H] = \frac{K_H}{f_H} p_{H_2}^{1/2}$$

$$\lg[\%H] = \lg K_H + 0.5\lg p_{H_2} - \lg f_H$$

因为
$$\lg K_H = -\frac{1900}{T} - 1.577$$

$$= -\frac{1900}{1833} - 1.577$$

$$= -2.614$$

$$\begin{aligned} \lg f_H &= \sum e_H^j [\%j] \\ &= e_H^H[\%H] + e_H^C[\%C] + e_H^{Mn}[\%Mn] + e_H^{Si}[\%Si] + \\ &\quad e_H^{Cr}[\%Cr] + e_H^W[\%W] + e_H^V[\%V] + e_H^{Mo}[\%Mo] \\ &= 0.0173 \end{aligned}$$

$$\lg[\%H] = -2.614 + 0.5\lg\frac{0.3 \times 10^5}{1.01325 \times 10^5} - 0.0173$$

$$= -2.893$$

$$[\%H] = 0.0013$$

$$[H] = 0.0013\%$$

$$= 13 \times 10^{-6}$$

$$= 14.56 cm^3/100g$$

氧在钢液中的溶解

氧在钢液中溶解比 H_2，N_2 在钢液中复杂。

(1)当 $p_{O_2} < 10^{-3} Pa$ 时，氧在钢液中溶解服从平方根定律。

$$\frac{1}{2}O_2 = [O] \qquad [\%O] = K_O p_{O_2}^{1/2} \qquad \Delta G^{\ominus} = -117110 - 3.39T$$

$$\lg K_O = \lg \frac{[\%O]}{p_{O_2}^{1/2}}$$

$$= -\frac{\Delta G^{\ominus}}{19.147T}$$

$$= \frac{6116}{T} + 0.18$$

所以
$$\lg[\%O] = \frac{6116}{T} + 0.18 + 0.5\lg p_{O_2} \qquad (3\text{-}2\text{-}3)$$

(2) $p_{O_2} > 10^{-3} Pa$ 时，氧在钢液中达到饱和。在钢液面上将以纯氧化铁渣存在。与钢液中[O]平衡。

$$FeO_{(l)} = [O] + [Fe] \qquad \Delta G^{\ominus} = 121009 - 52.35T$$

$$K_O = \frac{[\%O]}{a_{FeO}}$$

$$\lg[\%O] = -\frac{6320}{T} + 2.734 + \lg a_{FeO}$$

当纯 FeO 以纯物质为标准态时，$a_{FeO} = 1$。

$$\lg[\%O] = -\frac{6320}{T} + 2.734$$

当以质量分数 1% 为标准态时，纯 FeO，$a_{FeO} = 100$

$$\lg \frac{[\%O]}{a_{FeO\%}} = \lg \frac{[\%O]}{100 a_{FeO(R)}}$$

$$= \lg \frac{[\%O]}{a_{FeO(R)}} - \lg 100$$

所以
$$\lg K_O = -\frac{6320}{T} + 0.734 \tag{3-2-4}$$

2.2　气体在熔渣中的溶解

氢(H)

(1)碱性渣

渣中氢是通过空气中的水汽分解与渣反应而溶解。

$$\frac{1}{2}H_2O_{(g)} + \frac{1}{2}(O^{2-}) = (OH^-) \tag{3-2-5a}$$

$$K_H = \frac{a_H}{a_O^{1/2} p_{H_2O}^{1/2}} (注:即 H 在渣中是以 OH^- 的形式存在)$$

$$= \frac{\gamma_H X_H}{r_{O^{2-}}^{1/2} X_{O^{2-}}^{1/2} p_{H_2O}^{1/2}}$$

$$= \frac{\gamma_H \dfrac{(\%H)}{M_H \sum n_i}}{r_{O^{2-}}^{1/2} \left[\dfrac{(\%O^{2-})}{Mo \sum n_i}\right]^{1/2} p_{H_2O}^{1/2}}$$

将 $r_O^{2-}, \gamma_H, M_H, Mo, \sum n_i$ 看作常数,合并于平衡常数 K_H 中,得

$$K'_H = \frac{(\%H)}{(\%O^{2-})^{1/2} p_{H_2O}^{1/2}}$$

即 H 在渣中是以 OH^- 的形式存在。由于碱性渣中碱度一定时,O^{2-} 浓度也一定。

所以
$$(\%H) = K'_H [\%O]^{1/2} p_{H_2}^{1/2}$$
$$= K''_H p_H^{1/2} \tag{3-2-5b}$$
$$K''_H = K'_H [\%O]^{1/2}$$

(2)酸性渣

渣中 O^{2-} 缺。$H_2O_{(g)}$ 离解,形成 OH^-,使 $Si_xO_y^{z-}$ 的 O^0 键断开,发生解体

$$H_2O_{(g)} + \!- \overset{|}{\underset{|}{Si}} - O - \overset{|}{\underset{|}{Si}} - = - \overset{|}{\underset{|}{Si}} - OH + OH - \overset{|}{\underset{|}{Si}} - \tag{3-2-6}$$

由式 3-2-5a 可以看出:

碱度越高,$(O^{2-})\uparrow$,由 $H_2O_{(g)}$ 的离解反应可以看出,反应会产生大量的 OH^-,氢的溶解度增加。

由式 3-2-5b 可以看出:

$$— \underset{|}{\overset{|}{Si}} —O— \underset{|}{\overset{|}{Si}} —$$越高(即碱度越低),氢的溶解度也会增加。所以,欲使氢在渣中溶解度最小,应该有一个适中的碱度。

氮(N)

氮在氧化渣中溶解反应

$$\frac{1}{2}N_2 + \frac{3}{2}(O^{2-}) = \frac{3}{4}O_2 + (N^{3-})$$

$$K_N = \frac{p_{O_2}^{3/4} a_{N^{3-}}}{p_{N_2}^{1/2} a_{O^{2-}}^{3/2}}$$

$$= \frac{p_{O_2}^{3/4} \gamma_{N^{3-}} X_{N^{3-}}}{p_{N_2}^{1/2} a_{O^{2-}}^{3/2}}$$

式中　$X_{N^{3-}} = \dfrac{\dfrac{(\%N)}{14}}{\sum n_B} = \dfrac{(\%N)}{14\sum n_B}$;

$\sum n_B$——100g 渣中各组分的摩尔数之和。

所以　　　　　　$c_N = 14(\sum n_B)K_N \dfrac{a_{O^{2-}}^{3/2}}{\gamma_{N^{3-}}} = (\%N)\dfrac{p_{O_2}^{3/4}}{p_{N_2}^{1/2}}$

令　　　　　　　$K'_N = 14K_N \sum n_B$

得　　　　　　　$c_N = K'_N \dfrac{a_{O^{2-}}^{3/2}}{\gamma_{N^{3-}}}$

$$= (\%N)\frac{p_{O_2}^{3/4}}{p_{N_2}^{1/2}} \tag{3-2-7}$$

称为熔渣的氮容量,表示熔渣溶解氮的能力。

硫(S)

硫在渣中的溶解反应分为两种形式:

当 $p_{O_2} \leqslant 10^{-7}MPa$ 时,反应为

$$\frac{1}{2}S_{2(g)} + (O^{2-}) = \frac{1}{2}O_2 + (S^{2-}) \tag{3-2-8}$$

而当 $p_{O_2} \geqslant 10^{-5}MPa$ 时,反应为

$$\frac{1}{2}S_{2(g)} + \frac{3}{2}O_2 + (O^{2-}) = (SO_4^{2-}) \tag{3-2-9}$$

$10^{-7} MPa \leqslant p_{O_2} \leqslant 10^{-5} MPa$，硫在渣中的溶解反应还有待研究。

由式 3-2-8 可得

$$K_S = \left(\frac{p_{O_2}}{p_{S_2}}\right)^{1/2} \frac{X_{S^{2-}} \gamma_{S^{2-}}}{a_{O^{2-}}} \tag{3-2-10}$$

$$X_{S^{2-}} = \frac{(\%S)}{32 \sum n_B}$$

所以　　　　　　$$c_S = (\%S)\left(\frac{p_{O_2}}{p_{S_2}}\right)^{1/2}$$

$$= 32 K_S \sum n_B \frac{a_{O^{2-}}}{\gamma_{S^{2-}}} \tag{3-2-11}$$

另由式 3-2-9 可得

$$K_S = \left(\frac{1}{p_{S_2}^{1/2} p_{O_2}^{3/2}}\right) \frac{X_{SO_4^{2-}} \gamma_{SO_4^{2-}}}{a_{O^{2-}}} \tag{3-2-12}$$

$$X_{SO_4^{2-}} = \frac{(\%S)}{32 \sum n_B}$$

$$c_{SO_4^{2-}} = \frac{32 K_S (\sum n_B) a_{O^{2-}}}{\gamma_{SO_4^{2-}}}$$

$$= \frac{(\%S)}{p_{S_2}^{1/2} p_{O_2}^{3/2}} \tag{3-2-13}$$

由此得到两个参数：c_S 称为熔渣的硫化物容量（Sulphide capacity）；$c_{SO_4^{2-}}$ 称为硫酸盐容量（Sulphate capacity），它们分别表示熔渣在不同氧分压下溶解 S 的能力，统称硫容量。

讨论：

(1)硫容量 c_S 与碱度 R 关系：

$$\lg c_S = -5.57 + 1.39R$$

其中　　　　　$$R = \frac{X_{CaO} + \frac{1}{2} X_{MgO}}{X_{SiO_2} + \frac{1}{3} X_{Al_2O_3}}$$

若碱度 R 改用质量分数表示，并计入温度的影响，则

$$\lg c_S = 1.35 \frac{1.79(\%CaO) + 1.24(\%MgO)}{1.66(\%SiO_2) + 0.33(\%Al_2O_3)} - \frac{6911}{T} - 1.649 \tag{3-2-14}$$

一般情况下,硫在熔渣中以 S^{2-} 形状存在。

(2)利用硫容量可计算硫的分配常数 L_S:

$$\frac{1}{2}S_2 = [S] \qquad \Delta G^\ominus = -135060 + 23.43T$$

$$K_S = \frac{f_S[\%S]}{p_{S_2}^{1/2}}$$

$$-RT\ln K_S = -135060 + 23.43T$$

$$\lg K_S = \frac{7054}{T} - 1.224$$

所以

$$p_{S_2}^{1/2} = \frac{f_S[\%S]}{K_S}$$

而

$$c_S = (\%S)\left(\frac{p_{O_2}}{p_{S_2}}\right)^{1/2} = (\%S)\frac{p_{O_2}^{1/2}}{f_S[\%S]}K_S = \frac{(\%S)}{[\%S]}\frac{p_{O_2}^{1/2}}{f_S}K_S$$

所以,硫的分配比

$$L_S = \frac{(\%S)}{[\%S]} = c_S\frac{f_S}{p_{O_2}^{1/2}}\frac{1}{K_S} \tag{3-2-15}$$

$$\lg L_S = \lg\frac{(\%S)}{[\%S]} = \lg c_S + \lg f_S - 0.5\lg p_{O_2} - \lg K_S$$

$$= \lg c_S + \lg f_S - 0.5\lg p_{O_2} - \frac{7054}{T} + 1.224 \tag{3-2-16}$$

磷(P)

磷在渣中存在形式亦与氧分压有关。氧分压较低时,反应为:

$$\frac{1}{2}P_{2(g)} + \frac{3}{2}(O^{2-}) = (P^{3-}) + \frac{3}{4}O_2$$

而氧分压较高时,反应为

$$\frac{1}{2}P_{2(g)} + \frac{3}{2}(O^{2-}) + \frac{5}{4}O_2 = PO_4^{3-}$$

将 $X_{PO_4^{3-}}$ 换算成质量分数,并将换算系数合并到平衡常数中,得

$$K_P = \frac{\gamma_{PO_4^{3-}}(\%PO_4^{3-})}{p_{P_2}^{1/2}p_{O_2}^{5/4}a_{O^{2-}}^{3/2}}$$

定义

$$c_P = \frac{(\%PO_4^{3-})}{p_{P_2}^{1/2}p_{O_2}^{5/4}} = K_P\frac{a_{O^{2-}}^{3/2}}{\gamma_{PO_4^{3-}}} \tag{3-2-17}$$

称为磷酸盐容量。与 c_S 相类似的方法,可导出磷的分配比 L_P 与 c_P 的关系式。

$$\lg L_P = \lg\frac{(\%P)}{[\%P]} = \lg c_P - \lg f_P + \frac{5}{4}\lg p_{O_2} - \frac{6383}{T} - 0.491 \tag{3-2-18}$$

第三章　金属液与熔渣间的氧化－还原反应

3.1　熔渣内氧化物的还原热力学

高炉上部未反应的氧化物在炉身下部形成熔渣。熔渣中有些组元在高温下为焦炭或铁液中溶解碳直接还原。其反应

$$(MO_2) + 2[C] = [M] + 2CO$$

$$K'_M = \frac{f_M [\%M] p_{CO}^2}{\gamma_{MO_2} X_{MO_2} a_C^2}$$

式中　　$a_C = 1$(高炉内碳饱和)；

$$X_{MO_2} = \frac{(\%MO_2)}{M_{MO_2} \sum n_B};$$

$\sum n_B$——100g 渣内组分摩尔数之和。

所以　　　　　　　　$L_M = \frac{[\%M]}{(\%MO_2)} = K'_M M_{MO_2} \sum n_B \frac{\gamma_{MO_2}}{f_M} \frac{1}{p_{CO}^2}$

令　　　　　　　　　$K_M = K'_M M_{MO_2} \sum n_B$

$$p_{CO} = \frac{(1 \sim 1.5) \times 10^5}{1.01325 \times 10^5} \approx 1$$

高炉中,被还原元素在金属中的浓度与其在渣中的浓度之比 L_M(分配常数)

$$L_M = \frac{[\%M]}{(\%MO_2)} = K_M \frac{\gamma_{MO_2}}{f_M} \tag{3-3-1}$$

讨论:

(1)还原反应是强吸热反应。即 $\Delta H^{\ominus} > 0$。

所以　　　　　　　　$\frac{d\ln K}{dT} = \frac{\Delta H^{\ominus}}{RT^2} > 0$

$T \uparrow$, $K \uparrow$,所以还原产物增加。

(2)γ_{MO_2} 与熔渣组成有关。

若 MO_2 为酸性氧化物,则随着碱度 $R \downarrow$,$\gamma_{MO_2} \uparrow$,分配常数 L_M 提高。

若 MO_2 为碱性氧化物,碱度 $R \uparrow$,$\gamma_{MO_2} \uparrow$,分配常数 L_M 也提高。

例 3-3-1 试计算与组成为 $32\%SiO_2$, $42\%CaO$, $26\%Al_2O_3$ 的熔渣平衡的含碳饱和的铁液中 Si 的浓度。体系的 $p'_{CO} = 1.3 \times 10^5 Pa$。温度 1600℃。

$$(SiO_2) + 2[C] = [Si] + 2CO \qquad \Delta G^{\ominus} = 579518 - 383.12T$$

解：
$$\ln K_{Si} = \frac{-579518}{8.314 \times 1873} + \frac{389.12}{8.314}$$

$$= -37.22 + 46.80 = 9.58$$

$$K_{Si} = 7080$$

100g 熔渣组分的摩尔分数如下：

$$n_{SiO_2} = \frac{32}{60} = 0.533$$

$$n_{CaO} = \frac{42}{56} = 0.75$$

$$n_{Al_2O_3} = \frac{26}{102} = 0.255$$

$$\sum n_B = 1.538$$

$$X_{SiO_2} = \frac{0.533}{1.538} = 0.347$$

$$X_{CaO} = \frac{0.75}{1.538} = 0.488$$

$$X_{Al_2O_3} = \frac{0.255}{1.538} = 0.166$$

另由 $CaO-SiO_2-Al_2O_3$ 等活度图上，如图 3-3-1 所示。查得在以上浓度下：$a_{SiO_2} = 0.01$。

所以
$$a_{Si} = \frac{K_{Si}a_{SiO_2}}{p_{CO}^2} = \frac{7080 \times 0.01}{1.3^2} = 41.9$$

而
$$[\%Si] = \frac{a_{Si}}{f_{Si}} = \frac{41.9}{f_{Si}} \qquad (3-3-2)$$

$$\lg f_{Si} = e_{Si}^{Si}[\%Si] + e_{Si}^{C}[\%C] \qquad (3-3-3)$$

碳在铁液中的饱和浓度
$$[\%C] = 1.34 + 2.54 \times 10^{-3}t℃$$

$$= 1.34 + 2.54 \times 10^{-3} \times 1600$$

$$= 5.404$$

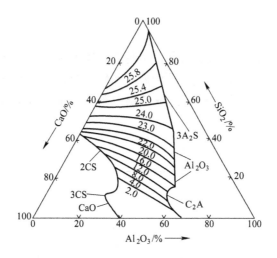

图 3-3-1　CaO—SiO₂—Al₂O₃ 等活度图(1600℃)

$$\lg f_{Si} = 0.11[\%Si] + 0.18 \times 5.404$$

代入上式中

所以　　　　　$\lg[\%Si] = \lg 41.90 - 0.11[\%Si] - 0.18 \times 5.404$　　　　　(3-3-4)

整理得

$$\lg[\%Si] + 0.11[\%Si] - 0.65 = 0$$

解得　　　　　　　　　$[\%Si] = 2.34$

3.2　钢液中元素氧化精炼的热力学及动力学原理

3.2.1　直接氧化和间接氧化

气体氧 O_2 直接氧化铁液元素

$$2[M] + O_2 = 2(MO)$$

称为直接氧化。

依靠渣中的(FeO)对钢液中[M]或钢液中[O]对钢液中的[M]进行氧化,反应

$$(FeO) + [M] = (MO) + [Fe]$$

$$[O] + [M] = (MO)$$

称为间接氧化。

讨论：

(1)间接氧化是氧化精炼的基本反应。为便于比较各元素的间接氧化能力。假定氧化形成的 MO 是纯固态,可得不同元素在不同温度条件下的 $\Delta G^{\ominus}-T$ 图,如图 3-3-2 所示。

(2)可以看出,FeO 以上的元素在精炼过程中基本上不能被氧化。如 Cu,Ni,Pb,Sn,W,Mo。

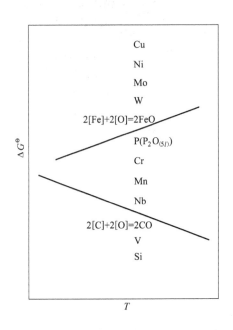

图 3-3-2 间接氧化的 $\Delta G^{\ominus}-T$ 图

因此,如果它们不是冶炼钢种所需的合金元素,则应在配料时去除。从这一点可以看出,它们一旦在炼钢过程中进入钢液,就永远留在钢液中了。

如果这些元素是所炼钢种所需的合金元素,则在炉料中加入,在炼钢过程中是不会被氧化的。

(3)FeO 以下的元素均可氧化。其中

C,P 可大量氧化;

Cr,Mn,V 随条件而定;

Si,Ti,Al 基本上完全氧化。

(4)[C]氧化的 $\Delta G^{\ominus}-T$ 直线与其他元素氧化的 $\Delta G^{\ominus}-T$ 走向相反,况且在某一温度有交点,此点叫氧化转化温度 $T_{转}$。

例如,[Cr]与[C]的氧化在 $T_{转}$ 温度下相交,如图 3-3-3 所示。

$T>T_{转}$,[C]可以抑制[Cr]的氧化。而在 $T<T_{转}$,[Cr]先氧化,而[C]不能氧化。

例 3-3-2 用空气吹炼成分为 1%Si,4.5%C 的铁水。生成的熔渣成分为 55%CaO,

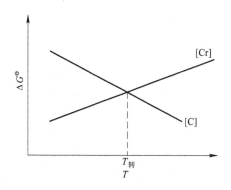

图 3-3-3　氧化转化温度

$30\%SiO_2$，$15\%FeO$。试求 C 开始大量氧化的温度。

解：[Si]，[C]的氧化顺序随温度条件而定。

$$2[C]+(SiO_2)=[Si]+2CO \qquad \Delta G^\ominus=543914-303.40T$$

$$\Delta G=543914-303.40T+19.147\lg\frac{a_{Si}p_{CO}^2}{a_C^2 a_{SiO_2}}$$

$$\lg f_C=e_C^C[\%C]+e_C^{Si}[\%Si]=0.147\times4.5+0.092\times1=0.754$$

$$f_C=5.67$$

$$a_C=5.67\times4.5=25.52$$

$$\lg f_{Si}=e_{Si}^{Si}[\%Si]+e_{Si}^C[\%C]=0.108\times1+0.19\times4.5=0.963$$

$$f_{Si}=9.18$$

$$a_{Si}=9.18\times1=9.18$$

a_{SiO_2}查图（$CaO-SiO_2-FeO$）的等 $\lg\gamma_{SiO_2}$ 图，如图 3-3-4 所示，可知

$$\lg\gamma_{SiO_2}=-1.2$$

所以 $$\gamma_{SiO_2}=7.5\times10^{-2}$$

所以 $$a_{SiO_2}=7.5\times10^{-2}\times0.31=2.3\times10^{-2}$$

$$\Delta G=543914-303.40T+19.147T\lg\frac{9.18}{25.52^2\times2.3\times10^{-2}}$$

$$=543914-307.47T$$

令 $$\Delta G=0$$

得 $$T=\frac{543914}{307.47}=1769K(1496℃)$$

此即[C]开始强烈氧化的温度。

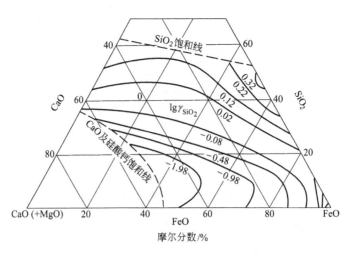

图 3-3-4 (CaO—SiO$_2$—FeO)等 lgγ_{SiO_2} 图

3.2.2 元素氧化的热力学条件

反应[M]+(FeO)=(MO)+[Fe]

达到平衡时,[%M]很低,$f_M=1$,而 $a_{Fe}=1$。

所以
$$K_M = \frac{a_{MO}a_{Fe}}{a_{FeO}a_M} = \frac{\gamma_{MO}X_{MO}}{a_{FeO}[\%M]}$$

$$L_M = \frac{X_{MO}}{[\%M]} = K_M\frac{a_{FeO}}{\gamma_{MO}} \tag{3-3-5}$$

讨论:

(1)元素氧化一般是强烈的放热反应,$\Delta H^\ominus \ll 0$,而碳氧反应生成 CO 虽然也是放热反应,但热熵很低,只有-22.40kJ。

由 $\dfrac{d\ln K}{dT} = \dfrac{\Delta H^\ominus}{RT^2}$ 得

$T\uparrow$,$K_M\downarrow$,即随着温度的增加,除碳之外的所有元素的氧化程度均明显减少了。而[C]的氧化愈来愈烈。(因为 $\Delta H_C^\ominus$ 不是很大)

(2)渣的氧化性愈强,a_{FeO} 愈大,L_M 愈大。

(3)碱度对 γ_{MO} 影响较大。

(SiO$_2$),(P$_2$O$_5$)等在碱性渣中的活度系数 $\gamma_{M_xO_y}$ 很小,较易氧化;研究发现,碱度为 2 时,其活度系数 $\gamma_{M_xO_y}$ 有极小值。

3.2.3 元素氧化过程动力学

钢液元素氧化一般过程
$$[M]+(FeO)=(MO)+[Fe]$$

由以下 5 个环节组成。

(1)金属 M 由钢液内部向钢—渣界面扩散 [M]→[M*]

(2)渣中 FeO 由渣内部向钢—渣界面扩散　　(FeO)→(FeO*)

(3)界面化学反应　　　　[M*]+(FeO*)→[Fe*]+(MO*)

(4)界面 Fe* 向钢液内部扩散　　　　(Fe*)→[Fe]

(5)界面(MO*)向渣内部扩散　　　　(MO*)→[MO]

以上过程可以看作两个过程合成。

$$Ⅰ.[M]→(MO)$$

$$Ⅱ.(FeO)→[Fe]$$

当钢液中[M]浓度较高时,反应以过程Ⅱ为主,如 M=C;而当钢液中[M]浓度较低时,反应则以过程Ⅰ为主,如 M=Si,Mn,P。

[M]→(MO)为主的反应过程动力学微分式。

一般炼钢过程元素的氧化是以[M]→(MO)为主导反应。由以下 3 个过程组成。

$$[M]→[M*]$$

$$[M*]→(MO*)$$

$$(MO*)→(MO)$$

由双膜理论,过程速率

$$r = \frac{1}{A}\frac{\mathrm{d}n}{\mathrm{d}t} = \frac{C_M - \dfrac{C_{MO}}{L}}{\dfrac{1}{\beta_1} + \dfrac{1}{k} + \dfrac{1}{L\beta_2}} \tag{3-3-6}$$

若用反应物的物质的量浓度 C_M 代替 n,由于

$$\frac{1}{A}\frac{\mathrm{d}n}{\mathrm{d}t} = -\frac{V_M}{A}\frac{\mathrm{d}C_M}{\mathrm{d}t}$$

则有

$$-\frac{\mathrm{d}C_M}{\mathrm{d}t} = \frac{C_M - \dfrac{C_{MO}}{L}}{\dfrac{1}{\beta_1}\dfrac{V_M}{A} + \dfrac{1}{k}\dfrac{V_M}{A} + \dfrac{1}{L\beta_2}\dfrac{V_M}{A}} \tag{3-3-7}$$

式中　V_M——钢液的体积,m^3;

　　A——渣—钢界面面积,m^2;

β_1,β_2,k——分别是钢液、渣中的传质系数和界面反应速率常数;

　　L——M 在渣钢中的分配常数。

令　　　　　$$k_M = \beta_1\frac{A}{V_M}, k_S = \beta_2\frac{A}{V_M}, k_C = k\frac{A}{V_M}$$

则　　　　　$$-\frac{\mathrm{d}C_M}{\mathrm{d}t} = \frac{C_M - \dfrac{C_{MO}}{L}}{\dfrac{1}{k_M} + \dfrac{1}{Lk_S} + \dfrac{1}{k_C}} \tag{3-3-8}$$

在高温下,化学反应速率远大于两个扩散环节的速率。此时,

$$-\frac{\mathrm{d}C_M}{\mathrm{d}t} = \frac{C_M - \dfrac{C_{MO}}{L}}{\dfrac{1}{k_M} + \dfrac{1}{Lk_S}} \tag{3-3-9}$$

若用质量分数表示

$$C_M = \frac{[\%M]}{100}\frac{\rho_M}{M_M} \qquad C_{MO} = \frac{(\%MO)}{100}\frac{\rho_S}{M_{MO}}$$

则

$$r = -\frac{\mathrm{d}[\%M]}{\mathrm{d}t} = \frac{k_M L_{M(\%)}}{\dfrac{k_M}{k'_S} + L_{M(\%)}} \left\{ [\%M] - \frac{(\%MO)}{L_{M(\%)}} \right\} \tag{3-3-10}$$

其中

$$k_M = \beta_M \times \frac{A}{V_M}$$

$$k'_S = \beta_{MO}\frac{1}{\dfrac{M_{MO}}{M_M}} \times \frac{A}{V_M} \times \frac{\rho_S}{\rho_M}$$

$$L_{M(\%)} = L_M \frac{\rho_M}{\rho_S}\frac{M_{MO}}{M_M}$$

讨论:

(1) $L_{M(\%)} \gg \dfrac{k_M}{k'_S}$ 时,$r = k_M\{[\%M] - \dfrac{(\%MO)}{L_{M(\%)}}\}$。钢液中的元素扩散是限制环节;
当 $L_{M(\%)}$ 特别大时,上式还可简化为 $r = k_M[\%M]$。

(2) $L_{M(\%)} \ll \dfrac{k_M}{k'_S}$ 时,$r = k'_S L_{M(\%)}\{[\%M] - \dfrac{(\%MO)}{L_{M(\%)}}\}$。渣中 MO 扩散是限制环节;

(3) $L_{M(\%)} \approx \dfrac{k_M}{k'_S}$ 时,全过程的速率同时受钢液中[M]及渣中(MO)扩散限制。

[M]→(MO)为主导的反应过程动力学的积分式。

首先将微分式中(%MO)用(%M)代替。

由反应[M]→(MO)可知,渣中(MO)增加的摩尔数是由钢液中[M]减少的摩尔数而来的。钢液中[M]减少的摩尔数:

$$\Delta n_M = \frac{[\%M]_0 - [\%M]}{100}W_M\frac{1}{M_M}$$

式中　W_M ——钢液的质量，kg；

　　$[\%M]_0$ ——钢液中 M 的初始浓度。

　　渣中(MO)增加的摩尔数：$\Delta n_{MO} = \Delta n_M$

　　渣中增加的(MO)换算成增加的 MO 的质量分数：

$$\Delta(\%MO) = \frac{\Delta n_{MO} M_{MO}}{W_S}100$$

所以，渣中(%MO)量为

$$
\begin{aligned}
(\%MO) &= (\%MO)_0 + \Delta(\%MO) \\
&= (\%MO)_0 + \frac{\Delta n_{MO} M_{MO}}{W_S}100 \\
&= (\%MO)_0 + \left\{ \frac{[\%M]_0 - [\%M]}{100} W_M \frac{1}{M_M} \right\} \frac{M_{MO}}{W_S}100 \\
&= (\%MO)_0 + ([\%M]_0 - [\%M]) \frac{M_{MO}}{M_M} \frac{W_M}{W_S}
\end{aligned}
\tag{3-3-11}
$$

式中　W_M, W_S ——分别为钢液和渣质量，kg；

　　$[\%M], (\%MO)_0$ ——氧化反应前钢液中 M 及 MO 的质量分数。

　　代入微分方程式 3-3-10 中，得

$$
\begin{aligned}
-\frac{d[\%M]}{dt} &= \frac{k_M L_{M(\%)}}{\frac{k_M}{k_S'} + L_{M(\%)}} \left\{ [\%M] - \frac{(\%MO)_0 + ([\%M]_0 - [\%M])}{L_{M(\%)}} \frac{M_{MO} W_M}{M_M W_S} \right\} \\
&= \frac{k_M L_{M(\%)}}{\frac{k_M}{k_S'} + L_{M(\%)}} \left\{ \left(1 + \frac{1}{L_{M(\%)}} \frac{M_{MO} W_M}{M_M W_S} \right) [\%M] - \right. \\
&\quad \left. \frac{(\%MO)_0 + [\%M]_0}{L_{M(\%)}} \frac{M_{MO} W_M}{M_M W_S} \right\}
\end{aligned}
\tag{3-3-12}
$$

令

$$a = \frac{k_M \left\{ L_{M(\%)} \frac{W_S}{W_M} + \frac{W_{MO}}{M_M} \right\}}{\left(\frac{k_M}{k_S'} + L_{M(\%)} \right) \frac{W_S}{W_M}}$$

$$b = \frac{k_M \left\{ (\%MO)_0 \frac{W_S}{W_M} + [\%M]_0 \frac{M_{MO}}{M_M} \right\}}{\left(\frac{k_M}{k_S'} + L_{M(\%)} \right) \frac{W_S}{W_M}}$$

则

$$\int_{[\%M]_0}^{[\%M]} \frac{d[\%M]}{[\%M] - \frac{b}{a}} = \int_0^t -a\,dt \tag{3-3-13}$$

积分得
$$\ln \frac{[\%M]-\dfrac{b}{a}}{[\%M]_0-\dfrac{b}{a}}=-at \tag{3-3-14}$$

另由
$$-\frac{d[\%M]}{dt}=a\left\{[\%M]-\frac{b}{a}\right\}$$

可以看出,当反应达到平衡时,$-\dfrac{d[\%M]}{dt}=0$。

所以
$$[\%M]_{\Psi}=\frac{b}{a}$$

积分式 3-3-14 可变为

$$\ln \frac{[\%M]-[\%M]_{\Psi}}{[\%M]_0-[\%M]_{\Psi}}=-at \tag{3-3-15}$$

如$[\%M]\gg[\%M]_{\Psi}$,则

$$\ln \frac{[\%M]}{[\%M]_0}=-at \tag{3-3-16}$$

讨论:

(1)利用微分式 3-3-7、式 3-3-8、式 3-3-10 可以计算某时刻氧化反应的瞬时速率;而利用积分式 3-3-14、式 3-3-15、式 3-3-16 可计算元素氧化反应到一定程度所需时间,或氧化到某时刻钢液中被氧化元素残存的元素量为一定值时所需的时间。

(2)由 a,b 可见,钢液中元素氧化受以下四方面因素限制,非常复杂。

1)动力学因素,k_M,k'_S;

2)热力学因素 L_M;

3)熔体物性 ρ,β;

4)操作因素 T,W_S,W_M。

实际过程中,可以人为地控制这些因素,以控制钢液元素朝我们所需要的方向和目的去氧化。

以下分别研究钢液中典型元素的氧化反应。

3.3 碳的氧化反应

3.3.1 碳的氧化反应热力学

反应类型

$$2[C]+O_2=2CO \tag{3-3-17}$$

$$[C]+(FeO)=CO+[Fe] \tag{3-3-18}$$

$$[C] + [O] = CO \tag{3-3-19}$$

$$[C] + 2[O] = CO_2 \tag{3-3-20}$$

注：(1)反应式 3-3-20 在一般情况下很少出现,只有在[%C]＜0.05 时,才能发生；
　　(2)当[%C]＞0.1 时,熔池中碳氧反应主要是式 3-3-18。

而对反应式 3-3-18

$$K_3 = \frac{p_{CO}}{[\%C][\%O]} \frac{1}{f_C f_O}$$

$$\Delta G_3^\ominus = -22363 - 39.63T \qquad \lg K_3 = \frac{1168}{T} + 2.07$$

定义　　　　　$$m = \frac{1}{K_3 f_C f_O} = \frac{[\%C][\%O]}{p_{CO}} \text{为碳氧积}$$

在炼钢温度及一般条件下,有如下现象：

(1)$p'_{CO} = 1.01325 \times 10^5 \text{Pa}$　　　$[\%C] < 0.5$　　　$m \equiv 0.0025$ \hfill (3-3-21)

(2)$[\%C] = 0.02 \sim 2$　　　　　　$f_C f_O \equiv 1$ \hfill (3-3-22)

3.3.2　碳氧反应热效应

碳氧反应共四个

(1)$[C] + \frac{1}{2}O_2 = CO$　　　　　　$\Delta H_1^\ominus = -139.70 \text{kJ/mol}$　　　直接氧化

(2)$[C] + (FeO) = CO + [Fe]$　　　$\Delta H_2^\ominus = 98.51 \text{kJ/mol}$ ⎫

(3)$[C] + [O] = CO$　　　　　　　　$\Delta H_3^\ominus = -22.40 \text{kJ/mol}$ ⎬ 间接氧化

(4)$[C] + \frac{1}{3}Fe_2O_3 = CO + \frac{2}{3}[Fe]$　　$\Delta H_4^\ominus = 210.79 \text{kJ/mol}$　　铁矿石氧化

讨论：

(1)可以看出,碳直接氧化(反应(1))是放热的,而间接氧化(反应(3))也是放热的,而前者比后者高 5 倍多。

(2)间接氧化(反应(2))及用铁矿石氧化碳是吸热的,而后者吸热最多。

(3)矿石氧化 1kg 碳消耗的热量

$$\frac{210.79}{12} \times 10^3 = 17.6 \times 10^3 \text{kJ}$$

这就是说,加入矿石使吨钢的碳含量降低 0.1%,吨钢要吸收 17.6×10³kJ 的能量。

吹入氧气氧化 1kg 碳可放出热量。

$$\frac{139.70}{12} \times 10^3 = 11.6 \times 10^3 \text{kJ}$$

吹氧使吨钢的碳含量降低 0.1%,吨钢可以放出 11.6×10³kJ 的能量。

所以,炼钢过程中,吹氧每氧化 1kg 碳,或吨钢的碳含量每降低 0.1%,熔池可比加矿多获得热量约

$$(17.6 + 11.6) \times 10^3 = 30 \times 10^3 \, \text{kJ}$$

脱碳时钢液中氧含量

由定义,碳氧平衡时,碳氧积

$$m = \frac{[\%\text{C}][\%\text{O}]}{p_{\text{CO}}}$$

形成 CO 气泡的条件是气泡内部的 CO 压力 p'_{CO} 应大于或等于外部压力,即

$$p'_{\text{CO}} \geqslant p'_{\text{气}} + (H_{\text{m}}\rho_{\text{m}} + H_{\text{s}}\rho_{\text{s}})g + \frac{2\sigma}{r}$$

式中　$p'_{\text{气}}$——炉气压力,$1.01325 \times 10^5 \, \text{Pa}$;

　　$\rho_{\text{m}}, \rho_{\text{s}}$——钢、渣密度,$\text{kg/m}^3$;

　　$H_{\text{m}}, H_{\text{s}}$——钢、渣层厚度,m;

　　　σ——钢液表面张力,N/m;

　　　r——气泡半径,m;

　　　g——重力加速度,$9.8 \, \text{m/s}^2$。

当 $r \geqslant 10^{-3} \text{m}$ 时,$\dfrac{2\sigma}{r} = 2.6 \times 10^3 \, \text{Pa}$;$H_{\text{s}} < 0.15\text{m}$ 时,$H_{\text{s}}\rho_{\text{s}} \leqslant 4.5 \times 10^3 \, \text{Pa}$,与 10^5 比较,皆可忽略。

所以　　　　　　　　$p'_{\text{CO}} = p'_{\text{气}} + H_{\text{m}}\rho_{\text{m}}g$　(Pa)

或　　　　　　　　　$p_{\text{CO}} = 1 + H_{\text{m}}\rho_{\text{m}}g \times 10^{-5}$

因为　　　　　　　　$m = 0.0025$

所以,钢液中氧的平衡浓度

$$[\%\text{O}]_{\text{平}} = \frac{mp_{\text{CO}}}{[\%\text{C}]} = \frac{0.0025[1 + H_{\text{m}}\rho_{\text{m}}g \times 10^{-5}]}{[\%\text{C}]} \qquad (3\text{-}3\text{-}23)$$

注:(1)熔池中实际[%O]始终高于[%O]$_{\text{平}}$,其高值与熔池的深度有关

$$\Delta[\%\text{O}] = [\%\text{O}] - [\%\text{O}]_{\text{平}}$$

$$= [\%\text{O}] - \frac{0.0025[1 + H_{\text{m}}\rho_{\text{m}}g \times 10^{-5}]}{[\%\text{C}]}$$

式中,$\Delta[\%\text{O}]$ 叫过氧度。

(2)由于 H_{m} 的关系,熔池顶部 $H_{\text{m}} = 0$,底部 H_{m} 等于熔池深度。所以熔池底部平衡氧含量

$$[\%\text{O}]_{\text{平,底}} > [\%\text{O}]_{\text{平,顶}}$$

3.4 Cr,V,Nb,W 的氧化

铬(Cr)

对 Fe−Cr−O 系

$[\%Cr]=0\sim3$ $[Fe]+2[Cr]+4[O]=FeCr_2O_{4(s)}$ $\lg K=\dfrac{51260}{T}-21.89$

$[\%Cr]=3\sim9$ $0.67[Fe]+2.33[Cr]+4[O]=Fe_{0.67}Cr_{2.33}O_{4(s)}$

$$\lg K=\frac{51400}{T}-21.69$$

$[\%Cr]\geqslant9$ $3[Cr]+4[O]=Cr_3O_4$ $\lg K=\dfrac{54700}{T}-24.26$

炼钢过程 Cr 的氧化

在碱性渣条件下,Cr 氧化成 Cr_2O_3 或 $FeCr_2O_4$

$$2[Cr]+3(FeO)=(Cr_2O_3)+3[Fe]$$

$$K_{Cr}=\frac{a_{Cr_2O_3}}{[\%Cr]^2 a_{FeO}^3}$$

或 $$K'_{Cr}=\frac{(\%Cr_2O_3)}{[\%Cr]^2(\%FeO)^3}\frac{\gamma_{Cr_2O_3}}{\gamma_{FeO}^3}$$

(将 Cr_2O_3 及 FeO 的摩尔分数与质量分数的转换系数并入 K_{Cr} 得 K'_{Cr})

可以认为 $\dfrac{\gamma_{Cr_2O_3}}{\gamma_{FeO}^3}$ 是常数,并入 K'_{Cr},得

$$\frac{(\%Cr_2O_3)}{[\%Cr]^2}=K''_{Cr}(\%FeO)^3 \tag{3-3-24}$$

故 Cr 在炼钢过程中的分配比与 $(\%FeO)^3$ 成正比。

不锈钢冶炼的去碳保铬

冶炼不锈钢时,一般需要把碳降低到 $0.04\%\sim0.07\%$,同时炉料中的 Cr 又不被氧化,C,Cr 的氧化反应的先后可如下讨论:

$[\%Cr]<9$ $4[C]+FeCr_2O_{4(s)}=2[Cr]+4CO+[Fe]$

$$\Delta G=\Delta G^\ominus+RT\ln\frac{a_{Cr}^2 p_{CO}^4}{a_C^4}$$

$$\Delta G^\ominus=a-bT$$

令 $\Delta G=0$,可计算出 $T_{转}$。$T>T_{转}$ 可保障 C 氧化,而 Cr 不氧化。

$[\%Cr]>9$ $4[C]+Cr_3O_{4(s)}=3[Cr]+4CO$

由 $a-bT+RT\ln\dfrac{a_{Cr}^2 p_{CO}^4}{a_C^4}=0$ 同样可计算出 $T_{转}$。

例 3-3-3 计算组成为 $12\%Cr,9\%Ni,0.35\%C$ 的金属炉料冶炼不锈钢时,去碳保铬所

需的最低温度。若吹氧使碳降低到 0.05％结束,而钢液温度提高到 1800K 结束,钢液剩余的铬是多少?

解:Cr、C 氧化的共轭反应

$$4[C] + Cr_3O_{4(s)} = 3[Cr] + 4CO \qquad \Delta G^{\ominus} = 934706 - 617.22T$$

求去碳保铬的最低温度的方程

$$934706 - 617.22T + 8.314T\ln\frac{a_{Cr}^2 p_{CO}^4}{a_C^4} = 0$$

$$\lg f_{Cr} = e_{Cr}^{Cr}[\%Cr] + e_{Cr}^{C}[\%C] + e_{Cr}^{Ni}[\%Ni]$$

$$= -0.0003 \times 2 + (-0.12) \times 0.35 + 0.0002 \times 9$$

$$= -0.041$$

$$f_{Cr} = 0.904$$

$$a_{Cr} = 0.904 \times 12 = 10.85$$

$$\lg f_C = e_C^C[\%C] + e_C^{Cr}[\%Cr] + e_C^{Ni}[\%Ni]$$

$$= 0.14 \times 0.35 + (-0.024) \times 12 + 0.012 \times 9$$

$$= -0.131$$

$$f_C = 0.74$$

$$a_C = 0.74 \times 0.35 = 0.259$$

设 $p_{CO} = 1$

所以　　　　　　　　$934706 - 617.22T + 8.314T\ln\dfrac{10.85^3}{0.259^4} = 0$

解此方程式,得 $T = 1823K(1550℃)$

当 $T = 1800K$,碳降低到 0.05％时,

$$\lg K = \lg\frac{a_{Cr}^3}{a_C^4} = -\frac{\Delta G^{\ominus}}{19.147T}$$

将 $\Delta G^{\ominus} = 934706 - 617.22T$ 及 $T = 1800K$ 代入

即　　　　　　　　$\lg\dfrac{f_{Cr}^3[\%Cr]^3}{f_C^4[\%C]^4} = 8.69$

展开得　　　　$3\lg f_{Cr} + 3\lg[\%Cr] - 4\lg f_C - 4\lg[\%C] = 8.69$

而　　　　$\lg f_{Cr} = -0.0003[\%Cr] - 0.12 \times 0.05 + 0.0002 \times 9$

$$\lg f_C = 0.14 \times 0.05 - 0.024[\%Cr] + 0.012 \times 9$$

代入上式,整理得　　　$\lg[\%Cr] + 0.032[\%Cr] - 1.32 = 0$

解得　　　　　　　　　　　　$[\%Cr] = 10.0$

讨论：

如何提高钢液中平衡[％Cr]的方法？如图 3-3-5 所示。

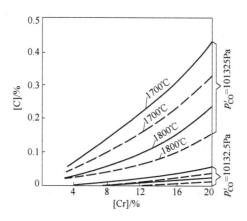

图 3-3-5 Ni,T,p'_{CO}对[％Cr]的影响

％Cr—〔％O〕平衡图及温度、〔％Ni〕、真空度的影响；

——— —％Ni； ----- —10％Ni

(1)Ni 对[％Cr]的影响：由 Cr,C 共轭反应的平衡常数关系式可得，

$$[\%Cr] = \sqrt[3]{K(a_C/p_{CO})^4}$$

可以看出，降低 p_{CO}，及提高 $a_C(a_C=f_C[\%C])$，皆可增加[％Cr]。

因为 $e_C^{Ni}=0.012$，为正。$\lg f_C = e_C^C[\%C]+e_C^{Ni}[\%Ni]+\cdots$

所以 Ni 的存在可提高 f_C，→提高 a_C，→提高$[\%Cr]_{平}$。

(2)相同的[％C]，若提高温度，可显著提高钢液中的[％Cr]。

(3)相同的[％C]和温度 T，若 CO 压力降低到 $p'_{CO}=1.01325\times10^4\,Pa$，则可显著提高钢液中的[％Cr]。

对 V、Nb、W 的氧化，同 Cr 的氧化类同，在此不再叙述。

3.5 炼钢过程脱磷原理

钢中允许$[\%P]_{max}=0.02$,某些特殊要求的钢为 $0.008\sim0.015$,如上海宝钢作板坯用的 Al-Si 镇静钢要求$[\%P]=0\sim0.015$。磷在大多数钢中是非常有害的元素,在炼钢过程中,应该脱除的越低越好。

炼钢过程的脱磷产物到底是什么？这实际上是一个争论的话题。在第一篇中炉渣的分子理论和离子理论在争论这个结论,但各有其特点。可以看出,分子理论解决脱磷的问题是比较成功的。先看这样的一个现象：

如果钢液中 P 的氧化产物是 P_2O_5 的话,则有

$$2[P] + 5[O] = P_2O_{5(g)} \qquad \Delta G^{\ominus} = -742032 + 532.71T$$

$T = 1873K$ 时，$\Delta G^{\ominus} = 255.734kJ \geqslant 0$

可以断定，不论反应方程式中的其他组元的活度如何，该反应 $\Delta G > 0$。这就是说，炼钢过程是不能脱磷，但实际过程是可以的，这是为什么？根据分子理论，由于碱性渣中，P_2O_5 能与 FeO，CaO 形成稳定的 $3FeO \cdot P_2O_5$，$3CaO \cdot P_2O_5$（或 $4CaO \cdot P_2O_5$），可以使 ΔG 变为很大的负值。

例 3-3-4

$$2[P] + 8(FeO) = 3FeO \cdot P_2O_{5(s)} + 5[Fe]$$

或

$$2[P] + 8[O] + 3[Fe] = 3FeO \cdot P_2O_{5(s)}$$

$$\lg K = \lg \frac{1}{[\%P]^2[\%O]^8} = \frac{84200}{T} - 31.1$$

两边同乘以 $-19.147T$。得

$$\Delta G^{\ominus} = -RT\ln K = -1612177.4 + 595.47T$$

$T = 1873K$ 时，

$$\Delta G^{\ominus} = -496.858kJ \ll 0$$

还可以计算生成 $3CaO \cdot P_2O_5$（或 $4CaO \cdot P_2O_5$）的 $\Delta G^{\ominus}$ 也是很大的负值。

用分子理论计算脱磷

脱磷反应如下：

$$5(FeO) = 5[O] + 5[Fe]$$

$$2[P] + 5[O] = (P_2O_5)$$

$+)\qquad (P_2O_5) + 4(CaO) = (4CaO \cdot P_2O_5)$

脱磷总反应：$2[P] + 5(FeO) + 4(CaO) = (4CaO \cdot P_2O_5) + 5[Fe]$

$$\lg K = \lg \frac{a_{4CaO \cdot P_2O_5}}{[\%P]^2 a_{FeO}^5 a_{CaO}^4} = \frac{40067}{T} - 15.06 \qquad (3\text{-}3\text{-}25)$$

例 3-3-5　对组成为 12.02%FeO，8.84%MnO，42.68%CaO，19.34%SiO$_2$，2.15%P$_2$O$_5$，14.97%MgO，用分子理论计算 1600℃下，与此渣平衡的钢液中 P 的含量。

解：根据给出的渣组元的质量分数，取 100g 渣，其中各组元的摩尔数为：

$$n_{FeO}^0 = \frac{12.02}{72} = 0.167 \qquad n_{MnO}^0 = \frac{8.84}{71} = 0.125$$

$$n_{CaO}^0 = \frac{42.68}{56} = 0.762 \qquad n_{MgO}^0 = \frac{14.97}{40} = 0.374$$

$$n_{SiO_2}^0 = \frac{19.34}{60} = 0.322 \qquad n_{P_2O_5}^0 = \frac{2.15}{142} = 0.015$$

由分子理论,设渣中形成复杂氧化物(2RO·SiO₂),(4RO·P₂O₅)

$$n_{2RO·SiO_2} = n_{SiO_2}^0 = 0.322$$

$$n_{4RO·P_2O_5} = n_{P_2O_5}^0 = 0.015$$

$$n_{RO} = n_{CaO}^0 + n_{MnO}^0 + n_{MgO}^0 - 2n_{2RO·SiO_2} - 4n_{4RO·P_2O_5}$$

$$= 0.762 + 0.125 + 0.374 - 2 \times 0.322 - 4 \times 0.015$$

$$= 0.557$$

$$n_{FeO} = n_{FeO}^0 = 0.167$$

$$\sum n_i = n_{RO} + n_{FeO} + n_{2RO·SiO_2} + n_{4RO·P_2O_5}$$

$$= 0.557 + 0.167 + 0.322 + 0.015$$

$$= 1.061$$

$$X_{RO} = \frac{n_{RO}}{\sum n_i} = \frac{0.557}{1.061} = 0.52$$

$$X_{FeO} = \frac{n_{FeO}}{\sum n_i} = \frac{0.167}{1.061} = 0.157$$

$$X_{4RO·P_2O_5} = \frac{n_{4RO·P_2O_5}}{\sum n_i} = \frac{0.015}{1.061} = 0.014$$

注意到,RO 代表全部碱性氧化物的总和,在计算时一般是不加区别的。将以上分子理论得到的浓度(实际是活度)代入式 3-3-25,得

$$\lg \frac{a_{4RO·P_2O_5}}{[\%P]^2 a_{FeO}^5 a_{CaO}^4} = \frac{40067}{T} - 15.06$$

$$\lg \frac{0.014}{0.157^5 \times 0.52^4} - \frac{40067}{1873} + 15.06 = 2\lg[\%P]$$

所以

$$[\%P] = 0.0307$$

这与实验结果[%P]=0.038 基本一致。

T,碱度及 a_{FeO} 对脱磷的影响

$$K = \frac{a_{4RO·P_2O_5}}{[\%P]^2 a_{FeO}^5 a_{RO}^4}$$

根据分子理论

$$a_{FeO} = X_{FeO}$$

$$a_{RO} = X_{RO}$$

$$a_{4RO \cdot P_2O_5} = X_{P_2O_5}$$

所以

$$L_P = \frac{X_{P_2O_5}}{[\%P]^2} = Ka_{FeO}^5 a_{RO}^4 = KX_{FeO}^5 X_{RO}^4 \qquad (3\text{-}3\text{-}26)$$

(1) T 对 L_P 的影响

根据 $\lg K = \dfrac{40067}{T} - 15.06$ 可计算得

T	1673	1773	1873
K	7.8×10^8	3.5×10^7	2.1×10^6

可见 $T \uparrow$，$K \downarrow$，所以，$L_P \downarrow$，说明低温有利于脱磷。但若温度太低，渣的均匀性及流动性差，反而不利。在保障渣的均匀性的条件下，T 越低，脱磷效率越好。

(2) 高 a_{RO}，高 FeO 能提高 L_p，如图 3-3-6 所示，随着 $R \uparrow$，L_P 越大

对相同的 R，%FeO 有一合适的量，一般为 14～18。若渣的氧化性太大，反而使 L_P 降低，这可能是由于渣中其他组元与 FeO 形成复杂化合物，使 $a_{FeO} \downarrow$ 之故。

(3) P，C 的氧化关系

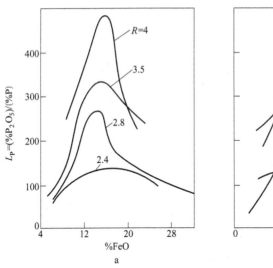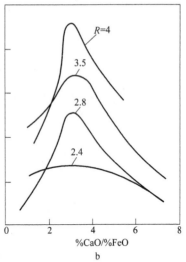

图 3-3-6　碱度、%FeO 及 %CaO/%FeO 对脱磷的影响

L_P 与碱度和 %FeO(a) 及 %CaO/%FeO(b) 的关系 $L_P = (\%P_2O_5)/[\%P]$

当炼钢过程中 $\sum$%FeO 有波动时 P，C 的氧化关系。

前期：温度较低。在 1450℃ 左右，P 被大量氧化（约 80%～90%）。

中期：温度逐渐升高。碳开始氧化，消耗掉大量的 $\sum$%FeO。由于高温和低 $\sum$%FeO 皆对脱磷造成不利因素，P 基本不氧化。

后期：碳大量氧化之后。虽然炉温升高，但渣中 $\sum$%FeO 的浓度升高，以及大量的石灰

(CaO)溶解使 a_{CaO} 增大,造成了脱磷的有利条件,P,C 一齐氧化。

若炼钢过程渣中 $\sum\%FeO$ 一直很高时,P,C 可同时氧化。

(4)回磷

若熔渣的碱度降低。如炼钢过程中加入硅铁脱氧,氧化形成 SiO_2 转入熔渣。根据分子理论,SiO_2 与 CaO 反应,生成 $2RO \cdot SiO_2$,消耗掉大量 CaO,使 X_{CaO} 降低,可能会产生回磷。所以脱氧时,不要在炉内进行,也不要将渣放入钢包中,以防回磷。

3.6　炼钢过程脱硫热力学

炼钢过程脱硫反应

(1)一般关系式

$$[FeS] + (CaO) = (CaS) + [FeO]$$

或

$$[S] + (O^{2-}) = (S^{2-}) + [O]$$

反应的平衡常数关系式,可以得到:

$$K_S = \frac{a_{[O]}a_{(S^{2-})}}{a_{[S]}a_{(O^{2-})}} = \frac{[\%O]f_O X_{S^{2-}} \gamma_{S^{2-}}}{[\%S]f_S X_{O^{2-}} \gamma_{O^{2-}}} = \frac{[\%O]f_O(\%S)\gamma_{S^{2-}}}{M_S(\sum n_i)[\%S]f_S X_{O^{2-}} \gamma_{O^{2-}}} \tag{3-3-27}$$

注意到

$$X_{S^{2-}} = \frac{(\%S)}{M_S \sum n_i}$$

$$f_{[O]} = 1$$

$$K = K_S M_S \sum n_i$$

硫的分配比

$$L_S = \frac{(\%S)}{[\%S]} = K \frac{X_{O^{2-}}}{[\%O]} \frac{\gamma_{O^{2-}}}{\gamma_{S^{2-}}} f_S \tag{3-3-28}$$

(2)考虑铁液中 S 向渣中转移反应

$$[Fe] + [S] = (Fe^{2+}) + (S^{2-})$$

$$K_S = \frac{a_{Fe^{2+}} a_{S^{2-}}}{[\%S]f_S}$$

用完全离子溶液模型,可得

$$a_{Fe^{2+}} = \frac{n_{FeO}}{\sum n_+} \gamma_{Fe^{2+}}$$

$$a_{S^{2-}} = \frac{n_{S^{2-}}}{\sum n_-} \gamma_{S^{2-}} = \frac{(\%S)}{32 \sum n_-} \gamma_{S^{2-}}$$

所以

$$L_S = \frac{(\%S)}{[\%S]} = \frac{32 K_S (\sum n_-)(\sum n_+) f_S}{n_{FeO} \gamma_{Fe^{2-}} \gamma_{S^{2-}}} \tag{3-3-29}$$

式中，$\lg \gamma_{Fe^{2+}} \gamma_{S^{2-}} = 1.53 \sum X_{SiO_4^{4-}} - 0.17$ （3-3-30）

例 3-3-6 熔渣组成（mol/100g 熔渣）为 $SiO_2 0.393$，$CaO 1.142$，$MgO 0.065$，$FeO 0.085$，$Fe_2O_3 0.012$，$P_2O_5 0.006$，$MnO 0.010$，$S 0.004$。钢液成分为：$0.6\%C$，$0.01\%Si$，$0.07\%Mn$，$0.009\%P$，$0.016\%S$。

计算硫在渣—钢间的分配比。

解：根据完全离子溶液模型，假设熔渣中有下列离子：

正离子：Ca^{2+}，Mg^{2+}，Fe^{2+}，Mn^{2+}

负离子：SiO_4^{4-}，FeO_2^-，PO_4^{3-}，O^{2-}，S^{2-}

三个复合阴离子的生成反应

$$SiO_2 + 2O^{2-} = (SiO_4^{4-})$$

$$Fe_2O_3 + O^{2-} = 2(FeO_2^-)$$

$$P_2O_5 + 3O^{2-} = 2(PO_4^{3-})$$

$$n_{Ca^{2+}} = n_{CaO}^0 = 1.142 \qquad n_{Mg^{2+}} = n_{MgO}^0 = 0.065$$

$$n_{Fe^{2+}} = n_{FeO}^0 = 0.085 \qquad n_{Mn^{2+}} = n_{MnO}^0 = 0.010$$

$$n_{SiO_4^{4-}} = n_{SiO_2}^0 = 0.393 \qquad n_{FeO_2^-} = 2n_{Fe_2O_3}^0 = 0.024$$

$$n_{PO_4^{3-}} = 2n_{P_2O_5}^0 = 0.012 \qquad n_{S^{2-}} = 0.004$$

$$n_{O^{2-}} = n_{CaO}^0 + n_{MgO}^0 + n_{FeO}^0 + n_{MnO}^0 - 2n_{SiO_2}^0 - n_{Fe_2O_3}^0 - 3n_{P_2O_5}^0$$

$$= 1.142 + 0.065 + 0.085 + 0.010 - 2 \times 0.393 - 0.085 - 3 \times 0.006$$

$$= 0.413$$

$$\sum n_+ = n_{Ca^{2+}} + n_{Mg^{2+}} + n_{Fe^{2+}} + n_{Mn^{2+}}$$

$$= 1.142 + 0.065 + 0.085 + 0.010$$

$$= 1.302$$

$$\sum n_- = n_{SiO_4^{4-}} + n_{FeO_2^-} + n_{PO_4^{3-}} + n_{S^{2-}} + n_{O^{2-}}$$

$$= 0.393 + 0.024 + 0.012 + 0.004 + 0.413$$

$$= 0.846$$

$$\sum X_{SiO_4^{4-}} = \frac{n_{SiO_4^{4-}} + n_{FeO_2^-} + n_{PO_4^{3-}}}{\sum n_-} = \frac{0.393 + 0.024 + 0.012}{0.846} = 0.507$$

$$\lg \gamma_{S^{2-}} \gamma_{Fe^{2+}} = 1.53 \sum X_{SiO_4^{4-}} - 0.17 = 1.53 \times 0.507 - 0.17 = 0.606$$

$$\gamma_{S^{2-}} \gamma_{Fe^+} = 4.04$$

$$\lg K_S = -\frac{3160}{1873} + 0.46 = -1.227$$

$$K_S = 0.060$$

$$\lg f_S = e_S^S[\%S] + e_S^{Si}[\%Si] + e_S^C[\%C] + e_S^{Mn}[\%Mn] + e_S^P[\%P]$$
$$= -0.028 \times 0.016 + 0.063 \times 0.01 + 0.112 \times 0.60 - $$
$$0.026 \times 0.07 + 0.29 \times 0.009$$
$$= 0.0682$$

$$f_S = 1.17$$

$$L_S = \frac{(\%S)}{[\%S]}$$
$$= \frac{32 K_S (\sum n_- - \sum n_+) f_S}{n_{Fe^{2+}} \gamma_{Fe^{2+}} \gamma_{S^{2-}}}$$
$$= \frac{32 \times 0.06 \times 1.302 \times 0.846 \times 1.17}{0.085 \times 4.04}$$
$$= 7.21$$

而实际数据为 $L_S = \dfrac{0.004 \times 32}{0.016} = 8$,说明离子理论的计算是正确的。

影响脱硫的因素

(1)碱度

由反应 $[FeS] + (CaO) = (CaS) + [FeO]$

或 $[S] + (O^{2-}) = (S^{2-}) + [O]$

$$L_S = \frac{(\%S)}{[\%S]} = K_S \frac{X_{O^{2-}}}{[\%O]} \frac{\gamma_{O^{2-}}}{\gamma_{S^{2-}}} \cdot f_S$$

碱度 $R\uparrow$,则 $X_{O^{2-}}\uparrow$,$L_S\uparrow$;同时 Ca^{2+} 的增加,减小了 $\gamma_{S^{2-}}$,也使 $L_S\uparrow$。

(2)FeO

由反应 $[S] + (O^{2-}) = (S^{2-}) + [O]$

$$L_S = \frac{(\%S)}{[\%S]} = K_S \frac{X_{O^{2-}}}{[\%O]} \frac{\gamma_{O^{2-}}}{\gamma_{S^{2-}}} \cdot f_S$$

说明:FeO$\uparrow$,引起$[\%O]\uparrow$,使 $L_S\downarrow$。

总之,脱 S 的有利因素:增大 CaO,$O^{2-}\uparrow$,减小 FeO 或$[\%O]\downarrow$

(3)炼钢过程中加入锰铁,亦可脱$[S]$

因为

$$[S] + [Mn] + (CaO) = (CaS) + (MnO)$$

$$L_S = \frac{(\%S)}{[\%S]} = K'_{Mn-S} \frac{[\%Mn]}{(\%MnO)} \cdot (\%CaO)$$

$$= K'_{Mn-S} \frac{(\%CaO)}{L_{Mn}} \tag{3-3-31}$$

加入锰铁，$[\%Mn]\uparrow$，$L_{Mn}\uparrow$，则 $L_S\uparrow$。

$\quad\quad (\%CaO)\uparrow$，$L_S\uparrow$。

由 $[S]+[Mn]=MnS_{(s)}$　　　　$\Delta G^{\ominus}=-156900+95.6T$

$T<1378K$ 时，$\Delta G^{\ominus}<0$。有可能 $\Delta G<0$。所以低温时，加 Mn 脱硫形成 MnS 也叫沉淀脱硫。

(4)温度对脱硫的影响

$$[S]+(O^{2-})=(S^{2-})+[O] \quad\quad \Delta G^{\ominus}=124455-50.26T$$

$$\lg K_S = -\frac{6500}{T}+2.025$$

很显然，高温可使 K_S 增大，由式 3-3-29，可提高硫的分配比，所以高温有利于脱硫。这有两种意义，另一方面高温还可使高碱度熔渣均匀化，以提高 L_S。

3.7　脱氧

为什么要脱氧?

当给钢液大量吹氧气使钢液中有害元素氧化后，$[\%O]=0.02\sim0.08$。低碳钢，含氧量很高。钢液凝固时，晶界上会出现 Fe—FeO 或 FeO—FeS 低熔点共晶体。这种钢在轧制时易产生热脆;高、中碳钢，其中氧虽然较少，但由于钢凝固时，氧的偏析造成氧在钢液内富集，使 C—O 反应由原来的平衡出现不平衡，产生 CO 气泡。有的气泡来不及上浮，使凝固的钢锭内部产生气泡。Fe—O 相图，如图 3-3-7 所示。

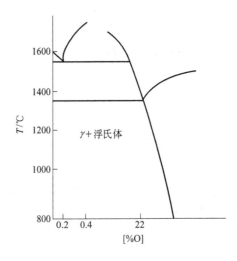

图 3-3-7　Fe—O 相图

3.7.1　脱氧方法及脱氧产物

(1)沉淀脱氧:给钢液中加入与氧的结合力强的脱氧元素,形成新的氧化物并能从钢液中排出,进入熔渣,叫沉淀脱氧。添加的元素叫脱氧剂。

(2)扩散脱氧:钢液中的氧可通过向氧位较低的还原渣内扩散而排出,称扩散脱氧。

3.7.1.1　脱氧反应热力学

$$\frac{x}{y}[\text{M}]+[\text{O}]=\frac{1}{y}(\text{M}_x\text{O}_y) \tag{3-3-32}$$

$$K'=\frac{a_{\text{M}_x\text{O}_y}^{1/y}}{a_{[\text{O}]}a_{\text{M}}^{x/y}}=\frac{1}{[\%\text{M}]^{x/y}[\%\text{O}]}\frac{1}{f_{\text{M}}^{x/y}f_{\text{O}}}\quad(\text{设 M}_x\text{O}_y \text{是纯态})$$

令　　　　　　　$K=[\%\text{M}]^{x/y}[\%\text{O}]f_{\text{M}}^{x/y}f_{\text{O}}$

讨论元素的脱氧能力时,常取 $f_{\text{M}}=f_{\text{O}}=1$。

所以,$K=[\%\text{M}]^{x/y}[\%\text{O}]$。由此得出各元素的脱氧能力曲线,如图 3-3-8 所示。

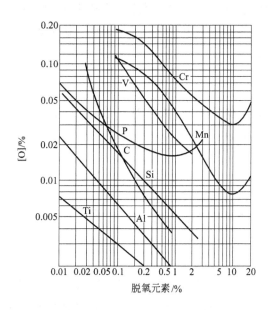

图 3-3-8　1600℃下的脱氧能力曲线

$$\Delta G^{\ominus}=-RT\ln K'=RT\ln K$$

式中　　K——脱氧常数。

可以看出,脱氧能力的大小是 Ce>Zr>Ti>Al>B>Si>C>V>Mn>Cr。

3.7.1.2 脱氧产物上浮计算及一、二、三次夹杂物

球形质点上浮力 $\frac{4}{3}\pi r^3 g(\rho_m - \rho)$

上浮受到的阻力 $6\pi r \eta v$

式中 g——重力加速度，9.8m/s^2；

ρ_m, ρ——钢液与夹杂物的密度；

η——钢液黏度，Pa·s；

v——夹杂物上浮速度，m/s；

r——夹杂物半径，m。

因为 $$\frac{4}{3}\pi r^3 g(\rho_m - \rho) = 6\pi r \eta v$$

所以 $$v = \frac{2}{9}gr^2 \frac{\rho_m - \rho}{\eta}$$

即 $v \propto r^2$。质点越大，上浮速度越快。

若脱氧产物未能完全排出而残留在钢中的称为一次夹杂物。

钢液凝固过程中，由于温度下降，$K\uparrow$，反应向生成夹杂物方向移动，脱氧常数减小，析出的夹杂物叫二次夹杂物；凝固后钢中形成的夹杂物叫三次夹杂物。

3.7.1.3 锰、硅、铝的脱氧

(1)Mn 脱氧

对反应[Mn]+(FeO)=(MnO)+[Fe]，认为 MnO,FeO 形成理想溶液，且 $f_{Mn}f_O = 1$

可以得到 $\lg K = \lg \dfrac{(\%MnO)}{[\%Mn](\%FeO)} = \dfrac{6440}{T} - 2.95$

$$(FeO) = [O] + [Fe]$$

$$\lg L_0 = \lg \frac{(\%O)}{(\%FeO)} = -\frac{6320}{T} + 0.734$$

上面两式联立求解，可得：

$$[\%O] = \frac{100 L_0}{1 + K[\%Mn]} \tag{3-3-33}$$

这就是钢液中氧含量与锰含量的关系，由此可以讨论或计算锰脱氧的情况。

(2)Si 脱氧

当 $[\%Si] = 0.01 \sim 1$，$f_{Si}f_O^2 \approx 1$

所以 $[Si] + 2[O] = SiO_{2(s)}$ $\lg K' = -\lg[\%Si][\%O]^2 = \dfrac{30327}{T} - 11.58$

(3)Al 脱氧

$$2[Al] + 3[O] = Al_2O_{3(s)} \quad \Delta G^\ominus = -1218799 + 394.13T$$

$$\lg K' = -\lg[\%Al]^2[\%O]^3 = \frac{63655}{T} - 20.58$$

其中 $f_{Al}^2 f_O^3 \approx 1$

可以比较，1600℃下，同样脱氧剂浓度下（如[%M]=0.01），[%O]=？

Mn　　$K' = 3.087$　　当[%Mn]=0.01　　$[\%O] = \frac{100 \times 0.0023}{1 + 3.078 \times 0.01} = 0.22$

Si　　$K' = 4.09 \times 10^4$　　[%Si]=0.01　　$[\%O] = \sqrt{\frac{1}{[\%Si]K'}} = \sqrt{\frac{1}{0.01 \times 4.09 \times 10^4}}$

$$= 0.049$$

Al　　$K' = 2.5 \times 10^{13}$　　[%Al]=0.01　　$[\%O] = \sqrt[3]{\frac{1}{2.5 \times 10^{13} \times 0.01^2}} = 0.0007$

3.7.1.4　复合脱氧

两种或两种以上脱氧剂同时加入，产生两方面的作用：其一，提高了脱氧元素的脱氧能力。是因为复合脱氧反应形成的复合化合物导致脱氧常数降低；其二，获得熔点低，易于聚合的液相脱氧产物，使其在钢液中易于上浮进入溶渣。

例　Si，Mn 复合脱氧。

$$[Mn] + [O] = MnO_{(s)} \qquad \Delta G_1^\ominus = -244317.5 + 70.54T$$
$$[Si] + 2[O] = SiO_{2(s)} \qquad \Delta G_2^\ominus = -5942845 + 229.76T$$
$$2MnO_{(s)} + SiO_{2(s)} = 2MnO \cdot SiO_2 \qquad \Delta G_3^\ominus = -53555 + 24.73T$$

对反应

$$2[Mn] + [Si] + 4[O] = 2MnO \cdot SiO_2 \qquad (2MnO \cdot SiO_2 \text{ 的熔点 } 1618K,1345℃)$$
$$\Delta G^\ominus = 2\Delta G_1^\ominus + \Delta G_2^\ominus + \Delta G_3^\ominus = -1136474.5 + 395.57T$$

1600℃时，假设钢液中元素的活度系数皆为1，有

$$K = \frac{1}{[\%O]^4[\%Si][\%Mn]^2} = 1.077 \times 10^{11}$$

若　　　　　　　　　　　　[%Si]=0.01, [%Mn]=0.01

则　　　　　　　　　　　　[%O]=0.0505

上述脱氧后，钢液中氧量与纯 Si 脱氧相比，差不多，但比用纯锰脱氧要低得多。但重要的是，所得的氧化物是低熔点的易上浮的 $2MnO \cdot SiO_2$（1345℃）。

1600℃，$a_{Mn} = 0.4$ 时，Si、Mn 复合脱氧的平衡曲线或优势区图，如图3-3-9所示。该图亦可指导我们使用 Si、Mn 进行脱氧。

3.7.1.5　扩散脱氧（亦叫熔渣脱氧）

利用反应　　　　　$(FeO) = [O] + [Fe]$　　　　$\Delta G = RT\ln\frac{L'_0}{L_0}$

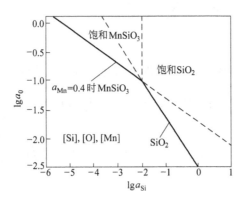

图 3-3-9　Si、Mn 复合脱氧优势区图

令 $L'_0 > L_0$，即 $\Delta G > 0$。

使上述反应逆向进行。化学力促使钢液中的氧进入熔渣，这种方法称为扩散脱氧。

其优点是，由于是向熔渣上加入脱氧剂（SiFe 粉、C 粉、CaC$_2$、Al 粉、CaSi 等）。脱氧产物不进入钢液，因而不会沾污钢液。因此该种方法是冶炼优质钢的最佳方法。

其缺点，反应速度慢，冶炼时间长。

冶金中常用的克服方法是，沉淀脱氧与扩散脱氧结合，达到最好的冶金效果。

如电炉内扒去氧化渣后，加入造渣料，先用脱氧剂沉淀脱氧，当稀薄渣形成后，再采用扩散脱氧。

3.7.2　脱氧剂用量计算

3.7.2.1　用于沉淀脱氧

设钢液中与剩余氧量平衡的残余脱氧元素的浓度为 [%M]；

与 $n\,\mathrm{mol}[\mathrm{O}]$ 结合的脱氧元素的质量为 x。则 100g 钢液脱氧剂用量为

$$W = x\frac{[\%\mathrm{O}]_0 - [\%\mathrm{O}]}{16n} + [\%\mathrm{M}] \tag{3-3-34}$$

例 3-3-7　求 1600℃用硅脱氧生成纯 SiO$_2$ 的脱氧常数。某炉钢液终点碳为 0.1%，在 1600℃下，用硅铁（50%Si）脱氧，使成品钢含硅 0.27%，需加入多少硅铁？

解：先计算脱氧常数

$$(1)\,\mathrm{Si}_{(l)} + \mathrm{O}_2 = \mathrm{SiO}_{2(s)} \qquad\qquad \Delta G_1^{\ominus} = -946398 + 197.64T$$

$$(2)\,\mathrm{Si}_{(l)} = [\mathrm{Si}] \qquad\qquad\qquad\qquad \Delta G_2^{\ominus} = -131500 - 17.24T$$

$$(3)\,\mathrm{O}_2 = 2[\mathrm{O}] \qquad\qquad\qquad\qquad \Delta G_3^{\ominus} = -234220 - 6.78T$$

$$(1) - (2) - (3)\quad [\mathrm{Si}] + 2[\mathrm{O}] = \mathrm{SiO}_{2(s)}\quad \Delta G^{\ominus} = -580678 + 221.66T$$

$$\lg K' = \lg \frac{1}{[\%Si][\%O]^2} = \frac{30327}{T} - 11.58$$

$$T = 1873K \qquad K' = 4.1 \times 10^4$$

$$K = \frac{1}{K'} = [\%Si][\%O]^2 = 2.4 \times 10^{-5}$$

100g 钢液硅铁用量　　$W = x \frac{[\%O]_0 - [\%O]}{16n} + [\%Si]$

现分别计算$[\%O]_0$与$[\%O]$

因为终点　　　　$[\%C] = 0.1$,由$m = [\%C][\%O] = 0.0025$

所以　　　　　$[\%O]_0 = \frac{0.0025}{[\%C]} = \frac{0.0025}{0.1} = 0.025$

又因为终点$[\%Si] = 0.27$

所以　　　　$[\%O] = \sqrt{K/[\%Si]} = \sqrt{\frac{2.4 \times 10^{-5}}{0.27}} = 0.0094$

$$W = 28 \times \frac{0.025 - 0.0094}{2 \times 16} + 0.27 = 0.284$$

每吨钢需要加入的硅量　　$\frac{0.284}{100} \times 1000 = 2.84kg$

用硅铁　　　　　　　　$\frac{2.84}{0.5} = 5.68kg$

3.7.2.2　用于扩散脱氧

设 100g 钢液中加入 W 克合成渣。其中 FeO 的含量为$(\%FeO)_0$。

由反应　　　　$(FeO) = [O] + [Fe]$

初始　　　$(\%FeO)_0$　　$[\%O]_0$

平衡　　　　　$[\%O]$　　减少$\frac{[\%O]_0 - [\%O]}{16}$mol

平衡时,渣中 FeO 的质量分数为

$$(\%FeO) = (\%FeO)_0 + M_{FeO} \frac{([\%O]_0 - [\%O])}{16} \frac{100}{w} \qquad (3\text{-}3\text{-}35)$$

式中　$[\%O]$——脱氧后钢液中平衡氧含量。

由 $L_0 = \frac{[\%O]}{(\%FeO)\gamma_{FeO}} = 0.0023$ 可计算合成渣的加入量 W。

例 3-3-8　钢液最初氧量为0.02%。要求用合成渣脱氧后,氧量降低到 0.005%。如果所用的合成渣组成为 $Al_2O_3 42\%$;$CaO 56\%$;$FeO 0.5\%$;$\gamma_{FeO} = 0.9$;$L_0 = 0.0023$。钢液温度 1600℃。试求合成渣的加入量。

解:设 100g 钢液中加入合成渣 W 克。其中 FeO 的含量为$(\%FeO)_0 = 0.5$。

$$L_0 = \frac{[\%O]}{(\%FeO)\gamma_{FeO}} = 0.0023$$

其中,$[\%O] = 0.005$

$$(\%FeO) = (\%FeO)_0 + M_{FeO} \frac{([\%O]_0 - [\%O])}{16} \frac{100}{w}$$

$$\gamma_{FeO} = 0.9$$

代入 L_0 式中,得:

$$\frac{0.005}{\left(0.5 + 72 \times \dfrac{0.02 - 0.005}{16} \dfrac{100}{w}\right) \times 0.9} = 0.0023$$

解得 $w = 3.5$

即 100g 钢液需加合成渣 3.5g。

3.7.3　钢液的碱土金属处理及真空处理

3.7.3.1　钢液的 Ca 处理

纯铁在 1600℃ 时,Ca 的溶解度为 0.032%。但 C,Si,Ni,Al 能提高钙的溶解度,特别是 C。钢液中每增加 1% 的 C,Ca 的溶解度差不多提高 1 倍左右,所以高碳钢中钙的溶解度大。钢液加入 Ca 后,有如下好处:

(1)去除有色金属。

Ca 能与 N,P,As,Sb,Pb,Sn 等有色金属形成 (Ca_3N_2)、(Ca_3P_2)、(Ca_3As_2)、(Ca_3Sb_2)、(Ca_3Pb)、(Ca_3Sn) 等不溶于铁中的化合物,自铁液中排出。

(2)Ca,Al 脱氧或 Al 先脱氧再加 Ca 处理,钢中氧的浓度可降低到很小值(0.0001%);Al_2O_3 夹杂可变为 $12CaO \cdot 7Al_2O_3$,这是低熔点(1400℃),炼钢温度呈液态,可聚合成大型夹杂上浮;使在钢液中以固态存在的高熔点的 Al_2O_3 夹杂变性。

$$12Ca_{(g)} + 11Al_2O_{3(s)} = 12CaO \cdot 7Al_2O_3 + 8[Al] \tag{3-3-36}$$

钙处理后的另外一个好处是,使钢液中细小的夹杂物 Al_2O_3 减少,在浇注时不堵塞水口。

3.7.3.2　钢液真空处理

(1)真空脱氧

在 1550～1620℃,由于 C-O 反应平衡常数 K 随温度变化不大

$$mp_{CO} = [\%O][\%C]$$

所以

$$m = 0.0025$$

可见,$[\%C]$ 一定时,p_{CO} 与 $[\%O]$ 成正比。

若 $[\%C] = 0.2$　　　$p_{CO} = 1.01325 \times 10^5 Pa$　　　$[\%O] = 0.0125$

$$p_{CO}=1.01325\times10^4\,Pa \qquad [\%O]=0.00125$$
$$p_{CO}=1.01325\times10^3\,Pa \qquad [\%O]=0.0001$$

故在真空下,碳变成了强脱氧剂。

但是,钢液中碳的脱氧能力随着体系压力降低而提高是有限度的。

因为 $\qquad p'_{CO}=1.01325\times10^5+H_m\rho_m g\times10^5$

或 $\qquad p_{CO}=1+H_m\rho_m g\times10^{-5}$

压力可以减小到 10^{-4},但 $H_m\rho_m g$ 是不能减小的。所以要获得氧含量极低的钢液,不能单独靠真空,还要综合利用其他方法。

(2)真空脱硫

可通过两种途径: $\qquad [S]+[C]+CaO_{(s)}=CaS+CO$

1600℃ $\qquad [\%C]=0.1 \qquad p'_{CO}=101.325Pa$ 时,$[\%S]=2\times10^{-5}$

另外,也可通过以下反应,达到真空脱硫

$$[S]+[Si]=SiS_{(g)}$$

(3)真空脱气

由于气体 X_2 在钢中溶解反应如下

$$X_2=2[X]$$

$$K_X=\frac{a_X^2}{p_{X_2}^2} \quad 或 \quad K_X=\frac{a_X}{p_{X_2}^{1/2}}$$

$$p_{X_2}^{1/2}K_X=a_X \tag{3-3-37}$$

$$p'_{X_2}\downarrow \ 则\ a_X\downarrow$$

例 3-3-9 与大气平衡的铁液含2%C,2%Ti 及 10×10^{-6}%H。欲使铁液中[%H]下降到 1×10^{-6}。试问需采用多大的真空度($T=1873K$)?

$$e_H^H=0 \qquad e_H^{Ti}=-0.019 \qquad e_H^C=0.06$$
$$\frac{1}{2}H_2=2[H] \qquad \lg K_H=-\frac{1900}{T}-1.58$$

解:由反应

$$\frac{1}{2}H_2=2[H] \qquad \lg K_H=-\frac{1900}{T}-1.58$$

$T=1873K$ 时

$$K_H=0.003$$

又 $\qquad K_H=\frac{a_H}{p_{H_2}^{1/2}}$

$$p_{H_2}^{1/2}K_H=f_H[\%H]$$

$$\lg f_H=e_H^H[\%H]+e_H^{Ti}[\%Ti]+e_H^C[\%C]$$

$$= -0.019 \times 2 + 0.06 \times 2$$
$$= 0.082$$

$$f_H = 1.2$$

当 $[\%H] = 10 \times 10^{-4}$ 　　　　$p_{H_2} = \left(\dfrac{f_H [\%H]}{K_H}\right)^2 = \left(\dfrac{1.2 \times 10 \times 10^{-4}}{0.003}\right)^2 = 0.16$

　　$[\%H] = 1 \times 10^{-4}$ 　　　　$p_{H_2} = \dfrac{1.2 \times 1 \times 10^{-4}}{0.003} = 0.0016$

真空度 $p' = \dfrac{0.0016}{0.16} \times 1.01325 \times 10^5 = 1.01325 \times 10^3 \, \text{Pa}$

(4)挥发性杂质的去除

有害的有色金属,Pb、Cu、As、Sn、Bi 等能否在真空中挥发去除?

由兰格缪尔公式,纯组分 i

$$\nu_i = C \sqrt{\frac{M_i}{2\pi RT}} p_i^{\ominus} \tag{3-3-38}$$

式中　ν_i——元素 i 在真空中的挥发速率,g/(cm$^2 \cdot$ s);

　　C——兰氏系数;

　M_i——i 的摩尔质量;

　$p_i^{\ominus}$——纯挥发组分的蒸气压。

当 i 在溶液中时,由拉乌尔定律

$$p_i = p_i^{\ominus} x_i \gamma_i$$

所以　　　　　　　$\nu_i = C \sqrt{\dfrac{M_i}{2\pi RT}} p_i^{\ominus} x_i \gamma_i \tag{3-3-39}$

对铁基二元系　　　Fe—i

设铁为 a kg,i 为 b kg。在真空中处理到 t 时刻,铁挥发了 x kg,i 挥发了 y kg。

则此时,$\dfrac{dx}{dt} = C \sqrt{\dfrac{M_{Fe}}{2\pi RT}} \gamma_{Fe} x_{Fe} p_{Fe}^{\ominus} = C \sqrt{\dfrac{M_{Fe}}{2\pi RT}} \gamma_{Fe} p_{Fe}^{\ominus} \dfrac{a-x}{a+b-x-y} \tag{3-3-40}$

$$\frac{dy}{dt} = C \sqrt{\frac{M_i}{2\pi RT}} \gamma_i x_i p_i^{\ominus} = C \sqrt{\frac{M_i}{2\pi RT}} \gamma_i p_i^{\ominus} \frac{a-x}{a+b-x-y} \tag{3-3-41}$$

$$\frac{dy}{dx} = \sqrt{\frac{M_i}{M_{Fe}}} \frac{\gamma_i x_i p_i^{\ominus}}{\gamma_{Fe} x_{Fe} p_{Fe}^{\ominus}} = \sqrt{\frac{M_i}{M_{Fe}}} \frac{\gamma_i p_i^{\ominus}}{\gamma_{Fe} p_{Fe}^{\ominus}} \frac{b-y}{a-x} = \alpha \frac{b-y}{a-x} \tag{3-3-42}$$

$$\frac{dy}{b-y} = \alpha \frac{dx}{a-x} \tag{3-3-43}$$

$$\int_0^y \frac{dy}{b-y} = \int_0^x \alpha \frac{dx}{a-x} \tag{3-3-44}$$

$$\frac{y}{b} = 1 - \left(1 - \frac{x}{a}\right)^{\alpha} \quad 或 \quad 1 - \frac{y}{b} = \left(1 - \frac{x}{a}\right)^{\alpha} \tag{3-3-45}$$

$\alpha > 1$ 时 $\qquad \frac{y}{b} > \frac{x}{a} \qquad i$ 的挥发大于铁的挥发

$\alpha = 1$ 时 $\qquad \frac{y}{b} = \frac{x}{a} \qquad i$ 的挥发等于铁的挥发

$\alpha < 1$ 时 $\qquad \frac{y}{b} < \frac{x}{a} \qquad i$ 的挥发小于铁的挥发

3.7.4 脱氧时钢液中氧的极低值

3.7.4.1 [%O]的极小值

如图 3-3-10 所示,大多数脱氧剂在脱氧时,加入的脱氧剂的量有一个最佳值,可使钢液中的氧含量达到最小,这可以从热力学理论上证明。对如下反应:

$$x[M] + y[O] = M_xO_y \tag{3-3-46}$$
$$m = a_M^x a_O^y = (f_M[\%M])^x (f_O[\%O])^y \tag{3-3-47}$$

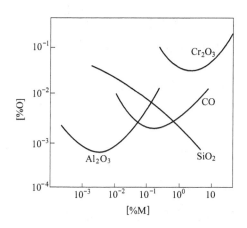

图 3-3-10 钢液中氧含量的极低值

式中 $\quad m = \dfrac{1}{K}$(K 是反应平衡常数)。

$$\lg m = x\lg f_M + x\lg[\%M] + y\lg f_O + y\lg[\%O] \tag{3-3-48}$$
$$\lg f_M = e_M^M[\%M] + e_M^O[\%O]$$
$$\lg f_O = e_O^O[\%O] + e_O^M[\%M]$$

所以

$$\lg m = (xe_M^M + ye_O^M)[\%M] + (xe_M^O + ye_O^O)[\%O] + \frac{x}{2.303}\ln[\%M] + \frac{y}{2.303}\ln[\%O] \tag{3-3-49}$$

注意到,在一定温度下,$\lg m$ 是常数,由式 3-3-49 求[%O]对[%M]的导数,并整理得

$$\frac{d[\%O]}{d[\%M]} = \frac{xe_M^M + ye_O^M + \dfrac{x}{2.303[\%M]}}{xe_M^O + ye_O^O + \dfrac{y}{2.303[\%O]}} \tag{3-3-50}$$

欲使[%O]对[%M]的函数有极小值,须

$$\frac{d[\%O]}{d[\%M]} = 0; \quad 同时 \frac{d^2[\%O]}{d[\%M]^2} > 0$$

由 $\dfrac{d[\%O]}{d[\%M]} = 0$ 得

$$xe_M^M + ye_O^M + \frac{x}{2.303}\ln[\%M] = 0$$

或

$$\frac{x}{2.303}\ln[\%M] = -(xe_M^M + ye_O^M) \tag{3-3-51}$$

所以

$$[\%M] = e^{-\frac{2.303(xe_M^M + ye_O^M)}{x}} \tag{3-3-52}$$

时,[%O]有极小值,将[%M]值代入式 3-3-49 得

$$\lg m = (xe_M^M + ye_O^M)[e^{-\frac{2.303(xe_M^M + ye_O^M)}{x}} - 1] + (xe_M^O + ye_O^O)[\%O] + \frac{y}{2.303}\ln[\%O] \tag{3-3-53}$$

或

$$(xe_M^O + ye_O^O)[\%O] + \frac{y}{2.303}\ln[\%O] + \{(xe_M^M + ye_O^M)[e^{-\frac{2.303(xe_M^M + ye_O^M)}{x}} - 1] - \lg m\} = 0 \tag{3-3-54}$$

解式 3-3-54 可以得到用 M 作脱氧剂时,[%O]的极小值。

3.7.4.2 [%O]的极小值存在的条件

(1)第一条件:

由 $\dfrac{d[\%O]}{d[\%M]} = 0$ 得到的式 3-3-51,可以得到

[%O]的极小值存在的第一条件:

$$xe_M^M + ye_O^M < 0 \tag{3-3-55}$$

(2)第二条件:

由 $\dfrac{d^2[\%O]}{d[\%M]^2} > 0$ 得

$$\left(xe_M^O + ye_O^O + \frac{y}{2.303[\%O]}\right)\frac{x}{2.303[\%M]^2} > 0$$

只有

$$\left(xe_M^O + ye_O^O + \frac{y}{2.303[\%O]}\right) > 0$$

亦即

$$\frac{y}{2.303[\%O]} > -(xe_M^O + ye_O^O)$$

所以

$$xe_M^O + ye_O^O < 0 \text{(第二条件)} \qquad\qquad (3\text{-}3\text{-}56)$$

若 M 作为脱氧剂，只有同时满足第一条件、第二条件，[%O]才有极小值。可以看出若 [%O]达到极小值后，再增加 M，钢液中的氧反而会增加。

第四章　应　用　实　例

4.1　奥氏体不锈钢冶炼过程热力学分析

4.1.1　奥氏体不锈钢冶炼发展的三个阶段

所谓"不锈"是指抗晶间腐蚀能力强,况且钢中含碳量越低,则抗腐蚀能力越强。

1Cr18Ni9Ti 是奥氏体不锈钢的典型钢种,其成分标准:%C≤0.12,%Cr≤17～19,%Ni≤8～9.5,%Mn≤1～2,%S≤0.02,%P≤0.035。

不锈钢的发展方向是超低碳不锈钢:%C≤0.02 或更低。为此:自发现不锈钢至今,其冶炼的方法共经历了 3 个发展阶段:

(1)配料熔化法(1926～1940 年),此时还没有吹氧熔炼。

其特点为:

1)用低碳原料;在铁方面,用的是工业纯铁或低碳废钢;用纯 Ni;低碳铬铁(0000Cr,含Cr65%～70%,C0.06%)。

2)电炉内冶炼基本上是熔化过程,只是碳电极增碳 0.08～0.1,冶炼过程不能脱碳。

其缺点为:

最大不足之处,原料受到限制,甚至于不能使用不锈钢返回料。

因为:1)电炉熔化时,增碳 0.1%,使碳超标;

　　　2)若加矿石对碳进行氧化,则 Cr 先被氧化,而 C 不能氧化。

那一时期,不锈钢的生产和使用都受到极大的限制。

(2)返回吹氧法(1940～1970 年,1939 年美国专利)——不锈钢冶炼技术的第一次革命。

方法:利用返回料冶炼不锈钢,熔化过程不怕增碳。熔清后,[C]含量可高于成品钢的0.3%。吹氧不仅可以使碳降低,熔池温度也可升高 200℃;脱碳产生的 CO 的沸腾,还可脱去[N],[H]等气体。停吹后,熔池[%Cr]=10～10.5,再加入低碳铬铁调整至标准。

优点:1)可以使用返回料;

　　　2)末期加 Si,可从渣中回收部分 Cr,使 Cr 总回收率达 88%～92%;

　　　3)不怕增碳。

缺点:1)前期 Cr 不能配足,只能配 12%～13%;

　　　2)末期加铬铁,必须是低碳铬铁。

这一阶段的不锈钢的冶炼技术极大地促进了不锈钢的发展,但由于还有如上两方面的不足,还是限制了不锈钢的应用。

(3)高碳真空吹炼法(20 世纪 70 年代以后)——不锈钢冶炼技术的第二次革命。

方法：常压吹氧脱碳到一定量后，进行真空处理进一步脱[C]。

特点：1)原料不受限制，任何高碳原料均可采用。

    2)Cr 可一次配足。

该种方法，由于降低了冶炼成本，极大地促进了不锈钢的应用和发展。以下从热力学上对其进行分析。

4.1.2 不锈钢冶炼过程热力学

热力学计算

不锈钢冶炼过程热力学集中表现在两个反应上：

$$\frac{3}{2}[Cr] + O_2 = \frac{1}{2}(Cr_3O_4) \tag{3-4-1}$$

$$2[C] + O_2 = 2CO \tag{3-4-2}$$

由式 3-4-1 及式 3-4-2，得：

$$\frac{3}{2}[Cr] + 2CO = \frac{1}{2}Cr_3O_{4(s)} + 2[C]$$

$$\Delta G^{\ominus} = -440488 + 291.973T$$

$$\Delta G = \Delta G^{\ominus} + RT\ln\frac{f_C^2[\%C]^2}{f_{Cr}^{3/2}[\%Cr]^{3/2}p_{CO}^2} \tag{3-4-3}$$

采用：$e_C^C = 0.14$ $e_{Cr}^{Cr} = -0.0003$ $e_{Ni}^{Ni} = 0.009$

$e_C^{Cr} = -0.024$ $e_{Cr}^C = -0.12$ $e_{Ni}^C = 0.042$

$e_C^{Ni} = 0.012$ $e_{Cr}^{Ni} = 0.0002$ $e_{Ni}^{Cr} = -0.0003$

令 $\Delta G = 0$。

简化后，得：

$$4.575T\{0.46[\%C] - 0.0476[\%Cr] + 0.0237[\%Ni] + 2\lg[\%C] -$$
$$1.5\lg[\%Cr] - 2\lg p_{CO}\} = 111200 - 73.54T \tag{3-4-4}$$

或

$$\{0.46[\%C] - 0.0476[\%Cr] + 0.0237[\%Ni] + 2\lg[\%C] - 1.5\lg[\%Cr] -$$
$$2\lg p_{CO} + 16.074\}T = 24306 \tag{3-4-5}$$

此方程即是冶炼达到平衡时，各组元浓度、CO 压力、温度 T 之间关系，如图 3-4-1 所示，可以算出 C,Cr 氧化的转化温度。

根据方程式 3-4-5，通过计算以下情况（见表 3-4-1），对高碳真空法冶炼不锈钢从热力学理论上进一步的理解：

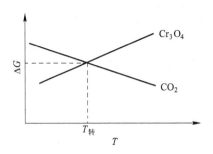

图 3-4-1　不锈钢冶炼去碳保铬的转化温度

表 3-4-1　冶炼不锈钢的各种条件下的转化温度

分类	元素			p_{CO}	条件说明	转化温度/℃
	Cr	Ni	C			
1	12	9	0.35	1		1555
2	12	9	0.1	1	[Cr]、[Ni]、p_{CO}不变,随[%C]↓,$T_转$↑	1727
3	12	9	0.05	1		1835
4	18	9	0.05	1		1945
5	12	9	0.05	1	[C]、[Ni]、p_{CO}不变,随[%Cr]↓,$T_转$↓	1835
6	10	9	0.05	1		1800
7	18	9	0.05	1		1945
8	18	9	0.05	1/2		1830
9	18	9	0.05	1/5	[Cr]、[Ni]、[C]不变,随p_{CO}↓,$T_转$↓	1690
10	18	9	0.05	1/10		1600
11	18	9	0.35	1		1627
12	18	9	0.1	1	[%Cr]=18,p_{CO}不变,[%C]↓,$T_转$↑	1820
13	18	9	0.05	1	[%Cr]=18,[%C]=0.35,p_{CO}↓,$T_转$↓	1945
14	18	9	0.35	2/3		1575
15	18	9	0.02	1/20		1630

(1)相同的 Cr、Ni 含量和 CO 压强,欲冶炼的不锈钢的碳含量从 0.35 降低到 0.05 时,则转化温度,也即熔池的最低温度由 1555℃升高到 1835℃。

(2)相同的 C、Ni 含量和 CO 压强,欲冶炼的不锈钢配加的铬含量从 10 升高到 18 时,则转化温度,也即熔池的最低温度由 1800℃升高到 1945℃。

(3)相同的 Cr、Ni 和 C 含量(0.05),当冶炼的不锈钢的一氧化碳压强从 1 降低到 0.1 时,则转化温度,也即熔池的最低温度由 1945℃降低到 1600℃。

(4)冶炼超低碳不锈钢[%C]=0.02,Cr、Ni 一次配到位,计算表明,只要 CO 的压强(实际是气氛的真空度)为 0.05 时,冶炼温度达到 1630℃就可以了。

工艺过程的热力学解释

通过以上计算,对不锈钢冶炼的三个阶段都可进行热力学理论分析。工艺上要注意:

(1)镍在整个冶炼过程中不会氧化,只可能在电弧高温区微量挥发。一般装料时,放在炉底,远离电极。

(2)热力学上对铬创造不氧化条件,而对碳尽可能有利于氧化。

(3)如果有部分铬氧化入渣,要加入硅铁将其还原入钢液。

以下用热力学对三种冶炼方法进行解释:

1) 配料熔化法。(注:为什么不能用矿石"去碳保铬"。)

由表 3-4-1 可以看出,对[%Cr]=12,[%Ni]=9 的钢液,欲将[%C]从 0.35 降至 0.1,则熔池温度至少要达到 1727℃。而在当时,加入矿石对碳氧化的情况下,这个温度是难以实现的。

2)返回吹氧法。

工艺特点:

①熔清后,熔池含[C]有意提高 0.3%～0.35%。吹氧,一方面氧化一部分 Cr(注:每氧化 1% Cr,熔池温度提高 110℃左右)。当 Cr 氧化 2%左右,C 大量氧化(因为此时达到或超过去碳保铬的转化温度)。生成的 CO 气还可以带走钢水[H]及[N];

②配料时,[Cr]只配到 12%～13%,而不能配足应有的含量 18%～19%,因为[%Cr]=18,[%Ni]=9。若将碳降低至[%C]=0.1,$T_转$=1820℃;[%C]=0.05,$T_转$=1945℃。这样的温度虽然可以达到,但电炉炉衬寿命显著下降。

3)高碳真空吹炼法。

工艺特点:

[%Cr]=18,[%Ni]=9,要冶炼[%C]=0.05 的不锈钢,就要营造 p_{CO}=1/10 的真空条件,才能使最低冶炼温度 $T_转$=1600℃,即正常的电炉冶炼温度;若[%C]=0.02,就要求若 p_{CO}=1/20,最低冶炼温度稍高一点,$T_转$=1630℃。

可以看出,真空度越高,吹炼温度越低($T_转$)。

4.1.3 各种新的不锈钢冶炼工艺简介

各种新的不锈钢冶炼工艺简介如下:

(1)AOD(氩氧混吹脱碳)。电炉熔化金属料,不锈钢返回料比例下限;[Cr]可配到 20%左右,[C]高低均可(一般 0.5%);熔化后 1560～1650℃,去渣,将钢液移到侧吹转炉,Ar—O_2 以钢水底部吹入。初 O_2 量大,[C]低后,O_2 量减小,Ar 气量增大。终[C]=0.02%～0.03%以下,[Cr]约氧化掉 1.5%进入炉渣;加 SiFe 或 CrSiFe 对炉渣还原,Cr 回收率可达 97%～98%。

(2)LD—VOD 法

铁水([%C]=6),配足[Cr]=20%,在顶吹氧气转炉用 O_2 吹炼,Si、C 与 O 反应,温度迅速上升,[%C]=0.1~0.25,炉温可达 1800℃。顶吹,倒入钢包,真空处理,[C]可达 0.005%。当[%C]达 0.04 时,由于 C—O 反应进行缓慢,炉底吹氩,搅拌,可促进 C—O 反应进行。含 Cr 渣用 Si 还原。

(3)其他方法

1)顶吹转炉—双液循环真空吹氧(RH—OB);

2)顶吹转炉真空脱氧;

3)电炉—钢包真空吹氧(ELO—VOD);

4)ASEA—SKF(电炉熔清—真空钢包精炼)。

以上方法都可以从热力学原理中找出答案。

4.2 铁水同时脱 S 脱 P 的物理化学模型

课题背景

铁水预处理是钢铁冶金的一个重要环节,特别是现在资源紧张及品种、品质要求严格的情况下尤为重要。早期研究用 Na_2CO_3 在铁水中同时脱 S、P,其效果较好,但有以下问题:(1)Na_2CO_3 渣对耐火材料有强烈的腐蚀性;(2)价格也较昂贵。后来有人研究发现,以 CaO 为溶剂,添加 CaF_2、$CaCl_2$ 及氧化剂如 FeO、Fe_2O_3 或 O_2 对同时脱 S、P 也是非常有效的。以下介绍其物理化学模型。

热力学模型

考虑如下反应

$$[Si]+2[O]=(SiO_2) \qquad K_{Si}=\frac{\gamma_{SiO_2}X_{SiO_2}}{f_{Si}[\%Si]a_{\%,O}^2} \qquad (3\text{-}4\text{-}6)$$

$$[P]+2.5[O]=(PO_{2.5}) \qquad K_P=\frac{\gamma_{PO_{2.5}}X_{PO_{2.5}}}{f_P[\%P]a_{\%,O}^{2.5}} \qquad (3\text{-}4\text{-}7)$$

$$Fe+[O]=(FeO) \qquad K_{Fe}=\frac{\gamma_{FeO}X_{FeO}}{a_{Fe}a_{\%,O}} \qquad (3\text{-}4\text{-}8)$$

$$[C]+[O]=CO\uparrow \qquad K_C=\frac{P_{CO}}{f_C[\%C]a_{\%,O}} \qquad (3\text{-}4\text{-}9)$$

$$[S]+(CaO)=(CaS)+[O] \qquad K_S=\frac{\gamma_{CaS}X_{CaS}a_{\%,O}}{f_S[\%S]\gamma_{CaO}X_{CaO}} \qquad (3\text{-}4\text{-}10)$$

假设:

(1)所有活度系数 γ、f 守常;

(2)$\left.\begin{array}{l}(\%CaO)^b=(\%CaO)^*\\ [\%Fe]^b=[\%Fe]^*\end{array}\right\}$(界面浓度=内部浓度);

(3)不考虑(FeS)存在(或 S 是以 CaS 的形式存在于渣中);

(4)铁的氧化物在渣中只以(FeO)形式存在,Fe_2O_3 可被还原,不予以考虑;

(5)C-O 反应速率考虑逸出常数 $G_{CO}[mol/(s \cdot m^2)]$。

$$J_{CO} = G_{CO}\left(\frac{p_{CO}^*}{p^{\ominus}} - 1\right)$$

式中 p_{CO}^*——界面上 CO 的饱和压力，Pa；

$p^{\ominus}$——单位大气压，1.01325×10^5Pa。

(6)界面化学反应速度很快，即界面浓度等于平衡浓度。

渣相中摩尔分数 x_i 与质量分数($\%i$)之间关系

$$x_i = \frac{(\%i)\rho_S}{100M_i} \cdot \frac{1}{C}$$

式中 C——炉渣总摩尔浓度，mol/m³；

ρ_S——炉渣的密度。

得出经过改良的平衡常数(modified equilibrium constant)

$$E_{Si} = \frac{(\%SiO_2)^*}{[\%Si]^* a_{\%,O}^{*2}} = \frac{100CM_{SiO_2} f_{Si} K_{Si}}{\rho_S \gamma_{SiO_2}} \tag{3-4-11}$$

$$E_P = \frac{(\%PO_{2.5})^*}{[\%P]^* a_{\%,O}^{*2.5}} = \frac{100CM_{PO_{2.5}} f_P K_P}{\rho_S \gamma_{PO_{2.5}}} \tag{3-4-12}$$

$$E_{Fe} = \frac{(\%FeO)^*}{a_{\%,O}^*} = \frac{100CM_{FeO} a_{Fe} K_{Fe}}{\rho_S \gamma_{FeO}} \tag{3-4-13}$$

$$E_C = \frac{p_{CO}^*}{[\%C]^* a_{\%,O}^*} = f_C K_C \tag{3-4-14}$$

$$E_S = \frac{(\%CaS)^* a_{\%,O}^*}{[\%S]^* (\%CaO)^*} = \frac{M_{CaS} f_S \gamma_{CaO} K_S}{M_{CaO} \gamma_{CaS}} \tag{3-4-15}$$

动力学模型

由传质方程：

$$J_{Si} = F_{Si}\{[\%Si]^b - [\%Si]^*\} = F_{SiO_2}\{(\%SiO_2)^* - (\%SiO_2)^b\} \tag{3-4-16}$$

$$J_P = F_P\{[\%P]^b - [\%P]^*\} = F_{PO_{2.5}}\{(\%PO_{2.5})^* - (\%PO_{2.5})^b\} \tag{3-4-17}$$

$$J_S = F_S\{[\%S]^b - [\%S]^*\} = F_{CaS}\{(\%CaS)^* - (\%CaS)^b\} \tag{3-4-18}$$

$$J_{Fe} = F_{FeO}\{(\%FeO)^* - (\%FeO)^b\} \tag{3-4-19}$$

$$J_C = F_C\{[\%C]^b - [\%C]^*\} = G_{CO}\left(\frac{p_{CO}^*}{p^{\ominus}} - 1\right) \tag{3-4-20}$$

$$J_O = F_O\{[\%O]^b - [\%O]^*\} \tag{3-4-21}$$

注：$F_i = \dfrac{k_i\rho}{100M_i}$

因为 $\qquad\qquad\qquad\qquad J_i = k_i\{C_i^* - C_i^b\}$

而 $\qquad\qquad\qquad\qquad C_i = \dfrac{\rho_j}{100M_i}[\%i]$

所以 $\qquad\qquad\qquad J_i = \dfrac{k_i\rho_j}{100M_i}\{[\%i]^* - [\%i]^b\}$

式中 $\quad J_i$——组元 i 的传质通量，$\mathrm{mol/(s \cdot m^2)}$；

$\qquad \rho_j$——熔体的密度，若组元 i 在熔渣中，则为 ρ_S；若组元 i 在钢液中，则为 ρ_m；

$\qquad k_i$——传质系数，$k_i = \dfrac{D_i}{\delta_i}$。

用传质系数 F_i，修正的平衡常数 E_i，熔体内部浓度 $(\%i)^b$ 或 $[\%i]^b$，界面氧的活度 $a_{\%,\mathrm{O}}^*$ 表达界面浓度 $(\%i)^*$ 或 $[\%i]^*$。

由式 3-4-16 可得

$$F_{\mathrm{Si}}\{[\%\mathrm{Si}]^b - [\%\mathrm{Si}]^*\} = F_{\mathrm{SiO_2}}\{(\%\mathrm{SiO_2})^* - (\%\mathrm{SiO_2})^b\}$$

由式 3-4-11 可得

$$(\%\mathrm{SiO_2})^* = E_{\mathrm{Si}}a_{\%,\mathrm{O}}^{*2}[\%\mathrm{Si}]^* \qquad\qquad (3\text{-}4\text{-}22)$$

所以 $\quad F_{\mathrm{Si}}\{[\%\mathrm{Si}]^b - [\%\mathrm{Si}]^*\} = F_{\mathrm{SiO_2}}\{E_{\mathrm{Si}}a_{\%,\mathrm{O}}^{*2}[\%\mathrm{Si}]^* - (\%\mathrm{SiO_2})^b\}$

整理，得

$$[\%\mathrm{Si}]^* = \dfrac{F_{\mathrm{Si}}[\%\mathrm{Si}]^b + F_{\mathrm{SiO_2}}(\%\mathrm{SiO_2})^b}{F_{\mathrm{SiO_2}}E_{\mathrm{Si}}a_{\%,\mathrm{O}}^{*2} + F_{\mathrm{Si}}} \qquad\qquad (3\text{-}4\text{-}23)$$

$$(\%\mathrm{SiO_2})^* = \dfrac{F_{\mathrm{Si}}[\%\mathrm{Si}]^b + F_{\mathrm{SiO_2}}(\%\mathrm{SiO_2})^b}{F_{\mathrm{SiO_2}} + \dfrac{F_{\mathrm{Si}}}{E_{\mathrm{Si}}a_{\%,\mathrm{O}}^{*2.5}}} \qquad\qquad (3\text{-}4\text{-}24)$$

同理，由式 3-4-12～式 3-4-15 及式 3-4-17～式 3-4-21 可得：

$$[\%\mathrm{P}]^* = \dfrac{F_{\mathrm{P}}[\%\mathrm{P}]^b + F_{\mathrm{PO_{2.5}}}(\%\mathrm{PO_{2.5}})^b}{F_{\mathrm{PO_{2.5}}}E_{\mathrm{P}}a_{\%,\mathrm{O}}^{*2.5} + F_{\mathrm{P}}} \qquad\qquad (3\text{-}4\text{-}25)$$

$$(\%\mathrm{PO_{2.5}})^* = E_{\mathrm{P}}[\%\mathrm{P}]^* a_{\%,\mathrm{O}}^{*2.5} \qquad\qquad (3\text{-}4\text{-}26)$$

$$(\%\mathrm{PO_{2.5}})^* = \dfrac{F_{\mathrm{P}}[\%\mathrm{P}]^b + F_{\mathrm{PO_{2.5}}}(\%\mathrm{PO_{2.5}})^b}{F_{\mathrm{PO_{2.5}}} + \dfrac{F_{\mathrm{P}}}{E_{\mathrm{P}}a_{\%,\mathrm{O}}^{*2.5}}} \qquad\qquad (3\text{-}4\text{-}27)$$

$$[\%\mathrm{S}]^* = \dfrac{F_{\mathrm{S}}[\%\mathrm{S}]^b + F_{\mathrm{CaS}}(\%\mathrm{CaS})^b}{F_{\mathrm{S}} + \dfrac{F_{\mathrm{CaS}}E_{\mathrm{S}}(\%\mathrm{CaO})^b}{a_{\%,\mathrm{O}}^*}} \qquad\qquad (3\text{-}4\text{-}28)$$

$$(\%\mathrm{CaS})^* = \frac{E_\mathrm{S}(\%\mathrm{CaO})^b}{a_{\%,\mathrm{O}}^*}[\%\mathrm{S}]^* \tag{3-4-29}$$

$$(\%\mathrm{CaS})^* = \frac{F_\mathrm{S}[\%\mathrm{S}]^b + F_{\mathrm{CaS}}(\%\mathrm{CaS})^b}{F_{\mathrm{CaS}} + \dfrac{F_\mathrm{S}a_{\%,\mathrm{O}}^*}{E_\mathrm{S}(\%\mathrm{CaO})^b}} \tag{3-4-30}$$

$$[\%\mathrm{C}]^* = \frac{F_\mathrm{C}[\%\mathrm{C}]^b + G_{\mathrm{CO}}}{\dfrac{E_\mathrm{C}a_{\%,\mathrm{O}}^* G_{\mathrm{CO}}}{p^\ominus} + F_\mathrm{C}} \tag{3-4-31}$$

$$p_{\mathrm{CO}}^* = E_\mathrm{C}[\%\mathrm{C}]^* a_{\%,\mathrm{O}}^* \tag{3-4-32}$$

$$p_{\mathrm{CO}}^* = \frac{F_\mathrm{C}[\%\mathrm{C}]^b + G_{\mathrm{CO}}}{\dfrac{G_{\mathrm{CO}}}{p^\ominus} + \dfrac{F_\mathrm{C}}{E_\mathrm{C}a_{\%,\mathrm{O}}^*}} \tag{3-4-33}$$

$$(\%\mathrm{FeO})^* = E_{\mathrm{Fe}}a_{\%,\mathrm{O}}^* \tag{3-4-34}$$

将式 3-4-23、式 3-4-25、式 3-4-28、式 3-4-31 代入式 3-4-16～式 3-4-20，且 $a_{\%,\mathrm{O}}^* = f_\mathrm{O}[\%\mathrm{O}]^*$（设 $f_\mathrm{O}=1$），得一组方程：

$$J_i = f_i(a_{\%,\mathrm{O}}^*), \quad i = \mathrm{S、O、Fe、C、Si、P} \tag{3-4-35}$$

即为反应过程的动力学模型，亦可写为：

$$J_{\mathrm{Si}} = F_{\mathrm{Si}}\left\{[\%\mathrm{Si}]^b - \frac{F_{\mathrm{Si}}[\%\mathrm{Si}]^b + F_{\mathrm{SiO_2}}(\%\mathrm{SiO_2})^b}{F_{\mathrm{SiO_2}}E_{\mathrm{Si}}a_{\%,\mathrm{O}}^{*2} + F_{\mathrm{Si}}}\right\} \tag{3-4-36}$$

$$J_{\mathrm{P}} = F_{\mathrm{P}}\left\{[\%\mathrm{P}]^b - \frac{F_{\mathrm{P}}[\%\mathrm{P}]^b + F_{\mathrm{PO_{2.5}}}(\%\mathrm{PO_{2.5}})^b}{F_{\mathrm{PO_{2.5}}}E_{\mathrm{P}}a_{\%,\mathrm{O}}^{*2.5} + F_{\mathrm{P}}}\right\} \tag{3-4-37}$$

$$J_{\mathrm{S}} = F_{\mathrm{S}}\left\{[\%\mathrm{S}]^b - \frac{F_{\mathrm{S}}[\%\mathrm{S}]^b + F_{\mathrm{CaS}}(\%\mathrm{CaS})^b}{F_{\mathrm{S}} + \dfrac{F_{\mathrm{CaS}}E_{\mathrm{S}}(\%\mathrm{CaO})^b}{a_{\%,\mathrm{O}}^*}}\right\} \tag{3-4-38}$$

$$J_{\mathrm{Fe}} = F_{\mathrm{FeO}}\{E_{\mathrm{Fe}}a_{\%,\mathrm{O}}^* - (\%\mathrm{FeO})^b\} \tag{3-4-39}$$

$$J_{\mathrm{C}} = F_{\mathrm{C}}\left\{[\%\mathrm{C}]^b - \frac{F_{\mathrm{C}}[\%\mathrm{C}]^b + G_{\mathrm{CO}}}{\dfrac{E_{\mathrm{C}}a_{\%,\mathrm{O}}^* G_{\mathrm{CO}}}{p^\ominus} + F_{\mathrm{C}}}\right\} \tag{3-4-40}$$

$$J_{\mathrm{O}} = F_{\mathrm{O}}\{[\%\mathrm{O}]^b - [\%\mathrm{O}]^*\} \tag{3-4-41}$$

对反应式 3-4-6～式 3-4-10 的电化学反应如下：

氧化反应(阳极反应)

失电子

$$
\begin{cases}
[Fe] \rightarrow (Fe^{2+}) + 2e \\
[Si] \rightarrow (Si^{4+}) + 4e \\
[P] + 4O^{2-} \rightarrow PO_4^{3-} + 5e \\
[C] + O^{2-} \rightarrow CO + 2e
\end{cases}
\tag{3-4-42}
$$

还原反应(阴极反应)

得电子

$$
\begin{cases}
[S] + 2e = (S^{2-}) \\
[O] + 2e = (O^{2-})
\end{cases}
\tag{3-4-43}
$$

所以

$$
2n_S + 2n_O = 2n_{Fe} + 2n_C + 4n_{Si} + 5n_P \tag{3-4-44}
$$

或

$$
J_S + J_O = 2J_{Si} + 2.5J_P + J_{Fe} + J_C \tag{3-4-45}
$$

将式 3-4-36～式 3-4-41 代入式 3-4-45，利用初始条件，可求 $a_{\%,O}$，再代入式 3-4-25～式 3-4-34，可求出界面浓度$(\%i)^*$ 或$[\%i]^*$，再求出组元 i 在钢液和渣相中的传质通量 J_i。

对金属组元：

$$
J_i = \frac{dn_i}{dt} \cdot \frac{1}{A} = \frac{k_i \rho_M}{100M_i} \{ [\%i]^* - [\%i]^b \} \tag{3-4-46}
$$

而

$$
n_i = \frac{V\rho_m}{100M_i} [\%i] \tag{3-4-47}
$$

将式 3-4-47 代入式 3-4-46，并考虑实际计算的需要，将导数改为"Δ"，整理得

$$
\frac{\Delta[\%i]}{\Delta t} = \frac{A}{V} \cdot k_i \{ [\%i]^* - [\%i]^b \} \tag{3-4-48}
$$

式中　V——金属熔体的体积。

炉渣组元：

$$
\frac{\Delta \omega_i}{\Delta t} = Ak_i \rho_S \{ (\%i)^* - (\%i)^b \} + \rho_{in}(\%i) \tag{3-4-49}
$$

式中　ρ_{in}——喷粉吹入。

综合以上讨论，该问题的处理方法可以归纳为以下步骤：

(1)将初始条件代入动力学模型式 3-4-36～式 3-4-41，得

$$
(\%i)^* = f(a_{\%,O}^*) \tag{3-4-50}
$$

$$(\%i)^* = f(a^*_{\%,O}) \tag{3-4-51}$$

计算机程序框图如图 3-4-2 所示。

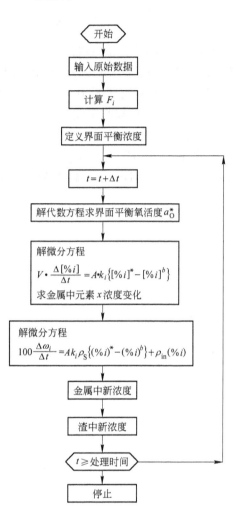

图 3-4-2　计算机程序框图

(2)将式 3-4-50,式 3-4-51 代入 $J_i = f_i(a^*_{\%,O})$ 中;

(3)再代入电平衡方程 $J_S + J_O = 2J_{Si} + 2.5J_P + J_{Fe} + J_C$ 中,求 $a^*_{\%,O}$;

(4)将 $a^*_{\%,O}$ 代入式 3-4-50、式 3-4-51,求得 $(\%i)^*_0$、$[\%i]^*_0$;

(5)求得 $(\%i)^*_0$、$[\%i]^*_0$ 代入下式,得

$$\frac{\Delta[\%i]_1}{\Delta t} = \frac{A}{V} \cdot k_i \{[\%i]^*_0 - [\%i]^b_0\}$$

$$\frac{\Delta(\%i)_1}{\Delta t} = Ak_i\rho_S\{(\%i)^*_0 - (\%i)^b_0\} + \rho_{in}(\%i)_{in}$$

定出 Δt 数值,可得 $\Delta[\%i]_1,\Delta(\%i)_1$,令

$$[\%i]_1^b = [\%i]_0^b - \Delta[\%i]_1$$

$$(\%i)_1^b = (\%i)_0^b - \Delta(\%i)_1$$

式中,$(\%i)_0^b,[\%i]_0^b$ 分别为溶渣和铁液中组元的初始值。

(6)以 $(\%i)_1^b,[\%i]_1^b$ 分别为溶渣和铁液中组元的初始值,重复(1)~(5)步骤。

例 金属重 3kg;粉剂质量 180g,喷粉总时间 700s(假设均匀地在 700s 内喷了 180g);粉剂组成:30%CaO—30%FeO—40%中型燃料;密度:$\rho_m = 7.0,\rho_s = 3.0;k_m = 0.4,k_s = 0.2$;$G_{CO} = 0.3 \times 10^{-8}$ mol/(mm^2 · s);A=500mm^2;C=0.35×10^{-4} mol/mm^3;$E_{Si} = 10^{11},E_P = 10^9,E_S = 0.015,E_{Fe} = 500$。铁水成分:$[\%C] = 4.5,[\%P] = 0.1,[\%S] = 0.04,[\%Si]_{高} = 0.34,[\%Si]_{中} = 0.13,[\%Si]_{低} = 0.02$;时间步长:开始 0.61s→0.05s→1s。

第四篇　冶金物理化学学习指导及习题精选

本篇冶金物理化学学习参考及习题分为以下四部分：

(1) 冶金热力学基础；

(2) 冶金熔体及冶金热力学应用；

(3) 相图；

(4) 冶金动力学及其应用。

在对冶金物理化学的内容总结时，把各个知识点划分成三个等级，最重要的等级是"重点掌握"，其次是"掌握"，再次是"了解"，这便于学习者在自学或复习内容时参考使用。也便于在学习时能抓住重点，更快更好地掌握冶金物理化学这门重要基础学科。本篇精选了136道习题，其中带有 * 号的是作者认为的重点题，这些题在北京科技大学硕士学位或博士学位研究生的入学考试中出现过的共有29道。

本篇的最后增加了五个附录，分别列举了一套北京科技大学近年硕士和博士学位研究生入学试题，由于冶金物理化学是冶金工程专业研究生的学位必修课，历年受到硕士研究生的重视，也选了两套硕士研究生的期末试题，仅供各类人员参考阅读。

第一章　冶金热力学基础辅导及练习题

1.1　冶金热力学基础

热力学的内容非常丰富,但是在冶金热力学中,我们在基础热力学之上,必须重点掌握的基础内容,综合起来做如下表述。

1.1.1　重点掌握体系中组元 i 的自由能表述方法(包括理想气体、液体、固体)

1.1.1.1　理想气体的吉布斯自由能

封闭的多元理想气体组成的气相体系中,任一组元 i 的吉布斯自由能为

$$G_i = G_i^{\ominus} + RT\ln p_i \tag{4-1-1}$$

$$p_i = \frac{p'_i}{p^{\ominus}}$$

式中　p'_i —— i 组分气体的实际压强,Pa;

$p^{\ominus}$ ——标准压强,Pa,也即 1.01325×10^5Pa。

应该注意的是,高温冶金过程中的气体由于压强比较低,都可以近似看做理想气体。

1.1.1.2　液相体系中组元 i 的吉布斯自由能

在多元液相体系中,任一组元 i 的吉布斯自由能为

$$G_i = G_i^{\ominus} + RT\ln a_i \tag{4-1-2}$$

式中　a_i ——组元的活度,其标准态的一般确定原则是:

若 i 在铁液中,选 1%溶液为标准态,其中的浓度为质量百分数,$[\%i]$;

若 i 在熔渣中,选纯物质为标准态,其中的浓度为摩尔分数,X_i;

若 i 是铁溶液中的组元铁,在其他组元浓度很小时,组元铁的活度定义为1。

1.1.1.3　固相体系中组元 i 的吉布斯自由能

在多元固相体系中,其中任一组元 i 的吉布斯自由能为

$$G_i = G_i^{\ominus} + RT\ln a_i \tag{4-1-3}$$

a_i 确定原则是:

若体系是固溶体,则 i 在固溶体中的活度选纯物质为标准态,其浓度为摩尔分数,X_i;

若体系是共晶体,则 i 在共晶体中的活度定义为1;

若体系是纯固体,则 i 在纯固体中的活度定义为1。

1.1.2　重点掌握化学反应等温方程式

$$\Delta G = \Delta G^{\ominus} + RT \ln Q \tag{4-1-4}$$

ΔG 有三种情况：

(1) $\Delta G > 0$，以上反应不可以自动进行；

(2) $\Delta G < 0$，以上反应可以自动进行；

(3) $\Delta G = 0$，以上反应达到平衡，此时

$$\Delta G^{\ominus} = -RT \ln K^{\ominus}$$

注：

(1) ΔG 是反应产物与反应物的自由能的差，表示反应的方向（反应能否发生的判据）；

$$Q = \frac{a_C^c a_D^d}{a_A^a a_B^b}$$

表示任意时刻（不平衡状态）的压强熵或活度熵。

(2) $\Delta G^{\ominus}$ 是反应产物与反应物处于标准态时自由能的差，表示反应的限度（反应平衡态的度量）。$\Delta G^{\ominus} = -RT \ln K^{\ominus}$ 的关系式，建立了体系处于标准态时能量差和处于平衡态时各组元量的关系。

$K^{\ominus}$ 是反应的平衡常数

$$K^{\ominus} = \frac{a_C^c a_D^d}{a_A^a a_B^b}$$

其中，组元 A、B、C、D 有三种情况：

(1)若组元是固态时，$a_i = 1$（$i =$ A,B,C,D）；

(2)若组元是气态时，$a_i = p_i$，而 p_i 是组元 i 的无量纲分压；

(3)若组元存在于液态中，a_i 表示组元 i 的活度。其中，在一般情况下：

若 i 在金属溶液中，活度的标准态选 1%；

若 i 在炉渣中，则选纯物质为标准态。

1.1.3　重点掌握 Van't Hoff 等压方程式

$$\frac{\mathrm{d} \ln K^{\ominus}}{\mathrm{d} T} = \frac{\Delta H^{\ominus}}{RT^2} \tag{4-1-5}$$

这即是 Van't Hoff 等压方程式的微分式。若上式的 $\Delta H^{\ominus}$ 为常数，可以得出积分式如下

$$\ln K^{\ominus} = -\frac{\Delta H^{\ominus}}{RT} + B$$

或

$$\ln K^{\ominus} = -\frac{A}{T} + B$$

式中，B 是不定积分常数；A 也是常数。上式两边同乘 $-RT$，亦可改变为

$$-RT \ln K^{\ominus} = \Delta H^{\ominus} - BRT$$

上式左边用 $\Delta G^{\ominus}$ 表示，右边 $\Delta H^{\ominus}$ 为常数，用 a 表示，BR 常数用 b 表示，则得

$$\Delta G^{\ominus} = a - bT$$

1.1.4　掌握用定积分法和不定积分计算 $\Delta_f G^\ominus$ 及 $\Delta_r G^\ominus$

定积分结果　　$\Delta G_T^\ominus = \Delta H_{298}^\ominus - T\Delta S_{298}^\ominus + T(\Delta a M_0 + \Delta b M_1 + \Delta c M_2 + \Delta c' M_{-2})$

其中　　　　　　$$M_0 = \ln\frac{T}{298} + \frac{298}{T} - 1$$

$$M_1 = \frac{(T-298)^2}{2T}$$

$$M_2 = \frac{1}{6}\left[T^2 + \frac{2\times298^3}{T} - 3\times298^2\right]$$

$$M_{-2} = \frac{(T-298)^2}{2\times298^2\times T^2}$$

式中，M_0，M_1，M_2，M_{-2} 均可由手册查出。

不定积分法结果

$$\Delta H_T^\ominus = \int\Delta C_P\mathrm{d}T = \Delta H_0 + \Delta a T + \frac{\Delta b}{2}T^2 + \frac{\Delta c}{6}T^3 - \frac{\Delta c'}{2T}$$

$$\Delta G_T^\ominus = \Delta H_0 - \Delta a T\ln T - \frac{\Delta b}{2}T^2 - \frac{\Delta c}{6}T^3 - \frac{\Delta c'}{2T} + IT$$

式中，ΔH_0 及 I 为积分常数，由以下方法确定：

(1)用 $T=298\mathrm{K}$ 时的已知的 $\Delta H_{298}^\ominus$ 值，通过上式可以求出 ΔH_0；

(2)用 $T=298\mathrm{K}$ 时的已知的 $\Delta H_{298}^\ominus$ 值与已知的 $\Delta S_{298}^\ominus$ 求出 $\Delta G_{298}^\ominus$，用(1)中求出的 ΔH_0 代入，可求出 I。

1.1.5　掌握由物质的标准生成吉布斯自由能 $\Delta_f G^\ominus$ 及标准溶解吉布斯自由能 $\Delta_{sol} G^\ominus$，求化学反应的 $\Delta_r G^\ominus$

$\Delta_f G^\ominus$ 定义　恒温下，由标准大气压（$p^\ominus$）下的最稳定单质生成标准大气压（$p^\ominus$）$1\mathrm{mol}$ 某物质时反应的自由能差。

注：稳定单质的 $\Delta_f G^\ominus = 0$。

$\Delta_{sol} G^\ominus$ 定义　恒温下，某一元素 M 溶解在溶剂中，形成 1%（质量）的溶液时自由能的变化。一般为 $\mathrm{M} = [\mathrm{M}]_{1\%(质量)}$，$\Delta_{sol} G_M^\ominus = a - bT$。

用 $\Delta_f G^\ominus$ 及 $\Delta_{sol} G^\ominus$ 计算 $\Delta_r G^\ominus$ 的通式：$\Delta_r G^\ominus = \sum\limits_i \nu_i\Delta_f G_i^\ominus$（或 $\Delta_{sol} G_i^\ominus$）

ν_i 为化学反应方程式中反应物 i 或产物 i 的计量系数，若 i 代表反应物，则 ν_i 为"$-$"；若 i 代表产物，则 ν_i 为"$+$"（注：以下类同）。

1.1.6　掌握由吉布斯自由能函数求 $\Delta_r G^\ominus$

焓函数　定义 $\dfrac{H_T^\ominus - H_R^\ominus}{T}$ 为焓函数

自由能函数　定义 $\dfrac{G_T^\ominus - H_R^\ominus}{T}$ 为自由能函数，记为 fef

$H_R^{\ominus}$ 为参考温度下已知的标准焓（如果为气态物质，则 $H_R^{\ominus}$ 为 0K 标准焓，记为 $H_0^{\ominus}$，如果为凝聚态物质，则 $H_R^{\ominus}$ 为 298K 标准焓，记为 $H_{298}^{\ominus}$）。

利用自由能函数计算 $\Delta_r G^{\ominus}$

首先计算化学反应过程的 $\Delta \mathrm{fef} = \sum_i v_i \, \mathrm{fef}_i = \Delta_r \left(\dfrac{G_T^{\ominus} - H_R^{\ominus}}{T} \right) = \dfrac{\Delta_r G_T^{\ominus}}{T} - \dfrac{\Delta_r H_R^{\ominus}}{T}$

所以，$\Delta_r G_T^{\ominus} = \Delta_r H_R^{\ominus} + T \Delta \mathrm{fef}$

注：当参加反应的物质既有气态又有凝聚态，将 $H_R^{\ominus}$ 统一到 298K。298K 与 0K 之间的自由能函数的换算公式为：$\dfrac{G_T^{\ominus} - H_{298}^{\ominus}}{T} = \dfrac{G_T^{\ominus} - H_0^{\ominus}}{T} - \dfrac{H_{298}^{\ominus} - H_0^{\ominus}}{T}$。

此式一般用于将气态在 0K 的 fef 值换算成 298K 的 fef。

1.1.7　掌握由 $\Delta_r G^{\ominus}$ 与 T 的多项式求二项式

对 $\Delta_r G^{\ominus} = A + BT + CT^2 + DT^3 + \cdots$ 形式的多项式：

(1)在一定的温度的定义域内，合理选择 n 个温度点：$T_1, T_2, \cdots, T_n$；

(2)求出几个温度对应的自由能 $\Delta_r G_{T_1}^{\ominus}, \Delta_r G_{T_2}^{\ominus}, \cdots, \Delta_r G_{T_n}^{\ominus}$；

(3)用最小二乘法，得出 $\Delta_r G^{\ominus} = a + bT$。

1.1.8　重点掌握 Ellingham 图的热力学特征

低位置的元素可将高位置元素形成的氧化物还原。特别注意 $2C + O_2 = 2CO$ 这条斜率为负值的特殊的线，该线在 Ellingham 图上形成了三个区域：（例如在温度区间 1000～2000K）在 CO 的 $\Delta_r G^{\ominus}$ 与温度线之上的区域，包括 Fe，W，P，Mo，Sn，Ni，As 及 Cu 在此区域，在此温度范围内的该区域，由于 CO 的 $\Delta_r G^{\ominus}$ 与温度的关系曲线在这些元素的氧化物之上，所以这些元素的氧化物都可以被 C 还原。在 CO 的 $\Delta_r G^{\ominus}$ 线之下的区域，Al，Ba，Mg，Ce 及 Ca 在此区域，在此温度范围，这些元素的氧化物不可以被 C 还原。中间区域，Cr，Mn，Nb，V，B，Si 及 Ti 在此区域，在此温度范围，这些元素的氧化物在高于某一温度时可以被 C 还原，低于这一温度不能被 C 还原。

Ellingham 图直线的斜率。由 $\Delta G^{\ominus} = \Delta H^{\ominus} - T \Delta S^{\ominus}$（对应 $\Delta G^{\ominus} = a - bT$），根据如下原则：凝聚态（固、液）的熵值远小于气态熵值。即：$S_{l,s}^{\ominus} \ll S_g^{\ominus}$。

注：证明 Ellingham 图上几个代表性反应，其斜率大于零、等于零和小于零以及斜率突然改变的情况。

1.2　例题

例 4-1-1　电炉炼钢还原期，加入渣面上的碳粉能与渣中 CaO 作用生成 CaC_2。

$$(CaO) + 3C_{(s)} = (CaC_2) + CO_{(g)}$$

试计算在高炉中能否发生上述反应生成 CaC_2？已知高炉炉缸温度为 1523℃，高炉渣中（CaO）活度（以纯 CaO 为标准态）为 0.01，炉缸中 CO 分压为 $1.5 \times 10^5 Pa$。假设高炉渣中

(CaC_2)服从拉乌尔定律,渣中CaC_2的摩尔分数x_{CaC_2}达到$1.0×10^{-4}$时即可认为有CaC_2生成。已知下列热力学数据:

$$Ca_{(l)} + 2C_{(s)} = CaC_{2(s)} \qquad \Delta G_1^\ominus = -60250 - 26.28T, \text{J/mol} \qquad (1)$$

$$Ca_{(l)} = Ca_{(g)} \qquad \Delta G_2^\ominus = 157820 - 87.11T, \text{J/mol} \qquad (2)$$

$$C_{(s)} + \frac{1}{2}O_2 = CO_{(g)} \qquad \Delta G_3^\ominus = -114390 - 85.77T, \text{J/mol} \qquad (3)$$

$$Ca_{(g)} + \frac{1}{2}O_2 = CaO_{(s)} \qquad \Delta G_4^\ominus = -640200 + 108.57T, \text{J/mol} \qquad (4)$$

(北京科技大学 2004 年硕士研究生入学试题)

解: 由反应(1)～(4)可得

$$CaO_{(s)} + 3C_{(s)} = CaC_{2(s)} + CO_{(g)} \qquad \Delta_r G_5^\ominus = 307740 - 133.51T$$

以纯物质为标准态时 $\quad CaO_{(s)} = (CaO) \qquad \Delta_{sol}G^\ominus = 0$

$$CaC_{2(s)} = (CaC_2) \qquad \Delta_{sol}G^\ominus = 0$$

所以 $\quad (CaO) + 3C_{(s)} = (CaC_2) + CO_{(g)} \quad \Delta_r G_6^\ominus = 307740 - 133.51T$

$$\Delta_r G_6 = \Delta_r G_6^\ominus + RT\ln\frac{(p_{CO}/p^\ominus)\cdot a_{CaC_2}}{a_{CaO}\cdot a_C^3}$$

其中 $\quad a_{CaC_2} = x_{CaC_2}, a_{CaO} = 0.01, a_C = 1, p_{CO} = 1.5×10^5 \text{Pa}$

令 $\Delta_r G_6 = 0$,得

$$\Delta_r G_6^\ominus = -RT\ln\left[\frac{(1.5×10^5/101325)\cdot x_{CaC_2}}{0.01×1}\right] = 307740 - 133.51T$$

解得 $\quad x_{CaC_2} = 7×10^{-5} < 1.0×10^{-4}$,故不能生成$CaC_2$。

1.3 习题

(1)在不同温度测得反应 $FeO_{(s)} + CO = Fe_{(s)} + CO_2$ 的平衡常数值(见表 4-1-1)。请用作图法及回归分析法求上反应的平衡常数及 $\Delta G^\ominus$ 的温度关系式。

表 4-1-1 反应平衡常数的测定值

温度/℃	1038	1092	1177	1224	1303
平衡常数 K	0.377	0.357	0.331	0.315	0.297

*(2)利用氧势图回答下列问题:

1) 在什么温度下碳能还原 $SnO_{2(s)}$,Cr_2O_3,$SiO_{2(s)}$?

2) 向焦炭吹水蒸气,可得到水煤气(CO + H_2),反应为 $H_2O_{(g)} + C_{(石墨)} = H_2 + CO$,试求反应进行的温度条件;

3) CuO 分解,氧分压达到 $1.01325×10^5$ Pa 的温度;

4) H_2 还原 Fe_3O_4 到 FeO 的温度;

5) 1000℃时 Mg 还原 Al_2O_3 的 $\Delta G^\ominus$;

6) 说明下列反应在下列温度 $\Delta G^\ominus$-T 直线斜率改变的原因:

$$2Mg + O_2 = 2MgO \qquad 1100℃$$

$$2Pb + O_2 = 2PbO \qquad 1470℃$$
$$2Ca + O_2 = 2CaO \qquad 1480℃$$

7)在什么温度,反应 $\frac{4}{3}Cr_{(s)} + O_{(s)} = \frac{2}{3}Cr_2O_{3(s)}$ 的平衡氧分压 $p'_{O_2} = 10^{-19}$ Pa?

8)求铁分别与 10^{-4} Pa、10^{-5} Pa、10^{-10} Pa 的 O_2 在 1000℃反应形成 FeO 的 ΔG 及 $p_{O_2(平)}$;

9)求反应 $MnO_{(s)} + CO = Mn_{(s)} + CO_2$ 在 1100℃的平衡常数($K = p_{CO_2}/p_{CO}$);

10)在什么温度反应 $MnO_{(s)} + H_2 = Mn_{(s)} + H_2O_{(g)}$ 的 $(H_2/H_2O)_{平} = 10^4/1$?

(3)CaC_2 可以作为氧气转炉内的一种辅助燃料,目的是用来熔化废钢而提高转炉的效益。CaC_2 在炉内燃烧生成 CaO 和 CO 或 CO_2,同时产生大量热,新生的 CaO 是一种有效的造渣剂。今假设每吨废钢的加热、熔化和升温到 1873K 需要热量 1400kJ,同时,假设 CaC_2 燃烧反应发生在 298K。试计算在两种情况下:1)CaC_2 燃烧后全部生成 CO;2)全部生成 CO_2 时 100kg 的 CaC_2 可以使用多少废钢?

已知:$\Delta H^{\ominus}_{298(CaC_2)} = -59$ kJ/mol　　$\Delta H^{\ominus}_{298(CO)} = -110.46$ kJ/mol
$$\Delta H^{\ominus}_{298(CO_2)} = -393.30 \text{ kJ/mol}$$

(答案:1)894kg;2)1527kg)

(4)试计算在 1623K 时 $\gamma Fe + \frac{1}{2}O_2 = FeO_{(s)}$ 的反应热 ΔH_{1623}。

已知:$1033K\ \alpha Fe(强磁) \xrightarrow{\text{磁性转化}} \alpha Fe(顺磁)$,$\Delta H_{磁化} = 2760$ J/mol

$\qquad 1183K\ \alpha Fe(顺磁) \longrightarrow \gamma Fe$,$\Delta H' = 920$ J/mol

FeO $\qquad\qquad\qquad\qquad \Delta H^{\ominus}_{298} = -264.4$ J/mol

Fe $\qquad\qquad\qquad\qquad C_p = 37.64$ J/(K·mol)

$O_2 \qquad\qquad C_p = 29.96 + 4.18 \times 10^{-3} T - 1.67 \times 10^5 T^{-2}$,J/(K·mol)

FeO $\qquad\qquad C_p = 48.78 + 8.37 \times 10^{-3} T - 2.8 \times 10^5 T^{-2}$,J/(K·mol)

(答案:-261.9kJ)

(5)一种燃料气体(体积组成:40%CO,10%CO_2,50%N_2)与空气(体积组成:80%N_2,20%O_2)一同鼓入炉内进行完全燃烧。气体在入口处温度为 773K,而出口处为 1473K,试计算炉内可能达到的最高温度,过程在恒压下进行。

已知:$\qquad \Delta H^{\ominus}_{298,CO} = -110458$ J/mol,$\Delta H^{\ominus}_{298,CO_2} = -393296$ J/mol

CO $\qquad C_p = 28.45 + 3.97 \times 10^{-3} T - 0.42 \times 10^5 T^{-2}$,J/(K·mol)

$CO_2 \qquad C_p = 44.35 + 9.20 \times 10^{-3} T - 8.37 \times 10^5 T^{-2}$,J/(K·mol)

$O_2 \qquad C_p = 29.96 + 4.18 \times 10^{-3} T - 1.67 \times 10^5 T^{-2}$,J/(K·mol)

$N_2 \qquad\qquad C_p = 28.03 + 4.18 \times 10^{-3} T$,J/(K·mol)

(答案:2806K)

(6)试求熔化 298K 下的 1kg 的 Pb 需多少热量。

已知:$Pb_{(s)} \qquad C_p = 23.56 + 9.75 \times 10^{-3} T$,J/(K·mol)

$\qquad T_{熔点} = 600K, M_{Pb} = 207$

(答案:64.2kJ)

(7)已知：$Ti_{(\alpha)} + O_{2(s)} = TiO_{2(s)}$　$\Delta H^{\ominus}_{298} = -943.5kJ/mol$

$$Ti_{(\alpha)} \xrightarrow{1155K} Ti_{(\beta)}　L_{转变} = 3680J/mol$$

$Ti_{(\alpha)}$　　　　　$C_p = 22 + 10.04 \times 10^{-3}T, J/(K \cdot mol)$

$Ti_{(\beta)}$　　　　　$C_p = 28.90J/(K \cdot mol)$

$O_{2(g)}$　　　$C_p = 29.96 + 4.18 \times 10^{-3}T - 1.67 \times 10^5 T^{-2}, J/(K \cdot mol)$

$TiO_{2(s)}$　　$C_p = 75.19 + 1.17 \times 10^{-3}T - 18.20 \times 10^5 T^{-2}, J/(K \cdot mol)$

试计算 $Ti_{(\beta)} + O_{2(g)} = TiO_{2(s)}$ 的反应热 $\Delta H^{\ominus}_{1473} = ?$

(答案：$-935.8kJ$)

(8)计算氧气转炉钢熔池(受热炉衬为钢水量的10%)中,每氧化0.1%的[Si]使钢水升温的效果。若氧化后 SiO_2 与 CaO 成渣生成 $2CaO \cdot SiO_2$(渣量为钢水量的15%),需加入多少石灰(石灰中有效灰占80%),才能保持碱度不变(0.81kg),即 $R = \dfrac{w(CaO)}{w(SiO_2)} = 3$;增加的石灰吸热多少(答案:1092.02kJ)? 欲保持炉温不变,还须加入矿石多少 kg?

已知:$SiO_2 + 2CaO = 2CaO \cdot SiO_2$;$\Delta_r H^{\ominus}_{298} = -97.07 kJ$

钢的比定压热容 $C_{p,st} = 0.84kJ/(K \cdot kg)$;炉渣和炉衬的比定压热容 $C_{p,sl,fr} = 1.23kJ/(K \cdot kg)$,石灰的比定压热容 $C_{p,lime} = 0.90kJ/(K \cdot kg)$。

(答案:111.11kg)

(9) 实验测得 $NaCl_{(s)}$ 的生成焓 $\Delta_f H^{\ominus}_{298} = -410.87 kJ$,试用哈伯-波恩热化学循环法计算反应 $Na_{(s)} + \dfrac{1}{2} Cl_{2(g)} = NaCl_{(s)}$ 的生成焓。并与实验值加以比较。

已知:钠的升华热 $\Delta^g_s H_{Na} = 108.78 kJ$;双原子氯的解离热 $\Delta_d H_{Cl_2} = 241.81 kJ$。

(10)已知表 4-1-2 数据,试计算 1800K 碳不完全燃烧生成 CO 反应的焓变。

表 4-1-2　不同温度时物质的摩尔焓(kJ/mol)

温度/K	物　　质					
	$C_{(石墨)}$	$O_{2(g)}$	$CO_{(g)}$	$CO_{2(g)}$	$H_{2(g)}$	$H_2O_{(g)}$
298	0	0	−110.50	−393.40	0	−242.50
400	1.051	3.059	−107.50	−389.40	2.937	−239.00
500	2.393	6.159	−140.60	−385.00	5.837	−235.50
1000	11.820	22.540	−88.820	−360.40	20.750	−216.50
1100	13.990	25.960	−85.570	−355.10	23.830	−212.30
1800	30.420	51.130	−61.550	−315.40	46.270	−180.50

(答案：$\Delta_r H_{1800} = -117.54 kJ$)

*(11)指出 1000K 时,在标准状态下,下述几种氧化物哪一个最容易生成。

已知各氧化物的标准生成吉布斯自由能如下:

MnO　　　　　$\Delta_f G^{\ominus} = -384930 + 76.36T$, J/mol

Mn_2O_3　　　　$\Delta_f G^{\ominus} = -969640 + 254.18T$, J/mol

MnO_2　　　　$\Delta_f G^{\ominus} = -52300 + 201.67T$, J/mol

Mn_3O_4 　　　　　　　　　$\Delta_f G^{\ominus} = -1384900 + 350.62T$ ，J/mol

（答案：MnO）

（12）在 298～932K（Al 的熔点）温度范围内，计算 Al_2O_3 的标准生成吉布斯自由能与温度的关系。

已知　　　　　　　　　$\Delta H^{\ominus}_{298(Al_2O_3)} = -1673600$ J/mol

$$S^{\ominus}_{298(Al_2O_3)} = 51.04 J/(K \cdot mol)$$

$$S^{\ominus}_{298(Al)} = 28.33 J/(K \cdot mol)$$

$$S^{\ominus}_{298(O_2)} = 205.13 J/(K \cdot mol)$$

$$C_{p,Al_2O_3(s)} = 114.77 + 12.80 \times 10^{-3}T \text{，} J/(K \cdot mol)$$

$$C_{p,Al(s)} = 20.67 + 12.39 \times 10^{-3}T \text{，} J/(K \cdot mol)$$

$$C_{p,O_2} = 29.96 + 4.19 \times 10^{-3}T \text{，} J/(K \cdot mol)$$

（答案：$\Delta_f G^{\ominus}_{Al_2O_3} = -1681280 - 28.49T\ln T + 498.71T + 9.13 \times 10^{-3}T^2$ ，J/mol）

（13）利用气相与凝聚相平衡法求 1273K 时 FeO 的标准生成吉布斯自由能 $\Delta_f G^{\ominus}_{FeO}$ 。

已知：反应 $FeO_{(s)} + H_{2(g)} = Fe_{(s)} + H_2O_{(g)}$ 在 1273K 时的标准平衡常数 $K^{\ominus} = 0.668$

$$H_{2(g)} + \frac{1}{2}O_{2(g)} = H_2O_{(g)} \quad \Delta_f G^{\ominus}_{H_2O} = -249580 + 51.11T \text{，} J/mol$$

（答案：$\Delta_f G^{\ominus}_{FeO} = -181150 J/mol$）

（14）利用吉布斯自由能函数法计算下列反应在 1000K 时的 $\Delta_f G^{\ominus}$

$$Mg_{(l)} + \frac{1}{2}O_{2(g)} = MgO_{(s)}$$

已知 1000K 时表 4-1-3 所列数据。

表 4-1-3　题 14 有关的热力学数据

物　　质	$\dfrac{G^{\ominus}_T - H^{\ominus}_{298}}{T}$ /J·(mol·K)$^{-1}$	$\Delta H^{\ominus}_{298}$/kJ·mol^{-1}
$Mg_{(l)}$	−47.2	0
$MgO_{(s)}$	−48.1	−601.8

物　　质	$\dfrac{G^{\ominus}_T - H^{\ominus}_0}{T}$ /J·(mol·K)$^{-1}$	$H^{\ominus}_{298} - H^{\ominus}_0$/J·mol^{-1}
O_2	−212.12	8656.7

（答案：−492300J/mol）

（15）用 Si 热法还原 MgO，即 $Si_{(s)} + 2MgO_{(s)} = 2Mg_{(s)} + SiO_{2(s)}$ 的标准吉布斯自由能与温度的关系为：$\Delta_r G^{\ominus} = 523000 - 211.71T$ ，J/mol，试计算：1）在标准状态下还原温度；2）若欲使还原温度降到 1473K，需创造什么条件？

（答案：1）2470K；2）$p_{Mg} < 18.27Pa$）

（16）已知在 460～1200K 温度范围内，下列两反应的 $\Delta G^{\ominus}$ 与 T 的关系式如下

$$3Fe_{(s)} + C_{(s)} = Fe_3C_{(s)} \qquad \Delta_f G^\ominus = 26670 - 24.33T, J/mol$$

$$C_{(s)} + CO_2 = 2CO \qquad \Delta_r G^\ominus = 162600 - 167.62T, J/mol$$

问：将铁放在含有 CO_2 20%、CO 75%、其余为氮气的混合气体中，在总压为 202.65kPa、温度为 900℃ 的条件下，有无 Fe_3C 生成？若要使 Fe_3C 生成，总压需多少？

（答案：不能生成 Fe_3C；$p_{\text{总}} > 973.73$kPa）

(17)计算反应 $ZrO_{2(s)} = Zr_{(s)} + O_2$ 在 1727℃ 时的标准平衡常数及平衡氧分压。指出 1727℃ 时纯 ZrO_2 坩埚在 1.3×10^{-3}Pa 真空下能否分解，设真空体系中含有 21% 的 O_2。

已知：$ZrO_{2(s)} = Zr_{(s)} + O_{2(g)} \qquad \Delta_r G^\ominus = 1087600 + 18.12T \lg T - 247.36T$，J/mol

（答案：$K^\ominus = 2.4 \times 10^{-19}$，$p_{O_2, eq} = 2.43 \times 10^{-14}$Pa，$ZrO_2$ 不会分解）

(18) 在 600℃ 下用碳还原 FeO 制取铁，求反应体系中允许的最大压力。

已知：$FeO_{(s)} = Fe_{(s)} + \dfrac{1}{2} O_{2(g)} \qquad \Delta_r G^\ominus = 259600 - 62.55T$，J/mol

$$C_{(s)} + O_{2(g)} = CO_{2(g)} \qquad \Delta_r G^\ominus = -394100 + 0.84T, J/mol$$

$$2C_{(s)} + O_{2(g)} = 2CO_{(g)} \qquad \Delta_r G^\ominus = -223400 - 175.30T, J/mol$$

（答案：最大压力为 20265Pa）

第二章　冶金熔体及冶金热力学应用

2.1　概述

冶金熔体可以分为两部分:金属熔体和炉渣。由于金属熔体可以看作非电解质溶液,而炉渣熔体是电解质溶液,所以它们的研究方法是不同的,以下从内容上也分两部分研究。冶金过程主要是金属熔体和冶金炉渣的反应过程,所以本部分和冶金热力学应用合并研究。

2.1.1　金属熔体

2.1.1.1　重点掌握拉乌尔定律、亨利定律的表述方法,实际溶液对它们的偏差的情况

拉乌尔定律:在等温等压下,对溶液中组元 i,当其组元的浓度 $x_i \rightarrow 1$ 时,该组元在气相中的蒸气压 p_i 与其在溶液中的浓度 x_i 成线性关系。数学描述为:

$$p_i = p_i^* \cdot x_i \quad (x_i'' \leqslant x_i \leqslant 1) \tag{4-2-1}$$

式中　　　　p_i——组元 i 在气相中的蒸气压;

　　　　　　p_i^*——纯组元 i 的蒸气压;

　　　　　　x_i——组元 i 在液相中的摩尔分数;

$x_i'' \leqslant x_i \leqslant 1$——组元 i 服从拉乌尔定律的定义域。

亨利定律:在等温等压下,对溶液中的组元 i,当其组元的浓度 $x_i \rightarrow 0$(或 $\%i \rightarrow 0$)时,该组元在气相中的蒸气压 p_i 与其在溶液中的浓度 x_i(或 $\%i$)成线性关系。数学描述为

$$p_i = k_{H,i} x_i \quad 0 \leqslant x_i \leqslant x_i' \quad 或 \quad p_i = k_{\%,i} [\%i] \quad 0 \leqslant \%i \leqslant \%i' \tag{4-2-2}$$

式中　　　　　　　　p_i——组元 i 在气相中的蒸气压;

　　　　$k_{H,i}, k_{\%,i}$——组元 i 的浓度等于 1 或 1% 时,服从亨利定律的蒸气压;

　　　　x_i,$[\%i]$——组元 i 在液相中的摩尔分数或质量分数;

$0 \leqslant x_i \leqslant x_i', 0 \leqslant \%i \leqslant \%i'$——组元 i 服从亨利定律的定义域。

2.1.1.2　了解拉乌尔定律和亨利定律的区别与联系

拉乌尔定律与亨利定律在以下方面有区别。

关于拉乌尔定律:

(1)是描述溶剂组元 i 在液相中浓度与其在气相中的蒸气压的线性关系;在 $x_i \rightarrow 1$ 时,在定义域 $x_i'' \leqslant x_i \leqslant 1$ 成立;

(2)线性关系的斜率是纯溶剂 i 的蒸气压;

(3)组元 i 的浓度必须用摩尔分数。

而亨利定律:

（4）是描述溶质组元 i 在液相中浓度与其在气相中的蒸气压的线性关系；在 $x_i \to 0$ 或 $\%i \to 0$ 时，在定义域 $0 \leqslant x_i \leqslant x_i'$ 或 $0 \leqslant \%i \leqslant \%i'$ 成立；

（5）线性关系的斜率是从服从亨利定律的线性关系延长到 $x_i = 1$ 的蒸气压（当浓度用摩尔分数，实际上是假想纯溶质 i 的蒸气压）或从服从亨利定律的线性关系延长到 $\%i = 1$ 的蒸气压（当浓度用质量分数，实际上是假想 $\%i$ 的蒸气压）；

（6）组元 i 的浓度可以用摩尔分数，也可以用质量分数。

拉乌尔定律与亨利定律在以下方面有联系：

（1）当溶液是理想溶液时，拉乌尔定律的斜率和亨利定律的斜率相等，它们重合。

（2）拉乌尔定律与亨利定律都有共同的形式：$p_i = k_i x_i$

——拉乌尔定律或亨利定律第一种表达式（实验式）

当 $0 \leqslant x_i \leqslant x_i'$ 时，$k_i = k_{H,i}$，i 服从亨利定律；

当 $x_i'' \leqslant x_i \leqslant 1$ 时，$k_i = p_i^*$，i 服从拉乌尔定律。

事实上，组元 i 由液态中的组元变为气态，是一个物理过程

$$[i] = i_{(g)}$$

当过程达平衡且服从拉乌尔定律或亨利定律时，有

$$k_i = \frac{p_i}{x_i}$$ ——拉乌尔定律或亨利定律第二种表达式（平衡式）

另外，其共同的形式还可以表达为

$$x_i = \frac{p_i}{k_i}$$ ——拉乌尔定律或亨利定律第三种表达式（标准态式）

k_i 是以下三个特殊状态的值，如图 4-2-1，代表着三个标准态：

（1）当 i 服从拉乌尔定律时，$x_i = 1$（i 为纯物质），$k_i = p_i^*$（纯物质蒸气压），k_i 表示纯物质标准态；

（2）当服从亨利定律时（选择摩尔分数 x_i），$x_i = 1$（i 为纯物质），$k_i = k_{H,i}$（假想纯物质蒸气压），k_i 表示假想纯物质标准态；

（3）当服从亨利定律时（选择质量分数 $\%i$），$\%i = 1$（i 的质量分数为 1），$k_i = k_{\%,i}$（i 的质量分数为 1 时的假想蒸气压），k_i 表示假想 i 的质量分数为 1 时的标准态；

2.1.1.3　重点掌握活度的三种定义

对组元 i 的浓度在 $x_i' \leqslant x_i \leqslant x_i''$ 区间，组元既不服从拉乌尔定律，也不服从亨利定律，用这两个定律线性关系的形式描述溶液中组元 i 的浓度与其在气相中的蒸气压的关系，对拉乌尔定律和亨利定律的浓度项进行修正。

拉乌尔定律修正为：$p_i = p_i^* \cdot (x_i \cdot \gamma_i) = p_i^* \cdot a_{R,i}$

亨利定律修正为：$p_i = k_{H,i} (f_{H,i} \cdot x_i) = k_{H,i} \cdot a_{H,i}$

或　　　　　　　$p_i = k_{\%,i} \cdot (f_{\%,i} \cdot [\%i]) = k_{\%,i} \cdot a_{\%,i}$

或者，由拉乌尔定律及亨利定律的第三种表达式 $x_i = \dfrac{p_i}{k_i}$

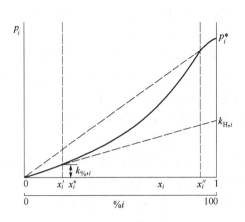

图 4-2-1　二元系组元 i 在溶液中的摩尔分数
与其在气相中蒸气压的关系

三种标准态活度的定义：

(1)当组元以纯物质为标准态，对 x_i 进行修正，$\dfrac{p_i}{p_i^*} = x_i \gamma_i = a_{R,i}$

(2)当组元以假想纯物质为标准态，对 x_i 进行修正，$\dfrac{p_i}{k_{H,i}} = x_i f_{H,i} = a_{H,i}$

(3)当组元以假想的质量分数%i 为 1 做标准态时，对%i 进行修正，$\dfrac{p_i}{k_{\%,i}} = \%i f_{\%,i} = a_{\%,i}$

以上三式中　　$a_{R,i}$——拉乌尔活度或纯物质标准态的活度；

　　　　　　　 γ_i——拉乌尔活度系数；

　　$a_{H,i}$ 及 $a_{\%,i}$——亨利活度或假想纯物质标准态及假想质量分数等于 1 为标准态的活度；

　　$f_{H,i}$ 及 $f_{\%,i}$——亨利活度系数。

2.1.1.4　重点掌握不同标准态活度及活度系数之间的关系

(1)纯物质标准态活度 $a_{R,i}$ 与亨利活度 $a_{H,i}$ 之间关系 $\dfrac{a_{R,i}}{a_{H,i}} = \dfrac{\dfrac{p_i}{p_i^*}}{\dfrac{p_i}{k_{H,i}}} = \dfrac{k_{H,i}}{p_i^*} = \gamma_i^{\ominus}$

(2)纯物质标准态活度 $a_{R,i}$ 与 1%浓度标准态活度 $a_{\%,i}$ 之间关系 $\dfrac{a_{R,i}}{a_{\%,i}} = x_i^{\ominus} \cdot \gamma_i^{\ominus}$

(3)亨利标准态活度 $a_{H,i}$ 与 1%溶液标准态活度 $a_{\%,i}$ 关系 $\dfrac{a_{H,i}}{a_{\%,i}} = \dfrac{\dfrac{p_i}{k_{H,i}}}{\dfrac{p_i}{k_{\%,i}}} = \dfrac{k_{\%,i}}{k_{H,i}} = x_i^{\ominus}$

(4)纯物质标准态活度系数 γ_i 与1%标准态活度系数 $f_{\%,i}$ 的关系

由 $\dfrac{a_{R,i}}{a_{\%,i}} = x_i^{\ominus}\gamma_i^{\ominus}$ 得出 $\quad \gamma_i = \gamma_i^{\ominus} f_{\%,i} \cdot \dfrac{[\%i]\Delta A_r + 100 A_{r_i}}{100 A_{r_i}}$

特别地,1)当 $[\%i] \to 0$ 时,$\gamma_i \approx \gamma_i^{\ominus} f_{\%,i}$

推论:$[\%i] \to 0$,且服从亨利定律 $f_{\%,i} = 1$,所以,$\gamma_i \equiv \gamma_i^{\ominus}$

$\qquad$ 2)当 $[\%i] \to 100$ 时,可得 $\gamma_i \approx \gamma_i^{\ominus} \dfrac{A_{r_j}}{A_{r_i}} f_{\%,i}$

推论:$[\%i] \to 100$,且服从拉乌尔定律 $\gamma_i = 1$,所以,$f_{\%,i} \equiv \dfrac{A_{r_i}}{A_{r_j}} \cdot \dfrac{1}{\gamma_i^{\ominus}}$

(5)纯物质标准态活度系数 γ_i 与假想纯物质标准态活度系数 $f_{H,i}$ 之间关系

由 $\dfrac{a_{R,i}}{a_{H,i}} = \gamma_i^{\ominus}$ 得 $\dfrac{\gamma_i x_i}{f_{H,i} x_i} = \gamma_i^{\ominus}$,所以

$$\gamma_i = \gamma_i^{\ominus} f_{H,i}$$

注:该关系式在全浓度范围内都成立,没有限制条件。

(6)1%标准态活度系数 $f_{\%,i}$ 与假想纯物质活度系数 $f_{H,i}$ 之间关系

由 $\dfrac{a_{H,i}}{a_{\%,i}} = \gamma_i^{\ominus}$ 得 $\dfrac{f_{H,i} x_i}{f_{\%,i}[\%i]} = \gamma_i^{\ominus}$

$$f_{H,i} x_i = \gamma_i^{\ominus} f_{\%,i}[\%i]$$

由 $\qquad\qquad x_i = \dfrac{A_{r_j}}{[\%i]\Delta A_r + 100 A_{r_i}}[\%i]$

及 $\qquad\qquad x_i^{\ominus} = \dfrac{A_{r_j}}{100 A_{r_i}}$

得 $\qquad\qquad f_{H,i} = f_{\%,i} \cdot \dfrac{[\%i]\Delta A_r + 100 A_{r_i}}{A_{r_j}} \cdot \dfrac{A_{r_j}}{100 A_{r_i}}$

$$f_{H,i} = f_{\%,i} \cdot \dfrac{[\%i]\Delta A_r + 100 A_{r_i}}{100 A_{r_i}}$$

特别地,1)当 $[\%i] \to 0$,得 $f_{H,i} \approx f_{\%,i}$

$\qquad$ 2)当 $[\%i] \to 100$,得 $f_{H,i} = f_{\%,i} \cdot \dfrac{A_{r_j}}{A_{r_i}}$

2.1.1.5 了解 $\gamma_i^{\ominus}$ 的物理意义

A 活度系数与活度之间的换算

(1) $\gamma_i^{\ominus} = \dfrac{K_{H,i}}{p_i^*}$(两种标准态蒸汽压之比);

(2) $\gamma_i^{\ominus} = \dfrac{a_{R,i}}{a_{H,i}}$(两种活度之比);

$$(3) \quad \left.\begin{array}{l} \gamma_i^\ominus = \dfrac{\gamma_i}{f_{\%,i}} \quad (\ [\%i] \to 0\ ) \\[3mm] \gamma_i^\ominus = \dfrac{\gamma_i}{f_{H,i}} \quad (0 < [\%i] < 100) \end{array}\right\} \quad (两种活度系数之比)。$$

B 在特殊区域内活度系数的表达

(1) 当 $[\%i] \to 0$ 时，且服从亨利定律 $f_{H,i} = 1$ 或 $f_{\%,i} = 1$，$\gamma_i = \gamma_i^\ominus$；

(2) 当 $[\%i] \to 100$，且服从拉乌尔定律 $\gamma_i = 1$。所以，$f_{\%,i} \equiv \dfrac{A_{r_i}}{A_{r_j}} \cdot \dfrac{1}{\gamma_i^\ominus}$，$f_{H,i} \equiv \dfrac{1}{\gamma_i^\ominus}$；

(3) 溶液对理想溶液的偏差

$$\gamma_i^\ominus \begin{cases} > 1 & 溶液对理想溶液正偏差 \\ < 1 & 溶液对理想溶液负偏差 \\ = 1 & 理想溶液 \end{cases}$$

2.1.1.6 重点掌握标准溶解吉布斯自由能 $\Delta_{sol}G^\ominus$ 的定义

重点掌握标准溶解吉布斯自由能 $\Delta_{sol}G^\ominus$ 的定义，特别是

对标准溶解过程 $\quad i = [i] \quad \Delta_{sol}G_i^\ominus = \mu_i^\ominus - \mu_i^*$

式中 $\quad \mu_i^*$ ——纯组元 i 的化学势；

$\mu_i^\ominus$ ——组元 i 在溶液中的标准化学势（i 在溶液中的标准态有三种）。

特别是溶液中的 $[i]$ 标准态为 1% 溶液标准态时 $i = [i]_\%$

根据等温方程式 $\quad \Delta_{sol}G^\ominus = -RT\ln\dfrac{a_{\%,i}}{a_{R,i}} = RT\ln\dfrac{a_{R,i}}{a_{\%,i}} = RT\ln\dfrac{A_{r_i}}{100A_{r_i}}\gamma_i^\ominus$

2.1.1.7 重点掌握计算多元系溶液中活度系数的 Wagner 模型

在等温、等压下，对 Fe－2－3－ ⋯ 体系，认为多元系组元 2 的活度系数 f_2 取对数后是各组元的浓度 $[\%2]$，$[\%3]$，⋯ 的函数，将其在浓度为零附近展开

$$\lg f_2 = \frac{\partial \lg f_2}{\partial [\%2]}[\%2] + \frac{\partial \lg f_2}{\partial [\%3]}[\%3] + \cdots + \frac{\partial \lg f_2}{\partial [\%n]}[\%n]$$

令 $\dfrac{\partial \lg f_2}{\partial [\%2]} = e_2^2$，$\dfrac{\partial \lg f_2}{\partial [\%3]} = e_2^3$，⋯；$e_2^2$，$e_2^3$，⋯，$e_2^n$ 叫做组元 2 的"活度相互作用系数"。则 $\lg f_i = \sum\limits_{j=2}^{n} e_i^j [\%j]$

一般 $f_i = f_i^2 f_i^3 \cdots f_i^i \cdots f_i^n \cdots$

$$\lg f_i = \sum_{j=2}^{n} \lg f_i^j = \sum_{j=2}^{n} e_i^j [\%j]$$
$$\lg f_i^j = e_i^j [\%j]$$

2.1.1.8 重点掌握正规溶液的定义、性质

正规溶液定义：过剩混合热（其实为混合热）不为零，混合熵与理想溶液的混合熵相同的

溶液叫做正规溶液。

因为
$$\Delta_{mix}H_{m,id} = 0$$

即
$$\Delta_{mix}H_{m,re} \neq \Delta_{mix}H_{m,id} = 0$$

$$\Delta_{mix}S_{m,re} = \Delta_{mix}S_{m,id}$$

混合自由能
$$\Delta_{mix}G_{m,正规} = RT(x_1\ln a_1 + x_2\ln a_2)$$

或
$$\Delta_{mix}G_m = x_1\Delta_{mix}G_{1,m} + x_2\Delta_{mix}G_{2,m}$$

混合熵　正规溶液的混合熵与理想溶液的混合熵相同

$$\Delta_{mix}S_{m,正规} = \Delta_{mix}S_{m,id} = -\left(\frac{\partial \Delta_{mix}G_{m,id}}{\partial T}\right)_P = -R(x_1\ln x_1 + x_2\ln x_2)$$

$$= x_1\Delta_{mix}S_{1,m} + x_2\Delta_{mix}S_{2,m}$$

其中　$\Delta_{mix}S_{i,m} = -R\ln x_i$（注:实际溶液 $\Delta_{mix}S_{i,m} = -R\ln a_i$）

混合焓

$$\Delta_{mix}H_{m,正规} = \Delta_{mix}G_{m,正规} + T\Delta_{mix}S_{m,正规}$$
$$= RT(x_1\ln a_1 + x_2\ln a_2) - RT(x_1\ln x_1 + x_2\ln x_2)$$
$$= RT(x_1\ln \gamma_1 + x_2\ln \gamma_2)$$

或
$$\Delta_{mix}H_{i,m} = RT\ln \gamma_i$$

过剩函数　过剩偏摩尔混合自由能

$$\Delta_{mix}G_{i,m}^E = \Delta_{mix}H_{i,m}^E = \Delta_{mix}H_{i,m,re} - \Delta_{mix}H_{i,m,id} = \Delta_{mix}H_{i,m,re} = RT\ln \gamma_i$$

而过剩混合自由能　$\Delta_{mix}G_m^E = \Delta_{mix}H_m^E = RT\Sigma x_i\ln \gamma_i$

$\Delta_{mix}G_m^E$ 与 $RT\ln \gamma_i$ 不随温度变化

因为
$$\left(\frac{\partial \Delta_{mix}G_m^E}{\partial T}\right)_P = -\Delta_{mix}S_m^E = 0 , \left(\frac{\partial \Delta_{mix}G_{i,m}^E}{\partial T}\right)_P = -\Delta_{mix}S_{i,m}^E = 0$$

所以 $\Delta_{mix}G_m^E$ 与 $\Delta_{mix}G_{i,m}^E$ 均与温度无关。

又
$$\Delta_{mix}G_{i,m}^E = RT\ln \gamma_i$$

所以　$RT\ln \gamma_i$ 亦与温度无关,是一常数。或 $\ln \gamma_i$ 与 T 成反比。

$\Delta_{mix}H_m^E$ 与 $\Delta_{mix}H_{i,m}^E$ 与温度无关

因为　$\Delta_{mix}H_m^E = \Delta_{mix}G_m^E$, $\Delta_{mix}H_{i,m}^E = \Delta_{mix}G_{i,m}^E$

所以　$\Delta_{mix}H_m^E$ 与 $\Delta_{mix}H_{i,m}^E$ 皆与温度无关。

正规溶液的 α 值不随浓度变化

对二元系溶液,定义: $\alpha_i = \dfrac{\ln \gamma_i}{(1-x_i)^2}$

对二元系, $\alpha_1 = \dfrac{\ln \gamma_1}{(1-x_1)^2}$, $\alpha_2 = \dfrac{\ln \gamma_2}{(1-x_2)^2}$ 或 $\ln \gamma_1 = \alpha_1 x_2^2$, $\ln \gamma_2 = \alpha_2 x_1^2$

对正规溶液 $\alpha_1 = \alpha_2$

所以 $\quad \ln \gamma_2 = \alpha x_1^2 \quad \ln \gamma_1 = \alpha x_2^2$

2.1.2 炉渣熔体

2.1.2.1 掌握熔渣的以下化学特性

将炉渣中的氧化物分为三类：
(1)酸性氧化物：SiO_2，P_2O_5，V_2O_5，Fe_2O_3 等；
(2)碱性氧化物：CaO，MgO，FeO，MnO，V_2O_3 等；
(3)两性氧化物：Al_2O_3，TiO_2，Cr_2O_3 等。

碱度的三种定义：
(1)过剩碱：根据分子理论，假设炉渣中有 $2RO \cdot SiO_2$，$4RO \cdot P_2O_5$，$RO \cdot Fe_2O_3$，$3RO \cdot Al_2O_3$ 等复杂化合物存在。炉渣中碱性氧化物的浓度就要降低。实际的碱性氧化物数量 $n_B = \sum n_{CaO} - 2n_{SiO_2} - 4n_{P_2O_5} - n_{Fe_2O_3} - 3n_{Al_2O_3}$

n_B 叫超额碱或过剩碱，其中 $\sum n_{CaO} = n_{CaO} + n_{MgO} + n_{FeO} + n_{MnO} + \cdots$

(2)碱度 $\quad \dfrac{\%CaO}{\%SiO_2}$，$\dfrac{\%CaO}{\%SiO_2 + \%Al_2O_3}$，$\dfrac{\%CaO + \%MgO}{\%SiO_2 + \%Al_2O_3}$，$\dfrac{\%CaO}{\%SiO_2 + \%P_2O_5}$，$\cdots$

(3)光学碱度 $\quad \Lambda = \sum\limits_{i=1} N_i \Lambda_i$

式中 $\quad N_i$——氧化物 i 中阳离子的当量分数。

具体计算 $N_i = \dfrac{m_i x_i}{\sum m_i x_i}$

式中 $\quad m_i$——氧化物 i 中的氧原子数；

x_i——氧化物 i 在熔渣中的摩尔分数。

熔渣的氧化还原能力：定义 $\Sigma \%FeO$ 表示渣的氧化性。认为渣中只有 FeO 提供的氧才能进入钢液，对钢液中的元素进行氧化。渣中 Fe_2O_3 和 FeO 的量是不断变化的，所以讨论渣的氧化性，有必要将 Fe_2O_3 也折算成 FeO，就有两种算法：
(1)全氧法 $\quad \Sigma \%FeO = \%FeO + 1.35\%Fe_2O_3$
(2)全铁法 $\quad \Sigma \%FeO = \%FeO + 0.9\%Fe_2O_3$

2.1.2.2 重点掌握熔渣的两种结构理论模型

用模型计算熔渣体系中碱性组元的活度。

分子理论模型 假设：(1)熔渣是由各种电中性的简单氧化物分子 FeO，CaO，MgO，Al_2O_3，SiO_2，P_2O_5 及它们之间形成的复杂氧化物分子 $CaO \cdot SiO_2$，$2CaO \cdot SiO_2$，$2FeO \cdot SiO_2$，$4CaO \cdot P_2O_5$ 等组成的理想溶液；(2)简单氧化物分子与复杂氧化物分子之间存在着化学平衡，平衡时的简单氧化物的摩尔分数叫该氧化物的活度。以简单氧化物存在的氧化物叫自由氧化物；以复杂氧化物存在的氧化物叫结合氧化物。如：$(2CaO \cdot SiO_2) = 2(CaO) + (SiO_2)$。

$$K_D = \frac{x_{CaO}^2 \, x_{SiO_2}}{x_{2CaO \cdot SiO_2}}$$

由 K_D 计算的 x_{CaO} 及 x_{SiO_2} 叫 CaO 及 SiO_2 的活度。

注：一般情况下，为了简单计算，通常认为，酸性氧化物 SiO_2，P_2O_5，…与 CaO，MgO，…等碱性氧化物的结合是完全的。这样可以简单计算碱性氧化物的活度。

完全离子理论模型 (1)假设：1)熔渣仅由离子组成，其中不出现电中性质点；2)离子的最近邻者仅是异类电荷的离子，不可能出现同号电荷离子；3)所有阴离子的作用力是等价的，而所有阳离子同阴离子的作用力也是等价的；(2)根据以上三点假设，由统计热力学可以推得：1)熔渣是由阳离子和阴离子两种理想溶液组成（混合焓 $\Delta H = 0$）。2) $G_{ij} = G_{ij}^\ominus + RT\ln a_{ij} = G_{ij}^\ominus + RT\ln x_{i^+} x_{j^-}$

式中
$$x_i^+ = \frac{n_{i^+}}{\sum n_{i^+}} \, , \, x_j^- = \frac{n_{j^-}}{\sum n_{j^-}}$$

(3)Temkin 模型之下，熔渣的组成氧化物的电离情况如下：

$$CaO = Ca^{2+} + O^{2-} \qquad CaS = Ca^{2+} + S^{2-}$$
$$MnO = Mn^{2+} + O^{2-} \qquad CaF_2 = Ca^{2+} + 2F^-$$
$$FeO = Fe^{2+} + O^{2-} \qquad FeO \cdot Fe_2O_3 = Fe^{2+} + 2FeO_2^-$$
$$MgO = Mg^{2+} + O^{2-}$$
$$SiO_2 + 2O^{2-} = SiO_4^{4-}$$
$$Al_2O_3 + O^{2-} = 2AlO_2^-$$
$$P_2O_5 + 3O^{2-} = 2PO_4^{3-}$$

在离子理论的假设之下，组成熔渣的结构有两类离子：

(1)阴离子：

简单阴离子：O^{2-}，S^{2-}，F^-；

复合阴离子：SiO_4^{4-}，FeO_2^-，PO_4^{3-}，AlO_2^-；

(2)阳离子：Ca^{2+}，Fe^{2+}，Mn^{2+}，Mg^{2+} 等。

注意：Temkin 模型计算的 FeO 活度与实验数据计算的比较，在 SiO_2 的浓度较大时，与实验数据差别很大，模型计算的偏低，原因是此时渣中复合阴离子不仅有 SiO_4^{4-}，还有更高聚合的 SiO_7^{6-}，…，但其量确定较困难。因此 Самарин（萨马林）引入修正式，当熔渣中 %$SiO_2 > 11$ 时，对以上模型计算的 a_{FeO}，a_{FeS} 要引入活度系数进行修正。

$$\lg \gamma_{Fe^{2+}} \gamma_{O^{2-}} = 1.53 \sum x_{SiO_4^{4-}} - 0.17$$
$$\lg \gamma_{Fe^{2+}} \gamma_{S^{2-}} = 1.53 \sum x_{SiO_4^{4-}} - 0.17$$

注：$\sum x_{SiO_4^{4-}}$ ——所有复合阴离子分数之和。

了解熔渣的等活度线的使用，能在给定的三元系等活度图中确定已知成分的活度或活度系数。

2.2 例题

例 4-2-1 已知 Au-Cu 固体合金为正规溶液，在 500℃，$x_{Cu} = 0.3$ 时，Cu 与 Au 的偏摩

尔混合焓分别为 $\Delta_{mix}H_{m,Cu} = -10880J/mol$ 及 $\Delta_{mix}H_{m,Au} = -837J/mol$，试求：

(1)500℃，$x_{Cu} = 0.3$ 时，合金的摩尔混合熵 $\Delta_{mix}S_m$ 及摩尔混合吉布斯自由能 $\Delta_{mix}G_m$；

(2)500℃，$x_{Cu} = 0.3$ 时，合金中 Cu 和 Au 的拉乌尔活度及活度系数 a_{Cu}，a_{Au}，γ_{Cu}，γ_{Au}。

（北京科技大学 2002 年冶金工程专业期末试题）

解:(1)由正规溶液的定义，正规溶液的混合熵等于理想溶液的混合熵，所以

$$\Delta_{mix}S_m = x_{Cu}\Delta_{mix}S_{m,Cu,id} + x_{Au}\Delta_{mix}S_{m,Au,id} = R(x_{Cu}\ln x_{Cu} + x_{Au}\ln x_{Au})$$
$$= 8.314 \times (0.3 \times \ln 0.3 + 0.7 \times \ln 0.7) = 5.07(J/(mol \cdot K))$$

$$\Delta_{mix}H_m = x_{Cu}\Delta_{mix}H_{m,Cu} + x_{Au}\Delta_{mix}H_{m,Au}$$
$$= 0.3 \times (-10880) + 0.7 \times (-837) = -3850.0(J/mol)$$

所以 $\quad \Delta_{mix}G_m = \Delta_{mix}H_m - T\Delta_{mix}S_m = -3850 - 773 \times (-837) = 69.11(J/mol)$

(2)由正规溶液混合焓的性质 $\Delta_{mix}H_{i,m} = RT\ln\gamma_i$，所以

$$\gamma_{Cu} = e^{\frac{\Delta_{mix}H_{Cu,m}}{RT}} = e^{\frac{-10880}{8.314 \times 773}} = 0.0022$$

$$\gamma_{Au} = e^{\frac{\Delta_{mix}H_{Au,m}}{RT}} = e^{\frac{-837}{8.314 \times 773}} = 0.168$$

$$a_{Cu} = \gamma_{Cu}x_{Cu} = 0.0022 \times 0.3 = 0.00066$$

$$a_{Au} = \gamma_{Au}x_{Au} = 0.168 \times 0.7 = 0.18$$

例 4-2-2 炼钢炉渣组成如下(质量分数)：

组元	CaO	MgO	SiO₂	MnO	FeO	Fe₂O₃	Cr₂O₃
浓度	31.52	4.36	8.14	1.71	40.25	8.78	5.24
Mr	56.1	40.3	60.0	70.9	71.9	159.8	151.0

试用分子理论计算 1600℃时，炉渣中 FeO 的活度。

假定炉渣中存在的自由氧化物为：CaO,FeO,MgO,MnO

复合氧化物为：$4CaO \cdot SiO_2, CaO \cdot Fe_2O_3, FeO \cdot Cr_2O_3$

（北京科技大学 2002 年冶金工程专业期末试题）

解:取 100g 如上组分的熔渣，由上述数据，各组元的初始量为

$$n_{CaO}^0 = \frac{31.52}{56.1} = 0.56mol \quad n_{MgO}^0 = \frac{4.36}{40.3} = 0.11mol$$

$$n_{MnO}^0 = \frac{1.71}{70.9} = 0.024mol \quad n_{FeO}^0 = \frac{40.25}{71.9} = 0.56mol$$

$$n_{SiO_2}^0 = \frac{8.14}{60} = 0.14mol \quad n_{Fe_2O_3}^0 = \frac{8.78}{159.8} = 0.055mol$$

$$n_{Cr_2O_3}^0 = \frac{5.24}{151.0} = 0.035mol$$

根据分子理论，假设形成复合氧化物 $4CaO \cdot SiO_2$、$CaO \cdot Fe_2O_3$、$FeO \cdot Cr_2O_3$ 的反应是完全的，则熔渣的成分为：

碱性氧化物 $RO(CaO+MgO+MnO)$，FeO

复合氧化物 $4CaO \cdot SiO_2$，$CaO \cdot Fe_2O_3$，$FeO \cdot Cr_2O_3$

分子理论假设之下,各组元的成分计算如下

$$n_{RO} = n^0_{CaO} + n^0_{MnO} + n^0_{MgO} - 4n^0_{SiO_2} - n^0_{Fe_2O_3}$$
$$= 0.56 + 0.024 + 0.11 - 4 \times 0.14 - 0.055 = 0.079 \text{mol}$$

$$n_{FeO} = n^0_{FeO} - n^0_{Cr_2O_3} = 0.56 - 0.035 = 0.53 \text{mol}$$

$$n_{4CaO \cdot SiO_2} = n^0_{SiO_2} = 0.14 \text{mol}$$

$$n_{CaO \cdot Fe_2O_3} = n^0_{Fe_2O_3} = 0.055 \text{mol}$$

$$n_{FeO \cdot Cr_2O_3} = n^0_{Cr_2O_3} = 0.035 \text{mol}$$

$$\sum n_i = n_{RO} + n_{FeO} + n_{4CaO \cdot SiO_2} + n_{CaO \cdot Fe_2O_3} + n_{FeO \cdot Cr_2O_3}$$
$$= 0.079 + 0.53 + 0.14 + 0.055 + 0.035 = 0.839 \text{mol}$$

根据分子理论的假设,FeO 的活度等于分子理论假设之下 FeO 的摩尔分数,即

$$a_{FeO} = x_{FeO} = \frac{n_{FeO}}{\sum n_i} = \frac{0.53}{0.839} = 0.63$$

2.3 习题

* (1)实验测得 Fe-C 熔体中碳的活度 a_C(以纯石墨为标准态)与温度 T 及浓度 x_C 的关系如下

$$\lg a_C = \lg \left(\frac{x_C}{1 - 2x_C} \right) + \frac{1180}{T} - 0.87 + \left(0.72 + \frac{3400}{T} \right) \left(\frac{x_C}{1 - x_C} \right)$$

1)求 $\lg \gamma_C$ 与温度 T 及浓度 x_C 的关系式;

2)求 $\lg \gamma^0_C$ 与温度 T 的关系式及 1600℃时的 γ^0_C;

3)求反应 $C_{(石墨)} = [C]_{1\%}$ 的 $\Delta_{sol}G^{\ominus}$ 与温度 T 的二项式关系表达式;

4)当 1600℃铁液含碳量为 $w[C] = 0.24\%$ 时,碳的活度(以 $w[C] = 1\%$ 溶液为标准态)是多少?

(答案:2) $\gamma^0_C = 0.575$;4) $a_{\%,C} = 0.258$)

* (2)Fe-Si 溶液与纯固态 SiO_2 平衡,平衡氧分压 $p_{O_2} = 8.26 \times 10^{-9}$ Pa。试求 1600℃时 [Si]在以下不同标准态时的活度。1)纯固态硅;2)纯液态硅;3)亨利标准态;4) $w[Si] = 1\%$ 溶液标准态,已知 $Si_{(s)} + O_{2(g)} = SiO_{2(s)}$;$\Delta_f G^{\ominus} = -902070 + 173.64T$,J/mol;$T^*_{f,Si} = 1410℃$;$\Delta_{fus}H^{\ominus}_{Si} = 50626$ J/mol;$\gamma^0_{Si} = 0.00116$;$M_{Fe} = 55.85$ kg/mol;$M_{Si} = 28.09$ kg/mol。

(答案:1) 0.001;2) 0.00146;3)1.26;4) 63.30)

* (3)不同组成的 Zn-Sn 液态溶液在 700℃时 Zn 的蒸气压数据如下:

x_{Zn}	0.231	0.484	0.495	0.748	1.000
p_{Zn}/Pa	2.46×10^3	4.58×10^3	4.70×10^3	6.20×10^3	7.88×10^3

计算上述各成分下 Zn 的拉乌活度 $a_{R,Zn}$ 及活度系数 γ_{Zn},并从 $a_{R,Zn} \sim x_{Zn}$ 及 $\gamma_{Zn} \sim x_{Zn}$ 关系图中分别确定 Zn 为稀溶液时的 γ^0_{Zn}。

(答案:1.56)

(4)在 500℃的铅液中加锌提银,其反应为 $2[Ag] + 3[Zn] = Ag_2Zn_{3(s)}$

当铅液中 Ag 与 Zn 均以纯物质为标准态时,500℃下,上述反应的 $\Delta_r G^\ominus = -128\text{kJ/mol}$。

已知铅液中锌及银均服从亨利定律,$\gamma_{Zn}^0 = 11$,$\gamma_{Ag}^0 = 2.3$。加锌后铅中锌含量为 $w[\text{Zn}] = 0.32\%$。铅、锌、银的摩尔质量分别为 $M_{Pb} = 207.2 \times 10^{-3}\text{kg/mol}$,$M_{Zn} = 65.38 \times 10^{-3}\text{kg/mol}$,$M_{Ag} = 107.87 \times 10^{-3}\text{kg/mol}$。试计算残留在铅中的银含量 $w[\text{Ag}]$。

(答案:0.029%)

*(5)高炉渣中(SiO₂)与生铁中的[Si]可发生下述反应

$$(\text{SiO}_2) + [\text{Si}] = 2\text{SiO}_{(g)}$$

问:1800K 上述反应达到平衡时,SiO 的分压可达多少 Pa?

已知 渣中(SiO₂)活度为 0.09。生铁中 $w[\text{C}] = 4.1\%$,$w[\text{Si}] = 0.9\%$

$$e_{Si}^{Si} = 0.109, \quad e_{Si}^C = 0.18$$

$$\text{Si}_{(l)} + \text{SiO}_{2(s)} = 2\text{SiO}_{(g)} \qquad \Delta_r G^\ominus = 633000 - 299.8T, \text{J/mol}$$

$$\text{Si}_{(l)} = [\text{Si}] \qquad \Delta_{sol} G^\ominus = -131500 - 17.24T, \text{J/mol}$$

(答案:14.62Pa)

*(6)根据所给数据回答下面两个问题。

1) 在炼钢温度下,标准状态时,钢液中的[Mn]能否将 SiO₂(s)还原?

2) 若组成为 $w(\text{Al}_2\text{O}_3) = 30\%$,$w(\text{SiO}_2) = 55\%$,$w(\text{MnO}) = 15\%$ 的炉渣与成分为 $w[\text{C}] = 0.30\%$,$w[\text{Si}] = 0.35\%$,$w[\text{Mn}] = 1.5\%$,$w[\text{P}] = 0.05\%$,$w[\text{S}] = 0.045\%$ 的钢液接触,问钢液中的[Mn]能否将炉渣中(SiO₂)还原?

已知下列数据:

1) $\text{Si}_{(l)} + \text{O}_2 = \text{SiO}_{2(s)}$ $\Delta_f G^\ominus = -947676 + 196.86T, \text{J/mol}$

    $2\text{Mn}_{(l)} + \text{O}_2 = 2\text{MnO}_{(s)}$ $\Delta_r G^\ominus = -816300 + 177.57T, \text{J/mol}$

    $\text{Si}_{(l)} = [\text{Si}]_{1\%}$ $\Delta_{sol} G^\ominus = -131500 - 17.24T, \text{J/mol}$

    $\text{Mn}_{(l)} = [\text{Mn}]_{1\%}$ $\Delta_{sol} G^\ominus = 4080 - 38.16T, \text{J/mol}$

2) $e_{Si}^{Si} = 0.11$,$e_{Si}^C = 0.18$,$e_{Si}^{Mn} = 0.002$,$e_{Si}^P = 0.11$,$e_{Si}^S = 0.056$,

    $e_{Mn}^{Mn} = 0$,$e_{Mn}^C = -0.07$,$e_{Mn}^{Si} = -0.0002$,$e_{Mn}^P = -0.0035$,$e_{Mn}^S = -0.048$

3) $\gamma_{MnO} = 1.2$,$\gamma_{SiO_2} = 1.4$

4) $M_{Al_2O_3} = 102\text{kg/mol}$,$M_{SiO_2} = 60\text{kg/mol}$,$M_{MnO} = 71\text{kg/mol}$

(答案:1)不能;2)能)

(7)根据铝在铁、银间的分配平衡实验,得到 Fe-Al 合金($0 < x_{Al} < 0.25$)中铝的活度系数在 1600℃时为 $\ln \gamma_{Al} = 1.20 x_{Al} - 0.65$。求:铁的摩尔分数 $x_{Fe} = 0.85$ 的合金中在 1600℃时铁的活度。

(答案:0.83)

*(8)将含 $w[\text{C}] = 3.8\%$、$w[\text{Si}] = 1.0\%$ 的铁水兑入转炉中,在 1250℃下吹氧炼钢,假定气体压力为 100kPa,生成的 SiO₂ 为纯物质,试问当铁水中[C]与[Si]均以纯物质为标准态以及均以 1%溶液为标准态时,铁水中哪个元素先氧化?

已知:$e_C^C = 0.14$,$e_C^{Si} = 0.08$,$e_{Si}^{Si} = 0.11$,$e_{Si}^C = 0.18$

$$C_{(s)} + \frac{1}{2} O_2 = CO \qquad \Delta_f G^\ominus = (-117990 - 84.35T), J/mol$$

$$Si_{(l)} + O_2 = SiO_{2(s)} \qquad \Delta_f G^\ominus = (-947676 + 196.86T), J/mol$$

$$C_{(s)} = [C]_{1\%} \qquad \Delta_{sol} G^\ominus = (22594 - 42.26T), J/mol$$

$$Si_{(l)} = [Si]_{1\%} \qquad \Delta_{sol} G^\ominus = (-131500 - 17.24T), J/mol$$

（答案：Si 先氧化）

*(9)高炉冶炼含钒矿石时，渣中(VO)被碳还原的反应为

$$(VO) + 2C_{(s)} = [V] + 2CO$$

设 $p_{CO} = 100kPa$，生铁中含有 $w[V] = 0.45\%$，$w[C] = 4.0\%$，$w[Si] = 0.8\%$，渣中 (VO)的摩尔分数为 $x_{VO} = 0.001528$。计算1500℃时，与此生铁平衡的渣中(VO)的活度及活度系数。

已知：
$$C_{(s)} + \frac{1}{2} O_2 = CO \qquad \Delta_f G^\ominus = (-114390 - 85.77T), J/mol$$

$$V_{(s)} + \frac{1}{2} O_2 = VO_{(s)} \qquad \Delta_f G^\ominus = (-424700 + 80.0T), J/mol$$

$$V_{(s)} = [V]_{1\%} \qquad \Delta_{sol} G^\ominus = (-20700 - 45.6T), J/mol$$

$$e_V^C = -0.34, \quad e_V^{Si} = 0.042, \quad e_V^V = 0.015$$

（答案：$\alpha_{(VO)} = 6.7 \times 10^{-5}$，$\gamma_{(VO)} = 0.044$）

*(10)由测定 Zn-Cd 液态合金在527℃的电动势，得到镉的活度系数值如下：

x_{Cd}	0.2	0.3	0.4	0.5
γ_{Cd}	2.153	1.817	1.544	1.352

1)确定 Zn-Cd 溶液是否显示正规溶液行为；

2)若为正规溶液，试计算当 $x_{Cd} = 0.5$ 时，Zn-Cd 溶液中 Zn 和 Cd 的偏摩尔混合焓、全摩尔混合焓、全摩尔混合熵、Zn 和 Cd 的偏摩尔混合吉布斯自由能及全摩尔吉布斯自由能。

（答案：1)符合 2)$\Delta_{mix} H_{Zn,m} = \Delta_{mix} H_{Cd,m} = \Delta_{mix} H_m = 2006$ J/mol，$\Delta_{mix} S_m = 5.764$ J/(mol • K)，$\Delta_{mix} G_{Zn,m} = \Delta_{mix} G_{Cd,m} = \Delta_{mix} G_{Cd} = -2604$ J/mol）

(11)设 Fe-Al 液态合金为正规溶液，合金中铝的过剩偏摩尔混合吉布斯自由能在 1600℃时可用下式表示

$$\Delta_{mix} G_{Al,m}^E = -53974 + 93094 x_{Al}, J/mol$$

纯液态铁的蒸气压与温度的关系如下式表示

$$\lg (p^* / p^\ominus) = -\frac{20150}{T} - 1.27\lg T + 13.98 - \lg 760$$

试求1600℃时铁的摩尔分数 $x_{Fe} = 0.6$ 的合金中铁的蒸气压。

（答案：$p_{Fe} = 5.77Pa$）

(12)在682℃测得 Cd-Sn 合金的镉在不同浓度的蒸气压见表4-2-1。试以 1)纯物质，2) 假想纯物质及 3)质量1%浓度溶液为标准态计算镉的活度及活度系数。

表 4-2-1　Cd-Sn 系内镉的蒸气压

Cd/%	p'_{Cd}/Pa	Cd/%	p'_{Cd}/Pa
1	7.89×10^2	60	3.03×10^4
20	1.45×10^4	80	3.22×10^4
40	2.37×10^4	100	3.29×10^4

(13)A-B 系合金在 1000K 时组分 A 的蒸气压可见表 4-2-2。试求：1)组分 A 服从亨利定律的浓度上限；2)1000K 的亨利常数；3)如 γ_A 的温度关系式为：$\lg\gamma_A = -109.3/T - 0.289$，组分 A 在服从亨利定律的浓度范围内的 $\Delta\overline{H_A^0}$。

表 4-2-2　组分 A 的蒸气压

x_A	1	0.9	0.8	0.7	0.6	0.5	0.4	0.3	0.2
$p'_A \times 10^{11}$Pa	5	4.4	3.75	2.9	1.8	1.1	0.8	0.6	0.4

(14)反应 $H_2+[S]=H_2S$ 在 1883K（p_{H_2S}/p_{H_2}）平见表 4-2-3。试计算铁液中硫的活度及活度系数。

表 4-2-3　反应 $H_2+[S]=H_2S$ 的（p_{H_2S}/p_{H_2}）平的比

x_s	715	556	415	309	234	213	193	172	118	79
（p_{H_2S}/p_{H_2}）	8500	7120	5510	4400	3300	2910	2820	2520	1730	1180

＊(15)利用固体电解质电池 $Cr,Cr_2O_3,|ZrO_2+(CaO)|[O]_{Fe}$ 测定 1600℃钢液中氧的浓度，电动势 $E=359$mV。已知

$$\frac{2}{3}Cr_{(s)}+\frac{1}{2}O_2=\frac{1}{3}Cr_2O_{3(s)}\quad \Delta G^\ominus=-370047+82.44T,J$$

$$\frac{1}{2}O_2=[O]\quad\quad \Delta G^\ominus=-117110-3.39T,J$$

试求钢液中氧的浓度。

(16)请用吉-杜方程证明稀溶液内溶质服从亨利定律（$\alpha_{2(H)}=\gamma_2^\ominus x_2$），而溶剂服从拉乌尔定律（$\alpha=x_1$）。

(17)Ni 在 Fe-Ni 系内的活度 α_{Ni} 见表 4-2-4。试用吉-杜方程图解法计算 Fe 的活度 α_{Fe}。

表 4-2-4　Fe-Ni 系内的活度

x_{Ni}	1	0.9	0.8	0.7	0.6	0.5	0.4	0.3	0.2	0.1
α_{Ni}	1	0.89	0.766	0.62	0.485	0.374	0.283	0.207	0.136	0.067

(18)在 1873K 测得 Fe-Cu 系内铜的活度 $\alpha_{Cu(R)}$（纯物质标准态）见表 4-2-5，试求铜以质量 1%浓度溶液为标准态的活度 $\alpha_{Cu(\%)}$。

表 4-2-5　Fe-Cu 系内铜的活度

x_{Cu}	1.000	0.792	0.626	0.467	0.217	0.061	0.023	0.015
$\alpha_{Cu,(R)}$	1.000	0.888	0.870	0.820	0.730	0.424	0.183	0.119

(19)试计算锰及铜溶解于铁中形成质量1%浓度溶液的标准溶解吉布斯能变化。已知 $\gamma_{Mn}^0=1$，$\gamma_{Cu}^0=8.6$。

(20)固体钒溶于铁液中的 $\overline{\Delta G_v^\ominus}=-20710-45.61T$，J。试求1600℃的 $\gamma_{v(s)}^\ominus$。

(21)在不同温度下测得铁液中碳量不同时，反应 $CO_2+[C]=2CO$ 的（p_{CO}^2/p_{CO_2}）比值见表4-2-6。试求碳溶解的标准吉布斯能变化（$\overline{\Delta G_c^\ominus}$）及 $\gamma_c^\ominus$。

已知 $C_石+CO_2=2CO$：$\Delta G^\ominus=172130-177.46T$

表 4-2-6　Fe-C 系内 $CO_2+[C]=2CO$ 反应得（p_{CO}^2/p_{CO_2}）平比

% ／℃	p_{CO}^2/p_{CO_2} [C]				
	0.2	0.4	0.6	0.8	1.0
1560	107.4	241.2	396.6	566.4	726
1660	170.2	373.2	600	876.8	1202
1760	267.6	565.2	929.4	—	—

(22)溶解于铁中的铝的氧化反应为 $2[Al]+\dfrac{3}{2}O_2=Al_2O_{3(s)}$，$\gamma_{Al}^0=0.029$。试计算 Al 利用1)纯铝(液态)，2)假想纯铝，3)质量1%Al 溶液为标准态时，Al_2O_3 在1600℃的标准生成吉布斯能。

已知：$2Al_{(l)}+\dfrac{3}{2}O_2=Al_2O_{3(s)}$，$\Delta G^\ominus=-1682927+323.24T$

(23)在1600℃下，与 H_2O-H_2 混合气体平衡的铁液的氧量为0.0438%，而（p_{H_2O}/p_{H_2}）平=0.00494。当向此铁液中加入0.97%P，并使（p_{H_2O}/p_{H_2}）平保持在前值时，测得铁液的氧量为0.040%。试计算磷对氧的相互作用系数：e_O^P。

*(24)在1540℃下，与含有2.10%C 的铁液平衡的气相的（p_{CO}^2/p_{CO_2}）平=1510。如在此铁液中加入2%的硅，而碳的浓度仍保持在前值时，（p_{CO}^2/p_{CO_2}）平=2260。试求 e_C^{Si}；

(25)1600℃测得与含磷量为0.65%，含氧量为0.0116%的铁液平衡的气相的（p_{H_2O}/p_{H_2}）平=0.0494。试求 f_O^P 及 e_O^P。已知 $\lg f_O^O=-0.2[\%O]$，反应 $H_2+[O]=H_2O_{(g)}$ 的平衡常数 $K=3.855$。

(26)在1000℃及 $p_{H_2}'=1.01325\times10^5$ Pa 时，铁液的氢量为0.0027%，当加入4%Si 时，在其他条件不变下测得铁液的氢量为0.0021%。试求 f_H^{Si} 及 e_H^{Si}。

(27)氮在铁液中的溶解度计算式为 $\lg[\%N]=-188.1/T-1.246$。1550℃时 Fe-N-C 系内氮的溶解度为0.0368%，而 $[\%C]=0.54\%$。试求 e_N^C。

(28)试求1900K 与 $p_{O_2}'=2\times10^{-6}$ Pa 平衡的铁液中氮的浓度。已知 $\lg f_O^O=-0.2[\%O]$。

(29)利用公式 $\gamma_i=\gamma_i^0 f_i$ 证明 $\varepsilon_i^j=4.1 M_j e_i^j$ 及 $e_i^j=(M_i/M_j)\times e_j^i$，式中 M 为原子量。已知 $\varepsilon_i^j=\varepsilon_j^i$。

(30)试计算 Cr15Ni25Mo3W3 号钢（钢成分为15%Cr，25%Ni，3%Mo，3%W）在

1600℃及 $p'_{N_2}=1.01325\times10^5\,Pa$ 下的含氮量。

(31)在 1700℃下，在纯氧化铝坩埚中熔化铁铬合金。与含有 1.90%Cr，0.031%Al 及 0.0032%O 的合金液平衡的气相的（p_{H_2O}/p_{H_2}）$_{平}=0.00353$。试计算 1700℃反应 $H_2+[O]=H_2O_{(g)}$ 的吉布斯能变化。

(32)试证明：Fe-i-j 极稀溶液中 $\varepsilon_i^{(j)}$ 和 $e_i^{(j)}$ 的关系。（注：$\varepsilon_i^{(j)}=\dfrac{\partial\ln\gamma_i}{\partial N_i}$，$e_i^{(j)}=\dfrac{\partial\lg f_i}{\partial[\%j]}$，$f_i=\dfrac{\gamma_i}{\gamma_i^\ominus}$）。

(33)试推导 $\varepsilon_i^{(j)}=\varepsilon_j^{(i)}$。

*(34)利用不同标准态所定义的组元 i 的 a_i 值不相同。试写出 $a_{i(R)}$，$a_{i(H)}$，$a_{i(\%)}$ 的表达式，并推导 $\dfrac{a_{i(R)}}{a_{i(H)}}=?$，$\dfrac{a_{i(R)}}{a_{i(1\%)}}=?$，$\dfrac{a_{i(H)}}{a_{i(1\%)}}=?$

$$\left(答案：\frac{a_R}{a_H}=\gamma^\ominus=\frac{r}{f}\ ;\ \frac{a_R}{a_{[1\%]}}=\frac{M_j}{100M_i}\gamma^\ominus\ ;\ \frac{a_H}{a_{[1\%]}}=\frac{M_j}{100M_i}\right)$$

(35)1600℃时固体 SiO_2 与铁液中的 0.5%Si 达成平衡，试求铁液中的含[O]量。

已知：

$$Si_{(l)}+O_{2(g)}=SiO_{2(s)} \qquad \Delta G_1^\ominus=-952697+203.76T,\ J$$
$$O_{2(g)}=2[O]_{1\%} \qquad \Delta G_2^\ominus=-233467-6.10T,\ J$$
$$Si_{(l)}=[Si]_{1\%} \qquad \Delta G_3^\ominus=-119244-25.52T,\ J$$
$$[Si]_{1\%}+2[O]_{\%}=SiO_{2(s)} \qquad \Delta G_4^\ominus=?$$

$$e_{Si}^{(Si)}=0.11 \quad e_{Si}^{(O)}=-0.24 \quad e_O^{(O)}=-0.20 \quad e_O^{(Si)}=-0.13$$

（答案：[%O]=0.01; $2\lg[\%O]-0.64[\%O]=-4.062$）

(36)空气中的 H_2 分压 p_{H_2} 与 Fe-C-x 熔体（质量：2%C，2%x）在 1600℃达到平衡时，熔体中含[H]10ppm①（即[H]=10×10^{-6}），今欲将[H]降至 1×10^{-6}，试问空气中的 p_{H_2} 需降低多少？

已知：1600℃时，当 $p_{H_2}=0.1MPa$ 纯铁液中溶解 0.003%（质量）[H]；$e_H^{(r)}=-0.06$，$e_H^{(C)}=0.06$，$e_H^{(H)}=0$。

（答案：$p_{H_2}=1.11\times10^{-6}$ atm）

(37)含 20%Cr 的钢液在 1600℃下含[N]=0.005%（质量），试求与此钢液相平衡的气相中的 N_2 分压 p_{N_2}。已知：1600℃下与 $0.1MPa\ N_2$ 平衡时的[N]含量为 0.045%（质量）。还有 $e_N^{(N)}=0$，$e_N^{(Cr)}=-0.045$。

（答案：$p_{N_2}=2.0\times10^{-4}$ atm）

(38)钢液含有 18%Cr，8%Ni，1%Mn，1%Si，1%Al 在 1600℃与气相中含 $p_{H_2}=0.2atm$ 的气相达到平衡。试求钢中的含[N]量。

已知：$\dfrac{1}{2}N_{2(g)}=[N]_\%$，反应之平衡常数 K_p（1600℃）=0.045；还有 $e_N^{(N)}=0$，$e_N^{(Cr)}=-0.045$，$e_N^{(Ni)}=0.010$，$e_N^{(Mn)}=-0.020$，$e_N^{(Si)}=0.047$，$e_N^{(Al)}=0.003$。

（答案：[%N]=0.101）

(39)试问：在 1000℃时，用 $C_{(s)}$ 还原 $SiO_{2(s)}$ 时，是否能伴随生成 $SiC_{(s)}$？再问 C 还原

SiO_2 生成 Si 的反应达到平衡时的 p_{CO}，p_{CO_2}，p_{O_2} 为多少？当此还原反应生成 SiC 而达到平衡时的 p_{CO}，p_{CO_2}，p_{O_2} 为多少？

已知：

$$SiO_{2(s)} = Si_{(s)} + O_{2(g)} \qquad \Delta G_1^\ominus = 902070 - 173.64T, J \tag{1}$$

$$Si_{(s)} + C_{(s)} = SiC_{(s)} \qquad \Delta G_2^\ominus = -58576 - 5.44T\lg T + 23.76T, J \tag{2}$$

$$2CO_{(g)} + O_{2(g)} = 2CO_{2(g)} \qquad \Delta G_3^\ominus = -564840 + 173.64T, J \tag{3}$$

$$2CO_{(g)} = CO_{2(g)} + C_{(s)} \qquad \Delta G_4^\ominus = 170707 - 174.47T, J \tag{4}$$

（答案：$p_{O_2} > 1.25 \times 10^{-27}$ MPa 时，SiO_2 稳定；$1.25 \times 10^{-26} > p_{O_2} > 1.13 \times 10^{-29}$ MPa 时，SiC 稳定；$p_{O_2} < 1.13 \times 10^{-29}$ MPa 时，Si 稳定。生成 Si 反应达平衡时：$p_{CO} = 1.54 \times 10^{-6}$ MPa；$p_{CO_2} = 1.84 \times 10^{-13}$ MPa；$p_{O_2} = 1.13 \times 10^{-29}$ MPa 生成 SiC 反应达平衡时：$p_{CO} = 1.61 \times 10^{-5}$ MPa；$p_{CO_2} = 2.01 \times 10^{-11}$ MPa；$p_{O_2} = 1.25 \times 10^{-27}$ MPa）

(40) 试求在真空 $10^{-5} \times 133.32$ Pa 下，Cu_2O 分解的最低温度。

已知：反应 $CuO_{(s)} = 2Cu_{(s)} + \frac{1}{2}O_{2(g)}$ 的 $\Delta G^\ominus = 169452 + 16.40T\lg T - 123.43T, J$。

（答案：$T = 1085$K）

(41) 熔融 Pb 液中的杂质 Cu 通常以加入 PbS 来去除，其反应式为

$$2Cu_{(s)} + PbS_{(s)} = Cu_2S_{(s)} + Pb_{(l)} \tag{1}$$

试求 $\Delta G_1^\ominus = ?$

固态 PbS 和 Cu_2S 能相互溶解，Pb 并不溶入固态 Cu 中，在温度 1093K 下，Pb 液中 Cu 之溶解度为 $N_{Cu} = 0.12$。另外，Pb 液中的 Cu 服从亨利定律。试问在 1093K 下 Pb 液中的 Cu 能去除到什么程度，另外，温度的下降是有利于 Cu 的去除，还是不利于 Cu 的去除。

已知：

$$Pb_{(l)} + \frac{1}{2}S_{2(g)} = PbS_{(s)} \qquad \Delta G_2^\ominus = -157234.72 + 80T, J \tag{2}$$

$$2Cu_{(s)} + \frac{1}{2}S_{2(s)} = Cu_2S_{(s)} \qquad \Delta G_3^\ominus = -142884 - 26T\lg T + 120.25T, J \tag{3}$$

（答案：Cu 可去除到 $N_{[Cu]} = 0.025$；温度下降有利于 Cu 的去除）

(42) 纯铁液在 MgO 坩埚内熔炼，在 1600℃下铁液和 MgO 坩埚之间的反应 $MgO_{(s)} = Mg_{(g)} + [O]_{1\%}$ 达到平衡，试求铁液中 [O] 和 p_{Mg} 之间的关系。Mg 在铁液中的溶解度可以忽略。

已知：

$$MgO_{(s)} = Mg_{(g)} + \frac{1}{2}O_{2(g)} \qquad \Delta G_1^\ominus = 759814 + 30.84T\lg T315.89T, J \tag{1}$$

$$\frac{1}{2}O_{2(g)} = [O]_{1\%} \qquad \Delta G_2^\ominus = -116859 - 2.38T, J \tag{2}$$

（答案：

p_{Mg}, atm	10^{-3}	10^{-2}	1
[%O]	2.92×10^{-4}	2.92×10^{-5}	2.92×10^{-7}

）

(43) 钢液在 1600℃下与熔炼渣成分（质量）：$50\% SiO_{2(s)}$，$x\% FeO$，$(50-x)\% MnO$ 达到平衡时含 [O] = 0.08%，求该渣含 FeO 多少，假定该渣为理想溶液。

已知：1600℃钢液中的饱和 [O] = 0.25%。元素原子量 $M_{Si} = 28$，$M_{Mn} = 55$，$M_{Fe} = 56$，

$M_O = 16$。

（答案：渣含 35.3% FeO）

(44)从亚氧化物 $SiO_{(g)}$，$Al_2O_{(g)}$，$AlO_{(g)}$ 的生成自由能，试计算并作出 $p_{SiO(g)}$-[%Si]-[%O]，$p_{AlO(g)}$(以及 $p_{Al_2O(g)}$)-[%Al]-[%O] 的关系图(1600℃)。

已知：
$$[Si]+[O]=SiO_{(g)} \qquad \Delta G_1^\ominus = -29664.6+24.60T, J \qquad (1)$$
$$2[Al]+[O]=Al_2O_{(g)} \qquad \Delta G_2^\ominus = 92215-229T+64TlgT, J \qquad (2)$$
$$[Al]+[O]=AlO_{(g)} \qquad \Delta G_3^\ominus = 178448-204.30T+48.16TlgT, J \qquad (3)$$

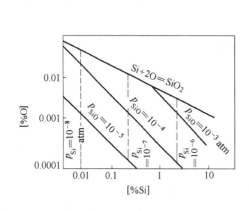

图 1　钢液之 SiO 分压(1600℃)

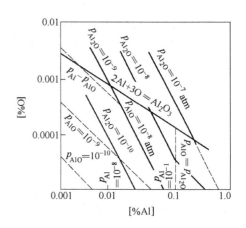

图 2　钢液之 Al₂O, AlO 分压(1600℃)

(45)试问 $BeO_{(s)}$ 和 $TiO_{2(s)}$ 氯化用的炉子内衬能否使用 $SiO_{2(s)}$。

已知：
$$SiO_{2(s)}+2Cl_{2(g)}=SiCl_{4(g)}+O_{2(g)} \qquad \Delta G_1^\ominus = 259408-43.93T, J \qquad (1)$$
$$2BeO_{(s)}+2Cl_{2(g)}=2BeCl_{2(g)}+O_{2(g)} \qquad \Delta G_2^\ominus = 515469-199.99T, J \qquad (2)$$
$$TiO_{2(s)}+2Cl_{2(g)}=TiCl_{4(g)}+O_{2(g)} \qquad \Delta G_3^\ominus = 161084-56.48T, J \qquad (3)$$

注：需考虑 $SiO_{2(s)}+2BeCl_{2(g)}$ 和 $SiO_{2(s)}+TiCl_{4(g)}$ 两个反应在 500～10000℃ 范围内能否发生。

（答案：因 $SiO_{2(s)}+2BeCl_{2(g)}=SiCl_{4(g)}+2BeO_{(s)}$，反应之 $\Delta G^\ominus$ 为负值，所以 $TiO_{2(s)}$ 的氯化炉不能用 $SiO_{2(s)}$ 作内衬）

(46)1600℃ 钢水中含[O]=0.10%，今用 Fe-Si(含 50% Si)合金脱氧，欲使钢水中[O]降至 0.01%，试问需加入 Fe-Si 合金多少(对 1t 钢水)？

已知：$SiO_{2(l)}=[Si]+2[O]$，$\Delta G^\ominus = 541577-202.67T, J$，原子量 $M_{Si}=28$，$M_O=16$。

（答案：$K_{P,1600℃}=3.18\times10^{-5}$，$K_P=[%Si][%O]^2$，需加入 Fe-Si 7.7 kg/t 钢）

(47)试求 $[C]+[O]=CO_{(g)}$ 反应之平衡常数(1500℃，1600℃，1700℃)，并绘出 1540℃ $p_{CO}=1, 0.5, 1.0, 2.0$ MPa 时[C]和[O]的关系图。

已知：
$$[O]+CO_{(g)}=CO_{2(g)} \qquad lg K_1 = \frac{8718}{T}-4.762 \qquad (1)$$

$$[C]+CO_{2(g)}=2CO_{(g)} \qquad \lg K_2 = \frac{-7558}{T}+6.765 \qquad (2)$$

（答案：$[C]+[O]=CO_{(g)}$

$$\lg K = \frac{p_{CO}}{a_{[C]}a_{[O]}} = \frac{1160}{T}+2.003$$

℃	1500	1600	1700
K	454	419	389 ）

*（48）炉渣中 S 容量（Sulphide Capacity），$C_S = (\%S)\sqrt{\dfrac{p_{O_2}}{p_{S_2}}}$，渣铁间的 S 分配比为

$(\%_s)/[\%S]$。已知：$\dfrac{1}{2}S_{2(g)}=[S]$ 反应的 $\Delta G^{\ominus}=$

$-131880+22T$，J，试推导出

$$\lg \frac{(\%S)}{[\%S]} = f(T, \lg f_s, \lg C_S, \lg p_{O_2}) \text{ 表达式。}$$

（答案：$\lg \dfrac{(\%S)}{[\%S]} = \dfrac{-6890}{T}+1.15+\lg f_S+$

$\lg c_S - \dfrac{1}{2}p_{O_2}$，见右图）

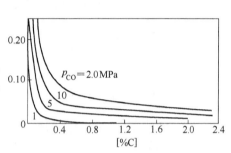

（49）今测得铁液和 H_2/H_2S 混合气体间 $H_{2(g)}$ $+[S]=H_2S_{(g)}$ 反应的平衡商值 K'_1（Fe-S 系）和 （Fe-S-Si 系）可见表 4-2-7。

铁液中$[\%O]$，$[\%C]$与 p_{CO} 的关系（1540℃）

表 4-2-7

Fe-S 系	[%S]	[%Si]	K'_1	Fe-S-Si 系	[%S]	[%Si]	K'_2
	0.32		0.00267		0.24	0.50	0.00292
	0.65		0.00257		1.16	0.60	0.00269
	0.84		0.00255		0.79	2.30	0.00362
	1.22		0.00249		0.43	2.33	0.00388
	1.90		0.00232		0.50	4.64	0.00564
					0.29	4.70	0.00566

1）试绘出 $\lg K'_1$-$[\%S]$图，求出 K_1（平衡常数），并求出 $e_S^{(S)} = \dfrac{\partial \lg f_S^{(S)}}{\partial[\%S]}$ 之值；

2）试绘出 $\lg f_S^{(Si)}$-$[\%Si]$图，并求出 $e_S^{(Si)}$ 之值。

（答案：Fe-S 系：

1）$\lg K_1 = -2.562$；$\lg K_1 = \lg K'_1 - \lg f_S^S$，$\dfrac{\partial \lg f_S^{(S)}}{\partial[\%S]} = e_S^{(S)} = 0.038$（由图 1 求直线斜率）

Fe-S-Si 系：

2）$\lg K_2 = \lg K'_2 - \lg f_S^S - \lg f_S^{Si} = \lg K_1$，于是 $\lg f_S^{Si} = 2.562 + \lg K'_2 - \lg f_S^S$

由图 2 求直线斜率,得 $\dfrac{2\lg f_S^{(Si)}}{2[\%S]} = e_S^{(Si)} = 0.070$,见图 1 和图 2)

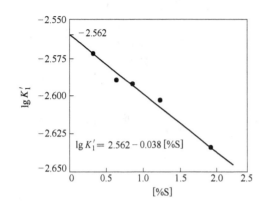

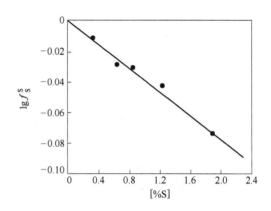

图 1　$\lg K'$ 与%S 之关系　　　　图 2　$\lg f_S^S$ 与%S 之关系

(50)试计算在 25℃下下列反应之 $\Delta H_{298}^{\ominus}$ 和 $\Delta S_{298}^{\ominus}$。

1) $Fe_2O_{3(s)} + 3C_{(s)} = 2Fe_{(s)} + 3CO_{(g)}$；

2) $Al_2O_{3(s)} + 3C_{(s)} = 2Al_{(s)} + 3CO_{(g)}$。

已知:
$$2Fe_{(s)} + \frac{3}{2}O_{2(g)} = Fe_2O_{3(s)} \qquad \Delta H_{298}^{\ominus} = -836800J$$

$$2Al_{(s)} + \frac{3}{2}O_{2(g)} = Al_2O_3 \qquad \Delta H_{298}^{\ominus} = -1690336J$$

$$C_{(s)} + \frac{1}{2}O_{2(g)} = CO_{(g)} \qquad \Delta H_{298}^{\ominus} = -104600J$$

在 298K 下之 $S_{298}^{\ominus}$

CO	197.9	J/(K·mol)
Al	28.0	J/(K·mol)
Fe	27.2	J/(K·mol)
Al_2O_3	53.6	J/(K·mol)
Fe_2O_3	89.9	J/(K·mol)
C	5.8	J/(K·mol)

(答案:1) $\Delta H_{298}^{\ominus} = 523kJ$，$\Delta S_{298}^{\ominus} = 540.70J/K$

2) $\Delta H_{298}^{\ominus} = 1376.54\ kJ$，$\Delta S_{298}^{\ominus} = 578.77\ J/K$)

(51)试计算在 1atm 下 Mg 从 300K 加热到 800K 时的 $\Delta S^{\ominus}$。

已知:Mg 的 $C_p = 25.94 + 5.56 \times 10^{-3}T + 28.37 \times 10^4 T^{-2}$（J/(K·mol)）（273～833K）。

（答案：$\Delta S^{\ominus} = 29.58$ J/(K·mol)）

(52)设有两根完全相同的铜锭：一根的温度为773K，另一根的温度为573K，现将它们放置在一个绝热箱内，热流从热锭流向冷锭，直至两锭温度相同。试求该过程的总 ΔS，并说明过程是否自发进行。

已知：$Cu_{(s)}$　　$C_p = 22.64 + 6.28 \times 10^{-3} T$，J/(K·mol)

（答案：$\Delta S_{总}^{\ominus} = 0.506$ J/(K·mol)，自发进行）

(53)试计算反应 $2Al_{(l)} + \dfrac{3}{2} O_{2(g)} = Al_2O_{3(s)}$ 在 1000K 时的 $\Delta S_{1000}^{\ominus}$。

已知：$\Delta S_{298}^{\ominus} = -313.26$ J/(K·mol)，Al 熔点为 932K，Al 熔化热为 10460J/mol

$Al_2O_{3(s)}$　　$C_p = 105.19$J/(K·mol)　　　　$O_{2(g)}$　　$C_p = 31.67$ J/(K·mol)

$Al_{(s)}$　　$C_p = 28.28$J/(K·mol)　　　　　　$Al_{(l)}$　　$C_p = 29.29$J/(K·mol)

（答案：$\Delta S_{1000}^{\ominus} = -334.47$J/K）

(54)在 1913K 与纯氧化铁渣平衡的铁液的含氧量为 0.268%。与组成为 CaO 18.98%，SiO_2 8.93%，FeO 54.71%，Fe_2O_3 6.35%，MgO 7.23%，P_2O_5 0.85%，MnO 2.95% 的熔渣平衡的铁液中氧含量为 0.176%。试求熔渣中 FeO 的活度及活度系数。

*(55)已知炉渣的组成如下：

组元	CaO	SiO_2	Al_2O_3	MnO	MgO	FeO	P_2O_5
$w(i)$	46.89%	10.22%	2.47%	3.34%	6.88%	29.00%	1.20%

1)按完全离子溶液模型计算 1600℃时炉渣中（CaO）的活度。

假设

a. 强碱性炉渣中，各酸性氧化物与氧离子 O^{2-} 结合成络阴离子的反应分别为

$$SiO_2 + 2O^{2-} = SiO_4^{4-}$$
$$P_2O_5 + 3O^{2-} = 2PO_4^{3-}$$
$$Al_2O_3 + 3O^{2-} = 2AlO_3^{3-}$$

b. 设渣中正离子及 O^{2-} 离子都是由碱性氧化物提供的。

2)按分子理论计算上述炉渣中（CaO）的活度。

假设　渣中存在的复杂氧化物为：　　$2CaO \cdot SiO_2$，$4CaO \cdot P_2O_5$，$3CaO \cdot Al_2O_3$；

简单氧化物为：CaO，MgO，MnO，FeO。

（答案：1）$a_{CaO} = 0.466$，2）$a_{CaO} = 0.322$）

*(56)已知在某一温度下炉渣的组成如下

组元	CaO	SiO_2	MgO	FeO	Fe_2O_3
$w(i)$	40.62%	10.96%	4.56%	33.62%	10.24%

求炉渣中（FeO）的活度。已知炉渣完全由离子组成，阳离子是 Ca^{2+}，Mg^{2+}，Fe^{2+}；络阴离子是 SiO_4^{4-}，$Fe_2O_5^{4-}$ 及 O^{2-}。

（答案：$a_{FeO} = 0.276$）

*(57)已知炼钢炉渣组成如下

组元	CaO	SiO₂	MnO	MgO	FeO	Fe₂O₃	P₂O₅
$w(i)$	27.60%	17.50%	7.90%	9.80%	29.30%	5.20%	2.70%

应用分子理论计算 1600℃时炉渣中(CaO)和(FeO)的活度。

假设　渣中存在的复杂氧化物为：

$4CaO \cdot 2SiO_2$，$CaO \cdot Fe_2O_5$，$4CaO \cdot P_2O_5$；

简单氧化物为：CaO，MgO，MnO，FeO。

（答案：$a_{CaO} = 0.206$，$a_{FeO} = 0.535$）

*(58)已知炼钢炉渣组成如下

组元	CaO	SiO₂	MnO	MgO	FeO	P₂O₅
$w(i)$	42.68%	19.34%	8.84%	14.97%	12.03%	2.15%

试用完全离子溶液模型计算 1600℃时炉渣中(CaO)，(MnO)，(FeO)的活度及活度系数。在 1600℃时测得与此渣平衡的钢液中 $w[O] = 0.058\%$，试确定此模型计算(FeO)活度的精确度。

假设渣中的络阴离子按下列反应形成

$$SiO_2 + 2O^{2-} = SiO_4^{4-}$$

$$P_2O_5 + 3O^{2-} = 2PO_4^{3-}$$

已知氧在渣-钢之间分配系数与温度的关系式为 $\lg L_O = \lg \dfrac{a_{FeO}}{w[O]_\%} = \dfrac{6320}{T} - 2.734$，离子活度系数修正公式为：$\lg \gamma_{Fe^{2+}} \cdot \gamma_{O^{2-}} = 1.53 \sum x(SiO_4^{4-}) - 0.17$

（答案：$a_{CaO} = 0.362$，$a_{MnO} = 0.060$，$a_{FeO} = 0.079$，$\gamma_{CaO} = 0.84$，$\gamma_{MnO} = 0.85$，$\gamma_{FeO} = 0.83$，与 $w[O] = 0.058\%$ 平衡的 $a_{FeO} = 0.252$，修正后的 $a_{FeO} = 0.166$）

*(59)已知炉渣组成如下

组元	CaO	SiO₂	MnO	MgO	FeO	Al₂O₃	CaF₂
$w(i)$	47%	18%	0.2%	14%	1.8%	5%	14%

试计算温度为 1873K 时炉渣的光学碱度及硫化物容量。

（答案：$\Lambda = 0.718$，$C_S = 1.64 \times 10^{-3}$）

*(60)已知高炉渣的组成如下

组元	CaO	SiO₂	MgO	Al₂O₃
$w(i)$	43.46%	35.32%	2.76%	18.48%

试用碱度法和光学碱度法分别计算温度为 1673K 时炉渣的硫化物容量。

（答案：碱度法 $C_S = 8.4 \times 10^{-5}$，光学碱度法 $C_S = 5.2 \times 10^{-5}$）

*(61)已知炉渣组成如下

组元	CaO	SiO₂	MnO	MgO	FeO	Al₂O₃	P₂O₅
$w(i)$	45%	20%	7%	7%	16%	3%	2%

试用光学碱度法计算温度为 1873K 时炉渣的磷酸盐容量。

（答案：$C_{PO_4^{-3}} = 6.0 \times 10^4$）

(62)CaO-FeO-SiO$_2$ 三元系的等 lg γ_{SiO_2} 曲线图是以纯液体 SiO 为标准态绘出的。试导出 1600℃时以液体 SiO$_2$ 为标准态的 SiO$_2$ 的活度系数转换为以固体 SiO$_2$ 为标准态的 SiO$_2$ 的活度系数的关系式。已知：SiO$_2$ 的熔化焓为 9581J/mol，熔点 1723℃。

(63)计算下列反应的标准吉布斯能变化

1）$[Ti]+[N]=TiN_{(s)}$

2）$[Mn]+(FeO)=(MnO)+[Fe]$

MnO 的熔点为 2056K，熔化焓为 44769J/mol。

(64)在不同温度测得与纯氧化铁渣平衡的铁液的含氧量可见表 4-2-8。试求铁液中氧溶解度的温度关系式

表 4-2-8　铁液中氧的溶解度

温度/℃	1520	1540	1560	1580	1600	1620
[%O]	0.149	0.164	0.179	0.195	0.213	0.232

(65)试计算 1600℃下与纯氧化铁渣平衡的气相的氧分压及铁液中氧的量。

第三章   相   图

3.1   相图总结

相图总结如下：

(1)重点掌握相图的几个定律：相律 $F=c-p+2$(温度,压强)；F——自由度；p——相数；c——独立组元数。

连续原理：当决定体系状态的参数连续变化时,若相数不变,则相的性质及整个体系的性质也连续变化；若相数变化,自由度变了,则体系各相性质及整个体系的性质都要发生跃变。

相应原理：对给定的热力学体系,互成平衡的相或相组在相图中有相应的几何元素(点,线,面,体)与之对应。

(2)掌握二元系相图的几个基本类型：共晶反应：液相冷却时分为两个固相,此固相可以是纯组元,也可是固溶体或化合物。液态冷却到共晶温度时,发生如下六种类型反应

$$L=A+B；L=\alpha+\beta；L=A+\beta；L=M_1+M_2；L=M+A；L=M+\alpha$$

共析反应：固溶体或固态化合物在冷却时分解为两个固相(共 12 个类型)。与共晶反应不同的是,共析反应是当温度降低到共析点时,由固溶体或固态化合物生成两个固相组成的共晶体(如 A+B,…)各种类型的相图发生的共析反应为

$$\gamma=A+B；\gamma=\alpha+\beta；\gamma=A+\beta；\gamma=M_1+M_2；\gamma=M+A；\gamma=M+\alpha；M=A+B；M=\alpha+\beta；M=A+\beta；M=M_1+M_2；M=M_1+A；M=M_1+\alpha$$

单晶反应：液态溶液分解为一个固体及另一个组成的液相。

$$L_1=L_2+A；L_1=L_2+\alpha；L_1=L_2+M$$

包晶反应：体系在冷却时,液相与先结晶出的固相或固溶体化合为另一固相(共六类)。

$$L+A=M；L+A=\alpha；L+\alpha=M；L+\alpha=\beta；L+M_1=M_2；L+M=\alpha$$

包析反应：体系冷却时,两个固相纯物质、化合物或固溶体生成另外一个固相化合物或固溶体(共 12 类)：

$$A+B=\gamma；\alpha+\beta=\gamma；A+\beta=\gamma；M_1+M_2=\gamma；M+A=\gamma；M+\alpha=\gamma；A+B=M；\alpha+\beta=M；A+\beta=M；M_1+M_2=M；M_1+A=M；M_1+\alpha=M。$$

(3)掌握三元系相图浓度三角形及其性质：

这些性质包括：垂线、平行线定理；等含量规则；定比例规则；直线规则；重心规则等。

(4)了解具有一个稳定二元化合物的三元系相图及具有一个二元不稳定化合物的三元系相图中几个特殊点的冷却曲线。

(5)掌握相图的几个基本规则：

相区邻接规则：对 n 元相图,某区域内相的总数与邻接区域内相的总数之间有下述关系

$$R_1=R-D^--D^+\geqslant 0$$

式中　　R_1——邻接两个相区边界的维数；

　　　　R——相图的维数；

　　　　D^-——从一个相区进入邻接相区后消失的相数；

　　　　D^+——从一个相区进入邻接相区后新出现的相数。

相区邻接规则的三个推论：

1)两个单相区相毗邻只能是一个点，且为极点。

2)两个两相区不能直接毗邻，或被单相区隔开或被零变线隔开。

3)单相区与零变线只能相交于特殊组成的点，两个零变线必然被它们所共有的两个两相区分开。

相界线构筑规则

规则 1：在三元系中，单相区与两相区邻接的界线的延长线，必须同时进入两个两相区或一个三相区，否则，构筑错误。

规则 2：在二元系中，单相区与两相区邻接的界线延长线必须进入两相区，不能进入单相区。或者说，单相区两条边界线的交角小于 $180°$。

复杂三元系二次体系副分规则：对构筑含有二元或三元化合物的复杂的三元系相图，一般是将这个三元系分为若干个简单的三元系。

含有一个化合物的三元系二次体系副分规则：1)若体系中只有一个二元化合物，副分规则规定，将这个二元化合物与其对面的顶点连接起来，形成两个三元系相图；2)若体系中存在一个三元化合物，则将这个三元化合物与相图的三个顶点连起来，形成三个三元系相图。

含有两个以上化合物的三元系二次体系副分规则：

1)连线规则：连接固相成分代表点的直线，彼此不能相交。

2)四边形对角线不相容原理：三元系中任意四个固相代表点构成的四边形，只有一条对角线上的两个固相可平衡共存。

其判定有两种方法：1)实验法；2)计算法。

切线规则：相分界线上任意一熔体，在结晶时析出的固相成分，由该点与相成分点（析出相浓度三角形之边）的连线之交点表示。

1)当交点位于浓度三角形边上，则这段分界线是低共熔线。

2)当交点位于浓度三角形边的延长线上，则该段分界线是转熔线。

阿尔克马德规则（罗策印规则）：在三元系中，若平衡共存的两个相成分点的连线（或其延长线）与划分这两个相的分界线（或延长线）相交，则交点是分界线的最高温度点。

零变点判断规则：零变点—复杂三元系中，三条相界线的交点，由于其自由度为零，称为零变点。零变点判断规则：

1)若降温矢量的方向指向同一点，则此点为三元共晶点。

2)若降温矢量不全指向三条界线的交点，则此点为三元转熔点。

转熔点可分两类：1)第一类转熔点：一条相界线的降温矢量背离交点（单降点），反应为

$$L + S_1 = S_2 + S_3$$

2)第二类转熔点：二条相界线的降温矢量背离交点（双降点），反应为

$$L + S_1 + S_2 = S_3$$

图 4-3-1　零变点判断规则

（6）了解相图正误的判断方法（用相律判断，用相图构造规则判断，应用热力学数据判断）。

3.2　习题

（1）二元系 A—B 组成一简单的共晶型相图。A 的熔点为 270℃，B 的熔点为 320℃，共晶点温度为 150℃，其成分为 40% B 及 60% A。1）绘出二元相图。2）设有 100g 合金含 20% B 及 80% A，自 400℃冷却，问冷却到 25℃时合金组织内有初生 A 晶体，共晶体 A 及 B 各若干？

（2）某碳素钢钢样在金相显微镜下观察，其珠光体的面积占样品全部面积的 30%。设假定铁素体及碳化铁的比重相同，试估计该钢的含碳量。

（3）Ni-Cu 体系从高温逐渐冷却时，得到如下数据，见表 4-3-1，试画出其相图并标明各相区。

表 4-3-1

w_{Cu}	100%	80%	60%	40%	20%	0
开始结晶温度/K	1355	1467	1554	1627	1683	1724
结晶终了温度/K	1355	1407	1467	1543	1629	1724

1）把含 w_{Ni}=30% 的熔体从 1600K 开始冷却，试问在什么温度开始有固体析出，其组成如何？最后一滴熔体凝结时的温度和组成各为多少？

（答案：1511K，30% 熔体、53% 固相；1436K，14% 熔体、30% 固相）

2）将含 w_{Ni}=50% 的合金 0.24kg 冷到 1550K，Ni 在熔体和固体中的含量各为多少？

（答案：熔体含镍 0.073kg，固相含镍 0.047kg）

（4）对设想的 A—B 二元相图，如图 4-3-2 所示：

1）标明各区存在的相（溶液可用 L、L_1、L_2；固溶体用 α、β、γ …；化合物用 M_1、M_2 …表示）。

2）分出稳定和不稳定的化合物。

3）指出在平行于横坐标的横线上发生的相变反应或相变过程。

4)试说明边界规则在本图的应用。

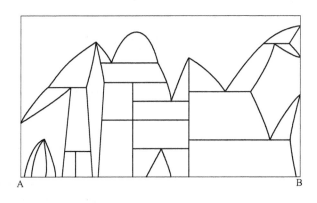

图 4-3-2 设想的二元相图

*(5)在图 4-3-3 中,1)指出相图 a 中的错误,并说明理由(S_1 是化学计量化合物),如何改正? 写出相应的反应及中英文名称;2)根据 $MgSO_4$-H_2O 体系的相图,见图 b 分析,从 $MgSO_4$ 的稀溶液制取最大量的 $MgSO_4 \cdot 6H_2O$ 应选择的条件和采取的步骤(图中 $S_1 = MgSO_4 \cdot 12H_2O$, $S_2 = MgSO_4 \cdot 7H_2O$, $S_3 = MgSO_4 \cdot 6H_2O$)。

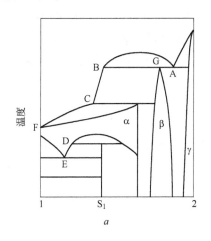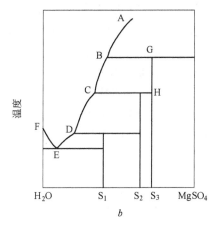

图 4-3-3 第 5 题的相图

(6)在三元系 A-B-C 中,纯组元熔化温度和二元共晶温度的顺序为 $A > B > C > e_1 > e_4 > e_2 > e_3$,试判断零变点 K、J 的性质,并讨论图中成分为 Q_1、Q_2、Q_3 点的熔体的结晶过程,如图 4-3-4 所示。

(7)在氧气顶吹转炉的某次吹炼中,已知终渣简化成分为:$w(CaO) = 60\%$,$w(FeO) = 20\%$,$w(SiO_2) = 20\%$,即如图 4-3-5 中的 M 点所示。试用杠杆规则计算 1600℃温度下该终渣的平衡物相组成。(答案:50%液相(L_E:$w(CaO) = 50\%$,$w(FeO) = 10\%$,$w(SiO_2) = 40\%$)、25%C_2S 固相、25%C_3S 固相)。

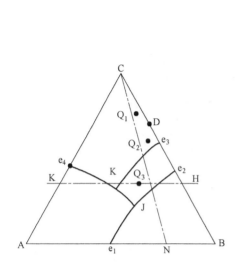

图 4-3-4 第 6 题的相图

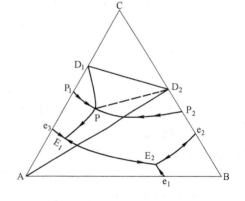

图 4-3-5 第 7 题的相图

a—CaO-FeO-SiO$_2$ 系在 1600℃的等温截面图；

b—C$_2$S(2CaO·SiO$_2$)-C$_3$S(3CaO·SiO$_2$)-E 部分放大图

(8)从 CaO-SiO$_2$ 系相图说明 SiO$_2$ 为 15％的熔渣冷却过程中相成分的变化。

(9)试绘出图 4-3-6 中指定物系点 a、b、c、d、e、p 的结晶过程及冷却曲线。

(10)图 4-3-7 为有两个不稳定二元化合物(D$_1$，D$_2$)的相图。请回答下列问题：

1)标出初晶区的析出相；

2)P$_1$、P$_2$，P，E$_1$、E$_2$ 点的性质；

3)p$_1$p、p$_2$p 线的相平衡关系，

4)△AD$_1$D$_2$ 及△CD$_1$D$_2$ 内任一物系点的结晶终点，并绘出其内任一点的结晶过程。

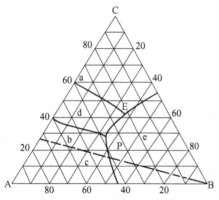

图 4-3-6 二元不稳定化合物相图中物系点

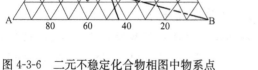

图 4-3-7 两个不稳定二元化合物的相图

第四章　冶金过程动力学

4.1　概述

冶金动力学的内容很丰富,也很零乱,如何抓住主线,便于学习?实际上,冶金动力学是把化学反应的动力学和物理过程的传质原理结合起来的一门新的边缘学科,依据这个思路,把冶金动力学的主要内容分为三个方面:

(1)化学反应动力学基础(化学过程);

(2)均相与对流过程传质速率与机理研究(物理过程);

(3)几类典型冶金多相体系动力学模型(化学和物理过程的动力学基础理论在冶金过程中的应用)。

4.1.1　化学反应动力学基础的知识点

4.1.1.1　重点掌握化学动力学几个基本概念

基元过程或基元反应:一个化学反应由反应物到产物,不能由宏观实验方法探测到中间产物的反应叫基元反应。

复合反应:由两个以上的基元反应组合而成反应称为复合反应。

反应机理:复合反应组合的方式或次序叫反应机理。

反应方程式的书写原则:

(1)如只涉及方程的配平,使用等号,通式可写为 $0 = \Sigma_B \nu_B B$

B 为参加反应的物质,反应物或产物。ν_B 为相应的化学计量系数,对反应物 ν_B 为负值,而对于生成物 ν_B 为正值。

(2)如果强调反应是在平衡状态,则使用两个半箭头,如 $H_2 + I_2 \rightleftharpoons 2HI$

(3)如果说明反应是基元反应,则用一个全箭头,如 $H_2 + I_2 \rightarrow 2HI$

如果正逆方向反应都发生(正逆两个基元反应),则用正逆两个全箭头,如

$$H_2 + I_2 \rightleftharpoons 2HI$$

反应速率两种表示:化学反应是在一定的时间间隔和一定的大小空间进行。时间的长短表示反应的快慢;空间大小决定反应的规模。对任意反应 $0 = \Sigma_B \nu_B B$

设起始反应,即 $t = 0$,参加反应的物质 B 的量为 n_B^0,$t = t$ 时,其量为 n_B,定义在 $0 \sim t$ 的时间范围内 $\xi = \dfrac{n_B - n_B^0}{\nu_B}$

该反应的反应进度。反应进度的微分式为 $d\xi = \nu_B^{-1} dn_B$

对应于反应时间和反应空间有两种反应速率表达式。

(1) 转化速率：

相应与一定的反应空间，反应进度随时间的变化率 $\dot{\xi} = \dfrac{\mathrm{d}\xi}{\mathrm{d}t} = \dfrac{1}{\nu_B}\dfrac{\mathrm{d}n_B}{\mathrm{d}t}$

叫反应的转化速率。单位为 mol/s。

(2) 反应速率：

单位体积中反应进度随时间的变化率 $\nu = \dfrac{1}{V}\dfrac{\mathrm{d}\xi}{\mathrm{d}t} = \dfrac{1}{\nu_B V}\dfrac{\mathrm{d}n_B}{\mathrm{d}t}$

v 是不依赖于反应空间大小的强度性质，单位为 $mol/(m^3 \cdot s)$。

由于 $n_B = c_B V$ 所以 $\mathrm{d}n_B = V\mathrm{d}c_B + c_B\mathrm{d}V$

c_B 为反应体系中 B 物质的量浓度。$\nu = \dfrac{1}{\nu_B}\dfrac{\mathrm{d}c_B}{\mathrm{d}t} + \dfrac{c_B}{\nu_B V}\dfrac{\mathrm{d}V}{\mathrm{d}t}$

若对体积一定的气相反应器和体积变化可以忽略的液相反应器 $\nu = \dfrac{1}{\nu_B}\dfrac{\mathrm{d}c_B}{\mathrm{d}t}$

4.1.1.2　掌握几个基元化学反应的特征

零级反应　　　　　　　　　　　$A \rightarrow P$

速率微分式　　　　　　　　　　　$-\dfrac{\mathrm{d}c_A}{\mathrm{d}t} = k$

速率积分式　　　　　　　　　　　$c_0 - c_A = kt$

半衰期　　　　　　　　　　　　　$t_{\frac{1}{2}} = \dfrac{c_0}{2k}$

k 的单位：$mol/(m^3 \cdot s)$

零级反应的特征：

(1) c_A 与 t 作图是一条直线，表明速率与浓度无关，直线斜率为负值，即是 k。

(2) k 具有浓度/时间的量纲。

(3) 半衰期与初始浓度成正比，与 k 成反比。

一级反应　　　　　　　　　　　$A \rightarrow P$

速率微分式　　　　　　　　　　　$-\dfrac{\mathrm{d}c_A}{\mathrm{d}t} = kc_A$

速率积分式　　　　　　　　　　　$\ln\dfrac{c_0}{c_A} = kt$

半衰期　　　　　　　　　　　　　$t_{\frac{1}{2}} = \dfrac{\ln 2}{k}$

k 的单位：1/s

一级反应的特征：

(1) $\ln|c_A|$ 与 t 作图是一条直线，直线斜率为负值，即是 k。

(2) k 具有 1/时间的量纲，与浓度无关。

(3) 半衰期与初始浓度无关，与 k 成反比。

二级反应　　　　　　　　　　　$2A \rightarrow P$

速率微分式　　　　　　　　　　　　$-\dfrac{\mathrm{d}c_A}{\mathrm{d}t}=kc_A^2$

速率积分式　　　　　　　　　　　　$\dfrac{1}{c_A}-\dfrac{1}{c_0}=kt$

半衰期　　　　　　　　　　　　　　$t_{\frac{1}{2}}=\dfrac{1}{kc_0}$

k 的单位:$m^3/(mol \cdot s)$

反应物是由两种不同物质组成的二级反应　　$aA+bB \rightarrow P$

速率微分式　　　　　　　　$-\dfrac{\mathrm{d}c_A}{\mathrm{d}t}=kc_Ac_B$（$c_A \neq c_B$）

速率积分式　　　　　　$\dfrac{1}{k(bc_{A_0}-ac_{B_0})}\ln\dfrac{c_Ac_{B_0}}{c_{A_0}c_B}=kt$

半衰期　　　　$t_{\frac{1}{2}}=\dfrac{1}{k(ac_{B_0}-bc_{A_0})}\ln\left[2-\dfrac{bc_{A_0}}{ac_{B_0}}\right]$

k 的单位:$m^3/(mol \cdot s)$

二级反应的特征:

(1) $\dfrac{1}{c_A}$ 与 t 作图是一条直线,直线斜率即是 k。

(2) k 具有 1/时间与 1/浓度的量纲。

(3) 半衰期与初始浓度和 k 的乘积成反比。

4.1.1.3　了解复合反应的两种形式

幂函数型速率方程:$\nu=kc_A^\alpha c_B^\beta c_C^\gamma\cdots$

(1) 分级数:式中的指数 $\alpha,\beta,\gamma,\cdots$ 分别表示 A,B,C,$\cdots$ 的浓度对反应速率的影响程度,可以是常数,也可以是分数,还可以是负数。负数表示该物质对反应起阻碍作用。

(2) 反应级数:分级数之和 $n=\alpha+\beta+\gamma+\cdots$ 称为该反应的反应级数,也称表观反应级数。

非幂函数型速率方程:其一般形式是速率与浓度的关系是复杂的、没有规律的函数关系,例如反应 $H_2+Br_2=2HBr$ 的速率方程式是

$$\nu=\dfrac{kc_{H_2}c_{Br_2}^{\frac{1}{2}}}{1+k'c_{HBr}c_{Br_2}^{-1}}$$

其中的分级数和反应级数已经没有意义。

4.1.1.4　掌握几个典型的复合反应的速率方程式

一级可逆反应　　　　　　　　　　A＝B

反应机理　　　　　　　　　　　$A\underset{k_{-1}}{\overset{k_1}{\rightleftarrows}}B$

$t=0$,A,B 物质的起始浓度分别为 c_{A0},c_{B0};

$t=t$ 时,A 物质浓度为 $c_A=c_{A0}-x$,而 B 物质的浓度 $c_B=c_{B0}+x$。

$$\frac{\mathrm{d}x}{\mathrm{d}t} = k_1(c_{A0} - x) - k_{-1}(c_{B0} + x)$$

当 $t \to \infty$，反应达平衡，$x = a$。由于反应平衡时，正、逆反应速率相等。由上式得出

$$\frac{\mathrm{d}x}{\mathrm{d}t} = k_1(c_{A_0} - a) - k_{-1}(c_{B_0} + a) = 0$$

$$a = \frac{k_1 c_{A_0} - k_{-1} c_{B_0}}{k_1 + k_{-1}}$$

整理，得

$$\frac{\mathrm{d}x}{\mathrm{d}t} = (k_1 + k_{-1})\left(\frac{k_1 c_{A_0} - k_{-1} c_{B_0}}{k_1 + k_{-1}} - x\right)$$

既是

$$\frac{\mathrm{d}x}{\mathrm{d}t} = (k_1 + k_{-1})(a - x)$$

从 $t = 0$ 到 $t = t$ 积分，得到 $\ln\dfrac{a}{a-x} = (k_1 + k_{-1})t$

平行反应

$$A \begin{array}{c} \xrightarrow{k_1} B \\ \xrightarrow[k_2]{} C \end{array}$$

$t = 0$，A 物质的起始浓度为 c_{A_0}，B、C 物质的起始浓度皆为零。

$t = t$ 时，A 物质浓度变为 $c_A = c_{A_0} - x$，x 为已消耗的 A 的浓度。反应速率以 A 的消耗速率表示时，得到 $k_1(c_{A_0} - x) + k_2(c_{A_0} - x) = (k_1 + k_2)(c_{A_0} - x)$

从 $t = 0$，$c_B = 0$ 到 $t = t$，$c_B = c_B$，作定积分得到 $c_B = c_{A_0}\dfrac{k_1}{k_1 + k_2}\left[1 - e^{-(k_1 + k_2)t}\right]$

同理，得到 C 物质的浓度　$c_C = c_{A_0}\dfrac{k_2}{k_1 + k_2}\left[1 - e^{-(k_1 + k_2)t}\right]$

可以看出，产物 B 和 C 的浓度 c_B 和 c_C 的比为 $\dfrac{c_B}{c_C} = \dfrac{k_1}{k_2}$

串联反应

$$A \xrightarrow{k_1} B \xrightarrow{k_1} C$$

$$\begin{array}{cccc} t=0 & C_{A_0} & 0 & 0 \\ t=t & C_A & C_B & C_C \end{array}$$

由此得到一个联立微分方程组

$$\begin{cases} -\dfrac{\mathrm{d}c_A}{\mathrm{d}t} = k_1 c_A \\[2mm] \dfrac{\mathrm{d}c_B}{\mathrm{d}t} = k_1 c_A - k_2 c_B \\[2mm] \dfrac{\mathrm{d}c_C}{\mathrm{d}t} = k_2 c_B \end{cases}$$

解得

$$\begin{cases} c_A = c_{A_0} \exp(-k_1 t) \\ c_B = \dfrac{k_1 c_{A_0}}{k_2 - k_1} \left[\exp(-k_1 t) - \exp(-k_2 t) \right] \\ c_C = c_{A_0} \left[1 - \dfrac{k_2}{k_2 - k_1} \exp(-k_1 t) + \dfrac{k_1}{k_2 - k_1} \exp(-k_2 t) \right] \end{cases}$$

4.1.1.5　了解反应速率与温度的关系

阿累尼乌斯公式:

阿累尼乌斯(Arrhenius)从实验得到化学反应速率常数与温度的关系 $k = A\mathrm{e}^{-\frac{E_a}{RT}}$

阿累尼乌斯公式的微分形式为

$$E_a = RT^2 \frac{\mathrm{d}\ln\frac{k}{[k]}}{\mathrm{d}T}$$

阿累尼乌斯公式积分式为

$$\ln\frac{k}{[k]} = \ln\frac{A}{[A]} - \frac{E_a}{RT}$$

测量两个不同温度下的反应速率,得到

$$\ln[k_1/k_2] = \frac{E_a}{R}\left[\frac{1}{T_2} - \frac{1}{T_1}\right]$$

由直线的斜率可得活化能 E_a 的值。

低温下,活化能越小,反应速率越大;而高温下,活化能越大,反应速率越大。这可以从图4-4-1看出。

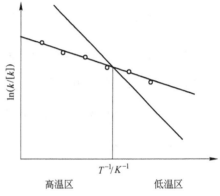

图 4-4-1　活化能与反应速率的关系

4.1.2　传递过程

4.1.2.1　重点掌握传递过程的几个基本概念

物质通量:单位时间通过单位面积物质 B 的量,符号用 j_B ,单位为 mol/(m² · s)。

热通量:单位时间通过单位面积的热量,符号用 q ,单位为 J/(m² · s)。

动量通量:单位时间通过单位面积的动量(mv),符号用 P ,单位为 kg/(m · s²)。由于 1N=kg/(m · s²),因此动量通量的单位也可以表示为 N/m²,即单位面积的力。

4.1.2.2　重点掌握菲克的两个定律

菲克第一定律:扩散流密度与扩散组元浓度梯度间关系 $J_{A,x} = -D_A \dfrac{\partial c_A}{\partial x}$ 称为菲克第一定律。扩散流密度与在扩散介质中的浓度梯度成正比,比例常数称为扩散系数。

菲克第二定律:稳态扩散特征是 $\dfrac{\mathrm{d}c}{\mathrm{d}t} = 0$ 。在物质的浓度随时间变化的体系中,即 $\dfrac{\mathrm{d}c}{\mathrm{d}t}$

$\neq 0$，体系中发生的是非稳态扩散。在一维体系中，单位体积单位时间浓度随的变化等于在该方向上通量，这既是菲克第二定律，其数学表达式为 $\dfrac{\partial c_A}{\partial t} = \dfrac{\partial J_{A,x}}{\partial x}$

或
$$\frac{\partial c_A}{\partial t} = \frac{\partial}{\partial x}\left(D_A \frac{\partial c_A}{\partial x}\right)$$

若 D_A 为常数，即可以忽略 D_A 随浓度及距离的变化
$$\frac{\partial c_A}{\partial t} = D_A \frac{\partial^2 c_A}{\partial x^2}$$

在 x-y-z 三维空间中，则菲克第二定律的表示式为
$$\frac{\partial c_A}{\partial t} = D_A\left(\frac{\partial^2 c_A}{\partial x^2} + \frac{\partial^2 c_A}{\partial y^2} + \frac{\partial^2 c_A}{\partial z^2}\right)$$

4.1.2.3 了解傅里叶定律和牛顿定律

傅里叶定律：热传导时，热通量正比与温度梯度。表达式为 $q_z = -\lambda \dfrac{dT}{dz}$

式中 λ 称为热导率，单位为 W/（K·m）。

牛顿定律：动量传输时，动量通量正比与流速梯度。表达式为 $P_{zy} = -\mu \dfrac{dv_y}{dz}$

式中 μ 称为黏度或动力黏度，单位为 N·s/m² 或 Pa·s。

定义黏度与密度的比叫运动黏度 $\nu = \dfrac{\mu}{\rho}$ ，单位为 $\dfrac{\dfrac{N \cdot s}{m^2}}{\dfrac{kg}{m^3}} = \dfrac{\dfrac{\frac{kg \cdot m}{s^2} \cdot s}{m^2}}{\dfrac{kg}{m^3}} = \dfrac{m^2}{s}$

4.1.2.4 掌握 D 为常数时菲克第二定律的几个特解

扩散偶问题，如图 4-4-2 所示。
初始条件：$t=0$，$x>0$，$c=0$；

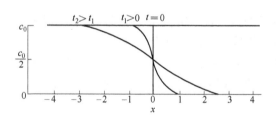

图 4-4-2　不同扩散时间后，扩散偶中
扩散组元的浓度分布

边界条件：$t>0$，$x=0$，$c = \dfrac{c_0}{2}$ ；

$\qquad\qquad x=\infty$，$c=0$

解方程 $\dfrac{\partial c}{\partial t} = D \dfrac{\partial^2 c}{\partial x^2}$ ，得

$$c = \frac{c_0}{2}\left(1 - \frac{2}{\sqrt{\pi}}\int_0^{\frac{x}{2\sqrt{Dt}}} e^{-\xi^2}\, d\xi\right)$$

$\dfrac{2}{\sqrt{\pi}}\displaystyle\int_0^{\frac{x}{2\sqrt{Dt}}} e^{-\xi^2}\, d\xi$ 为积分函数。式中 $\xi = \dfrac{x}{2\sqrt{Dt}}$ 称为误差函数，记作 $\text{erf}\dfrac{x}{2\sqrt{Dt}}$ 。

于是
$$c(x,t) = \frac{c_0}{2}\left(1 - \operatorname{erf}\frac{x}{2\sqrt{Dt}}\right)$$

注：误差函数有如下主要性质

$$\operatorname{erf}(x) = \frac{2}{\sqrt{\pi}}\int_0^x e^{-\lambda^2}\,d\lambda$$

$\operatorname{erf}(-x) = -\operatorname{erf}(x)$

$\operatorname{erf}(0) = 0,\operatorname{erf}(\infty) = 1$

$1 - \operatorname{erf}(x) = \operatorname{erfc}(x)$

$\operatorname{erfc}(\infty) = 0,\operatorname{erfc}(0) = 1$

式中，$\operatorname{erfc}(x)$ 称为余误差函数。

若初始条件变为 $t=0$，$x>0$，$c=c_1$ 则解为 $c(x,t) = c_1 + \dfrac{c_0 - c_1}{2}\left(1 - \operatorname{erf}\dfrac{x}{2\sqrt{Dt}}\right)$

几何面源问题

数学模型 1

初始条件：$t=0$，$x=0$，$c=c_0$；$x\neq0$，$c=0$　$V_{c_0}=Q$

式中，V 为极薄扩散源的体积；Q 为 $x=0$ 处扩散组元的总量。如图 4-4-3 所示。

边界条件：$t>0$，$x\to\infty$，$c=0$；$x\to-\infty$，$c=0$

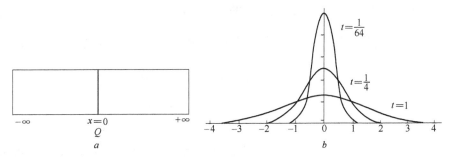

图 4-4-3　几何面源、全无限长一维扩散

a—边界条件；b—浓度分布曲线（扩散时间 $t=1$，$\frac{1}{4}$，$\frac{1}{64}$，横坐标距离 x 为任意长度位置）

由初始及边界条件得到的菲克第二定律的解为 $c = \dfrac{Q}{2\sqrt{\pi Dt}}e^{-\frac{x^2}{4Dt}}$

数学模型 2

初始条件：$t=0$，$x=0$，$c=c_0$，$Q=V_{c_0}$；$x>0$，$c=0$

边界条件：$t>0$，$x=\infty$，$c=0$

所得的菲克第二定律的解为 $c = \dfrac{Q}{\sqrt{\pi Dt}}e^{-\frac{x^2}{4Dt}}$

数学模型 3

$t=0$，$x\geqslant0$，$c=c_{\text{b}}$

$0 < t \leqslant t_e$，$x=0$，$c=c_s$；$x=\infty$，$c=c_b$

菲克第二定律的解为 $\dfrac{c-c_b}{c_s-c_b}=1-\mathrm{erf}\left(\dfrac{x}{2\sqrt{Dt}}\right)$ 或

$$c=c_s-(c_s-c_b)\,\mathrm{erf}\left(\dfrac{x}{2\sqrt{Dt}}\right)$$

4.1.3　冶金动力学过程多相反应基本理论

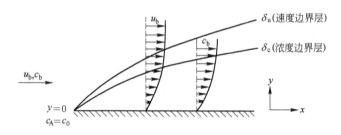

图 4-4-4　强制对流流过平板形成的速度边界层和浓度边界层

4.1.3.1　重点掌握边界层的定义

速度边界层：假设流体为不可压缩，流体内部速度为 u_b，流体与板面交界处速率 $u_x=0$。靠近板面处，存在一个速度逐渐降低的区域，定义从 $u_x=0.99u_b$ 到 $u_x=0$ 的板面之间的区域为速度边界层，用 δ_u 表示。如图 4-4-4 和图 4-4-5 所示。其厚度 $\delta_u=4.64\sqrt{\dfrac{\nu x}{u_b}}$，

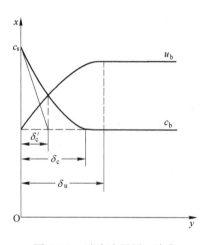

图 4-4-5　速度边界层、浓度
边界层及有效边界层

由于　　　　　$R_e=\dfrac{u_b x}{\nu}$

所以　　　　　$\dfrac{\delta_u}{x}=\dfrac{4.64}{\sqrt{Re_x}}$

浓度边界层：若扩散组元在流体内部的浓度为 c_b，而在板面上的浓度为 c_0，则在流体内部和板面之间存在一个浓度逐渐变化的区域，物质的浓度由界面浓度 c_0 变化到流体内部浓度 c_b 的 99% 时的厚度 δ_c，即 $\dfrac{c-c_b}{c_0-c_b}=0.01$ 所对应的厚度称为浓度边界层，或称为扩散边界层。

层流状态时，δ_u 与 δ_c 有如下关系

$$\delta_c/\delta_u=(\nu/D)^{-1/3}=Sc^{-1/3}$$

式中，$Sc=\nu/D$ 为施密特数。

$$\delta_c/x=4.64 Re_x^{-1/2} Sc_x^{-1/3}$$

有效边界层：在界面处（即 $y=0$）沿着直线对浓度分布曲线引一切线，此切线与浓

度边界层外流体内部的浓度 c_b 的延长线相交，通过交点作一条与界面平行的平面，此平面与界面之间的区域叫做有效边界层，用 δ'_c 来表示。在界面处的浓度梯度即为直线的斜率

$$\left(\frac{\partial c}{\partial y}\right)_{y=0} = \frac{c_b - c_s}{\delta'_c}$$

瓦格纳（C. Wagner）定义 δ'_c 为有效边界层 $\delta'_c = \dfrac{c_b - c_s}{\left(\dfrac{\partial c}{\partial y}\right)_{y=0}}$

4.1.3.2 重点掌握边界层理论

数学模型：在界面处（$y=0$），液体流速 $u_{y=0}=0$，假设在浓度边界层内传质是以分子扩散一种方式进行，稳态下，服从菲克第一定律，则垂直于界面方向上的物质流密度即为扩散流密度 J

$$J = -D\left(\frac{\partial c}{\partial y}\right)_{y=0}$$

而

$$\left(\frac{\partial c}{\partial y}\right)_{y=0} = \frac{c_b - c_s}{\delta'_c}$$

所以

$$J = \frac{D}{\delta'_c}(c_s - c_b) = k_d(c_s - c_b)$$

k_d 叫传质系数。

有效边界层的厚度约为浓度边界层（即扩散边界层）厚度的 2/3，即 $\delta'_c = 0.667\delta_c$。

对层流强制对流传质，$\delta'_c = 3.09 Re_x^{-1/2} Sc_x^{-1/3}$

$$Sh_x = \frac{k_d x}{D} \text{ 或 } Sh_x = x/\delta'_c$$

所以

$$Sh_x = 0.324 Re_x^{1/2} Sc^{1/3}$$

$$(k_d)_x = \frac{D}{\delta'_c} = \frac{D}{x}(0.324 Re_x^{1/2} Sc^{1/3})$$

若平板长为 L，在 $x=0 \sim L$ 范围内 $(k_d)_x$ 的平均值（注：$Sc = \dfrac{\nu}{D}$，$Re = \dfrac{u_b x}{\nu}$，$Sh_x = \dfrac{k_d x}{D}$）。

$$\bar{k}_d = \frac{1}{L}\int_0^L (k_d)_x \mathrm{d}x = 0.324 \frac{D}{L}\left(\frac{\nu}{D}\right)^{1/3}\left(\frac{u}{\nu}\right)^{1/2}\int_0^L x^{-1/2}\mathrm{d}x$$

$$= 0.647 \frac{D}{L}\left(\frac{\nu}{D}\right)^{1/3}\left(\frac{uL}{\nu}\right)^{1/2}$$

整理后得

$$\frac{\bar{k}_d L}{D} = 0.647 Re^{1/2} Sc^{1/3}$$

即

$$Sh = 0.647 Re^{1/2} Sc^{1/3}$$

当流体流动为湍流时，传质系数的计算公式为 $Sh = 0.647 Re^{0.8} Sc^{1/3}$

4.1.3.3　重点掌握双膜传质理论

假设：（1）在两个流动相（气体—液体，蒸汽—液体，液体—液体）的相界面两侧，都有一个边界薄膜（气膜，液膜等）。物质从一个相进入另一个相的传质过程的阻力集中在界面两侧膜内。（2）在界面上，物质的交换处于动态平衡。（3）在每相的区域内，被传输的组元的物质流密度（J），对液体来说与该组元在液体内和界面处的浓度差（$c_l - c_i$）成正比；对于气体来说，与该组元在气体界面处及气体体内分压差（$p_i - p_g$）成正比。（4）对流体1/流体2组成的体系中，两个薄膜中流体是静止不动的，不受流体内流动状态的影响。各相中的传质被看做是独立进行的，互不影响。

若传质方向是由一个液相进入另一个气相，则各相传质的物质流的密度 J 可以表示为

液相
$$J_l = k_l(c_i - c_i^*)$$

气相
$$J_g = k_g(p_i - p_i^*)$$

$$k_1 = \frac{D_1}{\delta_1} \qquad k_g = \frac{D_g}{RT\delta_g}$$

4.1.3.4　重点掌握溶质渗透理论与表面更新理论

溶质渗透理论

假设：（1）流体2可看做由许多微元组成，相间的传质是由流体中的微元完成的；（2）每个微元内某组元的浓度为 c_b，由于自然流动或湍流，若某微元被带到界面与另一流体（流体1）相接触，如流体1中某组元的浓度大于流体2相平衡的浓度则该组元从流体1向流体2微元中迁移；（3）微元在界面停留的时间很短，以 t_e 表示。经 t_e 时间后，微元又进入流体2内。此时，微元内的浓度增加到 $c_b + \Delta c$；（4）由于微元在界面处的寿命很短，组元渗透到微元中的深度小于微元的厚度，微观上该传质过程看做非稳态的一维半无限体扩散过程。如图4-4-6所示。

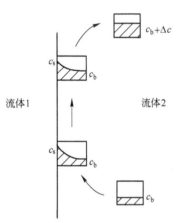

图4-4-6　流体微元流动的示意图

数学模型（半无限体扩散的初始条件和边界条件）：
$$t = 0, \ x \geqslant 0, \ c = c_b; \ 0 < t \leqslant t_e, \ x = 0, \ c = c_s;$$
$$x = \infty, \ c = c_b$$

对半无限体扩散时，菲克第二定律的解为 $\dfrac{c - c_b}{c_s - c_b} = 1 - \mathrm{erf}\left(\dfrac{x}{2\sqrt{Dt}}\right)$

$$c = c_s - (c_s - c_b)\,\mathrm{erf}\left(\frac{x}{2\sqrt{Dt}}\right)$$

在 $x = 0$ 处（即界面上），组元的扩散流密度

$$J = -D\left(\frac{\partial c}{\partial x}\right)_{x=0} = D(c_s - c_b)\left[\frac{\partial}{\partial x}\left(\text{erf}\frac{x}{2\sqrt{Dt}}\right)\right]_{x=0} = D(c_s - c_b) \cdot \frac{1}{\sqrt{\pi Dt}}$$

$$= \sqrt{\frac{D}{\pi t}}(c_s - c_b)$$

在寿命 t_e 时间内的平均扩散流密度

$$\overline{J} = \frac{1}{t_e}\int_0^{t_e} \sqrt{\frac{D}{\pi t}}(c_s - c_b)\mathrm{d}t = 2\sqrt{\frac{D}{\pi t_e}}(c_s - c_b)$$

所以 $k_d = 2\sqrt{\dfrac{D}{\pi t_e}}$（黑碧的溶质渗透理论的传质系数公式）。

表面更新理论：流体 2 的各微元与流体 1 接触时间按 $0\sim\infty$ 统计分布。如图 4-4-7 所示，设 Φ 表示流体微元在界面上的停留时间分布函数，其单位为 s^{-1}。

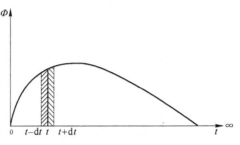

图 4-4-7　流体微元在界面上的
停留时间分布函数

$$\int_0^\infty \Phi(t)\mathrm{d}t = 1$$

$$\Phi(t) = Se^{-st}$$

对于构成全部表面积所有各种寿命微元的总物质流密度为

$$J = \int_0^\infty J_t\Phi(t)\mathrm{d}t = \int_0^\infty \sqrt{\frac{D}{\pi t}}(c_s - c_b)Se^{-st}\mathrm{d}t = \sqrt{DS}(c_s - c_b)$$

得 $\qquad\qquad\qquad\qquad k_d = \sqrt{DS}$

注：不同传质理论所得到的传质系数的表达式
有效边界层理论，双膜理论 $\qquad k_d = D/\delta'_c$

黑碧溶质渗透理论公式 $\qquad\qquad k_d = 2\sqrt{\dfrac{D}{\pi t_e}}$

丹克沃茨表面更新理论公式 $\quad k_d = \sqrt{DS} = \sqrt{D/t_e}$

4.1.4　几种典型的冶金动力学模型

4.1.4.1　气—固相反应的未反应核模型

如图 4-4-8 所示的气—固反应的一般反应式为

$$A_{(g)} + bB_{(s)} = gG_{(g)} + sS_{(s)}$$

未反应核模型的机理如下：

(1) 气体反应物 A 通过气相扩散边界层到达固体反应物表面的外扩散。

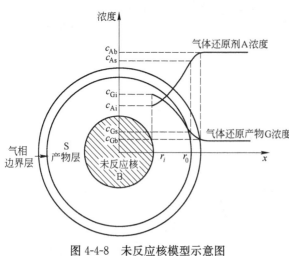

图 4-4-8 未反应核模型示意图

（2）气体反应物通过多孔的还原产物（S）层，扩散到化学反应界面的内扩散。（在气体反应物向内扩散的同时，还可能有固态离子通过固体产物层的扩散）。

（3）气体反应物 A 在反应界面与固体反应物 B 发生化学反应，生成气体产物 G 和固体产物 S 的界面化学反应，由气体反应物的吸附、界面化学反应本身及气体产物的脱附等步骤组成。

（4）气体产物 G 通过多孔的固体产物（S）层扩散到达多孔层的表面。

（5）气体产物通过气相扩散边界层扩散到气体体相内。

4.1.4.2 外扩散为限制环节时的反应模型

$$r_g = -\frac{\mathrm{d}n_A}{\mathrm{d}t} = 4\pi r_0^2 k_g (c_{Ab} - c_{As})$$

式中 k_g——气相边界层的传质系数。

层流强制对流流体通过球体表面可用如下经验式

$$\frac{k_g d}{D} = 2.0 + 0.6 Re^{1/2} Sc^{1/3}$$

当外扩散阻力大于其他各步阻力时，此时出现两种情况：

（1）若为可逆反应，则未反应核界面浓度 c_{Ai} 等于化学反应的平衡浓度 c_{Ae}。因此

$$r_g = 4\pi r_0^2 k_g (c_{Ab} - c_{Ae})$$

（2）若界面上化学反应是不可逆的，外扩散是限制环节，反应物气体物质扩散到未反应核界面上立即和固体反应，可以认为 $c_{Ai} \cong 0$。因此得到，$r_g = 4\pi r_0^2 k_g c_{Ab}$

时间 t 时未反应核的半径为 r_i，未反应核体积内反应物 B 的摩尔数为：$n_B = \frac{\frac{4}{3}\pi r_i^3 \rho_B}{M_B}$

$$v_c = -\frac{\mathrm{d}n_B}{b\mathrm{d}t} = -\frac{4\pi r_i^2 \rho_B}{b M_B}\frac{\mathrm{d}r_i}{\mathrm{d}t}$$

得到

$$-\frac{4\pi r_i^2 \rho_B}{b M_B}\frac{\mathrm{d}r_i}{\mathrm{d}t} = 4\pi r_0^2 k_g c_{Ab}$$

分离变量积分后，得

$$t = \frac{\rho_B r_0}{3b M_B k_g c_{Ab}}\left[1 - \left(\frac{r_i}{r_0}\right)^3\right]$$

完全反应时间为

$$t_f = \frac{\rho_B r_0}{3b M_B k_g c_{Ab}}$$

定义反应分数或转化率 X_B，可以得出 $X_B = \dfrac{\frac{4}{3}\pi r_0^3 \rho_B - \frac{4}{3}\pi r_i^3}{\frac{4}{3}\pi r_0^3 \rho_B} = 1 - \left(\dfrac{r_i}{r_0}\right)^3$

$$\frac{t}{t_f} = 1 - \left(\frac{r_i}{r_0}\right)^3 = X_B$$

对于片状颗粒，得外扩散控速时完全反应时间 $t_f = \dfrac{\rho_B L_0}{bM_B k_g c_{Ab}}$

式中　L_0——平板的厚度。

4.1.4.3　气体反应物在固相产物层中的内扩散

如图 4-4-9 所示，固相产物层中的扩散即内扩散速率 r_D 可以表示为

$$r_D = -\frac{\mathrm{d}n_A}{\mathrm{d}t} = 4\pi r_i^2 D_{eff} \frac{\mathrm{d}c_A}{\mathrm{d}r_i}$$

$$D_{eff} = \frac{D\varepsilon_p}{\tau}$$

在稳态或准稳态条件下，内扩散速率 r_D 看成一个常数。

$$r_D = -\frac{\mathrm{d}n_A}{\mathrm{d}t} = 4\pi D_{eff} \frac{r_0 r_i}{r_0 - r_i}(c_{As} - c_{Ai})$$

当 A 的内扩散控速时，颗粒表面的浓度 c_{As} 等于气相内部本体的浓度 c_{Ab}，但产物层内气体的分布 $c_{Ab} > c_{Ai}$。有两种情况：

（1）对于可逆反应，组元 A 在固相产物层中的扩散为控速，未反应核表面浓度总是等于化学反应平衡时的浓度 $c_{Ai} = c_{Ae}$；

（2）对不可逆反应，则未反应核表面浓度总是等于零，即 $c_{Ai} \approx 0$。

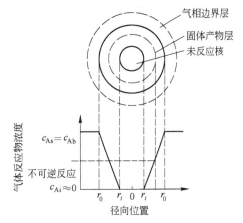

图 4-4-9　产物层中的内扩散控制时，气体反应物 A 的浓度分布

得 $$t = \frac{\rho_B r_0^2}{6bD_{eff}M_B c_{Ab}}\left[1 - 3\left(\frac{r_i}{r_0}\right)^2 + 2\left(\frac{r_i}{r_0}\right)^3\right]$$

由于 $$X_B = 1 - \left(\frac{r_i}{r_0}\right)^3$$

或 $$t = \frac{\rho_B r_0^2}{6bD_{eff}M_B c_{Ab}}\left[1 - 3(1-X_B)^{2/3} + 2(1-X_B)\right]$$

颗粒完全反应时，$X_B = 1$，得完全反应时间 t_f

$$t_f = \frac{\rho_B r_0^2}{6bD_{eff}M_B c_{Ab}}$$

$$\frac{t}{t_f} = \left[1 - 3(1-X_B)^{2/3} + 2(1-X_B)\right]$$

用类似的方法可以得到，对片状颗粒

$$t_f = \frac{\rho_B L_0^2}{2bD_{eff}M_B c_{Ab}}$$

$$\frac{t}{t_f} = X_B^2$$

对柱状颗粒有如下关系

$$t = a[X_B + (1 - X_B)\ln(1 - X_B)]$$

三种不同颗粒形状对应的完全反应时间 t_f 的值不同，可以用下式统一起来表示

$$t_f = \frac{\rho_B F_p}{2bD_{eff}M_B c_{Ab}}\left(\frac{V_p}{A_p}\right)^2$$

式中　　V_p——固体反应物颗粒的原始体积；

　　　　A_p——固体反应物颗粒的原始表面积；

　　　　F_p——形状因子。

对片状、圆柱及球形颗粒，F_p 相应的值分别为 1、2、3。

4.1.4.4　界面化学反应为限制环节

对于球形反应物颗粒，在未反应核及多孔产物层界面上，气-固反应的速率为 $v_c = -$

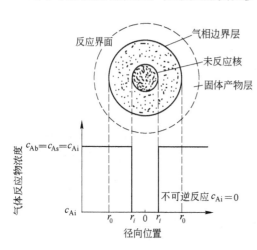

图 4-4-10　界面化学反应控速时，
反应物 A 的浓度分布

$\dfrac{dn_A}{dt} = 4\pi r_i^2 k_{rea} c_{Ai}$，如图 4-4-10 所示。

当界面化学反应阻力比其他步骤阻力大得多时，过程为界面化学反应阻力控速。反应速率方程应为 $\nu_c = -\dfrac{dn_A}{dt} = 4\pi r_i^2 k_{rea} c_{Ab}$

$$-\frac{dn_A}{dt} = -\frac{dn_B}{bdt} = -\frac{4\pi r_i^2 \rho_B}{bM_B}\frac{dr_i}{dt}$$

得　　　$t = \dfrac{\rho_B r_0}{bM_B k_{rea} c_{Ab}}\left(1 - \dfrac{r_i}{r_0}\right)$

由完全反应时 $r_i = 0$，$t = t_f$，得

$$t_f = \frac{\rho_B r_0}{bM_B k_{rea} c_{Ab}}$$

$$\frac{t}{t_f} = 1 - \frac{r_i}{r_0} = 1 - (1 - X_B)^{1/3}$$

4.1.4.5　内扩散及界面化学反应混合控速

忽略外扩散阻力，固体颗粒外表面上反应物 A 的浓度与它在气相本体中的浓度相等，即 $c_{As} = c_{Ab}$。得

$$\frac{k_{rea}D_{eff}r_0 c_{Ab}bM_B}{\rho_B}t = \frac{1}{6}k_{rea}(r_0^3 - 3r_0 r_i^2 + 2r_i^3) - r_0 r_i D_{eff} + r_0^2 D_{eff}$$

或　$\dfrac{k_{rea}D_{eff}c_{Ab}bM_B}{r_0^2 \rho_B}t = \dfrac{1}{6}k_{rea}\left[1 + 2(1 - X_B) - 3(1 - X_B)^{\frac{2}{3}}\right] + \dfrac{D_{eff}}{r_0}\left[1 - (1 - X_B)^{\frac{1}{3}}\right]$

$$t = \frac{r_0^2 \rho_B}{6bD_{eff}c_{Ab}M_B}[1 + 2(1 - X_B) - 3(1 - X_B)^{\frac{2}{3}}] + \frac{r_0 \rho_B}{bk_{rea}c_{Ab}M_B}[1 - (1 - X_B)^{\frac{1}{3}}]$$

对片状、圆柱状的固体颗粒可以作出类似的关于反应时间具有加和性的结论。

一般的情况：假若外扩散、内扩散及化学反应的阻力都不能忽略，球形颗粒可得出下列方程式

$$t = \frac{r_0 \rho_B}{3bk_{rea}c_{Ab}M_B}X_B + \frac{r_0^2 \rho_B}{6bD_{eff}c_{Ab}M_B}[1 + 2(1 - X_B) - 3(1 - X_B)^{\frac{2}{3}}]$$

$$+ \frac{r_0 \rho_B}{bk_{rea}c_{Ab}M_B}[1 - (1 - X_B)^{\frac{1}{3}}]$$

式中，第一、二、三项分别表示外扩散、内扩散及界面化学反应的贡献。

由稳态条件下各步骤的速率相等 $4\pi r_0^2 k_g(c_{Ab} - c_{As}) = 4\pi D_{eff}\left(\frac{r_0 r_i}{r_0 - r_i}\right) \cdot (c_{As} - c_{Ai}) =$

$4\pi r_i^2 k_{rea}c_{Ai}$ ，得 $\dfrac{4\pi r_0^2(c_{Ab} - c_{As})}{\dfrac{1}{k_g}} = \dfrac{4\pi r_0^2(c_{As} - c_{Ai})}{\dfrac{r_0(r_0 - r_i)}{D_{eff}r_i}} = \dfrac{4\pi r_0^2 c_{Ai}}{\dfrac{1}{k_{rea}}\left(\dfrac{r_0}{r_i}\right)^2}$ 。

由和分比性质 $$\frac{a_1}{b_1} = \frac{a_2}{b_2} = \frac{a_3}{b_3} = \nu_t$$

则 $$a_1 = b_1 \nu_t, a_2 = b_2 \nu_t, a_3 = b_3 \nu_t,$$

所以 $$\frac{a_1 + a_2 + a_3}{b_1 + b_2 + b_3} = \nu_t$$

可得 $$\nu_t = \frac{4\pi r_0^2 c_{Ab}}{\dfrac{1}{k_g} + \dfrac{r_0(r_0 - r_i)}{D_{eff}r_i} + \dfrac{1}{k_{rea}}\left(\dfrac{r_0}{r_i}\right)^2}$$

令 $$\frac{1}{k_t} = \frac{1}{k_g} + \frac{r_0}{D_{eff}}\left(\frac{r_0 - r_i}{r_i}\right) + \frac{1}{k_{rea}}\left(\frac{r_0}{r_i}\right)^2$$

则 $$\nu = 4\pi r_0^2 k_t c_{Ab}$$

式中，$1/k_t$ 可以视为各步骤的总阻力，相当于各步骤阻力之和。

若界面化学反应是一级可逆反应，则化学反应速率

$$\nu_c = k_{rea+}4\pi r_i^2 c_{Ai} - k_{rea-}4\pi r_i^2 c_{Gi}$$

$$K^{\ominus} = \frac{k_{rea+}}{k_{rea-}} = \frac{c_{ge}}{c_{Ae}}$$

若反应前后气体分子数不变，系数 $a = g$ 时，反应前后气相的总浓度不变，则

$$c_{Ae} + c_{Ge} = c_{Ai} + c_{Gi}$$

由此可得 $$c_{Gi} = c_{Ae}(1 + K) - c_{Ai}$$

整理后得出 $$\nu_c = 4\pi r_i^2(c_{Ai} - c_{Ae})\frac{k_{rea+}(1 + K)}{K}$$

速率方程为 $$\nu_t = \frac{4\pi r_0^2(c_{Ab} - c_{Ae})}{\dfrac{1}{k_g} + \dfrac{r_0(r_0 - r_i)}{D_{eff}r_i} + \dfrac{K}{k_{rea+}(1 + K)}\left(\dfrac{r_0}{r_i}\right)^2}$$

令式中分母为 $1/k_t$，则 $\nu_t = 4\pi r_0^2(c_{Ab} - c_{Ae})k_t$

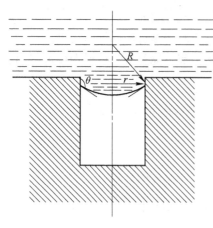

图 4-4-11　非均相生核示意图

4.1.4.6　气—液反应动力学主要内容

A　掌握均相中气泡生成机理

化学反应中产生的气体，要在液相中产生气泡，气体组元在液相中就需要很高的过饱和度，在气泡面上的附加力即为 $p_{附} = \dfrac{2\sigma}{R}$

B　掌握非均相中气泡生成机理

非均相生核孔隙是半径为 r 的圆柱形孔隙，固相与液相间的接触角为 θ。表面张力所产生的附加压力与液体产生的重力方向相反，如图 4-4-11 所示，其数值为

$$p_{附} = \frac{2\sigma}{R}$$

而
$$r = R\cos(180 - \theta)$$

$$p_{附} = \frac{2\sigma}{R} = \frac{2\sigma\cos(180 - \theta)}{r} = -\frac{2\sigma\cos\theta}{r}$$

静压力
$$p_{静} = \rho_l g h。$$

根据 $p_{附} = p_{静}$，活性孔隙半径的上限 $r_{max} = -\dfrac{2\sigma\cos\theta}{\rho_l g h}$

实际孔隙的半径大于 r_{max} 时，将会被液体填充不能成为气泡核心。

C　重点掌握气泡上浮过程中的长大

设 p_0 为气泡形成时受到液体的压力，气泡在某时刻上浮的垂直距离为 x，则此时气泡的压力为

$$p_x, \ p_x = p_0 - \rho_l g x$$

如果形成的气泡为球冠形，则其上升速度为 $u_t = 0.79 g^{\frac{1}{2}} V_B^{\frac{1}{6}}$

由于 $u_t = \mathrm{d}x/\mathrm{d}t$，所以 $\dfrac{\mathrm{d}x}{\mathrm{d}t} = 0.79 g^{\frac{1}{2}} V_B^{\frac{1}{6}}$

设气泡内的气体应服从理想气体状态方程 $p_x V_x = p_0 V_0$

如果气泡在初始形成时，其上方液层的深度为 h，则 $p = p^{\ominus} + g h \rho_l$

$$\frac{\mathrm{d}x}{\mathrm{d}t} = 0.79 g^{\frac{1}{2}} \left(\frac{p_0 V_0}{p_0 - \rho_l g x}\right)^{\frac{1}{6}}$$

在 $t=0$ 时，$x=0$ 积分得出 $t = \dfrac{1.08}{(p_0 V_0)^{1/6} \cdot \rho_l g^{1/2}} [p_0^{\frac{7}{6}} - (p_0 - \rho_l g x)^{\frac{7}{6}}] \ (0 \leqslant x \leqslant h)$

D　重点掌握炼钢过程中一氧化碳气泡的上浮与长大

炉渣中氧化铁迁移到钢渣界面；在钢渣界面发生反应 $(FeO)_s \rightarrow [Fe]_s + [O]_s$

反应机理：

（1）钢渣界面上吸附的氧 $[O]_s$ 向钢液内部扩散；

（2）钢液内部的碳和氧扩散到一氧化碳气泡表面；

（3）在一氧化碳气泡表面发生反应 $[C]+[O]_s \rightarrow CO_{(g)_s}$

（4）生成的 CO 气体扩散到气泡内部，使气泡长大并上浮，通过钢水和渣进入炉气。

数学模型：在 1600℃时的碳氧反应平衡常数 $K_{1873}^{\ominus}=\dfrac{p_{CO}/p^{\ominus}}{w[C]_{s,\%}w[O]_{s,\%}} \approx 500$。

气泡长大的控速环节为第 2 步骤。对中、高含碳量的钢液，碳的浓度远大于氧的浓度，碳的最大可能扩散速率可能比氧的要大得多，可以近似地认为氧的扩散是限制性环节。碳在界面处的浓度近似等于钢液内部的浓度，即 $w[C]_s = w[C]$。

一氧化碳的生成速率等于氧通过钢液边界层的扩散速率，即 $\dfrac{dn_{CO}}{dt}=k_d A_B(c_{[O]}-c_{[O]_s})$

假定气泡中 $p_{CO}=0.1013MPa$，$c_{[O]}-c_{[O]_s}$ 即氧浓度与平衡氧浓度之差，也称为氧的过饱和值，记为 $\Delta c_{[O]}$。

整理后得出 $\dfrac{dr}{dt}=\left(\dfrac{16RT}{p_g+\rho gh}\right) \cdot \left(\dfrac{gD^2}{9\pi^2 r}\right)^{\frac{1}{4}} \cdot \Delta c_{[O]}$

分离变量积分，得 $r=\left\{\dfrac{14RT}{\sqrt[4]{g}}\left(\dfrac{3D}{\pi}\right)^{\frac{1}{2}} \cdot \left(\dfrac{\Delta c_{[O]}}{\rho g}\right) \cdot \left[\ln\left(h+\dfrac{p_g}{\rho g}\right)-\ln\dfrac{p_g}{\rho g}\right]\right\}^{\frac{4}{7}}$

4.1.4.7　液—液反应动力学的主要内容

A　重点掌握金属液—熔渣反应机理和反应的数学模型

如图 4-4-12 所示，是组元 A 在熔渣、金属液两相中浓度分布，金属液—熔渣反应

$$[A]+(B^{z+})=(A^{z+})+[B]$$
$$[A]+(B^{z-})=(A^{z-})+[B]$$

反应机理：

（1）组元 $[A]$ 由金属液内穿过金属液一侧边界层向金属液—熔渣界面迁移；

（2）组元 (B^{z+}) 由渣相内穿过渣相一侧边界层向熔渣—金属液界面的迁移；

（3）在界面上发生化学反应；

（4）反应产物 $(A^{z+})^*$ 由熔渣—金属液界面穿过渣相边界层向渣相内迁移；

（5）反应产物 $[B]^*$ 由金属液—熔渣界面穿过金属液边界层向金属液内部迁移。

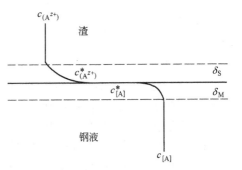

图 4-4-12　组元 A 在熔渣与金属液中浓度分布示意图

$$J_A=\dfrac{c_{[A]}-\dfrac{c_{(A^{z+})}}{K^{\ominus}}}{\dfrac{1}{k_{[A]}}+\dfrac{1}{k_{(A^{z+})}K^{\ominus}}+\dfrac{1}{k_{rea+}}}$$

讨论：

(1) 若 A 在钢液中的传质是限制环节，即 $\dfrac{1}{k_{[A]}} \gg \dfrac{1}{k_{(A^{z+})}K^{\ominus}} + \dfrac{1}{k_{rea+}}$，总过程的速率

$$J_A = \frac{c_{[A]} - \dfrac{c_{(A^{z+})}}{K^{\ominus}}}{\dfrac{1}{k_{[A]}}} = k_{[A]}\left(c_{[A]} - \frac{c_{(A^{z+})}}{K^{\ominus}}\right)$$

$$c_{(A^{z+})} = c^*_{(A^{z+})} \text{ 由 } \frac{c^*_{(A^{z+})}}{c^*_{[A]}} = \frac{k_{rea+}}{k_{rea-}} = K^{\ominus}, \frac{c_{(A^{z+})}}{K^{\ominus}} = c^*_{[A]}$$

所以
$$J_A = k_{[A]}(c_{[A]} - c^*_{[A]})$$

(2) 若 A 在渣中的传质是限制环节 $\dfrac{1}{k_{(A^{z+})}K^{\ominus}} \gg \dfrac{1}{k_{[A]}} + \dfrac{1}{k_{rea+}}$，总过程的速率

$$J_A = \frac{c_{[A]} - \dfrac{c_{(A^{z+})}}{K^{\ominus}}}{\dfrac{1}{k_{(A^{z+})}K^{\ominus}}} = k_{(A^{z+})}K^{\ominus}\left(c_{[A]} - \frac{c_{(A^{z+})}}{K^{\ominus}}\right) = k_{(A^{z+})}(K^{\ominus}c_{[A]} - c_{(A^{z+})})$$

由
$$\frac{c^*_{(A^{z+})}}{c^*_{[A]}} = \frac{k_{rea+}}{k_{rea-}} = K^{\ominus}, c_{[A]} = c^*_{[A]}$$

所以
$$c_{[A]}K^{\ominus} = c^*_{(A^{z+})}$$

$$J_A = k_{(A^{z+})}(K^{\ominus}c_{[A]} - c_{(A^{z+})}) = k_{(A^{z+})}(c^*_{(A^{z+})} - c_{(A^{z+})})$$

(3) 若 A 在渣钢界面化学反应是限制环节，$\dfrac{1}{k_{rea+}} \gg \dfrac{1}{k_{[A]}} + \dfrac{1}{k_{(A^{z+})}K^{\ominus}}$，总过程的速率

$$J_A = k_{rea+}\left(c_{[A]} - \frac{c_{(A^{z+})}}{K^{\ominus}}\right) = k_{rea+}c_{[A]} - k_{rea+}\frac{c_{(A^{z+})}}{\dfrac{k_{rea+}}{k_{rea-}}} = k_{rea+}c_{[A]} - k_{rea-}c_{(A^{z+})}$$

B 重点掌握钢液中锰氧化的动力学模型

钢渣反应
$$[Mn] + (FeO) = (MnO) + [Fe]$$

反应机理：

(1) 钢中锰原子向钢渣界面迁移，在界面的浓度 $c^*_{[Mn]}$；

(2) 渣中 Fe^{2+} 向渣钢界面迁移，在界面的浓度 $c^*_{(Mn^{2+})}$；

(3) 钢渣界面上发生化学反应 $[Mn]^* + (Fe^{2+})^* = [Fe]^* + (Mn^{2+})^*$；

(4) 生成的 Mn^{2+} 从界面向渣中扩散；

(5) 生成的 Fe 原子从界面向钢液内扩散。

Mn 在金属中的扩散为限制环节时的最大速率：

扩散流密度
$$J_{[Mn]} = \frac{D_{[Mn]}}{\delta_{[Mn]}}(c_{[Mn]} - c^*_{[Mn]})$$

令
$$Q \equiv \frac{c_{(Mn^{2+})} \cdot c_{[Fe]}}{c_{[Mn]} \cdot c_{(Fe^{2+})}}, K^{\ominus} = \frac{c^*_{(Mn^{2+})} \cdot c^*_{[Fe]}}{c^*_{[Mn]} \cdot c^*_{(Fe^{2+})}}$$

所以
$$c^*_{[Mn]} = \frac{1}{K^{\ominus}} \cdot \frac{c^*_{(Mn^{2+})} \cdot c^*_{[Fe]}}{c^*_{(Fe^{2+})}}$$

$$c^*_{[Mn]}\Big|_{min} = \frac{1}{K^\ominus} \cdot \frac{c_{(Mn^{2+})} c_{[Fe]}}{c_{(Fe^{2+})}}$$

$$n^0_{[Mn]}\Big|_{max} = A \frac{D_{[Mn]}}{\delta_{[Mn]}} \left(c_{[Mn]} - \frac{1}{K^\ominus} \cdot \frac{c_{(Mn^{2+})} c_{[Fe]}}{c_{(Fe^{2+})}} \right)$$

所以
$$n^0_{[Mn]}\Big|_{max} = A \frac{D_{[Mn^{2+}]}}{\delta_{[Mn]}} c_{[Mn]} \left(1 - \frac{Q}{K^\ominus} \right)$$

Fe^{2+} 在渣中的扩散的最大速率
$$n^0_{(Fe^{2+})}\Big|_{max} = A \frac{D_{(Fe^{2+})}}{\delta_{(Fe^{2+})}} c_{(Fe^{2+})} \left(1 - \frac{Q}{K^\ominus} \right)$$

Mn^{2+} 在渣中的扩散的最大速率
$$n^0_{(Mn^{2+})}\Big|_{max} = A \frac{D_{(Mn^{2+})}}{\delta_{(Mn^{2+})}} c_{(Mn^{2+})} \left(\frac{K^\ominus}{Q} - 1 \right)$$

Fe 原子在钢液中的扩散的最大速率
$$n^0_{[Fe]}\Big|_{max} = A \frac{D_{[Fe]}}{\delta_{[Fe]}} \cdot c_{[Fe]} \cdot \left(\frac{K^\ominus}{Q} - 1 \right)$$

从表 4-4-1 计算结果可以判断哪一部是限制环节。表明第 5 步进行得很快，不可能成为限制性环节。第 1、2、4 步的最大速率虽然不一样，但差别不很大，并不存在一个速率特别慢的环节，因而整个反应速度不能用其中任何一环节的最大速率代替。

表 4-1-1　钢中 Mn 氧化各环节的最大速度步骤

步　骤	渣钢界面积 /A・m^{-2}	扩散系数 D/m^2・s^{-1}	边界层厚度 δ/m	K/Q	Q/K	最大速率 $n^\cdot$/mol・s^{-1}
1	15	10^{-8}	3×10^{-5}	—	0.415	0.74
2	15	10^{-10}	1.2×10^{-4}	—	0.415	0.071
4	15	10^{-10}	1.2×10^{-4}	2.4	—	0.043
5	15	10^{-8}	3×10^{-5}	2.4	—	880

4.2　习题

（1）试推导零级，一级，二级反应的速度常数 k 与初始浓度 C_0 和半衰期 $\tau_{0.5,(1)} = 2.5$ 的关系式 ［即 $\tau_{0.5} = f(C_0, k)$］。

（答案：$\dfrac{C_0}{2k} = \tau_{0.5}$，$\dfrac{\ln 2}{k} = \tau_{0.5}$，$\dfrac{1}{C_0 \cdot k} = \tau_{0.5}$）

（2）现研究某一化学反应的动力学，$A + B = C$。曾经测得当反应物 A 的起始浓度 $C_{0(1)} = 2.0$mol/L 时，反应的半衰期 $\tau_{0.5(1)} = 2.5$h；当反应物 A 的起始浓度 $C_{0(2)} = 5.0$mol/L 时，则反应半衰期 $\tau_{0.5,(2)} = 1.0$h。试求该反应的级数和速度常数。

（答案：二级，$k = 0.20$mol/（L・h））

*（3）1）比较，总结零级，一级和二级反应的动力学特征，并用列表形式表示。

　　2）某二级反应的反应物起始浓度为 0.4×10^3 mol/m^3。该反应在 80min 内完成 30%，计算其反应速率常数及完成反应的 80% 所需的时间。

（答案：$k = 1.339\times10^{-5}$m^3/（mol・min），$t = 746.8$min）

（4）已知 A、B 两个反应的频率因子相同，活化能之差：$E_A - E_B = 16.628$kJ/mol。

求：1）1000K 时，反应的速率常数之比 $k_A/k_B = ?$　2）1500K 时反应的速率常数之比 k_A/k_B 有何变化？

（答案：1）$k_A/k_{B,1000} = 0.1353$；2）$k_A/k_{B,1500} = 0.2635$）

（5）熔渣中（FeO）和铁液中 [C] 发生还原反应为：（FeO）＋ $[C]_{Fe} = Fe_{(s)} +$ $CO_{(g)}$，今测得熔渣中（FeO）浓度随反应时间的变化如下

反应时间/min	0	1.0	1.5	2.0	3.0
渣中(FeO)(质量分数/%)	20	11.50	9.35	7.10	4.40

试求此还原反应的级数和速度常数。

（答案：一级，$k = 0.50\%/min$）

（6）碱性熔渣铁水间的脱硫反应在渣液—铁液的界面上进行。曾测得反应界面上硫浓度随反应时间的变化如下

反应时间/min	0	9	20	40	64
界面上硫浓度/g·cm^{-2}	8.71	5.74	3.02	1.00	0.275

试求此脱硫反应的级数和速度常数。

（答案：一级，$k = 0.054g/(cm^3 \cdot min)$）

（7）某一反应在 673K 时的速度常数为 573K 时的 2 倍，试求算此反应的活化能。

（答案：$E = 22.25kJ/mol$）

（8）氧化铀在不同温度下氟化处理时获得的速度常数如下

温度/K	873	903	933	963	993
速度常数/g·(cm²min)$^{-1}$	0.69×10^3	1.21×10^3	2.10×10^3	3.46×10^3	5.37×10^3

试求此氟化反应的活化能。

（答案：$E = 123.43kJ$）

（9）试求一级反应完成 99.9% 时所需时间与其半衰期之比是多少？

（答案：$\dfrac{\tau_{99.9\%}}{\tau_{50\%}} = 10$）

（10）今有两种成分不同的铁水，其成分为：铁水 A 含 [S] ＝0.8%，铁水 B 含 [S] ＝0.8%，[Si] ＝1.46%。用同一种碱性熔渣对铁水 A 和 B 进行脱硫试验，铁水中硫含量随脱硫时间的变化见表 4-4-2。

表 4-4-2　铁水中硫含量随脱硫时间的变化

时间/min		0	10	20	30	40
[S] /%	铁水 A	0.8	0.67	0.56	0.47	0.40
	铁水 B	0.8	0.64	0.50	0.40	0.32

试求脱硫反应的级数和速度常数。

（答案：一级，$k_A = 0.018 \times \%/min$，$k_B = 0.024 \times \%/min$）

（11）CO 还原 FeO 的反应为 $CO_{(g)} + FeO_{(s)} = CO_{2(g)} + Fe_{(s)}$，已测出不同温度下的速度常数如下：$k_{900℃} = 2.979 \times 10^{-2} s^{-1}$，$k_{1000℃} = 5.623 \times 10^{-2} s^{-1}$。试计算此还原反应的活化能和 $k_{1100℃}$。

（答案：$E = 78.91kJ/mol$，$k_{1100℃} = 9.97 \times 10^{-2} s^{-1}$）

（12）铁水中［C］还原熔渣中（V_2O_3）的实验数据见表 4-4-3。

表 4-4-3 铁水中［C］还原熔渣中（V_2O_3）的实验数据

时间/min		0	10	20	30	40	50
1420℃	（%V）渣中	2.00	1.80	1.70	1.61	1.60	1.58
1464℃		2.00	1.68	1.50	1.20	1.00	0.90
1512℃		2.00	1.60	1.00	0.80	0.65	0.50

试求反应（V_2O_3）＋3［C］$_{Fe}$＝2［V］$_{Fe}$＋3$CO_{(g)}$ 的级数、活化能和 $\lg k$（速度常数）

＝$f\left(\dfrac{1}{T}\right)$ 的表达式。

（答案：作 $\dfrac{1}{（\%V）_{渣}}-\tau$ 图为一直线，证明为一级反应。

$$E=264.80 \text{kJ/mol（V）}; \quad \lg k=-\frac{13836}{T}+5.96）$$

（13）用 H_2 还原粒度为 19～21mm 的 Ti-Fe 精矿。测得不同温度下精矿粒的还原度随还原时间变化的实验数据见表 4-4-4。

表 4-4-4 用 H_2 还原 Ti-Fe 精矿还原度随还原时间变化的实验数据

还原时间/min		10	30	50	70	90
还原度/%	750℃	35	64	78	87	90
	850℃	43	75	78	88	97
	950℃	55	88	98	99	99

试求：1）还原反应的活化能；2）速度常数和温度的关系式。

（答案：作 $\ln$（1-还原度）$-\tau$ 图为一直线，证明为一级反应。

$$E=50 \text{kJ/mol（Fe）}; \quad \lg k=-\frac{6014}{T}+0.99 \; (k_{750℃}=0.008,$$

$$k_{850℃}=0.012, \; k_{950℃}=0.020)）$$

＊（14）在电弧炉冶炼的还原期内，曾测得钢水中硫含量从 0.035% 下降到 0.030%，在 1580℃ 下需用 60min，而 1600℃ 只需用 50min。试计算在 1630℃ 下需用多少时间，并求出脱硫反应的活化能。

（答案：36.90min，307.70kJ/mol）

＊（15）试计算在电弧炉冶炼的氧化期内钢液中［Mn］氧化掉 90% 所需要的时间。假定［Mn］氧化速度的限制环节是钢液中［Mn］的扩散。

已知：熔渣—钢液接触界面积 $A=6.9\times10^5 \text{cm}^2$，$D_{[Mn]}=10^{-4} \text{cm}^2/\text{s}$，边界层厚度 $\delta_{钢}$ ＝0.003cm，钢液密度 $\rho=7\text{g/cm}^3$，电炉容量 200t。

（答案：47.67min）

（16）高炉渣对铁水的脱硫实验在旋转的石墨坩埚内进行，实验温度保持在 1500℃。试求算铁水中的［S］含量从 0.80% 降至 0.023% 所需的时间。

已知：渣—铁水界面上 S 的平衡浓度为 0.013%。S 在熔渣中的扩散是脱 S 反应的限制环节。$\dfrac{A_{m\cdot s}}{V_m}=0.43\text{cm}^2/\text{cm}^3$，$D_{(s)}=4\times10^{-5}\text{cm}^2/\text{s}$，$\delta_{渣}=0.03\text{cm}$，$\dfrac{A_{m\cdot s}}{V_s}=2.3\text{cm}^2/\text{cm}^3$。

（答案：23.79min）

（17）在真空下吹 Ar 处理钢液以降低其含 [C] 量。设钢液温度为 1600℃，钢液中初始 $[C]_0=0.06\%$，现欲使其降至 0.02%，试问钢液需处理多长时间？

已知：$D_{[C]}$：$2\times10^{-5}\text{cm}^2/\text{s}$ 边界层（气膜）厚度 $\delta=6.8\times10^{-2}\text{cm}$，$\dfrac{A_{m\cdot g}}{V_m}=100\text{m}^2/\text{m}^3$，$p_{CO}=6\times10^{-8}\text{MPa}$；$[C]+[O]=CO_{(g)}$，$\lg k=\lg\dfrac{p_{CO}}{a_C a_O}=\dfrac{-1168}{T}-2.07$。

（答案：62.28min）

（18）一厚 0.01cm 的薄铁板，其一面暴露于 925℃ 的渗碳性气氛中，因而保持为 $w[C]=1.2\%C$ 的表面浓度，另一面浓度保持为 $w[C]=0.1\%$。试计算稳态扩散情况下，穿过该薄铁板的碳的扩散流密度。假定扩散系数为一常数与浓度无关，已知 $D=2\times10^{-11}\text{m}^2/\text{s}$，铁的密度 $\rho=7\times10^3\text{kg/m}^3$。

（答案：$12.84\times10^{-4}\text{mol}/(\text{m}^2\cdot\text{s})$）

（19）应用薄壳平衡法，推导通过空心圆柱体的扩散方程。

（答案：对于稳态，D 与浓度无关的扩散 $\dfrac{c-c_1}{c_1-c_2}=\dfrac{\ln(r/r_2)}{\ln(r_1/r_2)}$，$r_1$：内径，$r_2$：外径；$c_1$，$c_2$ 内外表面浓度）。

（20）含碳 0.2%C 的低碳钢板置于 982℃ 的渗碳性气氛中，以发生反应 $2CO=CO_2+C$

$CO-CO_2$ 气氛与钢板表面层中 1%C 达到平衡。设钢板内部扩散为过程控速环节，试计算经 2、4、10h 后碳的浓度分布。已知碳在钢中的扩散系数 $D_C=2.0\times10^{-11}\text{m}^2/\text{s}$。

（21）实验测定 Zn 在 Sb 中的扩散系数数据见表 4-4-5 所示。求扩散活化能及频率因子。

表 4-4-5 Zn 在 Sb 中的扩散系数

温度/℃	583	530	471	399	326
$D_{Zn}/\text{m}^2\cdot\text{s}^{-1}$	8.85×10^{-9}	7.43×10^{-9}	6.73×10^{-9}	5.33×10^{-9}	4.32×10^{-9}

（答案：$E_D=12.8\text{kJ/mol}$，$D_0=5.26\times10^{-8}\text{m}^2/\text{s}$）

（22）用一端有平面源的扩散法测定 Ce^{141} 在成分为 $w(\text{CaO})=40\%$、$w(\text{SiO}_2)=40\%$ 和 $w(\text{Al}_2\text{O}_3)=20\%$ 的三元熔渣中的扩散系数，7h 后得到放射性强度分布见表 4-4-6，求扩散系数 D_{Ce}^*。

表 4-4-6 实验放射强度分布

x/m	1.126×10^{-3}	2.330×10^{-3}	3.355×10^{-3}	3.775×10^{-3}	4.719×10^{-3}	5.730×10^{-3}
$I/\text{次}\cdot\text{s}^{-1}$	142	117	94	89	66	42

（答案：$D_{Ce}^*=2.65\times10^{-10}\text{m}^2/\text{s}^1$）

（23）一限定成分为 $x(\text{Ni})=0.0974$ 和 $x(\text{Ni})=0.4978$ 的金—镍扩散偶在 925℃

保持 $2.07×10^6$ s 之久。然后将它切成与原始界面相平行，厚度为 0.075mm 的薄层并分析之。

1）利用表 4-4-7 数据，计算 x（Ni）＝0.20，x（Ni）＝0.30 和 x（Ni）＝0.40Ni 处的互扩散系数。

表 4-4-7　金—镍扩散偶的试验数据

No.	x（Ni）	No.	x（Ni）	No.	x（Ni）
11	0.4978	23	0.3140	33	0.1686
12	0.4959	24	0.2974	35	0.1549
14	0.4745	26	0.2587	37	0.1390
16	0.4449	27	0.2411	38	0.1326
18	0.4058	28	0.2249	39	0.1255
19	0.3801	29	0.2138	41	0.1141
20	0.3701	30	0.2051	43	0.1048
21	0.3510	31	0.1912	45	0.0999
22	0.3317	32	0.1792	47	0.0974

2）假定在原始界面处插入一些标记，在扩散过程中它由 x（Ni）＝0.285 处移动至 x（Ni）＝0.30 的成分处。由此，确定在 x（Ni）＝0.30 的成分处的互扩散系数及 Au 和 Ni 的本征扩散系数。

（答案：1）x（Ni）＝0.20，$\widetilde{D}$＝$1.14×10^{-13}$ m²/s；

x（Ni）＝0.30，$\widetilde{D}$＝$8.06×10^{-14}$ m²/s；

x（Ni）＝0.40，$\widetilde{D}$＝$5.12×10^{-14}$ m²/s

2）$\widetilde{D}$＝$8.06×10^{-14}$ m²/s；D_{Au}＝$2.79×10^{-14}$ m²/s；D_{Ni}＝$10.31×10^{-14}$ m²/s）

*（24）装有 30t 钢液的电炉，钢水深度 50cm，1600℃时 Mn 在钢水中的扩散系数为 $1.1×10^{-8}$ m²/s，钢渣界面上金属锰含量为 0.03％（质量分数），钢液原始 [Mn] 为 0.3％（质量分数），经过 30min 钢液中锰含量降至 0.06％（质量分数）。若氧化期加矿石沸腾时，钢渣界面积等于钢液静止时的二倍，求 Mn 在钢液边界层中的传质系数及钢液边界层的厚度。

（答案：k_d＝$3.05×10^{-4}$ m/s，$δ$＝0.036mm）

（25）1600℃下在电炉内用纯石墨棒插入含有含碳 0.4％（质量分数）的钢液内测定石墨的溶解线速度（$Δx/Δt$）＝$4.2×10^{-5}$ m/s，已知密度 $ρ_{石墨}$＝2250kg/m³，$ρ_{钢液}$＝7000kg/m³，石墨表面钢液的饱和碳浓度可用公式 $w[C]_%$＝1.34＋$2.54×10^{-3}t$ 计算，t 为摄氏温度。试求石墨—钢液边界层内碳的传质系数。（提示：碳通过边界层的传质速率为 $\dfrac{\mathrm{d}n}{\mathrm{d}t}=\dfrac{A\rho_{石墨}\left(\dfrac{\Delta x}{\Delta t}\right)}{M_C}$，$A$ 为石墨—钢液接触面积；M_C 为碳的摩尔质量）

（答案：k_d＝$2.7×10^{-4}$ m/s）

*（26）已知 20t 电炉的渣钢界面积为 15m²，钢液密度 7000kg/m³，锰在钢液中扩散系数 1.0×10⁻⁸m²/s，边界层厚度 0.003cm。假定锰在渣钢中的分配系数很大，钢液中锰氧化速度的限制性环节是金属液中的扩散。试计算锰氧化 90% 所需的时间。

（答案：22min）

（27）球团矿含硫 0.460%，在氧化焙烧过程中其含硫量的变化见表 4-4-8。焙烧中采用了强大的空气流，使反应处于界面化学反应限制范围内，试计算脱硫反应 $2FeS+\frac{7}{2}O_2$ $=Fe_2O_3+2SO$ 的级数和反应速率常数的温度式。

表 4-4-8　球团矿焙烧过程中硫量的变化

温度/℃ ＼ 时间/min ＼ /%	12	20	30	40
830	0.392	0.390	0.325	0.297
935	0.325	0.264	0.159	0.119
1010	0.254	0.170	0.130	0.0105

（28）用 H₂还原钛铁精矿（粒度（19～21）×10⁻³m）时测得不同温度下不同时间的还原率见表 4-4-9。试求 1）还原反应的活化能；2）反应速率常数的温度式。还原率是矿石还原过程中失去氧的分数或质量分数，故矿石的残氧量＝1－还原率。

表 4-4-9　还原过程中还原率的变化

温度/℃ ＼ 时间/min ＼ 还原率/%	10	20	50	70	90
750	35	64	78	87	90
850	43	75	78	88	97
950	55	88	98	99	99

（29）在用 CO 还原铁矿石的反应中，900℃的 $k_1=2.978×10^{-2}$，1000℃的 $k_2=5.623×10^{-2}$，试求 1）反应的活化能，2）1400℃的 k 值。

（30）用烧结的白云石圆柱体在转炉渣（组成：25%FeO，41%CaO，34%SiO₂）内作旋转溶解实验，测定白云石在渣中的溶解速率，以计算 MgO 在渣中溶解的传质系数。实验条件：温度 1390℃，固体圆柱体转速 360r/min（线速度 $u_0=28.83×10^{-2}$m/s），熔渣密度 3120kg/m³，熔渣黏度 1×10⁻¹Pa·s，MgO 的扩散系数 $D=1.5×10^{-9}$m²/s。圆柱体半径 0.765×10⁻²m，用表面更新模型及量纲分析法计算传质系数。

（31）矿球为 CO 还原反应的速率位于外扩散范围内时，Sh 准数的计算式为 $Sh=2+0.16Re^{2/3}$。矿球的直径 $d=2×10^{-3}$m，气流速度 $u=0.5$m/s，$v=2×10^{-4}$m²/s，$D=2.1×10^{-4}$m²/s，试求传质系数及扩散边界层厚度。

(32) 在电炉的氧化期内，熔池温度为 1560℃，钢液层的厚度为 0.8m。自不同部位取钢液试样，分析得到含氧量的数值如下：

部位	上部	中部	下部
[%O]	7.5×10^{-3}	1.37×10^{-3}	0.54×10^{-3}

$D_{[O]} = 2 \times 10^{-9} \, m^2/s$。试求各部位氧的扩散通量。

(33) 在 450℃ 测得 H_2 还原赤铁矿的速率见表 4-4-10。试求铁矿石还原的速率式：$r = f(p_{H_2})$。

表 4-4-10　H_2 还原赤铁矿的速率　　　　　(mg/ (cm² • min))

p'_{H_2} / Pa	0.2×10^{-5}	0.4×10^{-5}	0.6×10^{-5}	0.8×10^{-5}
$r/g \cdot (cm^2 \cdot min)^{-1}$	0.2×10^3	0.3×10^3	0.4×10^3	0.5×10^3

(34) 羰基铁在不同温度的分解速率见表 4-4-11，试求分解过程的限制环节的温度分界点及各限制环节的活化能。

表 4-4-11　Fe (CO)₄ 的分解速率　　　　　(g/ (h • cm²))

温度/℃	125	150	175	200	250
分解速率	1.07	1.25	1.76	12.58	590

(35) 试导出一圆柱体金属块（长 1m，直径 dm）在另一金属液中溶解速率的积分式。假定溶解速率的限制环节是金属块溶解的界面反应，溶解过程中圆柱体的长度不改变，而且其两端面不参与溶解作用（提示：$-dn/d\tau = kAc$，$n = \pi r^2 lp$，$r = (n/\pi lp)^{1/2}$，故 $A = 2\pi l (n/\pi lp)^{1/2} = 2 (\pi l/\rho)^{1/2} n^{1/2}$）。式中 n 为反应物的摩尔量。

(36) 碳酸锰在氮气流中加热分解，在 410℃ 测得各时间的分解率见表 4-4-12，试确定此分解反应的限制环节。

表 4-4-12　碳酸锰的分解率

时间/min	2	4	6	8	10	12	14	16	18	20
分解率	0.06	0.17	0.27	0.49	0.53	0.61	0.69	0.74	0.78	0.85

(37) 粒度为 $7.4 \times 10^{-5} \, m$ 的镍粒在 1040℃ 为氧所氧化，测得各时间的反应分数见表 4-4-13。试证明镍氧化的限制环节是氧化物层内氧的扩散。

表 4-4-13　镍氧化的反应分数

时间/min	1	2.5	5	7.5	10	15	20
反应分数	0.2	0.5	0.65	0.8	0.88	0.92	0.98

(38) 铌在 $1.01325 \times 10^{-5} \, Pa$ 及 200℃ 下被氧化的动力学数据见表 4-4-14。试导出铌氧化的抛物线方程（提示：$dx/d\tau = K/x$，x 为氧化物层厚度）。

表 4-4-14　铌氧化的质量变化

时间/min	20	60	100	120	180
NbO_2 质量/mg • cm⁻²	26.54×10^{-4}	45.82×10^{-4}	59.16×10^{-4}	65.00×10^{-4}	80.00×10^{-4}

(39) 直径为 $1.921 \times 10^{-2} \, m$ 的钛铁精矿球在 950℃、气流速度大于临界流速下，用 CO 气体作还原剂，测得矿球的还原率见表 4-4-15。已知矿球含氧的密度 $\rho_0 = 1472 kg/m$。

（或 $9.2\times10^4\,mol/m^3$）。假定还原过程受界面反应的限制。

1）绘出还原层质量随时间变化的曲线；2）计算反应速率常数。

表 4-4-15　矿球还原的数据

时间/min	10	20	30	40	50	60	70
还原率/%	12	23	32	40	46	52	59

（40）在直径为 $7.7\times10^{-2}\,m$ 的炉管中装有一层直径为 $1.2\times10^{-2}\,m$ 的矿球，在1000℃下，通入 $40\%H_2+60\%N_2$ 的气体进行还原。假定还原反应处于混合限制速率范围。试求此矿球完全还原的时间。已知还原气体流速 50（标）L/min，矿球含氧的密度 $1472kg/m^3$，气孔隙 $0.2m^3/m^3$，迷宫系数 0.45，$D_{H_2}=10.0\times10^{-4}\,m^2/s$，$v=2.39\times10^{-4}\,m^2/s$。$Fe_2O_3$ 还原的平衡常数 $lgK=-1224/T+0.84$。反应的速率常数 $k=3.1\times10^{-2}\,m/s$。

（41）在850℃用纯氢还原单个磁铁矿球的还原率见表 4-4-16。试利用后给数据计算还原的有效扩散系数 D_e 和反应运动常数 k。已知矿球的直径 $r_0=1.15\times10^{-2}\,m$，矿球含氧密度 $\rho_0=1380kg/m^3$。还原反应的平衡常数 $K=0.61$，$[\%H_2]_{平}=62$。

表 4-4-16　氢还原氧化铁的还原率

时间/min	10	20	30	40	50	60	70
还原率/%	20	38	58	76	90	97	98

（42）在300t纯氧顶吹转炉内兑入含磷铁水进行吹炼，脱磷过程同时受钢液和熔渣中磷的扩散所限制。试导出由此两环节组成的脱磷反应过程的速率式。并计算钢水含磷量为 0.1% 时脱磷的速率。

已知 $\beta_{(P_2O_5)}=5\times10^{-5}\,m/s$，$\beta_{[P]}=5\times10^{-2}\,m/s$，$L_P=50$，$A/V_m=2m^2/m^3$，$\rho_s/\rho_m=0.43$，渣量10%，熔渣的 $(P_2O_5)=0\%$。

（43）试用作图法求下列条件的钢液内CO气泡的临界半径。钢液的过饱和度 $[\%C][\%O]=0.204$（平衡值为 0.0025），气泡的静压力（$p'_气=\rho_sgH_s+\rho_mgH_m$）$=1.3\times10^{-5}\,Pa$，$\sigma=1.2J/m^2$（提示：$V_{CO}=RT/(1.3\times10^5+2\sigma/r)\,m^3/mol$）。

（44）钢液在1600℃含有 10×10^{-6} 的氢，熔池的脱碳速率为 $0.01\%/min$。试计算氢被除去的最大速率。

附 录

附录 1 1995 年北京科技大学冶金系 94 级硕士研究生冶金物理化学期末考试试题

一、简要回答下列问题（每题 5 分）

1. 已知 $G=H+PV$，H、V 皆是一次齐函数，G 是几次齐函数。

2. 规则溶液对理想溶液一定是正偏差，为什么？

3. 简述"混合过程基本方程"中每项的意义。

4. 什么是准稳态？说明准稳态在冶金动力学中的应用。

5. 试举一个冶金过程中耦合反应的例子，并简要说明可能出现的局部平衡。

6. Masson 模型在 Toop 模型基础上做了什么改进？它对钢铁冶金理论的适用性如何？

7. Flood 模型的主要特点？

8. 混合偏摩尔自由能与标准溶解自由能有何区别？

二、（20 分）若 CaO—SiO$_2$ 二元系中存在一种稳定化合物 CaSiO$_3$，且 $(Ca^{2+}+O^{2-})+(SiO_2)=(CaSiO_3)$，$\Delta G^{\ominus}=-3220-4.92T$（cal/mol）。试用共存理论求 1600℃ 下，$n^0_{CaO}=3mol$，$n^0_{SiO_2}=1mol$ 时，CaO 和 SiO$_2$ 的活度？

三、（20 分）碱性炉渣炼钢过程有如下反应：$2(MnO)+[Si]=2[Mn]+(SiO_2)$。假设 Si 在钢中的扩散为限制性环节，试推导其动力学模型（注：用"一段时间的限制性环节的确定方法"）。

四、（20 分）一体系中存在 CO，H$_2$，H$_2$O，CO$_2$，CH$_4$ 五种组分，试用最小自由能原理写出确定该体系平衡组分的计算模型。

附录 2 北京科技大学 2003 年硕士研究生入学考试冶金物理化学试题

一、简要回答下列问题（70 分，每题 7 分）

(1) 何谓化合物的标准生成吉布斯自由能？试举例说明。

(2) 举例说明何为氧化转化温度（或最低还原温度）？

(3) 对于纯金属 M 在铁液中的溶解反应 M＝[M]，当 [M] 以 1%溶液为标准态时，其标准溶解吉布斯自由能等于什么？

(4) 二元正规溶液中组元 i 的活度系数 γ_i 与温度 T 有何关系？

(5) 写出二元系中 G-D 方程的一种表达形式。

(6) 何谓活化能？其物理意义如何？

(7) 简述未反应核模型；

(8) 简述双膜理论在冶金中应用的一个实例；

(9) 什么是准稳态原理？

(10) 简述真空脱氧的热力学原理。

二、(30 分) 某钢厂冶炼硅钢，出钢时钢中氧含量为 0.04%（质量分数），出钢温度为 1640℃，在钢包中加入硅铁，使钢中硅含量为 2.4%（质量分数），问此时钢中硅能否被钢中氧所氧化？

已知：$\dfrac{1}{2} O_{2(g)} = [O]$ 　　　　　$\Delta_{sol} G^{\ominus} = -117150 - 2.89T$，J/mol

$Si_{(l)} = [Si]$ 　　　　　　　　$\Delta_{sol} G^{\ominus} = -119240 - 25.48T$，J/mol

$Si_{(l)} + O_{2(g)} = SiO_{2(s)}$ 　　　$\Delta_f G^{\ominus} = -947680 + 198.74T$，J/mol

$e_O^O = -0.20$，$e_O^{Si} = -0.16$，$e_{Si}^{Si} = 0.08$，$e_{Si}^O = -0.28$

以下适合统考生

三、(30 分) 利用铝在真空下还原 CaO，其反应为：

$$6CaO_{(s)} + 2Al_{(l)} = 3Ca_{(g)} + 3CaO \cdot Al_2O_{3(s)}$$

试计算：

(1) 如使反应在 1473K 进行，需要多大的真空度？

(2) 如果采用 1.333Pa 的真空度时，求还原开始温度？

已知

$$Ca_{(g)} + \frac{1}{2} O_{2(g)} = CaO_{(s)} \qquad\qquad \Delta G_1^{\ominus} = -786510 + 193.30T,\ J/mol$$

$$2Al_{(l)} + \frac{3}{2} O_{2(g)} = Al_2O_{3(s)} \qquad\qquad \Delta G_2^{\ominus} = -1683000 + 325.60T,\ J/mol$$

$$3CaO_{(s)} + Al_2O_{3(s)} = 3CaO \cdot Al_2O_{3(s)} \qquad \Delta G_3^{\ominus} = -16320 - 26.36T, \ J/mol$$

四、（20 分）论述题

试用热力学原理分析冶金过程脱硫，并指出未来如何将硫脱到最低限度？

以下适合单考生

五、（30 分）熔渣组成为 16%FeO，10%MnO，40%CaO，9%MgO，20%SiO₂，5%P205，试求 1600℃下此熔渣 FeO 活度？

已知 $M_{FeO}=72$，$M_{MnO}=71$，$M_{CaO}=56$，$M_{MgO}=40$，$M_{SiO_2}=60$，$M_{P205}=142$。

六、（20 分）论述题

试用冶金热力学原理分析冶金过程脱氧，并指出如何将氧脱到最低限度？

附录 3　北京科技大学 2004 年博士学位研究生入学试题

一、简要回答下列各题（每题 5 分，共 50 分）

(1) 简述正规溶液的热力学特征，说明它在冶金中的作用。

(2) 推导组元 i 由纯物质溶解到溶液中的标准溶解自由能。

(3) 简述氧势图中 $2C+O_2=2CO$ 的 $\Delta G^{\ominus}-T$ 直线的特征，其意义如何？

(4) 写出溶液的超额（过剩）吉布斯自由能的定义式。

(5) 简述液-液反应的双膜理论的基本要点，其意义如何？

(6) 简述高炉内铁的氧化物的逐级还原原则。

(7) 举例简述热力学体系中的一个耦合反应。

(8) 简述炉渣的完全离子溶液理论（Temkin）模型的特点，其意义如何？

(9) 简述钢铁冶金精炼过程中脱硫的热力学原理。

(10) 钢铁冶金理论计算时，为什么熔渣中组元的活度选用纯物质为标准态，其意义如何？

二、（30 分）用碳化钙（CaC_2）对铁水进行脱硫的反应为：

$$CaC_{2(s)} + [S] = CaS_{(s)} + 2C_{(s)}$$

试求 1500℃时，硫含量可降低到何种水平？

已知：$Ca_{(l)} + \dfrac{1}{2}S_{2(g)} = CaS_{(s)}$　　　　$\Delta G_2^{\ominus} = -551367 + 104.35T$，J/mol

$Ca_{(l)} + 2C_{(s)} = CaC_{2(s)}$　　　　　　$\Delta G_3^{\ominus} = -57321 - 28.45T$，J/mol

$\dfrac{1}{2}S_{2(g)} = [S]_{\%}$　　　　　　　　$\Delta G_4^{\ominus} = -135060 + 23.43T$，J/mol

铁水含碳 $[\%C] = 5.1$ 饱和，$e_S^C = 0.24$，$e_S^C = -0.028$

提示：求解对数方程式可以用"尝试法"。

三、（20 分）论述题

试用物理化学原理分析铁水预处理过程脱硫，并指出采用何种措施可以将硫脱到最低限度？

附录4　北京科技大学 2004 年冶金学院硕士研究生冶金物理化学期末考试题

一、简要回答下列问题（每题 5 分，共 50 分）

（1）广度性质（extensive properties）和强度性质（intensive properties）在数学上分别是几次齐函数？

（2）写出二元函数的过剩自由能的定义式。

（3）叙述稀溶液的热力学特征。

（4）写出混合过程基本方程，并说明每项的物理意义。

（5）写出用质量分数表示的有二次相互作用项 wagner 方程。

（6）试写出二元系的 Darken 二次型，并比较其与规则溶液的联系。

（7）设一体系中存在 C 个组分，分别为 A_1、A_2、$\cdots$、A_C，如何确定其独立反应数？

（8）对一个串联反应，写出稳态和准稳态的定义，并用相应的几何图表示。

（9）举例说明耦合反应与局部平衡的原理和应用。

（10）写出反应进度 ε_j 的表达式。

二、（20 分）用共存理论求 FeO-Fe$_2$O$_3$-SiO$_2$ 中各组元的活度（只写出计算过程）。从 FeO$_n$-SiO$_2$ 及 FeO-Fe$_2$O$_3$ 两个二元系相图上可知，可生成稳定的复杂化合物分别是：Fe$_2$SiO$_4$（或 2FeO·SiO$_2$）及 Fe$_3$O$_4$。

三、（30 分）一体系中存在 CO，H$_2$，H$_2$O，CO$_2$，H$_4$C 五种组分，试用最小自由能原理写出确定该体系平衡组分的计算模型。并讨论求解的方法。

附录 5　北京科技大学 2005 年硕士学位研究生入学试题

一、简要回答下列问题（共 70 分，每小题 7 分）

(1) 对稀溶液的溶质 i，试推导以纯物质为标准态的活度系数 γ_i 与 1% 标准态的活度系数 f_i 之间的关系。

(2) 简述规则溶液的定义？

(3) 对铁溶液中的组元 i，溶解反应 $i=[i]_\%$，试证明 $\Delta_{sol}G_i^\ominus=RT\ln\dfrac{55.85}{100Ar_i}\gamma_i^\ominus$。

(4) 简述扩散脱氧的热力学原理？

(5) 在氧势图（Ellingham 图）上，为什么 $2C+O_2=2CO$ 的 $\Delta G^\ominus$ 与 T 的关系曲线的斜率为负值，其意义如何？

(6) 写出边界层理论的传质通量的表达式，并解释每项的物理意义。

(7) 简述未反应核模型。

(8) 对串联反应 A→B→C，写出反应达到准稳态的条件。

(9) 对基元反应 A→P，写出其动力学微分式、积分式及半衰期的表达式。

(10) 试用双膜理论简要描述钢液中元素氧化反应 $[M]+(FeO)=(MO)+[Fe]$ 的动力学机理。

二、（25 分）炼钢炉渣组成如下（质量分数/%）：

组元	CaO	MgO	SiO₂	MnO	FeO	Al₂O₃	P₂O₅
浓度	46.89	6.88	10.22	3.34	29.00	2.47	1.20
Mr	56	40	60.0	70.9	71.9	102	142

试用完全离子理论计算 1600℃时，炉渣中 CaO 的活度。

以下三、四题适合于统考生（注：单考生不做）

三、（30 分）已知 Au-Cu 固体合金为正规溶液，在 500℃，$x_{Cu}=0.3$ 时，Cu 与 Au 的偏摩尔混合焓分别为 $\Delta_{mix}H_{m,Cu}=-10880J/mol$ 及 $\Delta_{mix}H_{m,Au}=-837J/mol$。

试求：(1) 当 500℃，$x_{Cu}=0.3$ 时，合金的摩尔混合熵 $\Delta_{mix}S_m$ 及摩尔混合吉布斯自由能 $\Delta_{mix}G_m$；

(2) 当 500℃，$x_{Cu}=0.3$ 时，合金中 Cu 和 Au 的拉乌尔活度及活度系数 α_{Cu}，α_{Au}，γ_{Cu}，γ_{Au}

四、（25 分）结合 CaO-SiO₂ 二元渣系，简述炉渣的分子理论模型基本要点，并说明计算该渣系 CaO 活度的过程。

以下五、六题适合于单考生（注：通考生不做）

五、（25 分）将含 $[\%C]=3.8$，$[\%Si]=1.0$ 的铁水兑入转炉中，在 1250℃下吹氧炼钢，假定气体压力为 1.01325×10^5Pa，生成的 SiO₂ 为纯物质。试问：铁水中的碳和硅哪个先氧化？

已知：$e_C^C=0.14$，$e_C^{Si}=0.08$，$e_{Si}^{Si}=0.11$，$e_{Si}^C=0.18$

$$C_{(S)} + \frac{1}{2}O_2 = CO \qquad \Delta G^{\ominus} = -117990 - 84.35T, \text{ J/mol}$$

$$Si_{(l)} + O_2 = SiO_{2(S)} \qquad \Delta G^{\ominus} = -947680 + 196.86T, \text{ J/mol}$$

$$C_{(s)} = [C]_{\%} \qquad \Delta G^{\ominus} = 22590 - 42.26T, \text{ J/mol}$$

$$Si_{(l)} = [Si]_{\%} \qquad \Delta G^{\ominus} = -131550 - 17.24T, \text{ J/mol}$$

六、（30 分）用物理化学原理描述转炉炼钢过程的脱碳反应。

简答：

一、（1）因为 $\dfrac{a_{R,i}}{a_{\%,i}} = \dfrac{\dfrac{P_i}{P_i^*}}{\dfrac{P_i}{k_{\%,i}}} = \dfrac{k_{\%,i}}{P_i^*} = \dfrac{k_{\%,i}}{k_{H,i}}\dfrac{k_{H,i}}{P_i^*} = \dfrac{M_1}{100M_i}\gamma_i^{\ominus}$

所以 $\qquad\qquad\qquad\qquad \dfrac{\gamma_i x_i}{f_i[\%i]} = \dfrac{M_1}{100M_i}\gamma_i^{\ominus}$

$$\dfrac{\gamma_i}{f_i} = \dfrac{[\%i]}{x_i}\dfrac{M_1}{100M_i}\gamma_i^{\ominus}$$

当 $x_i \to 0$ 时

$$x_i \approx \dfrac{M_1}{100M_i}[\%i]$$

$$\gamma_i \approx \gamma_i^{\ominus}f_i$$

（2）混合热 $\Delta_{mix}H \neq 0$，混合熵等于理想混合熵的溶液

$$\Delta_{mix}S_i = \Delta_{mix}S_{i,id} = -R\ln x_i$$

具有以上特征的溶液称为正规溶液。

（3）$i = [i]_{\%}$

根据等温方程式

$$\Delta_{sol}G^{\ominus} = -RT\ln\frac{a_{\%,i}}{a_{R,i}} = RT\ln\frac{a_{R,i}}{a_{\%,i}} = RT\ln\frac{55.85}{100A_{r_i}}\gamma_i^{\ominus}$$

（4）决定炉渣向钢液传氧或钢液向炉渣传氧的反应是

$$(FeO) = [O] + [Fe]$$

$$K^{\ominus} = \frac{[\%O]}{a_{FeO}}$$

或 $\qquad\qquad\qquad\qquad L_0 = \dfrac{[\%O]}{a_{FeO}}$

在 1600℃下，$L_0 = 0.23$。

令 $L_0' = \dfrac{[\%O]}{a_{FeO}}$——代表实际熔渣中的值。

当 $L_0' > L_0$ 时，$\Delta G = -RT\ln L_0 + RT\ln L_0' = RT\ln\dfrac{L_0'}{L_0} > 0$，反应逆向进行，钢液中的氧向熔渣传递；

当 $L_0' < L_0$ 时，$\Delta G = RT\ln\dfrac{L_0'}{L_0} < 0$，反应正向进行，熔渣中的氧向钢液传递。

(5) $2C + O_2 = 2CO$

$$\Delta S^{\ominus} = 2S_{CO}^{\ominus} - S_{O_2}^{\ominus} - S_c^{\ominus} \approx 2S_{\infty}^{\ominus} - S^{\ominus} > 0$$

所以

$$-\Delta S^{\ominus} < 0$$

所以 $\Delta G^{\ominus} \sim T$ 曲线的斜率小于零。

(6) $J = k_d(c_S - c_b)$

式中　c_S——由固体表面向流体内传输的物质在固体和流体界面的浓度；

　　　c_b——该物质在流体体内的浓度；

　　　J——该物质在界面处扩散流密度，$J = -D(\partial c/\partial x)$。

$$k_d = \frac{D}{\delta'_c}$$

(7) 假设：

1) 气—固反应的一般反应式为

$$A_{(g)} + bB_{(s)} = gG_{(g)} + sS_{(s)}$$

2) 固体反应物 B 是致密的或无孔隙的，则反应发生在气—固相的界面上，即具有界面化学反应特征。

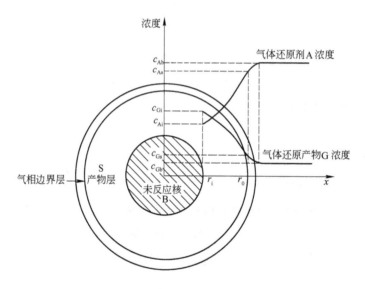

未反应核模型示意图

在 B 和气体 A 之间的气—固反应由以下步骤组成：

1) 气体反应物 A 通过气相扩散边界层到达固体反应物表面的外扩散。

2) 气体反应物通过多孔的还原产物（S）层，扩散到化学反应界面的内扩散。（在气体反应物向内扩散的同时，还可能有固态离子通过固体产物层的扩散）。

3) 气体反应物 A 在反应界面与固体反应物 B 发生化学反应，生成气体产物 G 和固体产物 S 的界面化学反应，由气体反应物的吸附、界面化学反应本身及气体产物的脱附等步骤组成。

4）气体产物 G 通过多孔的固体产物（S）层扩散到达多孔层的表面。

5）气体产物通过气相扩散边界层扩散到气体体相内。

（8）对一个串联反应，假定 $\dfrac{dc_B}{dt}=0$ 之后的时间，$\dfrac{dc_B}{dt}$ 亦很小（接近于零），或 c_B 变化极小，$c_B\approx$ c_{Bmax}，$\dfrac{dc_B}{dt}=k_1c_A-k_2c_B\approx0$，此时反应所处的状态叫准稳态（或准静态）。

（9）反应方程 A→P

速率微分式
$$-\frac{dc_A}{dt}=kc_A$$

速率积分式

设 $t=0$，$c_A=c_0$，$t=t$，$c_A=c_A$

分离变量，定积分 $\displaystyle\int_{c_0}^{c_A}-\frac{dc_A}{c_A}=\int_0^t kdt$，得积分式

$$\ln\frac{c_0}{c_A}=kt$$

（10）钢液元素氧化一般过程
$$[M]+(FeO)=(MO)+[Fe]$$

由以下 5 个环节组成：

1）金属 M 由钢液内部向钢—渣界面扩散　　$[M]\rightarrow[M^*]$

2）渣中 FeO 由渣内部向钢—渣界面扩散　　$(FeO)\rightarrow(FeO^*)$

3）界面化学反应　　$[M^*]+(FeO^*)\rightarrow[Fe^*]+(MO^*)$

4）界面 Fe^* 向钢液内部扩散　　$(Fe^*)\rightarrow[Fe]$

5）界面（MO^*）向渣内部扩散　　$(MO^*)\rightarrow[MO]$

二、$\alpha_{CaO}=0.47$

三、略

四、略

五、硅先氧化。

六、略

参 考 文 献

1　魏寿昆. 冶金过程热力学. 上海：上海科学技术出版社，1980
2　韩其勇. 冶金过程动力学. 北京：冶金工业出版社，1987
3　陈襄武. 钢铁冶金物理化学. 北京：冶金工业出版社，1990
4　黄希祜. 钢铁冶金原理. 北京：冶金工业出版社，1990
5　李文超. 冶金与材料物理化学. 北京：冶金工业出版社，2001
6　张家芸. 冶金物理化学. 北京：冶金工业出版社，2004
7　唐仲和，刘天良. 冶金过程物理化学——基础理论与考研试题. 北京：航空工业出版社，2003

冶金工业出版社部分图书推荐

书　名	作　者	定价(元)
稀土冶金学	廖春发	35.00
计算机在现代化工中的应用	李立清 等	29.00
化工原理简明教程	张廷安	68.00
传递现象相似原理及其应用	冯权莉 等	49.00
化工原理实验	辛志玲 等	33.00
化工原理课程设计（上册）	朱晟 等	45.00
化工设计课程设计	郭文瑶 等	39.00
化工原理课程设计（下册）	朱晟 等	45.00
水处理系统运行与控制综合训练指导	赵晓丹 等	35.00
化工安全与实践	李立清 等	36.00
现代表面镀覆科学与技术基础	孟昭 等	60.00
耐火材料学（第2版）	李楠 等	65.00
耐火材料与燃料燃烧（第2版）	陈敏 等	49.00
生物技术制药实验指南	董彬	28.00
涂装车间课程设计教程	曹献龙	49.00
湿法冶金——浸出技术（高职高专）	刘洪萍 等	18.00
冶金概论	宫娜	59.00
烧结生产与操作	刘燕霞 等	48.00
钢铁厂实用安全技术	吕国成 等	43.00
金属材料生产技术	刘玉英 等	33.00
炉外精炼技术	张志超	56.00
炉外精炼技术（第2版）	张士宪 等	56.00
湿法冶金设备	黄卉 等	31.00
炼钢设备维护（第2版）	时彦林	39.00
镍及镍铁冶炼	张凤霞 等	38.00
炼钢生产技术	韩立浩 等	42.00
炼钢生产技术	李秀娟	49.00
电弧炉炼钢技术	杨桂生 等	39.00
矿热炉控制与操作（第2版）	石富 等	39.00
有色冶金技术专业技能考核标准与题库	贾菁华	20.00
富钛料制备及加工	李永佳 等	29.00
钛生产及成型工艺	黄卉 等	38.00
制药工艺学	王菲 等	39.00